Hansjochem Autrum

Mein Leben

Hansjochem Autrum

HANSJOCHEM AUTRUM: MEIN LEBEN

Wie sich Glück und Verdienst verketten

Mit 48 Abbildungen

Springer

Professor Dr. Drs. h.c. Hansjochem Autrum
Universität München
Zoologisches Institut
Luisenstraße 14
80333 München

ISBN 978-3-540-59236-5 Springer-Verlag Berlin Heidelberg New York

Die Deutsche Bibliothek – CIP-Einheitsaufnahme

Autrum, Hansjochem: Hansjochem Autrum: Mein Leben : wie sich Glück und Verdienst verketten / Hansjochem Autrum. – Berlin ; Heidelberg ; New York : Springer, 1995. ISBN 978-3-540-59236-5

Dieses Werk ist urheberrechtlich geschützt. Die dadurch begründeten Rechte, insbesondere die der Übersetzung, des Nachdrucks, des Vortrags, der Entnahme von Abbildungen und Tabellen, der Funksendung, der Mikroverfilmung oder der Vervielfältigung auf anderen Wegen und der Speicherung in Datenverarbeitungsanlagen, bleiben, auch bei nur auszugsweiser Verwertung, vorbehalten. Eine Vervielfältigung dieses Werkes oder von Teilen dieses Werkes ist auch im Einzelfall nur in den Grenzen der gesetzlichen Bestimmungen des Urheberrechtsgesetzes der Bundesrepublik Deutschland vom 9. September 1965 in der jeweils geltenden Fassung zulässig. Sie ist grundsätzlich vergütungspflichtig. Zuwiderhandlungen unterliegen den Strafbestimmungen des Urheberrechtsgesetzes.

© Springer-Verlag Berlin Heidelberg 1996

Die Wiedergabe von Gebrauchsnamen, Handelsnamen, Warenbezeichnungen usw. in diesem Werk berechtigt auch ohne besondere Kennzeichnung nicht zu der Annahme, daß solche Namen im Sinne der Warenzeichen- und Markenschutzgesetzgebung als frei zu betrachten wären und daher von jedermann benutzt werden dürfen.

Einbandgestaltung: E. Kirchner, Heidelberg
Satz: Mitterweger Werksatz GmbH, Plankstadt
31/3137-5 4 3 2 1 0 – SPIN-Nr. 10494625
Gedruckt auf säurefreiem Papier

Für
Clara Maria

Vorwort

„Die Erinnerung ist das einzige Paradies, aus welchem wir nicht vertrieben werden können" (Jean Paul). Vertrieben worden bin ich mehrmals: aus meiner Heimat, Bromberg (bei Posen, jetzt zu Polen), aus Berlin (durch Wanzen), aus Potsdam (1943), aus Schlesien (1945). Jean Paul spricht von „Erinnerung", nicht im Plural von „Erinnerungen". Im folgenden habe ich versucht, die „paradiesischen" Erinnerungen zu Papier zu bringen. Sie haben mir über manche nichtparadiesischen, ja höllischen Erlebnisse hinweggeholfen. So habe ich alle „politischen" Erlebnisse und Ereignisse zwar nicht verdrängt, aber sie sind nicht Gegenstand dieses Buches. Ich habe sie nicht vergessen und kann es auch nicht; sie sollen und dürfen auch nicht vergessen werden. Ich bin jedoch nicht kompetent, etwa eine Geschichte dieses Jahrhunderts zu schreiben. Aber die schrecklichen Erlebnisse und Begegnungen steigerten – meist nachträglich – die Freude an den glücklichen Ereignissen durch den Kontrast. So wie ein schlechter, bedrückender Traum beim Erwachen mir nie den Tag verdirbt, sondern mir mit Genugtuung demonstriert, wieviel schöner und besser die Wirklichkeit ist, als ein böser Traum es mir vorgaukelt. – Dreierlei hat mein Leben bestimmt und erfüllt: Wissenschaft, Musik und Freunde. Die Reihenfolge ist beliebig vertauschbar: Meine Freunde haben mich für Wissenschaft und für Musik begeistert; durch Wissenschaft und Musik habe ich viele Menschen kennengelernt und Freunde gewonnen. Meinen Freunden und nicht zuletzt meinen Schülern bin ich dankbar. Sie haben mir das Leben reich gemacht und bereichern es bis heute. Sie alle möchte ich nennen, um ihnen auch an dieser Stelle meinen Dank auszusprechen. sie alle zu nennen ist unmöglich. Einige sind im folgenden genannt und geschildert. Und wenn ich den einen oder die eine im Text nicht erwähne, so bitte ich um Nachsicht; es geschah nicht mit Absicht. Mein besonderer Dank gilt hier denen, die mir bei Entstehen dieses Buches mit Rat und auch mit Tat geholfen haben; wiederum bedeutet die Reihenfolge keine Rangordnung oder Wertung. Herta Tscharntke und Inge Thomas waren und sind getreue

Helferinnen. Herr Dr. Dr. h.c. mult. Heinz Götze hat mich ermuntert, das folgende im Springer-Verlag zu veröffentlichen. Herr Dr. Dieter Czeschlik hat den Text und die Drucklegung betreut. Besonderer Dank gilt Frau Isolde Tegtmeier (Springer-Verlag); sie hat mir viele gute Vorschläge zur Verbesserung und Glättung des Textes gemacht.

München, im April 1995   Hansjochem Autrum

Inhaltsverzeichnis

Einleitung – Die Eltern	1
Kindheit und Schule	12
Studium in Berlin	24
Das Zoologische Institut in Berlin	33
Die (fast vergebliche) Promotion	40
Die Versuche über das Hören der Insekten	48
Die Trommelfelle (Tympanalorgane) der Insekten	53
Die Subgenualorgane	60
Die Fahrt nach Finnland und ihre Folgen	64
1935–1945	70
Hubertus Strughold (1898–1989)	76
Das Ende in Welkersdorf	96
Göttingen	100
Würzburg (1952–1958)	137
Die Einladung nach Caracas	152
Der Ruf nach München	156
Das Zoologische Institut in München	166
Das Farbensehen der Bienen I	181
Die Mitarbeiter in München	183
München: Der Unterricht	193
Die Deutsche Forschungsgemeinschaft	200

Das Farbensehen der Bienen II 208

Gründung neuer Universitäten............................... 218
a. *Die Situation in den sechziger Jahren*...................... 220
b. *Der Gründungsausschuß für die Universität Konstanz*......... 224
c. *Die Gründung der Universität Regensburg*.................. 225
d. *Die Universität Bayreuth* 240

Zeitschriften und Rundfunk................................. 250

Die Familie, Musik und einiges andere........................ 260

Reisen.. 274

Deterministisches Chaos.................................... 277

Ein Hobby 293

Begegnungen und neue Freunde 297

Nachwort... 312

Dissertationen unter Anleitung von H. Autrum 316

Personen-Register... 323

Einleitung – Die Eltern

„Erinnerungen" sind trügerisch. Trügerisch zumindest vom Standpunkt des Historikers. Als Kind und als Schüler lebte ich mit meinen Eltern und meinem Bruder Siegfried von 1912 (oder 1913?) an in Berlin-Charlottenburg in einer Wohnung in der Kaiser-Friedrich-Straße. In der Erinnerung blieb mir das große, reichlich dunkle „Berliner Zimmer", ein großer Raum mit nur einem Fenster zum Hof und einem Kachelofen, der – mit Koks geheizt – im Winter rot glühte. In Erinnerung blieb mir eine große Freitreppe zur Straße, unser beliebtester Kinderspielplatz. Das war er in den Jahren der Schulzeit. Später zogen meine Eltern nach Berlin-Friedenau. 60 Jahre später kam ich wieder nach Berlin und wollte das Haus und die schöne Treppe noch einmal wiedersehen: Es waren ganze drei, wenige Meter breite Stufen, keine „Freitreppe", darauf zu sitzen und von vergangenen Kinderzeiten zu träumen. Trotzdem: Es war keine Enttäuschung, nur eine Lehre: Erinnerungen täuschen. Eine Lehre für mich und eine Warnung für den (geneigten) Leser: Nicht alles im folgenden ist richtig – im historischen Sinn; wohl aber wahr – als geschilderte Erinnerung. Noch eines kommt dazu: Unser Geschichtsunterricht im Gymnasium zielte nur aufs Auswendiglernen. Unser Geschichtslehrer – er hieß Menzel und hatte einen lang über den Mund hängenden Schnurrbart, und wir – Kinder sind oft bös, ohne es zu wissen – sagten, er esse sein weichgekochtes Ei in der Frühstückspause mehr mit dem Bart als dem Mund – unser Geschichtslehrer also ließ uns genau mitschreiben und fragte dann in der folgenden Stunde ab; dem Alphabet nach kamen wir dran. Die Folge: Es lernten nur zwei von uns – wir wußten ja, wer dran kam – und der im Alphabet folgende: Der zum Abgefragtwerden vorbestimmte konnte ja versagen, und dann kam der nächste dran. Die zweite Folge: Diese stumpfsinnige Paukerei behagte mir nicht. Ich „vergaß" (oder verdrängte?) zu lernen. Dann ging's schief. Des Lehrers stereotype Antwort auf das Versagen: „Setzen, melden, Fünfe, Strich. Püppchen, det kannste nich". Drei Striche hatten einen Tadel zur Folge, der dann auch ins Zeugnis kam. Freilich, bis dahin habe ich es

Abb. 1. Meine Mutter: Martha *Olga* Autrum, geb. Görges.
* 21. April 1878 in Kiauten (Kreis Goldap, Ostpreußen). † 5. März 1962.

Abb. 2. Mein Vater: *Otto* Wilhelm Autrum. * 29. November 1877 in Möhringen (Kreis Randow, Pommern). † 22. September 1944 in Wandlitz (bei Berlin).

nicht gebracht. Aber seitdem stehe ich mit historischen Jahreszahlen auf Kriegsfuß. Wenn nötig, kann ich ja im Meyer oder Brockhaus nachsehen. Wie oft, ist sich die Schule ihres prägenden Einflusses nicht bewußt.

Ein Datum ist sicher dokumentiert: Der Geburtstag, der 6. Februar 1907. In Bromberg (das erst 1919 polnisch wurde) war mein Vater Postbeamter: Er saß am Postschalter. Hier, am Schalter, lernte er meine Mutter kennen: Sie hatte ihren Schirm beim Einkaufen von Briefmarken vergessen, und als sie ihn sich holte, müssen sich wohl Schalterbeamter und Kundin tief in die Augen geblickt haben. Das war allerdings noch nicht in Bromberg, sondern in Stettin. Wahrscheinlich wurde er danach nach Bromberg versetzt.

Mein Vater, in Möhringen, Kreis Randow in Pommern geboren (am 29.11.1877), ging in Schlawe (Pommern) aufs Gymnasium. Er hat nicht studiert; wahrscheinlich reichten die Mittel seiner Eltern dazu nicht, denn BAföG gab's noch nicht. So ging er nach dem Abitur nach Stettin als Postpraktikant. 1904 heiratete er – immer noch Postpraktikant – meine Mutter. Auch ohne Studium hat er's weit gebracht: 1932 wurde er Präsident der Reichspostdirektion Königsberg.

1912 (oder 1913?) wurde er auf eigenen Wunsch nach Berlin versetzt. Das kam so: Die Post im zaristischen Rußland sollte nach dem Vorbild der deutschen Post organisiert werden. Dazu wurden deutsche Postbeamte gesucht, die allerdings Russisch können mußten. Dafür wurden Kurse in Berlin eingerichtet, für die Beamte sich freiwillig melden konnten. Mein Vater meldete sich dazu und wurde nach Berlin versetzt. Russisch hat er gelernt, aber bevor er nach Rußland geschickt wurde, brach im August 1914 der erste Weltkrieg aus. So blieb er in Berlin, wurde Postinspektor und bekam die Leitung eines Postamtes in der Knobelsdorffstraße in Charlottenburg. Dies füllte ihn beruflich und privat gänzlich aus. Bis spät in die Nacht prüfte er regelmäßig die Kassenabschlüsse. Dabei stieß er dann einmal auf die Differenz von 10 Pfennigen zwischen Kassenbestand und Soll. Das ließ ihm keine Ruhe, und tatsächlich kam er einem Schalterbeamten auf die Spur, der Belege gefälscht und sich damit bereichert hatte. Sonntagnachmittags ging er mit uns Kindern „spazieren". Dabei aber kontrollierte er die Briefkastenleerungen, stand mit der Uhr in der Hand am Briefkasten. Wehe, wenn der Briefkasten nicht genau zur angegebenen Zeit geleert wurde! Zeit seines Lebens kümmerte er sich um jede Kleinigkeit in seinem Bereich. Als Präsident in Königsberg fuhr er, wenn es irgend ging, zu einem der ihm unterstehenden Postämter und sah sich – in vielen Postämtern seines Bereiches persönlich nicht bekannt – den Betrieb

Abb. 3. Hochzeit meiner Eltern in Stettin am 17. März 1904.
(Photo A. Schumann, Stettin)

Abb. 4. Eine Zeitungsmeldung aus Königsberg (um 1936), die mir mein Vater schickte. Sie zeigt, daß mein Vater bei jedem Wetter zu seinen Postämtern zur Visite und Inspektion fuhr.

an. So stand er einmal in der Schalterhalle – unerkannt – und inspizierte die Abwicklung der Abfertigung der Kunden, scheinbar irgend einen Anschlag oder ein Plakat lesend. Da geschah es denn einmal im Winter, in einem kleinen Postamt, daß er scheinbar gelangweilt in der Schalterhalle die Abfertigung des Paketdienstes beobachtete. Dem Beamten an der Paketannahme fiel der Besucher auf. Mit einem eleganten Schwung über den Tresen ging er auf meinen Vater zu: „Sie Männeken, hier is keene Wärmehalle". Mein Vater verließ befriedigt das Postamt und setzte sich wieder in seinen Dienstwagen.

Heiligabend in Königsberg. Meine Frau und ich waren zu Besuch bei meinen Eltern; das war so um 1936/37. Gegen 5 Uhr am Nachmittag stand der Dienstwagen bereit, wurde mit Zigarren und Wein beladen und die Fahrt ging zunächst zum Bahnpostamt: Bis zum letzten Weihnachtspaket mußte alle Post zugestellt sein. Dann kamen Fernmeldeamt und einige andere Postämter an die Reihe. Wo alles geklappt hatte, gab es Zigarren und Wein; wo nicht, gab es „Zigarren" verpaßt. Spät am Abend wurden wir in die Kirche zum Gottesdienst geschickt und meine Eltern richteten den Weihnachtsbaum und die Bescherung.

Ja, die Bescherung. Für uns als Kinder immer ein großes Ereignis, mit viel Süßig- und Feierlichkeit. Wenn die Lichter am Baum angezündet waren, durften mein Bruder und ich hereinkommen. Jeder von uns beiden mußte dann erst ein Gedicht aufsagen:

*"Lieber guter Weihnachtsmann,
sieh mich nicht so böse an"*

Als wir viele Jahre später, 1943, unserer Tochter zum ersten Mal den Weihnachtsmann mit Kapuze, weißem Mantel, Rutenbündel und Sack mit Geschenken präsentierten, geschah ein Unglück: Er klingelte an der Wohnungstür; wir schickten Swantje – sie war vier Jahre alt – aufzumachen. Mit einem Entsetzensschrei stürzte sie ins Zimmer zurück und war lange nicht zu beruhigen. Auch gut gemeinte Überraschungen können verheerend wirken.

Wie kam der Postinspektor zum Amt eines Präsidenten? Ich kenne meinen Vater fast nur als Nachtarbeiter. Tagsüber im Dienst, kam er gegen Abend nach Hause, es gab Essen, und dann legte er sich auf eine Couch, schlief eine oder zwei Stunden, um sich dann an seinen Schreibtisch zu setzen. Sein Mittagessen nahm er morgens in Form von belegten Broten mit. (Kantinen gab es damals wohl noch nicht.) Nicht selten brachte er die Brote wieder mit nach Hause. Dann bekamen wir Kinder sie als besondere Leckerbissen, als „Hasenbrot". – Seine nächtliche Arbeit am Schreibtisch galt wohl organisatorischen Fragen, vor allem den Organisationsformen der englischen Post. Sie zu lesen, mußte er Englisch lesen können, hatte es weder auf der Schule, einem humanistischen Gymnasium, noch später gelernt. Er lernte es autodidaktisch. Sprechen oder gar Gesprochenes verstehen konnte er in englisch nie. Aber er schaffte es, englische Texte zu lesen und zu verstehen. Gegen Abend mußte ihm meine Mutter eine Thermosflasche mit Tee und – eine halbe Flasche Rum hinstellen (sie verdünnte den Rum vorsorglich mit Wasser). So arbeitete er bis 3 Uhr morgens. Um 8 Uhr war er pünktlich im Dienst. Im Beruf und dem Hobby der Organisation ging er auf. Für Kunst, Theater, Musik hatte er nicht das geringste Interesse. Ich kann mich nicht erinnern, daß er je ein Konzert oder ein Theater besucht hätte. Zwar standen in seinem Bücherschrank die deutschen Klassiker in einer Prachtausgabe. Gelesen darin haben nur wir Kinder.

Die Frucht dieser hingebenden Einseitigkeit waren Vorschläge für eine Organisation der Reichspost. So wurde man „höheren Ortes" auf ihn aufmerksam, und er wurde zum Postrat befördert und ins Reichspostministerium versetzt.

Später erzählte er mir, er habe wohl als erster Rentabilitätsberechnungen für einzelne Zweige des Postdienstes – Briefe, Telefon, Telegramme, Paketdienst – angestellt. Dabei sei er auf die besonders unrentable Paketzustellung auf dem Lande gestoßen. Daraus dann sein Vorschlag: Da in den Postautos immer genügend Platz sei, solle erwogen werden, Fahrgäste mitzunehmen, eine Personenbeförderung einzurichten. Ob der Vorschlag wirklich von ihm stammt – ich weiß es nur aus seinen Erzählungen, als er schon pensioniert war.

Zuweilen arbeitete mein Vater auch abends im Ministerium. Eines Tages fand er dort einen Zettel „von höherer Stelle": Es sei aufgefallen, daß der Beamte oft weit über die Dienstzeit Licht in seinem Zimmer habe. Falls das darauf beruhe, daß er unfähig sei, sein Dienstpensum zu schaffen, müsse er abgelöst werden. Sei er überlastet, so sei ein weiterer Beamter zur Entlastung einzustellen.

Von meinem Vater habe ich einige Anlagen geerbt. Gewisse Fähigkeiten für Organisation und Verwaltung, penible Pünktlichkeit und einen kameradschaftlichen Umgangston mit Untergebenen. In Königsberg kannte er nahezu jeden Beamten und Angestellten bis herunter zur Putzfrau mit Namen. Von ihm lernte ich die leitenden Grundsätze jeder Verwaltung: 1. Nichts ist so eilig, daß es nicht durch Liegenlassen noch eiliger würde (er ließ nichts liegen); 2. Es sind keine Kosten zu scheuen, um Ersparnisse nachzuweisen.

1933 trat er wohl sehr bald der NSDAP bei, ohne sich aber für die Sache der Partei zu interessieren. Über Politik hat er nie gesprochen. Aber schon 1934 hatte er mit Parteiorganen ernste Differenzen – damals waren auch kleine Differenzen ernst. Ein Parteifunktionär beschwerte sich: Er sei am 1. Mai nicht zu Fuß an der Spitze seiner Belegschaft mitmarschiert; zudem zahle er für die NSDAP-Organisation „Volkswohlfahrt" nur den Mindestbeitrag von einer Mark; zudem habe meine Mutter verleumderische Unwahrheiten über die „Volkswohlfahrt" verbreitet, was strafbar sei. Daraufhin traten mein Vater und meine Mutter aus der „Volkswohlfahrt" aus. (Der Briefwechsel ist erhalten). Das war der Anfang. Nach der Besetzung Polens durch deutsche Truppen weigerte sich mein Vater, dem Gauleiter von Ostpreußen Postfahrzeuge zur Verfügung zu stellen, mit denen „Beutegüter" aus dem besetzten Polen ins Reich gebracht werden sollten. Die Folge: Er wurde seines Amtes enthoben und vorzeitig in den Ruhestand versetzt. Er zog in eine kleine Villa in Wandlitz, nahe bei Berlin. Am 12. September 1944 wurde das Häuschen von einer Fliegerbombe getroffen. Mein Vater starb, meine Mutter hat lange Zeit in Wandlitz mit einem Schädelbruch im Krankenhaus gelegen.

Meine Mutter war in Kiauten (Ostpreußen, Kreis Goldap) geboren, das zwölfte und letzte Kind meiner Großeltern. Ihr ältester Bruder, Julius, war 20 Jahre älter. Kiauten war ein großes Gut. Das Herrenhaus lag einige Kilometer vom Dorf Kiauten entfernt. Onkel Julius hatte das Gut geerbt. Er war ein eigensinniger Mensch, aber ein vorzüglicher Verwalter. Reich – er hatte weit und breit das erste Automobil –, aber bares Geld konnte er nicht sehen; wurde es gar von einem Unwissenden auf den Tisch gelegt, so mußte die Decke sofort in die Wäsche wandern, der Tisch sorgfältig abgescheuert werden. Es ist wohl im Sommer 1919 gewesen: die Zeit der größten Hungersnot in Berlin nach dem Krieg. Zu essen gab es täglich Wrucken, das sind Kohlrüben, gekocht in Wasser. Sie und die Kohlen zum Kochen zu bekommen, mußte die Mutter stundenlang in langen Schlangen anstehen, von Zeit zu Zeit durch eins von uns Kindern abgelöst. Meine Eltern schickten uns, ich war immerhin zwölf, mein Bruder elf, von Berlin nach Kiauten, allein. Am Bahnhof gab mein Vater dem Zugschaffner eine Zigarre (es war eine Kostbarkeit), damit er sich um uns kümmere. In der Tat lieferte er uns wohlbehalten in Königsberg an meinen Onkel aus. So lernten wir Onkel Julius kennen. Riskant wurde allerdings die Rückreise durch den polnischen Korridor. Wir hatten zwar irgendeinen Passierschein. Aber an der ostpreußisch-polnischen Grenze erklärte uns die polnische Schaffnerin: „Ick kenn dem Schein. Das nitzt eich nix". Aber vielleicht rührten sich mütterliche Gefühle oder sie wußte nicht, was mit uns anzufangen: Sie ließ uns weiterfahren. Weiterfahren mitsamt einer Kiste mit zwei lebenden Kaninchen, mit denen die Schaffnerin wahrscheinlich noch weniger anzufangen wußte als mit uns Kindern. Aber die Worte der Schaffnerin klingen mir heut' noch im Ohr.

Meine Mutter war am 21. April 1878 geboren, geheiratet hat sie in Stettin, wo sie bei Verwandten wohnte. „Ohne Beruf" steht in der Heiratsurkunde. Sie hatte in Königsberg ein Töchter-Pensionat besucht und besaß die damals für Mädchen übliche „allgemeine Bildung", spielte – schlecht – Klavier, aber ich habe sie nur zu Weihnachten spielen gehört. In Bromberg hatte sie – wie sich das gehörte – ein Dienstmädchen. Aber schon dort und erst recht in Berlin waren Haushalt und wir Kinder ihr ganzer Lebensinhalt. Regelmäßig ging sie mit uns spazieren und war in jeder Hinsicht besorgt um ihre Familie. Ihre stille und freundliche Art, ihre stete Hilfsbereitschaft lassen mich sie hoch verehren. In Wandlitz geblieben, wurde sie von den russischen Soldaten zum Kartoffeln-Schälen für die Kantine bestellt. Wie durch ein Wunder waren in dem zerbombten Haus in Wandlitz meine Sonder-

Abb. 5. Mein Bruder Siegfried und ich im Alter von etwa 3 und 5 Jahren in Bromberg.

drucksammlung und mein Frack unversehrt geblieben. Sobald die Besatzungsmächte einen Postverkehr erlaubten, schickte sie mir die Sonderdrucke. Den Frack mußte sie zertrennen, denn für ein Päckchen war er zu schwer. Nur die linke Hälfte kam in Göttingen an. Meine Mutter kam 1949 zu uns nach Göttingen, unerwartet, 15 km zu Fuß von Friedland, nur mit einem Köfferchen in der Hand. Sie wohnte dann bei uns. Gestorben ist sie mit 89 Jahren am 5. März 1967.

Von meinen Großeltern erinnere ich mich nur an meinen Großvater Johann Martin Autrum, geboren in Groß-Zarnewanz (Kreis Grimmen, Pommern) am 31.10.1846, Sohn eines Tagelöhners und pensionierter Gendarmerieoberwachtmeister. Er hatte einen bis auf die Brust reichenden, zweigeteilten weißen Bart. Bis 1924 wohnte er bei uns in Berlin. Von seiner aktiven Zeit erzählte er immer wieder. Worauf er besonders stolz war: Er hatte einen Übeltäter aufgespürt, und da der nicht freiwillig ihm folgte, packte er ihn am Kragen und eskortierte ihn, selber hoch zu Roß, hängend zur Wache. In seinem Sessel saß er abends bei einer Petroleumlampe und las Fritz Reuter, den mecklenburgischen Mundartdichter.

Von den Vorfahren meines Großvaters (meines Vaters Vater) sind nur noch Namen bekannt; auch sie reichen nicht über das Jahr 1823 hinaus.

Über die Herkunft des Namens gibt es nur Vermutungen. 10 km südöstlich von Husum (Nordfriesland) in der Gemeinde Winnert/Treene gibt es eine „Hausgruppe" mit zehn Einwohnern, die nach Auskunft der Stadtbibliothek Hamburg den Namen „Autrum" führt, aber in dem Handbuch von Laur („Die Ortsnamen von Schleswig-Holstein") nicht aufgeführt ist. Vielleicht abzuleiten von Au = Bach (Treene); trum ist eine Endung dänisch-friesischer Herkunft für „Wohnplatz"; also „Wohnplatz an der Au". Vielleicht.

Meine Vorfahren mütterlicherseits stammen aus Ziesar, einem Städtchen etwa 20 km südöstlich von Brandenburg. Mein Großvater mütterlicherseits war in Ziesar am 10.12.1828 geboren, als Sohn eines Tuchfabrikanten; er zog nach Ostpreußen und starb 1914 in Elbing. Seine Frau, meine Großmutter Friederike Marie geb. Große (1.8.1833–1909), war die Tochter eines Scharf- und Nachrichters in Wittenberg. Von ihm hat zumindest meine Mutter nichts geerbt.

Kindheit und Schule

Aus meiner Kindheit in Bromberg (bis 1912/13) habe ich nur zwei deutliche Erinnerungen: Vom reichen Onkel Julius in Kiauten bekamen wir eine Kiste – über die Größe mich zu äußern verbietet die Erfahrung mit der Treppe in Berlin – eine Kiste mit einer wunderschönen Spielzeugeisenbahn, ein Geschenk, für das mein Bruder und ich wohl noch zu klein waren. Jedenfalls warfen wir, stolz auf das kostbare Geschenk, einige Wagen den Kindern auf dem Hof aus dem Fenster unserer Wohnung hinunter. Die Folge: Mein Vater verpackte die schöne Eisenbahn wieder in ihre Kiste und schaffte sie auf den Speicher. Ich habe Kiste und Eisenbahn nie wiedergesehen. Und die andere Erinnerung: In Bromberg war ein Kaiserliches Reiterregiment stationiert, das wir gelegentlich bestaunten, wenn es mit klingendem Spiel durch die Stadt zog. Es hatte ein Privileg: An der Spitze der Musikkapelle ritt, hoch zu Roß, ein Mohr, ein Neger (wir hatten noch Kolonien in Afrika); rechts und links vom Sattel hatte er die Trommeln zu hängen, auf denen er, ohne Zügel, der Musik den Rhythmus gab.

Berlin-Charlottenburg: Die Schule, das Kaiserin-Augusta-Gymnasium, lag 20 Minuten Fußweg von zu Haus entfernt. Der Unterricht begann in einer Vorschule (Grundschulen gab es erst 1919), die – 3-jährig – zum Gymnasium gehörte. Soweit ich mich erinnere, waren wir etwa 40 Schüler. Ich hatte neben mir von Anbeginn an Hans Melzian, der dann bis zum Abitur nahezu ständig mein Nachbar war. Von ihm wird noch die Rede sein. Zu schreiben fingen wir auf einer Schiefertafel mit dem Griffel an, natürlich lernten wir die Frakturschrift. Mit Latein lernten wir dann erst spät die lateinische Schrift. Die Fraktur blieb aber in allen anderen Fächern die Norm. Noch während des Studiums schrieb ich Fraktur, bis heute im Namenszug. Mit dem 4. Schuljahr begann das Gymnasium, mit Latein, in der Sexta, so der Name der Klasse dieser Altersstufe. Das fiel schon in die Zeit des ersten Weltkrieges; daher hatten wir ausschließlich ältere Lehrer. Der Lateinlehrer hieß Fröhlich, machte aber seinem Namen keine besondere Ehre. Er war streng und etwas absonderlich. Bei uns hieß er Öltopp. Er hatte nämlich eine eigentümliche Art, unwissende Schüler anzureden: „Nun steht dieser Mensch da wie ein Ölwurm und bringt kein richtiges Wort heraus". Dabei drehte er sich verzweifelt einmal um sich selbst. Er war auch Klassenlehrer und verteilte zu Weihnachten (ausgerechnet; das wurde später abgeschafft) und Ostern die Zensuren. Dabei verlangte er von uns, daß wir uns selbst einschätzten: Es gab – je nach dem Notendurchschnitt – eine Sitzordnung; der Primus saß vorn ganz rechts (vom Lehrer aus gesehen), hinten die Schüler mit den schlechtesten Noten. Hans Melzian und ich saßen in der Mitte. Öltopp hatte folgende Methode, die Zensuren zu verteilen: Durch einen Wink mit der Hand scheuchte er uns alle an die Wand, nahm das erste, also beste Zeugnis und winkte einem von uns. Kam der falsche – er mußte ja eine schlechtere Note haben –, so murmelte er wütend: „Ein unverschämter Mensch!". Doch hatte er auch sehr empfindsame Seiten: Als eine seiner Töchter (wir haben sie nie kennengelernt) starb, sammelten wir für einen Kranz. Als er nach ein paar Tagen wieder in die Klasse kam, ging er zum Katheder und brachte nur schluchzend hervor: „Ich danke euch."

Die Auslese in der Schule war streng. Einmal konnte man sitzenbleiben. Meist führte das dazu, daß der Schüler dann freiwillig auf ein Oberrealgymnasium ging, eine Schulgattung, die zumindest in unseren Augen weniger angesehen war. Von den etwa 40 Anfängern in der Vorschule blieben bis zum Abitur etwa zehn. Im Abitur waren wir dreizehn (einige waren dazugekommen). Keiner von denen, die in der Vorschule als Primus glänzten, hat es bis zum Abitur gebracht. Das hängt wohl damit zusammen, daß vor allem mit dem Beginn des Latein-Unterrichts und dann langsam zunehmend über Griechisch und Deutsch von den Schülern neben einem gewissen, aber nicht überforderten Fleiß eigenes Denken und eigene Phantasie gefordert wurden. So lernten wir zwar Fakten, aber auch logisch zu denken und die Erfindungsgabe einzusetzen. Das wurde sowohl bei den Übersetzungen ins Deutsche, und zwar in gutes Deutsch, als auch umgekehrt bei der Übersetzung heutiger Begriffe ins Lateinische immer wieder geübt. Latein-Unterricht war also zugleich Unterricht in Deutsch. Vom 7. Schuljahr an kam dann Griechisch dazu. Englisch und erst recht Französisch spielten eine ganz nebensächliche Rolle. Französisch war möglich, wurde aber kaum – von meinen Mitschülern von keinem – gewählt.

Mit häuslichen Schularbeiten waren wir wenig belastet: Zwei Stunden am Nachmittag waren wohl das Maximum. Am Sonnabend vormittags war zwar Schule, aber Hausaufgaben zum Montag gab es nicht.

Abb. 6. Siegfried und ich beim Indianerspiel. Etwa um 1916/1917.

Abb. 7. Mein Bruder Siegfried als Soldat (1940). Gefallen 1941. Er studierte Nachrichtentechnik und ging zum Heereswaffenamt.

So hatten wir Zeit, uns mit „Liebhabereien" zu beschäftigen, und die hatten für Hans Melzian und mich einen prägenden Charakter. Hans Melzian ernannte sich zum König von Afrika: Er sammelte alles, was er über diesen Kontinent – über Schwarz-Afrika – auftreiben konnte. Ägypten gehörte nicht zu seinem „Königreich". Er war außergewöhnlich begabt für Sprachen. Latein und Griechisch fielen ihm leicht, so leicht, daß er sich zuweilen die Schulstunden damit vertrieb, im Homer die Zahl der ε pro Seite zu zählen; er nannte das sehr gelehrt „Epsilontik". Seine extreme Sprachbegabung äußerte sich in manchem, auch in Eigenheiten. In den frühen zwanziger Jahren, mit Sicherheit vor unserem Abitur (1925) hatten Neger (soweit ich mich erinnere, Lobi aus Mali) ihre Hütten im Berliner Zoologischen Garten aufgebaut und waren dort – heute unvorstellbar – „zu besichtigen". Derartige „Völkerschauen" hat es in der 2. Hälfte des 19. Jahrhunderts bis in die zwanziger Jahre regelmäßig gegeben (s. z.B. den Katalog „Der geraubte Schatten". Hrsg. Th. Theye. Ausstellung des Münchener Stadtmuseums, München 1989, S. 203f., 307; s. auch Carl Thinius: Damals in St. Pauli. Lust und Freude in der Vorstadt. Hamburg 1975, S. 36f.). Die Lobi hatten einen Araber als Dolmetscher bei sich. Hans Melzian – noch Gymnasiast – ging in die Berliner Staatsbibliothek, eignete sich aus einem deutsch-arabischen Lexikon 50 arabische Wörter an, besuchte die Lobi und kam mit 200 Wörtern aus deren Wortschatz zurück. Phonetik machte ihm keine Schwierigkeiten. So sammelte er einmal die Phonetik des „Fertig", des Rufes, mit dem damals die Schaffner in der Berliner Untergrundbahn die Züge abfertigten. 50 Varianten dieses „Fertig" will er gefunden haben. Er konnte sie mit seinem phänomenalen Gedächtnis auch wiederholen. Die heutigen Mittel der Tonaufzeichnungen gab es damals noch nicht.

Da wir fast die ganze Schulzeit hindurch, zumal in den oberen Klassen, nebeneinander saßen, profitierte ich manches in den Sprachen, im Austausch gegen Mathematik. Sie war ihm ein Buch mit sieben Siegeln. Die „Zusammenarbeit" zwischen uns beiden klappte hervorragend – bis zum Abitur. Da gab es auch eine schriftliche Klausurarbeit in Mathemtik. Wir saßen weit getrennt. Einige Tage danach kam unser Mathematiklehrer, Herr Nachtsheim, in die Klasse, sah Hans Melzian mit finsterem Blick – soweit er dazu fähig war – an: „Melzian, mir ist ein Rätsel, wie Sie die Mathematik so viele Jahre überstanden haben."

Hans Melzian bestand trotzdem das Abitur und studierte in Berlin Afrikanische Sprachen. Für seine Begabung nur ein Beispiel: Nach dem

Studium ging er für einige Jahre an die London School of Oriental Studies. In den Weihnachtsferien langweilte er sich in London und beschloß, Finnisch zu lernen: Er flog nach Helsinki und lernte in wenigen Wochen diese wirklich schwierige Sprache. In den dreißiger Jahren war er einige Zeit in Togo; dort entstand sein auch heute noch für die afrikanischen Sprachen klassisches Wörterbuch der Ewe-Sprache. Eines Tages kam er zu einem kurzen Urlaub von London nach Berlin, verliebte sich und heiratete. Mit seiner Frau nach London zurückkehrend, weigerte er sich, irgendwo in Belgien essen zu gehen: Er spräche grundsätzlich im Ausland nur dessen Sprache, und Flämisch könne er nicht. Basta. Im Krieg wurde er zur Dolmetscher-Kompanie eingezogen. Eines Nachmittags besuchte er mich im Zoologischen Institut, und wir fuhren mit der S-Bahn nach Hause. Auf einem S-Bahnhof hielt uns ein fremd aussehender Mann in Wehrmachtsuniform an und zeigte einen Zettel, auf dem eine Adresse, wohl die seiner Meldestelle stand. Ein kurzer Blick: Hans Melzian sprach den Mann richtig auf Hindi an. Die Wehrmacht hatte damals wohl alle nur möglichen „Kolonialtruppen" vereinnahmt. 1945 fiel Hans Melzian – nach dem Krieg – in Berlin, wohl von einer verirrten Kugel.

Zurück zur Schulzeit: Einer unserer Lehrer in Griechisch war Otto Schröder; seine Übersetzung der Werke von Pindar ist auch heute noch klassisch. Er verstand es, uns für alles Griechische zu begeistern. Schröder war sehr beliebt bei uns, obgleich er zurückhaltend und streng war. Aber er hatte Humor. Machte jemand Fehler beim Übersetzen, so rügte er das mit den Worten: „So ja wohl nun freilich denn doch nicht." Als einer von uns „argyropous Thetis" mit „silberbeinige Thetis" übersetzte, fragte er: „Woher wissen Sie denn das?" [Richtig ist: „silberfüßige Thetis".] In Mathematik unterrichteten uns Dr. Neiß und Herr (ohne Dr.) Nachtsheim. Der Unterricht von Neiß war nur etwas für die Begabten; er vertrat den Standpunkt (und verkündete ihn auch): Entweder man kann Mathematik; dann braucht der Lehrer sich keine besondere Mühe zu geben. Oder man kann keine Mathematik; dann ist jede Mühe sowieso vergebens. Nachtsheim war ein ausgezeichneter Lehrer. Er hatte Humor und besaß Schlagfertigkeit, war gutmütig. Zuweilen mußten wir über die Art seiner Reaktion lachen: Einmal schrieb er Formeln an die Tafeln, wir Taugenichtse brummten dann. Da fuhr er herum: „Hanf, ich habe Sie hinter meinem Rücken brummen gesehen." Bei Nachtsheim trieben wir zuweilen harmlosen Schabernack. So klemmte sich ein Mitschüler – Geißler, er saß in der vordersten Bank – eines Tages ein Monokel vors Auge. Nachtsheim kommt in die Klasse, sieht den provozierenden Schüler kurz an: „Geißler, wenn Sie sich noch so ein Ding ins Arschloch stecken, können Sie sich als Fernrohr vermieten". Das Monokel verschwand.

In der Schule wurden wir zum selbständigen Denken erzogen. Disziplin erreichten die Lehrer durch ihre menschliche und vor allem sachliche Autorität. Fast immer war unsere eigene, höchstpersönliche Meinung gefragt. Wurden etwa bei schriftlichen Haus- oder Klassenarbeiten Fehler angestrichen, so war es durchaus üblich, nach der Rückgabe der Arbeit eine oder auch zwei Stunden über die Berechtigung mit dem Lehrer zu „streiten". Da wurde etwa in Latein aus einem 2-bändigen Lateinisch-Deutschen Wörterbuch jede dort verzeichnete Variante herausgezogen – und vom Lehrer anerkannt. In der Regel ging es ja auch um stilistische und nicht – in den oberen Klassen triviale – grammatische „Fehler". Nach sieben Jahren Latein mit mindestens vier, meist fünf Wochenstunden wurde in der Regel bei schriftlichen Arbeiten ins Lateinische übersetzt. Im Abitur bekamen wir für die Klausurarbeit einen Text aus Goethes „Iphigenie" zu übersetzen – freilich nicht in Verse.

Die Schule ließ uns viel Zeit. Wir lasen viel, hatten Liebhabereien, bei denen uns niemand anleitete. Ich ließ mir zu Weihnachten ein „Mikroskop" schenken; das war ein wenige Zentimeter langer Messingtubus mit einer Linse am Auge und einer größeren am anderen Ende. Durch einen Schlitz konnte man fertige Präparate auf den auch heute noch üblichen Objektträgern schieben. Wahrscheinlich waren Foraminiferen und Radiolarien in den käuflichen Präparaten. Bald genügte mir das nicht mehr: Ich baute mir aus Pappröhren und Holzscheiben – mit einer Laubsäge zurechtgeschnitten – ein „richtiges" Mikroskop. Woher ich die Linsen bekam, weiß ich nicht mehr. Später bekam ich ein einfaches – sehr einfaches – Mikroskop geschenkt. Dann fiel mir ein populäres Heftchen von Raoul Francé (1874–1943), „Das Leben im Süßwassertropfen", in die Hände. Die Folge: Ich untersuchte alles, was ich in Tümpeln und in Spree und Havel an mikroskopischen Lebewesen entdecken konnte. Größere Bestimmungsbücher gab es in der Charlottenburger Volksbücherei. Viele Stunden verbrachte ich dort, um nach meinen Zeichnungen die Protozoen, Diatomeen und Algen zu bestimmen. Wesentliche Anregungen gaben auch die Hefte der Zeitschrift „Kosmos". Ich abonnierte sie schon als Schüler aus meinem Taschengeld. 1924 begann dann die erste Lieferung der 5. Auflage des Werkes von Eyfarth-Schoenichen „Einfachste Lebensformen des Tier- und Pflanzenreiches" (Hugo Bermühler Verlag, Berlin-Lichterfelde, 1924ff.).

So erwarb ich mir schon als Schüler eine beachtliche Formenkenntnis der Kleinlebewesen im Wasser.

Den Beginn des ersten Weltkrieges erlebten wir mit meinen Eltern in Pommern bei meinem Großvater. Mein Bruder Siegfried – ein Jahr jünger als ich – und ich, wir waren zu klein, um irgend etwas von den Vorgängen zu begreifen. Ich erinnere mich nur, daß meine Eltern überstürzt aus den Ferien nach Berlin zurückfuhren, in völlig überfüllten Zügen. Etwas deutlicher ist mir dann das Ende des Krieges: Den Spartakus-Aufstand (Januar 1919) erlebten wir mit. Durch die Berliner Straße in Charlottenburg – sie lag auf unserem Schulweg – zogen demonstrierende Arbeiter teils mit roten Fahnen, ein anderer trug ein Transparent mit deutschnationalen Parolen. Der Direktor des Kaiserin-Augusta-Gymnasiums machte zuweilen unangemeldete Visiten in den Klassen. So auch eine Tages bei uns: „Wer war Spartakus?" Keiner wußte es, und er erzählte von dem Sklavenaufstand. Weniger erfreulich für uns Kinder war der Kapp-Putsch im März 1920: Da wurde vor dem Charlottenburger Rathaus geschossen, als wir gerade auf dem Schulweg waren. Dann wurden wir nach Hause geschickt; der Schulhof war von Anhängern Kapps besetzt, die dort ihre Flammenwerfer ausprobierten. Der Kapp-Putsch brach bald zusammen. Ein Generalstreik half dabei mit. Die Weisung an uns Schüler: Die Schule fängt wieder an, wenn die Straßenbahnen wieder fahren. Zu unserer Freude streikten die eine Woche länger als alle anderen.

Verkehr gab es vor allem vor 1920/21 wenig in der Stadt. Die Straße war zugleich für uns Spielplatz. Autos waren eine Seltenheit: Es war ein Erlebnis, als wir – wohl 1913 oder 1914 – an der Heerstraße, die vom Brandenburger Tor über den „Stern" im Tiergarten zum „Knie" (jetzt Ernst-Reuter-Platz) durch Charlottenburg nach Potsdam führte, – als wir an dieser Straße ein helles „Tatüta" hörten: Im offenen Wagen fuhr der Kaiser (Wilhelm II) in Paradeuniform mit wehendem Helmbusch an uns vorbei.

Vor Weihnachten wurde uns Kindern dieser Weg von Charlottenburg durch den verschneiten Tiergarten, über den Großen Stern, vorbei an der Siegessäule, durchs Brandenburger Tor, Unter den Linden, bis zur Königstraße zum Erlebnis: In der Königstraße war das Kgl. Postamt, und dort gab es zu Vorzugspreisen für alle Postbeamten Weihnachtsgebäck. Die Mutter mit einem großen, wir Kinder mit kleinen Rucksäcken; das waren gute 6 1/2 km zu Fuß hin und noch einmal so viel zurück. Gewiß fuhr eine Straßenbahn, aber das war zu dritt zu teuer. Später, als Student, bin ich diesen Weg oft zur Universität gelaufen; denn der Student hatte auch kein Geld zu verschenken. In den zwanziger Jahren war dann der Autoverkehr schon lebhafter: Am Großen Stern regelte ihn ein Verkehrspolizist. Zu Weihnachten war es dann guter Brauch, ihm ein Päckchen mit Gebäck oder Zigarren beim Vorüberfahren aus dem Wagenfenster zu reichen. Das gab keinen Stau.

Noch in meine Schulzeit fiel die Eröffnung des ersten Rundfunksenders mit allgemeinem Programm (Oktober 1923). Zugleich wurde der Empfang (gegen Gebühr) Privatpersonen erlaubt. Verboten aber war es, selbst Empfangsgeräte zu basteln, wohl weil sie Störwellen erzeugen konnten. Aber es gab ein kleines Buch zu kaufen, „Wie der amerikanische Bastler seinen Rundfunkapparat selbst baut".[1] So entstand – von meinem Vater mit einigem Kummer geduldet – ein primitiver Empfänger aus Antenne, zwei Spulen mit einem verstellbaren Drehkondensator, einem Kristalldetektor und Kopfhörer. Der Kondensator ließ sich selbst bauen: Zwei Aluminium-Halbscheiben, in deren Zwischenräume eine dritte mehr oder weniger hineingedreht werden konnte. Die Einstellung eines Kristalldetektors erfordert viel Geduld, bis der feine, kurze Draht auf dem Kristall einen befriedigenden Punkt gefunden hat – und für einige Zeit behält. Etwas später wurde der Selbstbau eines Röhrenempfängers erlaubt, vorausgesetzt, daß man in einer Prüfung die nötigen Kenntnisse nachwies. Das gelang, und es entstand alsbald der erste selbstgebastelte Empfänger mit Audioröhren und Rückkoppelung.

Diese beiden Hobbys in meiner Schulzeit hatten entscheidenden Einfluß auf meine späteren wissenschaftlichen Interessen. Einerseits die Biologie, andererseits die Verstärkertechnik: In den 30er Jahren baute ich mir für die elektrophysiologischen Versuche meinen Röhrenverstärker mit drei AF7-Röhren selbst – zu kaufen gab es für solche Versuche geeignete Apparate nicht. 1943 wurde dann mit Hilfe freundlicher Unterstützung durch die Reichspostforschungsanstalt in Berlin der erste Gleichspannungsverstärker entwickelt, wohl der erste Gleich-

---

[1] 1994 wurden einige dieser Radio-Bastelbücher aus dem Jahr 1924 als Nachdrucke wieder aufgelegt. Inge Thomas – ihre Schwester, Bibliothekarin in Hamburg, hatte es ausfindig gemacht – schenkte mir zum 87. Geburtstag den Reprint des Buches „E. u. C. Wrona: Das Radio-Bastelbuch * Selbstanfertigung von Rundfunkempfängern. Schaltungs- und Handbuch für Radio-Amateure" 1924. Deutsch-Literarisches Institut. [Nachdruck Wilhelm Herbst Verlag]. Das Büchlein erinnert mich lebhaft an die Zeit um 1923/24, und die Empfänger mit ihren Spulen zur Abstimmung und den Kondensatoren sehe ich wieder vor meinen Augen.

spannungsverstärker, der überhaupt konstruiert wurde (s. Abb. 12). Er bestand aus sechs EF12-Röhren, die im Gegentakt betrieben wurden. Wie alle solche selbstgebauten Geräte war er reichlich launisch. Recht umständlich war die Versorgung mit den Betriebsspannungen, die sehr konstant sein mußten. Die Heizung wurde mit großen Akkumulatoren gespeist. Die Anodenspannungen (bis 220 V) wurden aus platzraubenden NiFe-Batterien entnommen, die vor allem ständige Pflege benötigten. Doch damit greife ich 20 Jahre vor.

Alle unsere „Hobbys" hatten mit der Schule nichts zu tun. Sie hat uns dazu nicht angeregt, aber auch nicht daran gehindert. Bei den Basteleien half mir mein Bruder Siegfried (geb. 1908). Er war technisch begabt und legte eigenhändig in den frühen zwanziger Jahren in unserer Wohnung elektrische Leitungen. Bis dahin gab es Gasglühlampen. Das Leuchtgas brachte Auerglühstrümpfe zum Glühen. Sie waren solange recht robust, wie sie noch nicht benutzt worden waren. Nach dem ersten Anzünden bildeten sie ein lockeres, gegen Erschütterungen empfindliches Gewebe. Tobten wir Kinder gar zu sehr, oder stießen wir gar an die Lampen, so zerfielen sie und mußten ersetzt werden. Das elektrische Licht war ein erheblicher Fortschritt. – Gaslicht beleuchtete auch die Großstadtstraßen. Des Abends kam ein „Gasanzünder" mit einer langen Stange und stellte das Gas an; tagsüber brannten wohl Sparflammen.

Der erste Weltkrieg brachte bald Hungerzeiten. Nach Fleisch und Kohlen mußten wir uns lange anstellen. Wir Kinder lösten uns ab, nicht selten von rücksichtslosen Leuten von unserem Platz vertrieben. In den letzten Jahren des Krieges und den ersten danach gab es oft nichts als wäßrige Suppe aus Kohlrüben.

1923 fuhren die Eltern mit uns in den Schulferien nach Zingst an die Ostsee. Das war die Zeit einer galoppierenden Inflation. Die Geldentwertung war so rapid, daß mein Vater nahezu täglich morgens eine Abschlagszahlung auf sein Gehalt auf dem Postamt bekam, Geld, das er uns Kindern am Nachmittag in die Hand drückte: Wir sollten uns schnell Kuchen kaufen, am folgenden Tag war das Geld nichts mehr wert. Viele Gemeinden druckten eigenes „Notgeld". Dabei verlor das Volk seinen Humor nicht: Auf einem dieser Notgeld-Scheine war zu lesen:

> *„Freeten, slapen, supen,*
> *sachte gahn und pupen.*
> *Dat sleit an."*

Nach 1924 setzte dann ein allgemeiner Aufschwung ein, im wesentlichen wohl bedingt durch die Notwendigkeit der erzwungenen und maßlosen Reparationen an die Siegermächte: Es wurde gearbeitet und produziert, aber ein großer Teil dieser Erzeugnisse wanderte unbezahlt und ohne Gegenleistung ins Ausland. Die Weltwirtschaftskrise lähmte seit 1929 das Wirtschaftsgefüge und Investitionen. Die Zahl der Arbeitslosen stieg rapid auf über 6 Millionen.

Das Abitur im März 1925 brachte einen Notendurchschnitt von 2,5; zu verdanken einer Zwei in Deutsch und Mathematik und einer Eins in Physik. Biologie war kein Fach, weder in der Oberstufe noch gar im Abitur. Zweifelhaft ist, ob ich mit solch einer „miesen" Abiturnote heute hätte Biologie studieren dürfen! Jedenfalls bescheinigte mir vier Jahr später mein Lehrer an der Universität Berlin, der Zoologe Professor Richard Hesse – ohne spezielle Prüfung: „Er ist zweifellos hochbegabt und dazu sehr fleißig." Ein „Ungenügend" habe ich im Abiturzeugnis: Erdkunde. Ich erwähnte schon den nur auf Faktenpauken versessenen Lehrer. Angesichts schlechter Leistungen mußte ich mündlich geprüft werden: Ich scheiterte, denn der Lehrer verlangte von mir, ich solle die Stationen des Orientexpreß von Paris nach Konstantinopel aufzählen. Bis Budapest ging's. Dann verhedderte ich mich. Höhnisch kommentierte Herr Menzel, der Lehrer: „Nun fährt er wieder rückwärts". Aus, ungenügend. Aber Geographie und Geschichte waren im ganzen Ausnahmen.

Die Abiturnote als Kriterium für die Zulassung zum Studium – in den siebziger Jahren an den bundesdeutschen Hochschulen qua Gesetz eingeführt – ist völlig abwegig. Der dumme Satz „Ausnahmen bestätigen die Regel" gilt hier nicht: Hochbegabte sind immer Ausnahmen, und gerade die braucht die Universität, wie sie die Hochschule brauchen. Die Schule erzieht zum Fleiß und belohnt ihn. Die alten Sprachen machten uns nicht nur mit den Ursprüngen der abendländischen Kultur gründlich bekannt; sie leiteten uns Stunde für Stunde zum strengen logischen Denken an. Das war die Vorbereitung für alle Berufe. Zudem verlangte und respektierte die Schule selbständiges Denken. Zwei Beispiele: Mein Bruder Siegfried bekam eines Tages für einen Aufsatz das Thema: „Der Jugend und des Alters Gefühle im Frühling". Seine eigenen schilderte er ganz zufriedenstellend. Er schloß seinen Aufsatz mit dem lapidaren Satz: „Über die Gefühle des Alters kann ich aus eigener Erfahrung nichts sagen." Er bekam ein „gut" unter den Aufsatz. Das andere Beispiel: Ein Mitschüler wurde in der mündlichen Prüfung nach Ovid gefragt. Seine spontane Antwort: „Ich halte ihn für einen Dichterling zweiter Güte." Er konnte das mit einzelnen Stellen belegen und bestand die Prüfung.

Natürlich gab es auch gelegentlich „Entgleisungen". So bekam unsere Parallelklasse in der Oberstufe einmal das Aufsatzthema: „Was kann man aus der Beinstellung der Hohenzollern in der Siegesallee auf ihren Charakter schließen?" Die Siegesallee im Tiergarten gibt es anscheinend nicht mehr. Es war 100 m vor (von Charlottenburg aus gesehen) dem Brandenburger Tor eine breite Querallee. An ihr standen in Lebensgröße – oder größer – sämtliche Hohenzollern als weiße Marmorstatuen, in gesetztem Abstand je einer mit zwei seiner bedeutendsten Generäle oder Minister. Diese Prunk- oder besser Protzallee ist verschwunden. Es war ein typisches Produkt Wilhelminischen Größenwahns.

Studium in Berlin

Das Studium begann mit einigen Enttäuschungen. Dr. Feigl las eine Einführung in die Mathematik. Der Übergang von der Schule war aber so abrupt, daß ich zunächst nichts von dem verstand, was da vorgetragen wurde. Anders in der Physik: Da las Nernst die Einführung in die Experimentalphysik im Physikalischen Institut in der Dorotheenstraße. Das war eine klare und anschauliche Vorlesung. Freilich: Die Hörsäle waren überfüllt, und man mußte rechtzeitig kommen, um noch einen Platz zu ergattern. Max Planck las Theoretische Physik. Es war langweilig: Der Herr Geheimrat hatte sein Lehrbuch vor sich, wir auch, und Planck war mehr damit beschäftigt, seinen Tafelschwamm immer wieder in eine Schüssel mit Wasser zu tauchen und auszudrücken, als zu seinen Hörern zu sprechen. Fesselnd waren die Vorlesungen und Vorträge von Erwin Schrödinger (Physik). Stets erschien er in der Vorlesung mit Schillerkragen. Gelegentliche Vorträge von Einstein und Heisenberg waren Höhepunkte. Bieberbach trug verständlich vor, verrechnete sich aber fast in jeder Stunde und, sobald er es merkte, suchte er verzweifelt nach dem Fehler. Erhard Schmidts Vorlesung über Differential- und Integralrechnung wurde im Auditorium maximum gehalten. Schmidt, in Dorpat geboren, sprach ein breites Baltisch. Er hatte einen treffenden und trockenen Humor. So kam er einmal im Winter zu spät in die Vorlesung, noch im Pelzmantel, und wurde mit Scharren empfangen. In aller Ruhe ließ er sich vom Pedell aus dem Pelz helfen, ging aufs Katheder und sagte, als das Scharren sich gelegt hatte: „Entschuldigen Se, meine Damen und Herren, die Tram hat mich nicht jefaßt." Ein anderes Mal ergab seine Rechnung, eine Größe sei (er schrieb es an die Tafel)

$$= \frac{4}{5}a + \frac{1}{5}a$$

dann stutzte er, fuhr fort, „das sind

$$\frac{8}{10}a + \frac{2}{10}a =$$

(triumphierend) ein Janzes. Ich kann nämlich mit unjraden Nennern nicht rechnen".

Als Erhard Schmidt Rektor wurde, hatte er nach kurzer Zeit einen Zusammenstoß mit Studenten. Den schlagenden Verbindungen – Studentenvereinigungen, die Fechtturniere in ihren Häusern durchführten, um zu im ganzen harmlosen Duellen mit Angehörigen anderer Verbindungen zu provozieren – waren Rempeleien ein willkommener Anlaß. Sie herbeizuführen versammelten sich die schlagenden Verbindungen mit Mütze und farbigem Band oft in „Montur" in der 11-Uhr-Pause im Vorhof der Universität, der zu der Prachtstraße „Unter den Linden" gelegen war. Hier formierte jede Verbindung einen Kreis, und diese Kreise grenzten eng aneinander, so daß es für spät kommende unmöglich war, dazwischen hindurchzukommen ohne jemand anzurempeln. Als eines Tages Erhard Schmidt gerade in der 11-Uhr-Pause über diesen Vorhof in die Universität wollte, wurde er von Studenten angerempelt, die ihn offenbar nicht kannten. Kurzerhand verbot er daraufhin diese – im Grunde alberne und provokative – Versammlung im Vorhof und ließ das Verbot durch Pedelle überwachen.

Wenn er als Rektor in der Stadt außerhalb der Universität bei offiziellen Gelegenheiten eine Ansprache zu halten hatte, ließ er seinen Assistenten einige Schritte vor sich her gehen; Schmidt sah auf dessen Stiefelabsätze, so daß er nicht auf den Verkehr achten mußte und sich konzentriert auf seine Ansprache vorbereiten konnte.

Höhepunkte waren die Vorlesungen von Issai Schur über Zahlentheorie; er las sie vier Semester zu je drei (oder vier) Wochenstunden. Karl Löwners „Funktionentheorie" wurde von uns Studenten vollständig mitgeschrieben und dann zu Hause nach- und ausgearbeitet. Diese Ausarbeitungen, sauber in dicke Hefte eingetragen, besitze ich noch von Schurs Vorlesung „Zahlentheorie I" (Winter-Semester 1926/27) und Löwners Vorlesung „Funktionentheorie" (Winter-Semester 1927/28). Das sind umfangreiche Hefte von 350 bzw. 200 Seiten.

Faszinierend waren die Vorlesungen von John von Neumann, einem reichen ungarischen Baron (1903–1957). Er trug mit solch rasanter Geschwindigkeit vor, daß wir uns zu dritt zusammentaten und alle 20 Minuten im Mitschreiben abwechselten. John von Neumann emigrierte 1933 und wurde Professor in Princeton. Er war maßgeblich beteiligt an der Entwicklung elektronischer Rechner (Einsatz bei der Landung der Alliierten in der Normandie; Beginn 6. Juni 1944).

Richard Edler von Mises (1883–1953), mit dem blauen Blut, las Wahrscheinlichkeitsrechnung und Mechanik. Auch er emigrierte 1933

Abb. 8. Mein Lehrer in Berlin, Professor Richard Hesse (1868–1944). 1925–1935 o. Professor für Zoologie in Berlin, 1935 emeritiert. (Aus: I. Jahn, R. Löther, K. Senglaub „Geschichte der Biologie". G. Fischer, Jena 1985).

nach Istanbul und war ab 1939 Professor in Cambridge, Massachusetts, USA.

So verlor Berlin und damit Deutschland die Creme der Mathematik. Fast alle Ordinarien der Friedrich-Wilhelm-Universität emigrierten; zurück blieb Bieberbach; er las alsbald eine „Deutsche Mathematik", wurde unter den Nazis Dekan der Philosophischen Fakultät (zu der die mathematisch-naturwissenschaftlichen Fächer noch gehörten).

Die Zoologie vertraten Richard Hesse (1868-1944) und Carl Zimmer, der zugleich Direktor des Museums für Naturkunde in der Invalidenstraße war. Richard Hesse war ein hervorragender Lehrer, von ungewöhnlichen Kenntnissen und einem weiten Überblick. Seine Anrede in der Vorlesung:
„Meine Frauen und Herren!" Hesse hatte ursprünglich Germanistik studiert, war dann aber, von der Deszendenztheorie fasziniert, zur Zoologie gekommen. Von seinen germanistischen Studien her begründete er seine Anrede so: Im Mittelalter sei – so Hesse – der Titel „Frau" ein Ehrentitel gewesen; der „Dame" hafte etwas Abwertendes an – im 17. Jahrhundert habe „Dame" im Deutschen die zwar gebildete, aber eben nur die Geliebte gemeint.

Zunächst studierte Richard Hesse in Greifswald, dann in Tübingen und Halle. In Tübingen war es der Zoologe Theodor Eimer (1843-1888), der Hesse für die Abstammungslehre begeisterte; Hesse schwenkte zur Zoologie um und promovierte 1892 in Halle bei Grenacher. Seine Doktorarbeit ist bereits klassisch: Er wies bei *Ascaris* (Spulwurm) die Zellkonstanz im Nervensystem und der Körperzellen und das Unvermögen zur Regeneration nach. Grenacher hat Hesse einen entscheidenden Anstoß gegeben: 1879 (damals noch Professor in Rostock) hatte er das prachtvolle Tafelwerk „Untersuchungen über das Sehorgan der Arthropoden, insbesondere der Spinnen, Insecten und Crustaceen" (Vandenhoek & Ruprecht, Göttingen) veröffentlicht, und die vergleichende Anatomie und Histologie der Augen wurde eines der fruchtbarsten Arbeitsgebiete von Hesse. – Das Werk von Grenacher war noch 1950 bei Vandenhoek & Ruprecht nicht vergriffen: Ich konnte noch zwei Exemplare kaufen.

Hesse hat viele Gebiete der Zoologie befruchtet. Seine Arbeiten über die vergleichende Morphologie der Augen sind klassisch. 1914 erschien der Band 1 des Werkes „Tierbau und Tierleben im Zusammenhang betrachtet". Den Band 2 hatte Franz Doflein (1873-1924) bearbeitet, ein gemeinverständliches Werk im besten Sinne des Wortes, dessen Zusatz „im Zusammenhang betrachtet" zeigt, daß Hesse nicht auf Vermittlung von Fakten, sondern von Zusammenhängen Wert legte. Hesse unterschied im Gespräch zwischen „Stoffhubern" und „Sinnhubern". Jene seien zwar zuweilen nützlich, aber sie produzierten im ganzen mehr Staub als Steine. Die Sinnhuber errichteten Bauten. Seine „Tiergeographie auf ökologischer Grundlage" (Fischer, Jena 1924) war ebenfalls ein Werk von 600 Seiten, in dem Zusammenhänge zwischen der Verbreitung der Tiere und den Lebensbedingungen wohl zum ersten Mal umfassend behandelt wurden.

Hesse hatte Humor, und vor allem war er stets jeder Kritik zugänglich; er gab mit Vergnügen zu, daß er auch von seinen Studenten im Seminar lernen könne. Empfindlich war er gegen Besserwisserei. Ein Hilfsassistent, der im Praktikum den Studenten Fragen beantwortete, wurde eines Tages von ihm gefeuert: Er wisse auf jede Frage eine Antwort; das könne nicht mit rechten Dingen zugehen. Wahrscheinlich hatte Hesse – er war täglich im Praktikum – mehr oder weniger zufällig auch falsche Behauptungen erlauscht. Zudem solle man den Studenten nicht mit fertigen Antworten kommen, sondern sie anleiten, wie und wo sie Antworten auf ihre Fragen finden könnten. Hesse konnte die Studenten begeistern. Jeden Tag ging er durch das ganztägige Praktikum: „Nun, was haben Sie Schönes?" Über jedes Paramecium im Mikroskop geriet er in echte Begeisterung, als sähe er es zum ersten Mal.

Etwas besonderes waren die „Weihnachtsfeiern" im Institut. Doktoranden und Großpraktikum bereiteten die Feier wochenlang vorher vor: eine „Festzeitung" wurde verfaßt, mit viel Spaß und Witz, wobei jedem – auch dem verehrten Chef – seine Schwächen und Fehler vorgehalten wurden. Leider sind diese Geistesblitze alle verlorengegangen. Hesse beschenkte seine Doktoranden immer mit Sonderdrucken, teils eigenen, teils sehr amüsanten oder klassischen, die es in dem Hirschwaldschen Antiquariat gab. So bekam ich einmal Karl Ernst von Baers Vortrag „Welche Auffassung der lebenden Natur ist die richtige?" aus dem Jahr 1862, ein anderes Mal Hesses Aufsatz „Das Sehen der niederen Tiere" (Gustav Fischer, Jena, 1908: 47 S.) mit der Widmung „Vom Zoologischen Weihnachtsmann".

Ein Wissenschaftler gänzlich anderer Art war Carl Zimmer: Spezialist für die Systematik der Crustaceen, beherrschte er die gesamte Systematik und Anatomie des Tierreichs. Seine Vorlesung über Systematische Zoologie war eine nüchterne, trockene Aufzählung von Fakten der Systematik. Zur Vorlesung ließ er eine Unzahl von präparierten oder ausgestopften Tieren aufbauen, ohne aber je eines der Objekte näher zu behandeln. Es war „tote" Zoologie. Das verbreitetste Lehrbuch der (systematischen) Zoologie war der Claus-Grobben (3. Aufl. 1917, unveränderte Nachdrucke 1921, 1923). Erst 1932 erschien dann eine Neubearbeitung, in der K. Grobben die „Spezielle Zoologie", A. Kühn die „Allgemeine Zoologie" behandelte (Springer-Verlag, Berlin). Spöttisch sagten wir von Zimmer: Wenn man eine Stecknadel durch das Lehrbuch von Claus-Grobben stecke, wisse er, welche Buchstaben getroffen seien.

Mathematik und Physik genügten nicht als Fächer für das Staatsexamen, also als Vorbereitung für den Beruf als Lehrer. Biologie wählte ich daher als notwendiges Ergänzungsfach. Freilich stieß das auf Schwierigkeiten. Ich wollte – einige Kenntnisse glaubte ich von meinen Liebhabereien als Schüler zu haben – ich wollte mich also kühn und vielleicht mit ein wenig zu hoher Selbsteinschätzung gleich zum Zoologischen Fortgeschrittenen-Praktikum anmelden. Die Anmeldung dazu nahm der Assistent Prof. Ernst Marcus entgegen. Man bekam dann eine Bestätigung, die man beim Belegen in der Quästur, der Kasse der Universität, vorlegen mußte. Dann konnte man dort – neben den Semestergebühren – das Praktikum im Belegheft eintragen lassen und die vorgeschriebenen Gebühren einzahlen. Die Unterhaltung mit Prof. Marcus war kurz: „Haben Sie schon den Anfängerkurs mitgemacht?" „Nein". „Dann müssen Sie den erst einmal belegen". Aus. Den Anfängerkurs gab es aber in dem Semester nicht. Also ging ich im nächsten Semester, mich bei Prof. Marcus zum Anfängerkurs anzumelden: „Haben Sie die Vorlesung „Allgemeine Zoologie" von Prof. Hesse gehört?" „Nein". „Dann hören Sie erst die, und kommen Sie nächstes Semester wieder."

So wurde ich zweimal in der Zoologie abgewiesen. Allerdings: Als ich dann – nach der Vorlesung von Hesse – endlich den „Zoologischen Kurs für Anfänger" mitmachte, entdeckten Marcus und vor allem Hesse schnell, daß ich schon erhebliche Kenntnisse hatte, und ich rückte gleich zum „Hilfsassistenten" im Praktikum für Fortgeschrittene auf: Ich nahm am Großen Zoologischen Praktikum im Winter-Semester 1928/29, in meinem 7. Semester, zugleich als Student und als Hilfsassistent teil.

Hilfsassistent: Das heißt, ich hatte montags bis freitags von 9–18 Uhr im Praktikum zu sein, selbst zu arbeiten und den Kommilitonen zu helfen. Dafür gab es pro Semester 200 Mark, also keine 70 Mark pro Monat.

Inzwischen aber hatte ich das Staatsexamen als Abschluß des Studiums bereits aufgegeben. Das kam so: Zur Biologie gehörte natürlich auch Botanik. Die Vorlesungen und Kurse fanden in Berlin-Dahlem statt. Ludwig Diels (1874–1945) las Systematische Botanik und Pflanzengeographie, ausgerechnet im (heißen) Sommer von 12–13 Uhr. Inhaltlich wohl ausgezeichnet, aber im Ton gleichförmig und ermüdend. Er sprach nicht zum Auditorium, sondern an uns vorbei, seitlich zum großen Fenster des Hörsaals gewendet. Hitze und Mittagszeit wirkten einschläfernd. An den Endseiten jeder Bankreihe waren Klappsitze angebracht. Eines Tages gab es einen dumpfen Fall und ein helles Klacken des hochklappenden Sitzes: Ein Student war eingeschlafen. Die Reaktion von Prof. Diels: Ein kurzer Blick ins Auditorium, ein ebenso kurzes „Aha", und der Vortrag in Richtung Fenster ging weiter. – Diels hatte eine tiefe Narbe über einer Schläfe. Wir führten sie darauf zurück, daß er auf einer seiner vielen Reisen in Australien einen Bumerang an den Kopf bekommen habe. Ob's stimmt?

Systematik konnte mich also nicht begeistern; es lag sicher zum Teil an den Lehrern. Die Katastrophe in der Botanik aber hatte eine andere Wurzel: Den Anfängerkurs überstand ich noch; aber das Praktikum für Fortgeschrittene bei Professor Hans Kniep (1881–1930) begann mit der Aufgabe, mit Hilfe eines Rasiermessers Querschnitte durch Spaltöffnungen von Blättern herzustellen und zu zeichnen. Das langweilte mich nun erst recht, denn ich hatte das aus reiner Neugierde schon als Schüler gemacht. Ich ging zu Professor Kniep und bat ihn, mir doch eine andere Aufgabe zu geben. Das lehnte er brüsk ab. Die Folgen: Ich nahm am Praktikum nicht mehr teil und ließ mir aufgrund einer Bescheinigung von Kniep die schon bezahlte Gebühr zurückzahlen. Das war das Ende meiner Bemühungen um ein Studium der Botanik – und der Verzicht auf ein Staatsexamen. Nie habe ich gefragt, was etwa man für ein Examen an Wissen brauche. Ich trieb, was mir Spaß machte und mein Interesse erregte.

Freilich mahnte man mich schon vor meiner Promotion, an einen Studienabschluß zu denken, der zu einem Broterwerb, zu einem Beruf führe. So belegte ich dann und besuchte Kurse und Vorlesungen, die für ein Physikum als Vorstufe zum Studium der Medizin vorgeschrieben waren. Als Zoologe – so meinte Hesse – habe man doch eine ganz unsichere Zukunft, und eine lange Durststrecke bis zur Habilitation und noch danach bis zu einer festen Anstellung durchzustehen, dazu gehöre eine finanzielle Basis, die mir freilich fehlte. Fürs Physikum fehlte mir nicht viel: Allgemeine Zoologie, Anfängerkurse in Physik, Botanik und Zoologie, Vorlesung in Chemie hatte ich im Studienbuch bescheinigt. Es fehlten Anatomie des Menschen und chemisches Praktikum.

Anatomie des Menschen hörte ich bei Rudolf Fick (1866-1936). Das war eine glänzende Vorlesung über den an sich trockenen Stoff. An die Vorlesung schlossen sich Demonstrationen an, bei denen Fick selbst an vielen eigens aufgestellten Präparaten das zeigte, was er in dem Vortrag behandelt hatte. Anschaulichkeit und Verständnis von Zusammenhängen war ihm wichtiger als das öde Pauken unzähliger Details. - Zu meiner Zeit kamen die Studenten pünktlich zur Vorlesung. Kam doch einmal jemand zu spät, so schwieg Professor Fick, bis der Bummelant sich seinen Platz gesucht hatte. Einmal kam ein Student zu spät, ging von oben im Theatrum anatomicum bis fast nach vorn. Fick schwieg. Bevor der Student seinen Platz erreicht hatte, sagte er laut: „Ach, ich dachte, hier wäre Vorlesung", kehrte um und verließ den Hörsaal. Fick meisterte die Situation, indem er anerkennend sagte: „Der war mir über." Begeisterter Beifall.

Den histologischen Kurs hielt der Prorektor Professor Kopsch ab. Wir bekamen fertige histologische Präparate, die wir wieder abzuliefern hatten. Ganz im Gegensatz zu Hesse sah Kopsch nie ins Mikroskop. Er kannte alle Präparate und korrigierte aus dem Gedächtnis die Zeichnungen, auch in Details. Bei den Studenten war er wenig beliebt. Von Prof. Kopsch stammt das seinerzeit allgemein verbreitete Werk „Lehrbuch und Atlas der Anatomie des Menschen" (3 Bde. 16. Aufl. 1940; G. Thieme), der heute nicht mehr aufgelegte „Rauber/Kopsch". Das war ein ausgezeichnetes Nachschlagewerk; leider war (und ist) die Anatomie des Menschen im Unterricht zuweilen eine reine Angelegenheit des „Paukens" von Fakten. Ich sagte schon, daß Kopsch bei den Studenten nicht gerade beliebt war. Er selbst trug dazu bei. So ereignete sich zu meiner Zeit einmal eine peinliche Geschichte: Im Anatomie-Kurs im Seziersaal kam eine Studentin zu Kopsch und bat ihn, er möge doch einen Studenten bitten, ihr einen Schädel zu halten, damit sie ihn trepanieren könne. Kopsch fuhr sie an: „Suchen Sie sich einen Zuhälter selbst." Sein Pech: Die Studentin war die Tochter eines ausländischen Gesandten, der sich bei der Universität beschwerte, und Kopsch bekam einen Verweis. - Das Thema „Anatomie als stumpfsinniges Paukfach" stand auch auf der Tagesordnung unserer Besprechungen für das Vorklinikum Regensburg. Auch die Vertreter der Medizin waren sich einig, daß der Umfang des Anatomie-Unterrichts eingeschränkt werden müsse. Das geschah - und führte zu heftigen Protesten des ersten nach Regensburg berufenen Anatomen - freilich ohne Erfolg auf seiner Seite.

Ein Erlebnis eigener Art war das Chemische Praktikum für Mediziner. Das leitete Professor Peter Rona (1871-1945), Vorstand der Chemischen Abteilung des Pathologischen Instituts der Charité in Berlin. Rona lehrte als einziger in Berlin Biochemie, und viele später bedeutende Biochemiker haben bei ihm als Assistenten oder Stipendiaten gearbeitet. Rona erschien regelmäßig im Praktikum, beschränkte sich aber – fast schüchtern und sehr zurückhaltend – darauf, Wasserhähne zu schließen, Bunsenbrenner herunterzuregeln und herumliegendes Papier aufzusammeln. Fragte man Rona nach etwas, so gab er ausführlich Auskunft, und dann schloß sich nicht selten ein längeres Gespräch an. Ich besuchte das Praktikum im Sommer-Semester 1928. Zum Abschluß lud Rona dann alle Praktikanten und wohl auch seine Mitarbeiter zu einer Dampferfahrt auf der Havel ein. Da war er ein ganz anderer Mensch: Lebhaft und geistreich führend in der Unterhaltung mit jedem Einzelnen. Das Gespräch kam auf die Frage, welches wohl die größte, geistreichste Erfindung des Menschen sei. Es wurde dies und jenes vorgeschlagen. Rona lehnte sie alle ab: Die größte Erfindung sei die der „Null" durch die Inder. Er konnte das ausführlich begründen. Von einem binären Zahlensystem war damals noch keine Rede. – Rona blieb nach 1933 viel zu lange in Berlin. „Ende 1944 zog er mit seiner Frau in ein Haus in Budapest um, das unter dem Schutz der Schwedischen Gesandtschaft stand. Trotzdem wurden sie aus diesem Haus verschleppt. Man hat nie wieder etwas von ihnen gehört." (zitiert nach R. Ammon, 1960, in: D. Nachmansohn, R. Schmid: Die große Ära der Wissenschaft in Deutschland 1900 bis 1933. Wissenschaftliche Verlagsgesellschaft, Stuttgart 1988, S. 351).

1929 fragte mich eines Tages Professor Hesse, ob ich nicht bei ihm eine Doktorarbeit machen wolle. Das war eine große Anerkennung, und ich sagte sofort zu. Im gleichen Semester nahm ich an einem Physikalischen Praktikum für Fortgeschrittene bei Professor Rudolph Wehnelt (1872–1944) teil. Er gab mir eine für damals neuartige Aufgabe (unter anderem): die Bestimmung der Kennlinie einer Radioröhre. Damit war ich seit meiner Schülerzeit vertraut. Wehnelt – wie Hesse fast täglich im Praktikum – fragte mich eine Woche nach Hesse, ob ich nicht bei ihm eine Doktorarbeit machen wolle. Ich hatte Hesse zugesagt. Fast wäre ich bei der Physik gelandet.

Das Zoologische Institut in Berlin

Eine Geschichte des Zoologischen Institutes soll hier nicht geschrieben werden. Das Institut wurde in den 1880er Jahren – wohl auf Wunsch des damaligen Ordinarius – in einem ursprünglich bei der Planung als Räume für das Museum für Naturkunde vorgesehenen Teil des Gebäudes des Museums untergebracht. Das ergab eine enge Verbindung zwischen Institut und den Zoologischen Sammlungen. Vor allem war die große Bibliothek des Museums damit leicht erreichbar. Das hatte aber auch seine Nachteile: Die Räume waren fast 8 m hoch, schlecht heizbar und die Stockwerke nur durch eine große Treppe verbunden. Einen Fahrstuhl gab es zu meiner Zeit ebensowenig wie eine Schreibmaschine. Eine kleine, gepolsterte Telephonzelle gab es nur im Flur. Zugänglich war sie nur dem Chef. Angebaut an das Institut war eine kleine, zweistöckige Villa, für einen der früheren Ordinarien auf dessen Wunsch errichtet. Die Räume mit ihren hohen Fenstern waren seit der Errichtung in den 80er Jahren nicht renoviert worden. Professor Marcus begründete das: Bei der Einweihung des Museums (und Institutes) hätten „die Augen Seiner Majestät des Kaisers (Wilhelm II) darauf geruht." Die frühere Villa war längst nicht mehr Dienstwohnung des Ordinarius, sondern zu Arbeitsplätzen geworden. Hier hatte auch der Vorgänger von Hesse, Geheimrat Karl Heider (1856–1935) noch ein Zimmerchen, in dem er regelmäßig arbeitete. Von ihm stammt das klassische Werk „Lehrbuch der vergleichenden Entwicklungsgeschichte der wirbellosen Thiere" (mit E. Korschelt, 4 Bände, 1890–1910). Heider las immer noch eine Vorlesung mit dem schlichten Titel „Über Würmer". Das war eine faszinierende klare Darstellung der vergleichenden Entwicklungsgeschichte und der Deszendenztheorie.

Das Institut hatte – neben apl. Professoren – zwei Assistenten, die zum Lehrstuhl gehörten: Prof. Ernst Marcus und Dr. Erich Graetz. Marcus war Spezialist für Taxonomie und Lebensweise der Tardigraden, in seinen wissenschaftlichen Arbeiten von seiner Frau Eveline (geb. Du Bois Reymond) unterstützt. Er hatte eine prächtige Berliner Schlagfertigkeit. Einen Studenten, der zu spät in die Vorlesung von

Marcus kam und bescheiden an der Tür stehenblieb, ermunterte er, sich einen Platz zu suchen: „Sie sind doch kein Pferd, daß Sie im Stehen schlafen können." Als sich ein Dr. Schindewolf von der benachbarten Geologischen Landesanstalt bei Marcus vorstellte: „Mein Name ist Schindewolf", antwortete Marcus „Sagen Sie's nicht zu laut." In den Jahren vor 1938 waren recht häufig Chinesen als Gäste in Deutschland. So kam einer von ihnen in den Kurssaal, fragte nach Prof. Marcus, verneigte sich höflich vor Marcus mit den Worten: „Störe ich?" Marcus, sich ebenso höflich verneigend: „Weeß der Deibel."

Über die geistige Haltung im Zoologischen Institut und insbesondere meinen (jüdischen) Freund, Professor Ernst Marcus, ist 1994 eine in jeder Hinsicht falsche und entstellende Darstellung in einem Brief von Professor Heinrich Mendelssohn (Tel Aviv University, George S. Wise Faculty of Sciences, Tel Aviv) erschienen (Medizinisches Journal, Bd. 29 (2), pp. 183-188, 1994). Herr Mendelssohn hat von 1928-1933 in Berlin Zoologie und zugleich Medizin studiert; 1933 emigrierte er nach Palästina. In seinem Brief behauptet Mendelssohn, es habe nur vier Juden im Zoologischen Institut gegeben: drei Studenten und Professor Ernst Marcus. Herr Mendelssohn erinnert sich offenbar nicht daran, daß es außer Professor Hesse, dem Chef, nur zwei Assistenten gab: Prof. Marcus und Dr. Erich Graetz, beide jüdisch. Zudem: Die Zahl ist nicht nur falsch, sondern auch undefiniert: Was heißt „im ganzen Zoologischen Institut"? Im Hörsaal? Im Anfänger-, im „Großen" Praktikum, Doktoranden? Als Doktorand arbeitete ich im gleichen Zimmer mit Roland Richter; er war jüdisch, hatte die Reformschule in Schloß Salem (Bodenseekreis, gegründet 1920) besucht und wurde nach seiner Emigration Lehrer an einer Salem-Schule in England. Leider ist der Briefwechsel mit ihm im Krieg verloren gegangen. – Weiter (S. 184): „...hatte er [Ernst Marcus, mein Zusatz] als Jude natürlich keine Aussicht, in der Zoologie eine ordentliche Professur zu bekommen". Auch gegen diese Formulierung von Herrn Mendelssohn können Einwände erhoben werden: Es gab in diesen Jahren nur zwei Ordinarien für Zoologie in Berlin: Professor Richard Hesse, im Institut, und Professor Zimmer, den Direktor des Museums für Naturkunde. Zudem gehörten beide Lehrstühle zur Philosophischen Fakultät. Und da waren (z.B.) unter den Mathematikern berühmte jüdische Ordinarien: Issai Schur, Freiherr Edler von Mises, John von Neumann, Löwner, Feigl; die Physiker Max Planck, Max von Laue wird wohl niemand des Antisemitismus verdächtigen.

Aber viel schlimmer als all diese Ungereimtheiten in dem zitierten Brief sind die Behauptungen über Marcus' Verhalten in den Prüfungen:

„Wenn Professor Marcus die Abgabe [Abschlußprüfung im ‚Großen' Zoologischen Praktikum; Zusatz von mir] abnahm, fiel ich auch immer durch – was hätte man [wer? Mein Zusatz] gesagt, wenn bei ihm ein Arier durchgefallen wäre und der Jude nicht." Dies ist eine bodenlose Unterstellung von Herrn Mendelssohn, für die jeder Beweis fehlt.

Weiter Mendelssohn: „Als nach den Reichstagswahlen von 1933 Hakenkreuznadeln und der Heil-Hitler-Gruß im Zoologischen Institut üblich wurden,.." Davon ist mir nichts bekannt: Hesse begann bis 1935 – also bis zu seiner Emeritierung – seine Vorlesung nicht mit dem „Heil-Hitler-Gruß", sondern wie zuvor mit der Anrede „Meine Frauen und Herren". Auch hier irrt Herr Mendelssohn gründlich. Weder die Dozenten – vielleicht mit Ausnahme von Professor Deegener, der aber nur drei (!) Hörer in seiner Vorlesung hatte – noch die braven „Institutsdiener", die Herren Tannert und Hinze, grüßten mit Heil Hitler, auch nicht die „Hilfsassistenten" Erich von Holst oder Kahmann. Auch diese Behauptung von Herrn Mendelssohn geht also an der Wahrheit vorbei.

Ich kenne Ernst Marcus viele Jahre lang und war mit ihm eng befreundet, besuchte auch nach 1933 ihn und seine Frau mit meiner Verlobten, Ilse Bredow, in seiner Wohnung. Schließlich verbrachte er die letzte Nacht vor seiner Emigration (1935 oder 1936) in unserer Wohnung in der Essener Straße. Es gab im Zoologischen Institut zu seiner Zeit keinerlei antisemitische „Stimmung" oder nazistische Einstellung, schon gar nicht bei Professor Hesse, auch nicht bei anderen Mitgliedern des Institutes, ausgenommen wohl Professor Deegener; aber der galt als Sonderling und hatte weder Kontakte noch Einfluß.

Die Unterstellungen in dem genannten Brief sind also unwahr, und es bleibt mir unverständlich, ja im Grunde ein Skandal, daß sie kritiklos und ohne Kommentar veröffentlicht worden sind. Durch Unwahrheiten kann die Vergangenheit nicht bewältigt werden, so wichtig es ist, sie nie zu vergessen. Meinen Freund Ernst Marcus lasse ich nicht grundlos verunglimpfen. Was in dem veröffentlichten Brief über das Zoologische Institut und insbesondere Ernst Marcus behauptet wird, ist Rufmord. Ich nehme an, unbeabsichtigter, möglicherweise aus einer „fundamentalistischen" jüdischen Einstellung geboren, denn Marcus war – wohl vor seiner Heirat, sicher nicht, um nazistischer Verfolgung zu entgehen – konvertiert. Aber das ist eine nicht begründete Vermutung von mir. For Mendelssohn is an honourable man.

Der zweite Assistent war Erich Graetz. Er emigrierte 1934 nach Panama, ließ aber seine Frau in Berlin zurück, weil angeblich sein Geld nicht für die Überfahrt für beide reichte. Marcus erfuhr das, gab Frau Graetz das Geld, bestellte Platz auf einem Dampfer und schickte die Frau auf die Reise; ein Telegramm von Marcus an Graetz kündigte die Ankunft an. Es kam prompt ein Antworttelegramm aus Panama: „Frau soll nicht kommen, da Freundin." Marcus telegrafierte empört zurück: „Schmeiß Freundin raus. Frau unterwegs." Graetz blieb bis in die fünfziger Jahre in Panama. Dann kam er – ohne Frau und Freundin – nach Europa zurück; wir trafen uns ein paar Mal.

Erich Graetz hielt den Kurs über vergleichende Physiologie ab, mit mir wiederum als kaum bezahltem „Hilfsassistenten".

Sekretärinnen oder technische Assistentinnen gab es im Institut nicht. Hesse hatte zwar eine TA, sie war aber nur halbtags im Institut und ausschließlich mit der Herstellung von Präparaten für Hesses Kurs der vergleichenden Histologie beschäftigt. Aber es gab einen Verwalter: Professor Bernd. Wissenschaft betrieb er nicht, mit der unanfechtbaren Begründung, Professor Heider habe ihn eingestellt mit der strikten Auflage, Verwaltung und Aufbau einer Demonstrationssammlung zu betreuen, unter Zurückstellung eigener wissenschaftlicher Tätigkeit. Bernd war ein freundlicher älterer Herr; nur einige Stunden vormittags kam er ins Institut – und tat nichts. Alfred Kühn war von 1918–1920 a.o. Professor für Zoologie in Berlin (bei Heider) und sagte von Bernd; „Hinter seinem Schreibtisch hat er einen Stock stehen, mit dem schlägt er die Zeit tot". Professor Bernd hatte auch die Bibliothek zu verwalten. Als ich dafür um 1931/32 einen Wunsch vortrug, lehnte er ihn aus Geldmangel ab: Er habe zu Anfang des Rechnungsjahres den Bethe-Bergmann, das Handbuch der normalen und pathologischen Physiologie (Springer, Berlin) angeschafft. Das ergebe nur eine große Rechnung, und dann habe er für den Rest des Jahres keine Arbeit mehr damit.

Zwei „Institutsdiener" gab es; beide waren waschechte Berliner Originale. Herr Hinze versorgte die Aquarien im Keller und die Zentralheizung; er ließ sich nie außerhalb „seines" Kellers sehen. Herr Tannert machte Botendienste und betreute die Pforte. Tannert hatte offenbar gute Beziehungen zur Berliner Unterwelt; jedenfalls konnten die Studenten bei ihm erstaunlich billig Ferngläser und – gelegentlich – Photoapparate kaufen. Tannert war stets hilfsbereit, – wenn man ihn freundlich behandelte. Andernfalls konnte er sehr deutlich werden. Als der Nachfolger von Hesse Tannert eines Tages beauftragte, schwere Tische zu rücken, und nur dabeistand, sagte Tannert zu ihm; „Fassen Se ruhig mit an, Herr Professor. Det tut Ihrem Jehalt keenen Abbruch."

Schlagfertig war der Berliner immer, und ist es wohl auch heute noch. Ich habe die Berliner Anekdoten nicht gesammelt. Einige wenige seien hier angeführt, die ich noch in Erinnerung habe.

Am Bahnhof Friedrichstraße war die ganze Nacht hindurch Betrieb; es war das Zentrum der Theater, Restaurants und der nahen Vergnügungsviertel. Da standen nachts am Bahnhof Händler mit einem Bauchkasten, die mit Spiritusflämmchen erwärmte heiße Würstchen feilhielten. Sicher waren die Würstchen nicht nur aus Rind gemacht. Beißt da ein Kunde auf etwas Hartes und zieht eine Schraube aus dem Mund. Der Würstchen-Maxe: „Da können Se mal sehn, wie dat Pferd vom Auto vadrängt wird." – Der Straßenbahnschaffner, dem ein Auto in den Weg kommt, vor dem er grad noch bremsen kann, schiebt das Fenster auf und ruft dem Autofahrer zu: „Mensch, üb' erst mit 'm Kinderwagen." – Die Universitätsbibliothek, wegen ihres Baues im Volksmund „Kommode" genannt, steht gegenüber der Universität. Sie trägt die imposante Inschrift „Nutrimentum Spiritus" (Nahrung des Geistes). Der Berliner übersetzte die Inschrift: „Spiritus is ooch 'ne Nahrung". – Vom Zoologischen Institut in der Invalidenstraße konnte man zur Universität in 15 Minuten zu Fuß gehen, durch das um die Synagoge gelegene jüdische Gebiet Berlins. Eines heißen Tages ging ich mit Erich Graetz den Weg durch die Gipsstraße. Wegen der Hitze hatten wir den Rock über dem Arm. Redete mich ein Jude an: „Nu, was soll kosten der Rock?" Ich wollte den nicht verkaufen. Die Antwort: „Nu, was gehn Sie auf der Gipsstraße, wann se nichts wollen verkaufen." – Fühlte sich ein Berliner für dumm verkauft, dann konnte man hören: „Du willst wohl nem nackten Mann een Bonbon ans Hemde kleben." – Fiel einem jemand auf die Nerven, dann bekam er zu hören: „Gehn Se mit Gott, aber gehn Se." Alfred Döblin hat das Berlin der frühen dreißiger Jahre in seinem Roman „Berlin, Alexanderplatz" geschildert.

Auch mancher andere dieser einfachen Leute war durchaus ein Original. Von einem Institutsdiener bei Heider (dem Vorgänger von Richard Hesse) wird erzählt: Eines Morgens habe man ihn nach einer durchzechten Nacht schlafend im Institutsgarten gefunden. Geheimrat Heider redete ihm ins Gewissen: „Sie sind doch ein begabter Mensch. Wenn Sie das Saufen ließen, könnten Sie es weit bringen; Sie könnten studieren, es bis zum Professor bringen." Nach diesen Worten zog sich der Diener rückwärts langsam aus dem Zimmer zurück: „Nee Herr Geheimrat. Professoren als Kollegen?"

Bei dem Stichwort „Kollegen" sei Alfred Kühns Bemerkung zitiert: Als der liebe Gott zum Schluß noch etwas besonders Schönes machen wollte, schuf er den Professor. Das ärgerte den Teufel und er schuf den Kollegen.

Schlagfertig waren die Taxifahrer in Berlin; man hat sie die Urbauern Berlins genannt. Der Architekt Egon Eiermann (1904–1970) erzählte mir folgende Geschichte: Er hatte in den fünfziger Jahren die Ruine der Kaiser-Wilhelm-Gedächtnis-Kirche „wiederaufgebaut", indem er sie äußerlich als Ruine und als Wahrzeichen der Zerstörungen des Weltkriegs stehen ließ, aber im Innern einen originellen und weihevollen Raum schuf. Einst fuhr er mit einem Taxi an der „Ruine" der Kirche vorbei und fragte den Fahrer, was er davon hielte, daß da eine Ruine stehengeblieben sei. Die Antwort: „Jeh'n se erst mal rin, und dann reden se von Ruine." – Einmal war Versammlung einer Kommission der DFG in Berlin. Ich kam mit dem Flugzeug am Flughafen Tempelhof an und nahm mir ein Taxi: „Bitte zur Akademie der Schönen Künste." Der Taxi-Fahrer: „Was woll'n se denn da? Akademie is, aber Künste?"

Und noch zwei typisch Berlinerische Redensarten. Wenn jemand dem Anschein nach richtig, aber bei genauerem Hinsehen nicht annehmbar argumentiert, dann antwortet der Berliner: „Recht haste, Quatsch is's doch". So empfinde ich z. B. die Definition von Biologie als der Wissenschaft, die sich mit den Körpern befaßt, die aus Eiweißen und Kernsäuren bestehen, als zwar richtig, aber im Grunde eben doch als „Quatsch". – Anschaulich ist die Drohung eines Mannes, der jemand dabei ertappt, wie er des Mannes Freundin mit allzu begehrlichen Augen betrachtet: „Nimm die Ojen [=Augen; manche behaupten, der Berliner sage statt „Augen" „Ohren"] von meiner Schnalle [Freundin], sonst hau ick dir auf'n Detz [=Schädel], daß du dir die Welt durch die Rippen bekieken kannst". Treffend ist der Berliner Humor, aber fast nie verletzend.

Ein Original war auch der Tierhändler Simpig. Er gehörte nicht zum Institut, versorgte uns aber mit Tiermaterial für die Kurse. Simpig war ein Schlitzohr; beim Handel mit ihm mußten wir alles, was er lieferte, genau nachzählen, und einmal holte er am nächsten Tag heimlich aus dem Keller, was er gerade geliefert hatte. Simpig spielte eine Rolle bei der Entlarvung des Films von Schulze-Kampfhenkel, „Die grüne Hölle des Amazonas". Sicher war Schulze-Kampfhenkel am Amazonas gewesen, und er hatte angeblich Tiere von dort mitgebracht. Die stellte er dann in einer Schau in dem großen Kaufhaus „Wertheim" am Potsdamer Platz aus. Ein Spezialist für Reptilien fand jedoch unter den „Amazonas-Tieren" eindeutig Amphibien, wie sie nur im Mittelmeerraum vorkommen. Simpig gab zu, er habe Schulze-Kampfhenkel die

Tiere geliefert. Böse Zungen behaupteten, der Film sei im wesentlichen in den Ateliers der Ufa in Nowawes (später Babelsberg) gedreht worden. Ich kann's nicht nachprüfen.

Auch zu den Mitarbeitern des Museums für Naturkunde bestanden enge und oft freundschaftliche Beziehungen. Vor allem konnten wir Material dort schnell und sicher bestimmen lassen, das wir von Exkursionen mitbrachten. Auch gute und dauerhafte persönliche Kontakte wurden geknüpft. So zu dem Ornithologen Erwin Stresemann (1889–1972), zu seinem Schüler Ernst Mayr, mit dem mich ein freundschaftlicher Kontakt bis heute verbindet, und mit Walther Arndt (1891–1944).

Die (fast vergebliche) Promotion

1929 bekam ich von Richard Hesse mein (erstes) Thema für eine Doktorarbeit: Ich sollte den Einfluß der Flügelmuskulatur auf die Entwicklung der Carina, der kammförmigen Ansatzstelle der Flugmuskulatur am Brustbein bei Hühnern, untersuchen. Hühnereier wurden bebrütet und den Embryonen die Flügelknospen in sehr frühem Embryonalstadium entfernt. Es gelang, Hühner ohne Flügel heranzuziehen. Spaß machte mir die Sache nicht, zumal die Haltung der heranwachsenden Hühner schwierig war: Sie waren von Mallophagen geplagt, und es gab noch kein durchgreifendes Mittel, sie davon zu befreien. So boten die fast nackten, federlosen Hühner einen erbärmlichen Anblick. Ernst Otto Mangold (1891–1962), Abteilungsleiter am Kaiser-Wilhelm-Institut für Biologie in Berlin-Dahlem, las Entwicklungsmechanik, und nach einer Vorlesung erzählte ich ihm von den Hühnern. Seine Antwort: „Da kann nicht viel dabei herauskommen. Die Entwicklung ist (bei Vögeln) frühzeitig weitgehend determiniert." Das stimmte: Die Carina war da, vielleicht ein wenig kleiner, obwohl die Flugmuskeln fehlten. Für eine Dissertation reichte das nicht aus. Hesse sah das sofort ein und gab mir ein anderes Thema: Er hatte schon 1896 die Lichtsinneszellen in der Epidermis von Regenwürmern (*Lumbricus*) entdeckt (Z. Wiss. Zool. 61: 393–419, 1896). Neuere Untersuchungen waren ihm nicht bekannt. So sollte ich mit Golgi-Methoden und Anfärbungen mit Osmiumsäure versuchen, etwas über die Feinstruktur und den Nervenverlauf zu erfahren. Ich arbeitete mich in allen Methoden der Nervenfärbung ein, in Golgi- und Bielschowsky-Färbungen, Osmiumtetroxyd-Imprägnation und Mikrotomtechnik, monatelang – vergebens. Ich fand die Sehzellen nicht. Seitdem bewundere ich die Fähigkeiten und den Spürsinn von Hesse noch mehr als zuvor: er hatte die Zellen mit einfachen Eosin-Hämatoxylin-Färbungen entdeckt.

Mein Glück: Rechtzeitig kamen mir die Arbeiten von W. N. Hess (Z. Morphol. 39, 40, 41; 1924/25) in die Hände, in denen genau das dargestellt war, was ich erst finden sollte. Die Enttäuschung war groß. Ich mußte mir ein neues Thema suchen.

Hesse ließ seinen Doktoranden freie Hand: Er gab das Thema, kam auch regelmäßig zu uns allen: aber den Weg, auf dem wir zu Ergebnissen kommen wollten, mußten wir selbständig finden. Ich hatte mich natürlich nicht damit begnügt, Sehzellen bei Regenwürmern zu suchen, sondern ich machte auch aus Neugierde und Vergnügen Schnitte durch Augen von Hirudineen (Egeln), Insekten und was ich so bekommen konnte. Dabei fiel mir auf, daß die Muskelzellen verschiedener Blutegel ein recht verschiedenes histologisches Bild zeigten. Je nach Gehalt an Fibrillen war auch die Reizschwelle für eine Kontraktion und die Größe der Kontraktion verschieden. Die Reizapparatur war selbstgebastelt, ein Metronom mit kleinen angebauten Quecksilberkontakten ergab die rhythmischen Reize. Hesse nahm die Arbeit als Dissertation an. Sie ist nie wieder zitiert worden. Trotzdem hatte sie Folgen: Es sprach sich in Berlin herum, daß ich mich mit Egeln (Hirudineen) befaßte, und das war einmalig in Deutschland. Nicht daß ich diese Beschäftigung ausbauen wollte, aber ich tat es dann doch: Eines Tages, noch vor meiner Doktorprüfung (Juli 1931), erschien – unangemeldet – Dr. Brandes, Direktor eines Zoologischen Gartens (Dresden? Breslau?) mit einer vollen Aktenmappe in meinem Zimmer in der „Villa" des Zoologischen Institutes: Er habe gehört, daß ich mich mit Hirudineen befasse, auch darüber eine Dissertation schrieb (von wem er das gehört hat, weiß ich nicht). Er, Brandes, habe leider die Bearbeitung der Hirudineen im großen Handbuch der Zoologie, dem berühmten Kükenthal-Krumbach, übernommen, aber weder Zeit noch Lust, das zuwege zu bringen. Er lasse mir den von einem Professor Scriban in Klausenberg geschriebenen Teil da. Ich würde sicher die fehlenden Abschnitte schreiben. G. Brandes hatte vorher die Hirudineen in dem großen Werk von Rudolf Leuckart (1822–1898) „Die Parasiten des Menschen und die von ihnen herrührenden Krankheiten" bearbeitet (Bd. I (2), 1898 + 1901, S. 735–897), danach aber nichts mehr über Hirudineen veröffentlicht. In dieser Hinsicht zumindest wurde ich sein Nachahmer: Nach dem Handbuch-Artikel (1934) erschien zwar noch ein unvollständiger, nie zu Ende geführter Artikel in Bronn's Klassen und Ordnungen des Tierreiches (Bd. 4, Abt. III, Buch 4, Teil 2; 1939), aber zum reinen Stoffsammler hatte ich keine Neigung. Es war jedoch eine gute und interessante Lehre, die gesamte Morphologie, Verbreitung und Taxonomie bis zu Arten samt einem vollständigen Literaturverzeichnis von Linné bis 1938 *einmal* durchgearbeitet zu haben. Als ich aber später stolz erzählte, ich hätte eine Revision der Hirudineen geschrieben, sagte mein Schüler Dietrich Schneider: „Kein Kunststück: Es gibt ja nur 150 Arten". 1958 habe ich allerdings noch einmal die Hirudineen in der „Tierwelt Mitteleuropas" (Bd. I. Lief. 7 b) bearbeitet. Aber das war nur eine Überarbeitung des vorhandenen Textes.

Zwei Folgen hatte die Bearbeitung der Hirudineen: Zum einen bei meiner Doktorprüfung, zum anderen in den ersten (fast) selbständigen Veröffentlichungen. Zum ersten: Zur Promotion im Fach Zoologie waren zwei Prüfungen vorgeschrieben: Allgemeine und Spezielle Zoologie. Die spezielle Zoologie prüfte Professor Zimmer. Mich nach Hirudineen zu fragen, meinte er, sei wohl nicht nötig. Er wußte, daß ich – obwohl noch Student – die Gruppe für das Handbuch der Zoologie bearbeitete. Also: andere blutsaugende Tiere. Die Mundwerkzeuge der Insekten waren mir geläufig. Also andere: Leichtfertig nannte ich Fledermäuse. Und das fragte Zimmer nun bis in weitere Einzelheiten, bis der Kandidat paßte. Makrochiropteren, Mikrochiropteren – das ging noch. Aber deren Zahnformeln – nein. Ich schwieg, zumal mir Zahnformeln immer überflüssiger Gedächtniskram waren. Ich weiß bis heute keine, nicht einmal die eigene. Braucht man sie – wozu eigentlich? –, dann kann man ja nachsehen. Zimmer prüfte Fakten: er prüfte so lange immer Spezielleres, bis der arme Kandidat nicht mehr weiterwußte. – Aus Zimmers Prüfung kam ich ziemlich deprimiert.

Die andere Folge waren vergleichende Untersuchungen über die Lipasen und Proteasen bei dem fleischfressenden Pferdeegel (*Haemopis sanguisuga;* Linné 1758 war der irrigen Meinung, der Pferdeegel sauge Blut, daher sein Name „*sanguisuga*"). Diese Versuche wurden gemeinsam mit Erich Graetz, einem der beiden Assistenten bei Hesse, durchgeführt. Die Anregung kam aus dem Kurs der vergleichenden Physiologie. Die Lipasen wurden mit dem Stalagmometer und durch die Spaltung von Tributyrin bestimmt. Das Stalagmometer mißt die Tropfenzahl einer abgemessenen Menge wäßriger Tributyrinlösung, und die Tropfenzahl hängt von der Oberflächenspannung ab, die wiederum durch die Menge an nicht gespaltenem Tributyrin bestimmt ist. Wie zu erwarten, Eiweiß-spaltende Fermente konnten bei *Hirudo* nicht gefunden werden; das aufgenommene Blut wird offenbar durch die in ihm enthaltenen autolytischen Fermente gespalten.

Wir schickten die beiden Arbeiten an Emil Abderhalden (1877–1950) für seine Zeitschrift für Physiologische Chemie. Damals war er der Papst auf dem Gebiet, und ein Refereesystem wie heute gab es noch nicht. Prompt bekamen wir beide Arbeiten zurück: Das habe er schon 1909 veröffentlicht – was nicht stimmte. Seine Arbeit (mit R. Heise) enthielt keine vergleichenden Untersuchungen, und seine Methodik war noch primitiver als unsere, der Zeit entsprechend. Von Frisch nahm dann beide Arbeiten für die Zeitschrift für vergleichende Physiologie an (1934, 1935).

Die Fermente interessierten mich im Grunde wenig, und die beiden Arbeiten waren eher ein Abfall, angeregt durch die (unbezahlte) Hilfe im physiologischen Kurs und wahrscheinlich sogar durch Erich Graetz. Ich war auch längst mit anderen Dingen beschäftigt, mit Dingen, die mein Interesse seit meiner Schulzeit erregten, mit physiologischer Akustik.

1931 hatte ich meine Doktorprüfung bestanden, keineswegs, wie mein enttäuschter Vater erwartet hatte, mit „summa cum lauda" (nur mit „magna"). Prüfungsfächer waren 1. Allgemeine Zoologie bei Richard Hesse; 2. Spezielle Zoologie bei C. Zimmer: 3. Physik bei Wehnelt; und 4. Philosophie bei Heinrich Maier (1897–1933). Philosophie: Die Naturwissenschaften gehörten noch zur Philosophischen Fakultät; so war Philosophie als Nebenfach zur Promotion erforderlich. Freilich konnte man angeben, mit welchem Philosophen man sich beschäftigt hatte. Den Prüfer allerdings bestimmte offiziell der Dekan, de facto je nach Schmiergeld der Dekanatspedell. Es gab beliebte und gefürchtete Prüfer; Heinrich Maier gehörte zu den gefürchteten. Da ich den Pedell nicht schmierte – man hatte mir gesagt, dafür sei die für mich enorme Summe von 20 Mark erforderlich –, mußte ich zu Maier. Der Kandidat war gehalten, sich vier Wochen vorher vorzustellen. Ich ging also zu Professor Maier, vier Wochen vor dem Termin. Er war gerade im Weggehen und über die Störung ungehalten. „Wozu noch vier Wochen warten? Kommen Sie gleich mit.". Zu allem Unglück stieß er sich beim Durchqueren der unbeleuchteten Seminarbibliothek auch noch an einem Schemel das Schienbein. „Womit haben Sie sich beschäftigt? Was haben Sie gelesen?" Ich hatte mich nun wirklich für Philosophie und insbesondere auch für die Erkenntnistheorie interessiert. So gab ich Kants „Prolegemena" an. „Darüber prüfe ich Sie nicht. Die habe ich noch nicht einmal ganz verstanden". Das kam ärgerlich, war im Grunde von Maier aber sehr nobel. „Was noch?" Ich gab noch Schriften von Leibniz an (was, weiß ich nicht mehr). Das ging recht gut. Seine letzte Frage; „Sie sind Zoologe. Was denkt sich so ein Regenwurm, wenn er einen Zoologen sieht?" Meine Antwort: „Erstens sieht er ihn nicht, und zweitens denkt er nicht". Maier war zufrieden. Ganz ernst hat wohl weder den Zoologen noch die Prüfung genommen.

Es ist schade: Für Naturwissenschaftler ist seit langem Philosophie nicht mehr ein Pflichtfach in der Abschlußprüfung. Gewiß sind inhaltliche Prüfungsvorschriften grundsätzlich vom Übel. Aber heute fehlt es in den zersplitterten Grundvorlesungen überhaupt an wissenschaftstheoretischer Einführung.

In Berlin war es die Vorlesung über „Allgemeine Biologie" von Max Hartmann (1876–1962), in der die erkenntnistheoretischen Grundlagen eingehend behandelt wurden. Hartmann war Direktor am Kaiser-Wilhelm-Institut für Biologie. Er trug mit echter Begeisterung, sehr temperamentvoll vor. Aus seiner Vorlesung entstand dann das Lehrbuch „Allgemeine Biologie" (1. Auflage 1924, 3. Aufl. 1947, Fischer, Jena). Hier findet sich in der Einleitung ein langer Abschnitt über „Methodologie der biologischen Wissenschaften" und – noch umfangreicher – die „Schlußbetrachtungen" über die Leib-Seele-Frage, über die erkenntnistheoretischen Grundlagen der Biologie. Hier wird deutlich gemacht: „Die Biologie hat es mit Systemen zu tun, und es ist für die Kausalforschung auf biologischem Gebiet nicht einmal von vornherein ausgemacht, ob die Auflösung ..... im physikalisch-chemischen Geschehen restlos möglich sein wird." Der Begriff der Ganzheit – so Hartmann – hat heuristischen Wert. Zum Begriff der Zweckmäßigkeit: Auch das ist ein heuristischer Begriff. Durch die Forschung wird er durch kausale Vorstellungen ersetzt. Max Hartmann ist hier nahe an dem Begriff der Teleonomie. Ihm verdanke ich den ersten Hinweis auf die Notwendigkeit, wissenschaftstheoretische Erkenntnis nicht außer acht zu lassen.

Noch einmal hatte ich Berührung mit ihm: Sein Mitarbeiter Belar starb. Hesse – zu ihm kam Hartmann stets nach seiner Vorlesung zu einer Tasse Kaffee – Hesse ermunterte mich, mich bei Hartmann um eine Assistentenstelle zu bewerben – ohne Erfolg. So hatte ich nach der Promotion keine Stelle und damit kein Geld. Zwar konnte ich bei meinen Eltern wohnen und bekam mein Essen. Aber für alles andere mußte ich selbst sorgen. Das „andere" war nicht wenig: Fahrgeld, Studiengebühren – sie waren recht hoch, wenigstens für meine Verhältnisse –, Bücher – vor allem die. Was wir an Lehrbüchern brauchten, mußten wir Studenten uns natürlich aus eigener Tasche anschaffen. Sie sind wesentlicher Teil des Handwerkszeugs eines jeden Studenten. Ich kann bis heute nicht verstehen, daß Studenten vom Staat, d. h. von den kleinen Steuerzahlern, verlangen, er bzw. sie hätten ihm für das ohnehin kostenlose Studium auch noch die Bücher zu liefern.

Für all dies mußte ich das Geld selbst aufbringen: Ich gab Nachhilfestunden – in Mathematik. Das kostete Zeit, aber der Tag hat ja 24 Stunden – bis heute.

Schulmathematik ist für jeden Schüler zu bewältigen, sofern der Lehrer etwas als Lehrer taugt. Es ist ein Irrtum zu glauben, diese ja doch elementare Mathematik sei eine Frage spezieller Begabung. Leider standen – und stehen – sogar manche Lehrer auf diesem Standpunkt. Auch ich hatte auf dem Kaiserin-Augusta-Gymnasium einen solchen. Gewiß gibt es spezielle Begabungen; die aber betreffen immer nur die „höhere" Mathematik. Sie zeigen sich oft sehr früh in der Kindheit. So wird von dem berühmten Carl Friedrich Gauß (1777–1855) die Anekdote erzählt, sein Lehrer habe, um selbst Ruhe zu haben, den Kindern die Aufgabe gegeben, die Zahlen von 1–100 zu addieren. Kaum hatte er die Aufgabe gestellt, meldete sich Carl Friedrich: 5050. Denn: 100 + 1=101; 99 + 2=101; 98 + 3=101 .... und das 50 mal; 100×50=5 000 + 50×1. Sicher gibt es Kinder, denen mathematisches Denken leicht fällt, andere, die sich etwas schwerer tun. Mein Freund Hans Melzian war ein Beispiel für die zweite Kategorie.

Meine Nachhilfestunden waren durchweg erfolgreich. Einer meiner Schüler brachte es in zwei Jahren von „ungenügend" auf ein „gut". Er studierte und wurde Patentanwalt in Pforzheim. 60 Jahre später hat er sich noch dankbar an die „Nachhilfestunden" erinnert.

Richard Hesse sorgte sich um seinen Schüler, zu einer bezahlten Stelle konnte er ihm – vorerst – nicht verhelfen. So riet er mir, nach der Promotion noch Medizin zu studieren. Ich fing auch damit an. Aber weit kam ich damit nicht; erstens entsprach das nicht meinen Neigungen und zweitens eröffnete sich mir eine andere Aufgabe: Nach einer Sitzung in der Preußischen Akademie der Wissenschaften fragte Hesse mich, ob ich Lust hätte, bei Professor Karl Willi Wagner (1883–1953) über Hören bei Tieren zu arbeiten. K. W. Wagner war Nachrichtentechniker und hatte 1930 das „Heinrich-Hertz-Institut für Schwingungsforschung" in Berlin-Charlottenburg (an der TH) gegründet. Das Institut sollte alle Aspekte der Schwingungsforschung, Musik, elektrische Schwingungen, Raumakustik, Empfänger- und Verstärkertechnik umfassen. Wagner fehlte nur jemand, der sich mit Hörphysiologie bei Tieren befaßte. So fragte er wohl gesprächsweise auch Richard Hesse. Der dachte an mich, zumal ich ja Physik studiert hatte. Ich war begeistert von dem Plan; konnte ich doch meinen Hobbys seit meiner Schulzeit frönen, der Radiotechnik und der Zoologie. Freilich: Geld oder ein Stipendium gab es dafür nicht; also weiterhin (nebenbei) Nachhilfestunden, außerdem Hilfe im Zoologischen Institut in Übungen und Kursen. Dafür gab es immerhin nun 200 Mark pro Semester, also rund 30 Mark pro Monat.

Die Unterredung mit Professor Wagner war kurz: Ideen müsse ich selbst haben; dafür stünden mir für alle apparativen Wünsche sein Institut und die hervorragende Werkstatt zur Verfügung. Auch einen kleinen Raum teilte er mir zu. Wenig erbaut von diesem seiner Meinung nach überflüssigen Zuwachs war der Abteilungsleiter Professor Erwin Meyer, dem ich formell zugeteilt wurde. Meyer betrieb im wesentlichen wohl Raumakustik. Er baute verkleinerte Modelle der geplanten Räume und maß sie mit Ultraschall aus. Auch untersuchte er Störschall in Gebäuden und im Verkehr.

Von Professor Erwin Meyer hatte ich keine Hilfe, wohl aber sehr kollegial von seinen mit mir gleichaltrigen Mitarbeitern. Ihnen verdanke ich die Einführung in die theoretische Akustik und vor allem Hilfe beim Bau von Verstärkern. Hilfsbereit war Professor Gustav Leithäuser (1881–1969; 1945 Leiter des Heinrich-Hertz-Instituts), ferner ein junger Geiger, Herr Oberst. Er hatte Musik studiert und spielte zunächst als Geiger in einem Kino. Als dann der Tonfilm den Stummfilm verdrängte, wurden die Musiker dieser kleinen Orchester arbeitslos. Oberst studierte daher noch Physik und untersuchte im Heinrich-Hertz-Institut die Akustik von Geigen.

Der Ton und Umgang mit den Mitarbeitern im Institut war kameradschaftlich und hilfreich (von Prof. Meyer und erst recht von K. W. Wagner sah ich wenig). Das Institut wurde mit erheblichen Mitteln von der aufstrebenden Radio-Industrie unterstützt; in der Regel aber haben Wissenschaftler (mehr oder weniger angeblich) zu wenig Geld für ihre Forschung. So wurden für „betuchte" Gönner Führungen durchs Institut veranstaltet. Dabei führte dann ein Mitarbeiter auch die Reflexion von elektrischen Wellen an der Heaviside-Schicht der Ionosphäre vor. Sie entsteht in Höhen zwischen 100 und 200 km durch die Ultraviolett- und Röntgenstrahlung der Sonne und war bis zur Einführung des Funkverkehrs über Satelliten von entscheidender Bedeutung für den interkontinentalen Funkverkehr. Ein Radiosignal (mit einer Trägerfrequenz im Megahertz-Bereich), senkrecht zur Heaviside-Schicht (benannt nach Oliver Heaviside, 1850–1923) ausgesendet, kehrt daher nach (größenordnungsmäßig) einer halben Tausendstelsekunde (mit Lichtgeschwindigkeit) zur Erde zurück. Zwei in diesem Abstand erklingende Töne kann unser Ohr noch als zwei Töne (Sendeton und Echo) unterscheiden – wenn der Hörer darauf vorbereitet ist. Die „betuchten" Hörer waren es nicht. Man war bereit, den Versuch zu wiederholen: Das aber koste viel Geld (angeblich). Wenn die Hörer bereit seien ...... Sie waren bereit, Geld zu spendieren.

Auch andere Scherze sprachen sich herum. 1933 wurde Johannes Stark (1874–1954) – ein berühmter Physiker, aber Anhänger der antisemitischen „deutschen Physik" von Lenard – Präsident der Physikalisch-Technischen Reichsanstalt in Berlin. Wir erfanden eine Synthese zwischen ihm und Einstein in der „Ein-Stein-starken Wand". Noch eine Anekdote aus der Physikalisch-Technischen Reichsanstalt: 1922–1924 war Walther Nernst (1864–1941) ihr Präsident. Einer seiner Abteilungsleiter (seinen Namen habe ich vergessen; er erzählte die Geschichte meinem Vater) beschwerte sich, er bekäme für seine Abteilung weniger Geld als die anderen. Die Diskussion verlief wohl etwas lebhaft, so daß der sich zurückgesetzt fühlende Mitarbeiter schließlich das Verhalten von Nernst als unbegründet und als reine Laune bezeichnete. Darauf Nernst, temperamentvoll mit dem Fuß aufstampfend: „Ich bin hier die Primadonna und dann darf ich auch Launen haben."

Die Versuche über das Hören der Insekten

Ich begann mit Ameisen, einem, wie wir heute wissen, nicht gerade geeigneten Objekt für die Frage nach einem Hörvermögen. Aber Ameisen ließen sich leicht im Laboratorium halten. Zudem waren viele Arten leicht in der nahen Umgebung Berlins zu finden.

Die Untersuchungen an Ameisen zu beginnen, hatte noch weitere Gründe: Schon Graber hatte 1875 bei Orthopteren (Heuschrecken) gezeigt, daß die Tympanalorgane nicht die einzigen Hörorgane sein können. Zu dem gleichen Ergebnis kam Regen (1914) in seiner klassischen Arbeit über das Hörvermögen der Männchen der Heuschrecke *Thamnotrizon*: Wurden die Trommelfelle samt den Sinneszellen der Hörorgane zerstört, so blieb immer noch eine gewisse Empfindlichkeit für Schall übrig. Wever (1935) arbeitete auf diesem Gebiet der Hörphysiologie der Insekten zum ersten Mal mit elektrophysiologischen Methoden, ebenfalls bei einer Heuschrecke (*Arphia sulfurea*): Er leitete die Aktionsströme vom Bauchmark ab; Zerstörung der Trommelfelle verminderte zwar die Empfindlichkeit für Schall; sie verschwand erst, wenn die Körperoberfläche mit Ton beschmiert wurde.

Es wurde manches spekuliert, ob, und wenn ja, wo, die Schallempfänger lägen. So begannen die Versuche nicht mit Heuschrecken, die ja Trommelfelle haben, sondern mit Ameisen. Manche Arten (z.B. *Myrmica*) zirpen; vielleicht hatten sie Hörorgane?

Aus physikalischen Gründen gibt es zwei Wege, auf denen Schallwellen einen Empfänger zum Mitschwingen bringen können; Schall ist periodische Bewegung der Luft (oder eines festen oder flüssigen Körpers). Die Teilchen der Luft pendeln periodisch mit der Schallfrequenz. Dabei können sie kleine Gebilde durch Reibung zum Mitschwingen veranlassen. Klein heißt: im Verhältnis zur Wellenlänge des Schalles. Treffen Schallwellen auf Gebilde, die groß im Verhältnis zur Wellenlänge sind, so stauen sich die bewegten Teilchen davor: Das ergibt periodische Druckschwankungen. In einer Schallwelle bewegen sich also die Teilchen hin und her, die Frequenz hängt von der Tonhöhe (Wellenlänge), die Geschwindigkeit der schwingenden Teilchen (im wesentli-

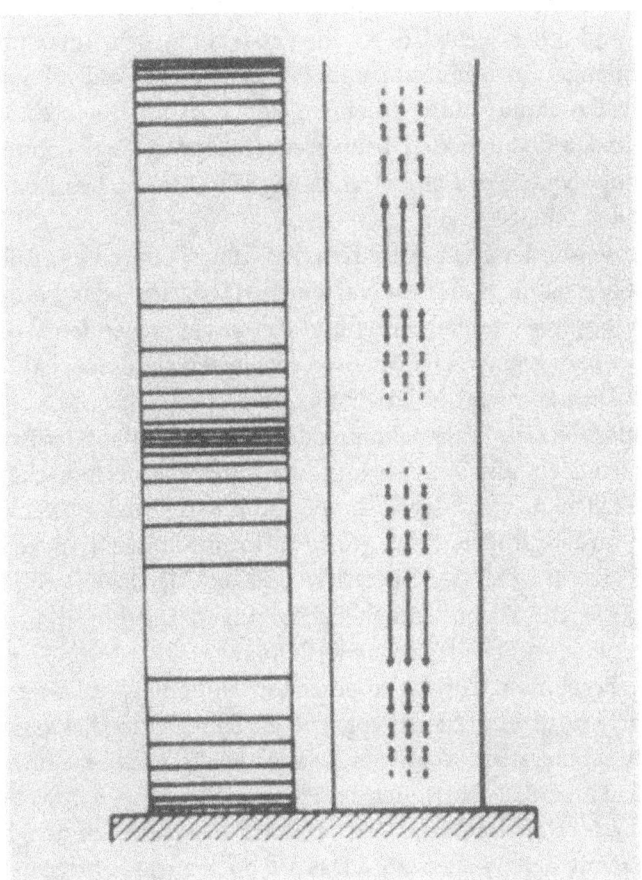

Abb. 9. Stationäre „stehende" Wellen in einem Kundtschen Rohr (Kundt 1870). Links: Maxima und Minima des Schalldruckes: rechts: Maxima und Minima der Schallschnelle. Länge des Rohres: 2mal Wellenlänge des Luftschalls. Phasenverschiebung zwischen Druckmaximum und Schnelle: $1/2 = 180°$.

chen) davon ab, wie laut der Ton ist. Schall hat also zwei Komponenten; die Geschwindigkeitsschwankungen und die Druckschwankungen. Beide Komponenten kann man örtlich trennen, wenn Schall an einer starren Wand reflektiert wird. An ihr entsteht ein Druckmaximum, in 1/4 Wellenlänge ein Minimum und bei der halben Wellenlänge wiederum ein Druckmaximum. In einem Rohr, das an einem Ende starr und am anderen durch den Lautsprecher begrenzt ist, können also beide Komponenten örtlich getrennt werden (Kundtsches Rohr, nach dem Physiker August Kundt (1839–1894).

Die Ameisen konnten aus ihrem „Wohnnest" durch ein Röhrchen in das Rohr laufen, und zwar auf einem Drahtnetz, das vom Schall nicht in Vibration versetzt wurde und das in der stehenden Welle verschoben werden konnte. Die Ameisen reagierten auf den Schall nur im Geschwindigkeits- nicht im Druckmaximum.

Daraus folgt: Die Wahrnehmung der Töne beruht auf der Erregung von Haarsensillen, also Empfängern, die durch die periodische *Bewegung* der Teilchen, nicht durch die periodischen Druckschwankungen angeregt werden. Im Tierreich gibt es also neben den Druckempfängern (z. B. Trommelfell der Säugetiere und des Menschen) einen ganz anderen Typ: Die Geschwindigkeitsempfänger. Die Physiker nennen solche Empfänger (Schall-) Schnelle-Empfänger.

Diese Ergebnisse trug ich in einer Kurzmitteilung auf dem Zoologen-Kongreß 1936 in Freiburg vor. Die anschließende Diskussion war kurz, aber schmerzhaft. Vorsitzender war der Entwicklungsphysiologe Hans Spemann (1868–1941), der gerade ein Jahr zuvor den Nobelpreis erhalten hatte. Nach meinem Vortrag stand Spemann auf und fertigte mich kurz mit den Worten ab: „Das ist doch nicht einzusehen, daß Insekten besser hören sollen, wenn sie schneller laufen". Keine Diskussion.

Spemann hatte nichts verstanden. Anstatt das zuzugeben und zu fragen, schlug er – zum Glück vergeblich – jungen Nachwuchs tot. Was bis heute viele nicht glauben wollen: Nobelpreise schützen vor Torheit nicht. Gewiß: Physikalische Betrachtungen waren damals für Zoologen noch ungewöhnlich. Aber ein Zoologe, der in seinen Lebenserinnerungen schreibt, er habe mit Mathematik und Technik zeit seines Lebens auf Kriegsfuß gestanden, kam nach meinem Vortrag zu mir: „Herr Kollege, erzählen Sie mir das noch einmal. Ich habe es nicht verstanden". Das war Karl von Frisch. Eine Stunde hörte er zu und fragte zuweilen. Von Frischs Fragen trafen immer ins Schwarze. Er hatte zudem die leider seltene Gabe, zuhören zu können (und mitzudenken). Schließlich

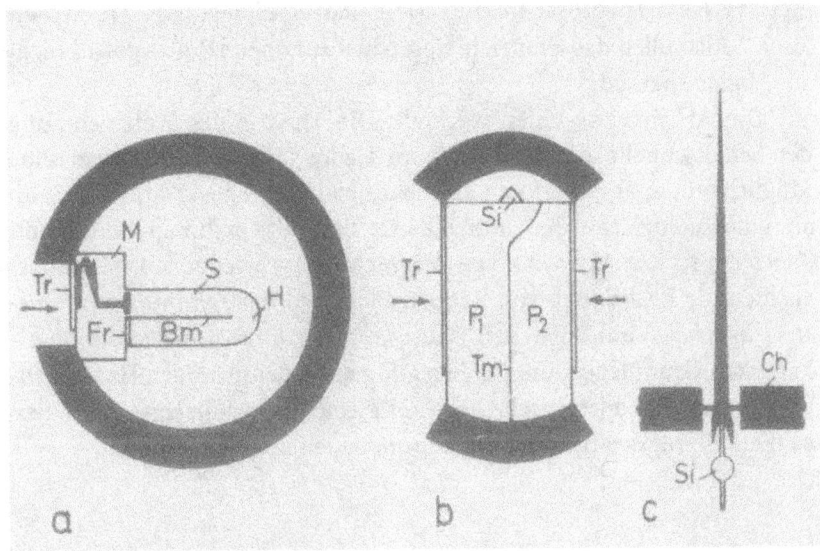

Abb. 10. Die Typen von Schallempfängern im Tierreich. a. Druckempfänger, z. B. im Ohr des Menschen und der Säugetiere. Das Trommelfell (*Tr*) ist nur von einer Seite für Schall zugänglich. Der Schädel wirkt als schalldichte Kapsel. Die Knöchelchen im Mittelohr (Hammer. Amboß und Steigbügel) leiten die Schwingungen des Trommelfells zum Innenohr (Cortisches Organ auf der Basilarmembran (*Bm*). *Fr* Rundes Fenster. *H* Helicotrema, *M* Mittelohr, *S* Cochlea. b. Druckgradientenempfänger: Der Schalldruck wirkt auf beide Seiten des Trommelfells (*Tm*) des Tympanalorgans. *Si* Sinneszellen des Tympanalorgans (Crista acustica). Tr_1, Tr_2 äußere Trommelfelle; P_1, P_2 Hohlräume der Tracheen. c. Schallschnelleempfänger: Bewegliche Sinneshaare mit distalem Fortsatz (*Si*) zum Zentralnervensystem: *Ch* Chitindecke, auf der das Sinneshaar sitzt. Wirksame physikalische Größe ist die Reibung der Luftteilchen am Haar.

kam die ermunternde Aufforderung: „Schicken's mir mal die Arbeit". So erschien dann 1936 in der von Karl von Frisch und Alfred Kühn herausgegebenen „Zeitschrift für vergleichende Physiologie" (Bd. 23, S. 332–372) die allgemeine Theorie der Schallwahrnehmung bei Arthropoden.

Da die Untersuchungen im Heinrich-Hertz-Institut gemacht waren, fragte ich Professor Meyer, ob er damit einverstanden sei, daß das im Untertitel der Veröffentlichung genannt würde. Karl Willi Wagner konnte ich nicht mehr fragen; er hatte nach 1933 die Stellung als Direktor des Institutes und die Professur an der TH Berlin aufgeben müssen und sich auf seine Friedrichsdorfer Zwiebackfabrik zurückgezogen. Erwin Meyer antwortete auf meine Frage kurz: „Nein. Lassen

Sie das Heinrich-Hertz-Institut weg. Ich müßte sonst Ihre Arbeit lesen." Also blieb das Heinrich-Hertz-Institut unerwähnt – gewiß nicht aus Undankbarkeit.

Die Arbeit hatte einen Nachteil: Die Theorie der Wahrnehmung der Schallschnelle durch ablenkbare Haare (Haarsensillen) war eine Möglichkeit, aber experimentell nicht bewiesen. Es war also offen, ob sie eine biologische Bedeutung hatte. Erst 1975 nahmen Markl und Tautz die frühen Versuche von Minnich (1925) wieder auf. Sie untersuchten die Reaktionen von Raupen (der Kohlraupe, *Barathra* [*Mamestra*] *brassicae*) auf Luftschall. Tautz (1977, 1978) analysierte die physikalischen Grundlagen, die zur Erregung der fadenförmigen Haarsensillen führten. Der australische Physiker Fletscher (1978) zeigte dann, daß es die Reibungskräfte sind, die auf die Fadenhaare einwirken.

Die Trommelfelle (Tympanalorgane) der Insekten

Ameisen waren zunächst eine Verlegenheitslösung. Viel mehr reizten die Tympanalorgane der Insekten. Von Siebold (1844) hatte sie zuerst beschrieben. Regen hatte sie eingehend in Verhaltensversuchen geprüft (1914, 1926). Mit neuen Methoden hatten Wever und Bray (1933) sie dann untersucht: Sie leiteten mit Verstärkern die Aktionspotentiale von den Nerven ab, die die Erregungen vom Hörorgan zum Zentralnervensystem leiten. Das schien die Methode der Wahl. Aber: Heuschrecken konnten nur im Sommer und Herbst gesammelt werden. Und geeignete Verstärker mußten zunächst entwickelt und gebastelt werden. Die große grüne Laubheuschrecke (*Tettigonia viridissima*; in den Veröffentlichungen ist sie noch mit dem alten Namen *Locusta viridissima* bezeichnet) trägt ihre Hörorgane mit den Trommelfellen an den Vorderbeinen unterhalb des Knies. Von den Sinneszellen zieht ein langer Nerv durch das Vorderbein zum Zentralnervensystem. Laubheuschrecken gab es in Mengen, und sie waren wegen ihres lauten Zirpens leicht zu finden.

Weit schwieriger war es, die nötigen Verstärker zu bauen. Im Handel gab es sie damals noch nicht. Lediglich in der Medizin wurden in Deutschland elektrophysiologische Methoden verwendet (Berger: Elektroenzephalographie). Wieder halfen die Kollegen vom Heinrich-Hertz-Institut. Wir konstruierten einen Verstärker mit den 7 cm langen AF7-Radioröhren, eingebaut in ein großes Gehäuse aus Aluminiumblech. Es war kein reines Vergnügen, mit ihm zu arbeiten: Es war extrem empfindlich gegen Erschütterungen, gegen elektrische Störfelder und akustische Rückkoppelung. In einem riesigen Holzkasten mit 10 cm dicken Wattepolstern rings um den Verstärker war das Ganze unhandlich.

Ein Silberdraht wurde in das Femur gesteckt – die Ableitelektrode, die die Aktionspotentiale zum Verstärker leitete; das Vorderbein ruhte mit den Tarsen auf einer kleinen Silberplatte – der indifferenten (an Erde angeschlossenen) Elektrode.

Der – produktive – Ärger begann aber erst mit den ersten Versuchen, die Aktionspotentiale abzuleiten: Die geringste Erschütterung,

Schritte auf dem Flur vor der Tür, leises Tippen auf den Tisch verursachten deutliche Potentialfolgen, die als leises Zischen im Lautsprecher (an den Verstärker angeschlossen) zu hören waren. (Ein Oszillograph zum Aufzeichnen der Aktionspotentiale stand mir nicht zur Verfügung; das Auftreten der Aktionspotentiale wurde mit Kopfhörer oder Lautsprecher abgehört.)

Die Physiker amüsierten sich: Das seien Artefakte, durch Erschütterung der Elektroden hervorgerufen. Ich betäubte das Präparat vorsichtig mit Äther: Die elektrischen Antworten verschwanden, reversibel. Die ganze Apparatur wurde auf eine – des Nachts von der Straße gestohlene – Steinplatte gestellt. Zur Dämpfung ruhte die Platte auf vier Tennisbällen. Trotzdem: Am Tage war es fast unmöglich, Schwellenmessungen zu machen. Und die Folge: Da das Heinrich-Hertz-Institut um 17.00 Uhr hermetisch für alle geschlossen war, wurden Untersuchungen über die Empfindlichkeit für Erschütterungen in diesem Institut unmöglich. Sie wurden später (nach 1937) im Zoologischen Institut fortgeführt.

So blieb die reine Hörphysiologie der Tympanalorgane zu untersuchen. Für tiefe Töne waren die Tympanalorgane von *Tettigonia* unempfindlich. Sie reagierten aber kräftig auf Töne von Galton-Pfeifen. Sie bestehen aus einem am unteren Ende verschlossenen, engen Röhrchen, über dessen obere scharfe Schneide ein kräftiger Luftstrom geblasen wird. Die Länge des Röhrchens ist verstellbar, in ihm entstehen durch Resonanz hohe Töne bis zu 22 000 Hz, je nach der eingestellten Länge. Sie wurden benutzt, um die Hörgrenzen beim Menschen zu bestimmen, gelegentlich wohl auch für die Dressur von Hunden.

Wever und Bray hatten bei ihren Versuchen noch Antworten bis zu 45 kHz gefunden. Die Erzeugung und vor allem Messung von Ultraschall war in den dreißiger Jahren mehr als unvollkommen. Im Heinrich-Hertz-Institut hatte man Magnetostriktionssender entwickelt, die noch 90 000 Hz abstrahlten. Sie bestanden aus einem Zylinder aus Eisen und wurden über eine Drahtspule mit ihrer Resonanzfrequenz (90 kHz) angeregt. Die Tympanalorgane der Heuschrecken reagierten auf so hohe Töne noch sehr kräftig. Ja, sie reagierten noch in Entfernungen und an Stellen im Raum, an denen nach Ansicht der Physiker gar kein Ultraschall mehr vorhanden sein sollte; zumindest war mit den damals verfügbaren Meßinstrumenten physikalisch kein Ultraschall mehr nachweisbar. Wiederum Skepsis meiner Kollegen aus der Physik.

Wenn auch weder obere Hörschwellen noch gar die Abhängigkeit der Hörschwellen von der Frequenz mit den damaligen Mitteln bestimmt werden konnten: Es wurde ein weiterer physikalischer Typ von Hörorganen im Tierreich entdeckt: Die Druckgradientempfänger (Abb. 10 b). Die Tympanalorgane sind nämlich für Schall aus verschiedenen Richtungen verschieden empfindlich. Oder anders: Sie haben ein ausgesprochenes Richtungsdiagramm. Oder noch anders: Für das einzelne Gehörorgan erscheint Schall, der aus verschiedenen Richtungen kommt, aber die gleiche physikalische Intensität hat, verschieden laut. Bei so kleinen Hörorganen kann das nicht auf Schattenwirkung beruhen. Dazu kommt: Wenn der Schall von „vorn", also parallel zum Trommelfell einfällt, dann ist seine Wirkung (seine „Lautheit") am geringsten. Ein Empfänger, der auf den Schall(wechsel)-Druck anspricht, kann keine Richtungsabhängigkeit haben. So wurde die Theorie der *Druckgradient*-Empfänger entwickelt: In einer (ebenen) Schallwelle haben alle Punkte senkrecht zur Fortpflanzungsrichtung den gleichen (momentanen) Druck; die Drücke auf das Trommelfell heben sich auf. Senkrecht dazu – also in der Richtung der Schallfortpflanzung – sind aber die Drücke etwas verschieden. Die Differenz (der Gradient) wird wirksam. Er ist um so größer, je größer die Frequenz, d. h. je kleiner die Wellenlänge, je höher der Ton ist. Empfänger für Ultraschall – und das sind die Tympanalorgane der Laubheuschrecken – werden also als Gradientempfänger optimal konstruiert sein.

Erst fast 30 Jahre später wurden diese Ergebnisse im großen und ganzen bestätigt (Lewis 1974 a-d; Nocke 1975; Michelsen and Larsen 1978). Vor allem Michelsen zeigte mit eleganten Methoden (Laser-Technik): Nur im Bereich von 1–10 kHz ist das Hörorgan ein Druckgradient-Empfänger, bei höheren Frequenzen ist es ein reiner Druckempfänger.

1935 mußte ich die Arbeiten im Heinrich-Hertz-Institut beenden: Richard Hesse hatte eine frei werdende Assistentenstelle am Zoologischen Institut für mich beantragt. Erich Graetz war 1934, Ernst Marcus 1935 wegen jüdischer Abstammung entlassen worden. So wurden die beiden einzigen Assistentenstellen frei. Die zweite erhielt mein Studienkamerad Erich von Holst.

Ich konnte zwar gelegentlich im Heinrich-Hertz-Institut fragen, aber die Arbeiten mußten notgedrungen ins Zoologische Institut verlegt werden. Die Schwierigkeit war: Ich hatte dort keine Apparaturen und keine Werkstatt. Nur meinen selbstgebauten Verstärker durfte ich mitnehmen. Aus den Mitteln des Zoologischen Instituts auch nur Kleinigkeiten zu beschaffen, war unmöglich. So stellte ich zwei Anträge an die Notgemeinschaft der Deutschen Wissenschaft (den Vorgänger der

Deutschen Forschungsgemeinschaft). Beide Anträge wurden abgelehnt, weil – so sagte es mir der zuständige Referent am Telefon – weil diese Arbeiten „keine völkische Bedeutung hätten". Die „Notgemeinschaft" war nach 1933 schnell „gleichgeschaltet" worden. [Es klingt heute grotesk: Die Arbeiten des aktiven Nazis und Militaristen (Oberst der Reserve) Friedrich Seidel über Entwicklungsphysiologie von Insekten wurden von der „Notgemeinschaft" als „kriegswichtig" gefördert (Quelle: Archiv der DFG)]. Trotzdem bekam ich alles, was ich brauchte. Der eine Nothelfer war Professor Ferdinand Trendelenburg (1896–1973), Physiker im Forschungslaboratorium der Siemens & Halske-Werke in Berlin-Siemensstadt. Sein Arbeitsgebiet war physikalische Akustik; 1939 erschien seine „Einführung in die Akustik" (Springer, Berlin). Auf seine Empfehlung stiftete die Firma mir Apparaturen und Lautsprecher, einen Tonfrequenz-Summer samt Verstärker. Beide Apparate haben manches Schicksal über sich ergehen lassen müssen und stehen jetzt im Magazin des Deutschen Museums in München. Einiges Geld für Batterien und kleines Zubehör stiftete der „Verein Naturforschender Freunde" in Berlin, eine Vereinigung, die – zur Zeit Friedrichs des Großen gegründet – heute noch existiert.

So waren wiederum alle Voraussetzungen zur produktiven Forschung gegeben.

Es gab Hemmnisse anderer Art. Im März 1935 – also vor meiner Ernennung zum Assistenten – ließ mich Richard Hesse zu sich rufen: „Herr Doktor, gestern habe ich einen Brief von unserem Reichserziehungsminister Rust (1883–1945) bekommen. Ich dachte, da stünde drin, ich würde Geheimrat. Es steht aber drin: „Geh heim Rat". Hesse war vorzeitig emeritiert worden. Er hatte sich geweigert, die Rassenlehre von Hans Günther (1891–1968) im Staatsexamen zu prüfen. Sie war ideologisch, antisemitisch und bildete eine der Grundlagen des nazistischen Rassismus. Hesse hatte zudem seine beiden Assistenten (Graetz und Marcus) verloren. So zog er sich auf seine Arbeit am Band II von „Tierbau und Tierleben" zurück (1943, Fischer, Jena). Sein Nachfolger war Friedrich Seidel (1897–1992).

Seidel wollte alles neu organisieren. Er bekam bei der Berufung eine Technische Assistentin (Frl. Kriebel). Er brachte zwei Assistenten mit (Gerhard Krause und Dr. Bock). Die Folge war: Wir beiden etablierten Assistenten, Erich von Holst und ich, waren über und über mit organisatorischen Aufgaben und Assistenz in Praktika und Kursen, Demonstrationen in seiner Vorlesung über Allgemeine Zoologie (Montag–Freitag, 7.00–8.00 Uhr) beschäftigt. Für unsere wissenschaftliche

Arbeit hatte er kein Interesse. Vom Etat des Institutes durfte ich mir nicht einmal eine Anodenbatterie (eine Trockenbatterie mit Spannungen bis 250 Volt) zum Betrieb meines Verstärkers kaufen. Ich kaufte die Batterie aus eigener Tasche.

Friedrich Seidel kam erst im Herbst 1935 (aus Königsberg). Im April bezogen wir, von Holst und ich, also die leeren Zimmer von Graetz und Marcus. Sie lagen nebeneinander an einem nahezu dunklen Gang. Hoch oben in 7 m Höhe stand noch aus den Zeiten der Gründung des Institutes, kaum zu sehen, über den beiden Türen „I. Assistent" bzw. „II. Assistent". Ich war nicht wenig erstaunt, als ich eines Tages von Holst auf einer hohen Feuerleiter dabei antraf, wie er – er hatte zufällig und ohne Absichten den Raum „II. Assistent" bekommen –, wie er mit einem Messer von der „II" eine „I" wegkratzte.

Erich von Holst (1908–1962) hatte 1932, ein Jahr nach mir, mit einer klassischen und sehr originellen Arbeit promoviert. Wir beide vertrugen uns gut, wenngleich der geniale von Holst gelegentlich über meinen Fleiß, vor allem bei der Bearbeitung der Hirudineen spottete. Sherringtons (1857–1952) und Pawlows (1848–1936) Lehre der Reflexe spiegelte die herrschenden Vorstellungen über rhythmische Abläufe wider, wie sie beim Laufen, Kriechen und Schwimmen auftreten: Nach der Lehrmeinung war das Zentralnervensystem nicht viel mehr als eine – allerdings sehr komplizierte – Schaltstelle. Reize und Erregungen aus der Peripherie, etwa von Dehnungsrezeptoren in Muskeln ausgehend, lösten im Zentralnervensystem motorische Impulse aus, und dieses alternierende System hatte die rhythmischen Vorgänge zur Folge. Es gab zwar Gegenstimmen, als deren wichtigster Vertreter der Physiologe Albrecht Bethe (1872–1955; er hat ebensowenig wie der Begründer der Chromosomentheorie der Vererbung, Theodor Boveri (1862–1915), den Nobelpreis erhalten) zu nennen ist. Bethe lehnte eine konsequente Reflexlehre ab, wies aber in seiner Lehre von der Plastizität des Nervensystems einen zwar neuen, aber nur geahnten Weg.

In den physiologischen Übungen für Anfänger wurde das rhythmische Kriechen von Regenwürmern demonstriert und – der allgemeinen Lehrmeinung folgend – auf Reflexketten zurückgeführt. Die Rhythmik der Bewegungen beruhe auf dem Hin- und Herpendeln der Erregungen zwischen Peripherie und ZNS. Der Student von Holst glaubte das nicht und bewies in seiner aus eigener Initiative durchgeführten Dissertation: Das ZNS besitzt eine eigene, endogene, von der Peripherie unabhängige Rhythmik; es leistet mehr, als nur aus der Umgebung oder einer eigenen Peripherie eintreffende Signale zu verarbeiten. Das

Zentralnervensystem ist ein autonom tätiges Organ. Von Holst arbeitete mit den simpelsten Instrumenten: Faden, Stecknadeln, ein paar Korken, ein einfacher Rußkymograph genügten für seine eleganten, geistreichen Versuche.

„Simplex sigillum veri" (Das Einfache ist das Gütesiegel des Wahren) stand an der Wand des Hörsaals von R. W. Pohl (1884–1976) in Göttingen. „Demgemäß ist Simplizität stets ein Merkmal nicht allein der Wahrheit, sondern auch des Genies gewesen" (Schopenhauer, Parerga und Paralipomena, 2.29: Zur Psychognomik § 277). Von Holst war ein Genie.

Der neue Chef spannte – ich erwähnte das oben – von Holst und mich so in organisatorischer Arbeit und Aufbau von Kursen ein, daß uns für die Forschung keine Zeit mehr blieb, und so beschlossen wir eines Tages, zu Seidel zu gehen und ihn zu bitten, uns etwas zu entlasten. Zaghaft trugen wir unseren Wunsch vor. Seidels Antwort: „Es gibt doch Zeiten, wo einem nichts einfällt, und da können Sie doch am besten die Ihnen aufgetragenen Dinge erledigen". Noch bevor er ausgesprochen hatte, schlug sich von Holst auf die Schenkel und prustete los: „Mir nichts einfallen! Mir nichts einfallen!", stand auf und verließ laut lachend das Zimmer. Am nächsten Tag kündigte er, ging zu Albrecht Bethe nach Frankfurt, der ihm ein Stipendium besorgte. Von Holst habilitierte sich 1938 in Göttingen bei Karl Henke und wurde 1946 Ordinarius für Zoologie in Heidelberg, 1949 Abteilungsleiter am Max-Planck-Institut für Meeresbiologie in Wilhelmshaven. Von Holsts Arbeiten beeinflußten nicht nur die gesamte Theorie des Zentralnervensystems bis heute – das Reafferenzprinzip (1954 mit H. Mittelstaedt) wird immer wieder diskutiert. Seine Theorie hatte auch entscheidenden Einfluß auf die Vorstellungen von Konrad Lorenz. Lorenz berichtet (Vergleichende Verhaltensforschung. Grundlagen der Ethologie. Springer, Wien New York, 1978. S. 5): „So hielt ich denn im Jahr 1935 im Harnack-Haus (Kaiser-Wilhelm-Gesellschaft; Ref.) in Berlin einen Vortrag, dem meine Arbeit ‚Der Begriff des Instinktes einst und jetzt' zugrundelag. (...) In jenem Vortrag sprach ich zwar ausführlich und mit besonderer Betonung über all jene Eigenschaften und Leistungen der Instinktbewegung, die *nicht* in die Ketten-Reflextheorie eingeordnet werden können, kam aber in meiner Zusammenfassung doch zu dem Schluß, daß Instinktbewegungen auf Verkettungen von unbedingten Reflexen beruhten (...) Neben meiner Frau ..... saß ein junger Mann, der dem Vortrag gespannt lauschte und bei meinen Ausführungen über Spontaneität immer wieder murmelte: ‚Menschenskind, es stimmt, es stimmt!' Als ich bei der erwähnten Zusammenfassung ankam, verhüllte er sein Haupt und stöhnte: ‚Idiot'. Dieser Mann war Erich von Holst."

So fanden die Verhaltensforschung von Konrad Lorenz und die von Holstschen Vorstellungen über die autonomrhythmische Tätigkeit des Zentralnervensystems zusammen. Von Holst blieb bei diesen Untersuchungen nicht stehen. Erwähnt seien nur noch seine Arbeiten zur Wahrnehmungslehre und zur Funktion biologischer Regelkreise, die ihn dann folgerichtig zum Reafferenzprinzip führten; erwähnt sei die Lösung der Frage nach den adäquaten Reizen im Statolithen-Apparat: Hier verwendete er reflexlose Gleichgewichtslagen von Fischen und nicht Reflexe. Das Ergebnis: Der adäquate Reiz für die Sinneshaare ist die Komponente, die parallel zur Oberfläche wirkt, die Scherung, nicht der senkrecht wirkende Druck. Auch was von Holst „nebenbei" tat, trug den Stempel des Genialen. Auf dem Zoologenkongreß führte er Modelle fliegender Vögel vor, die ihm einen Preis der Göttinger Akademie der Wissenschaften eintrugen. Er baute selber Bratschen und spielte sie ausgezeichnet. Von Holst machte sich und seinen Freunden das Leben nicht leicht. Aber die Lauterkeit seines Herzens und die Wahrhaftigkeit auch seiner oft schonungslosen Kritik an sich und anderen überstrahlten alle rein menschlichen Beziehungen.

Nach dem Zweiten Weltkrieg wurde für Holst und Konrad Lorenz das Max-Planck-Institut für Verhaltensphysiologie in Seewiesen bei Starnberg gegründet. Damit folgte die Max-Planck-Gesellschaft dem Gründungsprinzip ihrer Vorgängerin, der Kaiser-Wilhelm-Gesellschaft: für herausragende Forscher ideale Arbeitsbedingungen zu schaffen, Forschungsgebiete zu fördern, die wegen ihres Aufwandes an Mitteln und Zeit an den Universitäten nur mühsam oder gar nicht betrieben werden können. Ich wage es ernsthaft zu bezweifeln, daß die Max-Planck-Gesellschaft diesen Prinzipien treu geblieben ist.

Die Subgenualorgane

Professor Seidel ließ mir, wie gesagt, am Tage keine Zeit für wissenschaftliches Arbeiten. So mußte ich - ebenso wie der andere Assistent, Dr. Bock - die Nacht zu Hilfe nehmen. Auch da hatten wir zuweilen keine Ruhe: Seidel hielt seine Vorlesung über „Allgemeine Zoologie", wie erwähnt, morgens von 7 bis 8 Uhr. Offenbar bereitete auch Seidel seine Vorlesung in der Nacht vor. Denn eines Nachts klingelte um 2 Uhr morgens im Institut das Telephon - nicht in meinem Zimmer; da gab es noch keines, aber in der Pforte. Ob ich nicht schnell zum Schlachthof fahren könne, um etwas Blut zu holen? Er wolle in der Vorlesung die Absorptionsspektren des Oxyhämoglobins und des Hämoglobins projizieren. Also fuhr ich mit dem Rad zum Schlachthof und demonstrierte in der Vorlesung fünf Stunden später die gewünschten Absorptionsspektren. (Die Einrichtungen dafür waren aus früheren Vorlesungen vorhanden.)

Nun konnte ich aus anderen Gründen sowieso nur des Nachts Experimente mit den Heuschrecken machen: Die Tympanalorgane reagierten noch auf geringste Erschütterungen aus der Umgebung, und am Tage war durch den ständigen Verkehr und den Betrieb im Haus jede Messung gestört, obwohl die Versuchsanordnung auf mehreren schweren Platten stand, zwischen denen Gummistopfen die Erschütterungen dämpften. Was waren das für Sinnesorgane, die so empfindlich für Vibrationen des Bodens waren? Wie empfindlich waren sie überhaupt?

Unmittelbar die Amplituden dieser Vibrationen zu messen war nicht möglich. Heute würde man solche Schwingungen mit Laser-Methoden messen, wie sie z.B. Professor Axel Michelsen in Odense (Dänemark) entwickelt hat. Laser gab es damals noch nicht; so mußte ein anderer Weg gefunden werden.

Als Quelle für definierte Vibrationen wurde ein elektrodynamischer Lautsprecher umgebaut. Er wird durch elektrische Wechselströme angeregt, die durch eine Spule fließen. Diese Spule ist in einem Dauer-Magneten frei beweglich; Wechselstrom bewirkt, daß sie in dessen Frequenz schwingt. Beim Lautsprecher werden diese Schwingungen auf eine Membran übertragen. Sie wurde entfernt und die bewegliche Spule mit einem Stab versehen. Auf ihm ruhte das Bein der Heuschrecke. Bei kleinen Strömen durch die Spule sind ihre Schwingungen streng proportional der Stromstärke. Die Stromstärke kann man bis zu fast beliebig kleinen Werten messen, die Schwingungsamplituden unter dem Mikroskop eichen und dann durch Extrapolation die nicht mehr im Mikroskop sichtbaren Amplituden berechnen. Die Amplitude der Schwingungen ergibt in Abhängigkeit vom erregenden Strom eine Gerade, die durch den Nullpunkt geht. Das war wichtig, weil dann mit Sicherheit aus den verwendeten Stromstärken auf die Amplituden geschlossen werden konnte.

Die Schwellenamplituden für eine Erregung waren so klein, daß ich sie nicht glaubte. Sie wurden wieder und wieder bestimmt. Beim Braunen Heupferdchen (*Decticus*; a bushcricket) und bei der Grünen Laubheuschrecke (*Tettigonia*; green bushcricket) lagen sie bei Vibrationsfrequenzen von 2000 Hz bei 10^{-8} cm (Spitze-zu-Spitze), bei der amerikanischen Schabe (*Periplaneta americana*; American cockroach) bei 1500 Hz sogar bei weniger als 10^{-9} cm. Das sind atomare Dimensionen; etwa 1/25 des Durchmessers der ersten Elektronenbahn des Wasserstoffatoms.

Eine Vergrößerung aller Dimensionen macht deutlich, wie unglaublich klein diese Reize an der Schwelle sind. Wenn die Schabe 10-Millionen-fach vergrößert wird, dann wird sie 4000 km lang, sie reicht vom Nordkap bis Sizilien. Der Mensch wird 170 000 km groß, das ist etwa die halbe Entfernung bis zum Mond. Die Amplitude der noch von der Riesenschabe wahrgenommenen Vibration beträgt 1 mm oder sogar etwas weniger. Zum Vergleich: Die Schwelle für Vibrationen an der Spitze des Zeigefingers beim Menschen liegt bei 3×10^{-6} cm, also bei Amplituden, die etwa 1000fach größer sind; bei dem Riesen von 170 000 km Größe also bei etwa 3 m!

Wir – und nicht nur wir – bezweifelten die Richtigkeit unserer Messungen. Auf zwei Wegen wurden wir beruhigt: Ich ging zu Professor Carl Friedrich von Weizsäcker, damals Abteilungsleiter am Kaiser-Wilhelm-Institut für Physik in Berlin-Dahlem (dessen Direktor Heisenberg war). Sowohl er als auch Heisenberg hatten weder gegen die Methode noch gegen die Größenordnung der Amplituden etwas einzuwenden. Freilich: Es sei die physikalisch zulässige Grenze, noch kleinere Schwingungen seien unzulässig.

Die andere Bestätigung, daß solche Amplituden physikalisch zulässig sind und im Bereich der Biologie vorkommen, kam von ganz

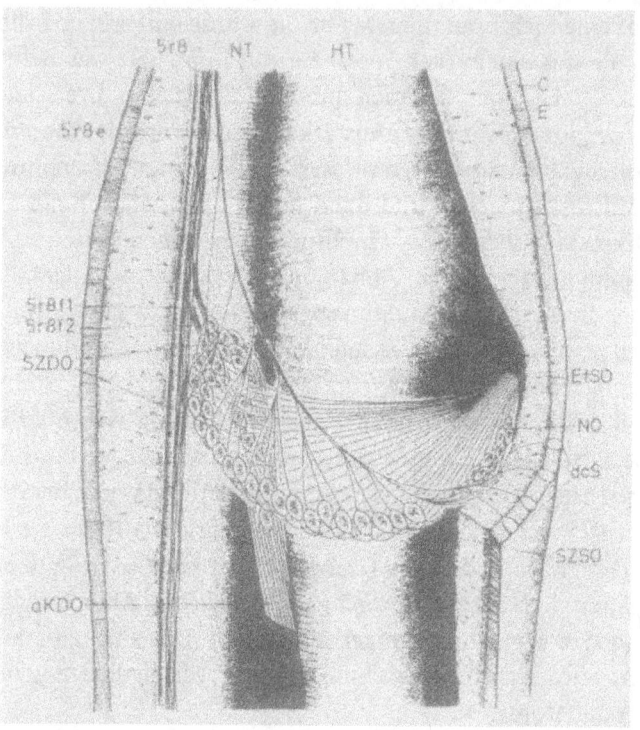

Abb. 11. Küchenschabe (*Periplaneta americana*). Proximaler Teil der Tibia, Mittelbein. *aKDO* akzessorische Zellen des distalen Organs: *C* Cuticula; *dcS* distale campaniforme Sinnesorgane: *E* Epidermis; *EfSO Endfasern des* Subgenualorgans; *HT* hintere Haupttrachee; *NO* akzessorisches Organ; *NT* vordere Trachee; *SZDO* Sinneszellen des distalen Sinnesorgans; *SZSO* Sinneszellen des Subgenualorgans; *5r8* Nerv, der die Sinnesorgane innerviert (ausgenommen die proximalen campaniformen Sinneszellen) mit den Ästen von den distalen campaniformen Sinneszellen, ferner das Subgenualorgan und das akzessorische Organ; *5r8f1* und *5r8f2* Nerven vom Distalorgan. Nach Schnorbus (1971).

anderer Seite: 1941 zeigte der ungarische Physiker Georg von Békésy (1899–1972), daß die Amplituden des menschlichen Trommelfells und insbesondere des Stapes (ein Gehörknöchelchen im Mittelohr) an der Hörschwelle von der gleichen Größenordnung sind.

Später erschienen amerikanische und holländische Arbeiten, die ebenfalls meine Ergebnisse bezweifelten. Aber erstens hatten sie andere Arthropoden (Bienen, bzw. Spinnen) untersucht und zweitens ließ ich 1971 die Messungen mit moderneren Methoden durch eine Doktorandin (Frau H. Schnorbus) wiederholen: Sie wurden voll bestätigt. – Die Empfindlichkeit der Insekten ist im übrigen außerordentlich verschieden: Eine tüchtige Doktorandin, Wilfriede Schneider (verh. Kingerter) bestimmte 1948/1950 die Vibrationsschwellen von zahlreichen Insektenarten.

Zwei Fragen blieben offen: 1. Welche Sinnesorgane nehmen die Vibrationen auf? 2. Werden diese Vibrationen unter natürlichen Bedingungen vom Tier ausgewertet? Haben sie eine biologische Bedeutung?

Bei den Laubheuschrecken liegen in den Vorderbeinen unterhalb des Knies (am proximalen Ende der Tibia) die Trommelfelle und im Innern komplizierte Sinnesorgane (Abb. 11). Durch Ausschaltung einzelner dieser Sinnesorgane wurden die Zellen des Subgenualorgans als Empfänger nachgewiesen.

Zur zweiten Frage: 1974 wiesen Dambach und Huber für Grillen nach, daß die Erregungen von den Subgenualorganen von Nervenzellen in den Ganglien verarbeitet werden. Auch in Arbeiten von Hubert Markl (1973) und Johann Schwartzkopff (1974) wurde die biologische Bedeutung für die innerartliche Kommunikation nachgewiesen.

Diese Arbeiten wurden 1941 abgeschlossen und veröffentlicht – schon während des Krieges.

Die Fahrt nach Finnland und ihre Folgen

Jede Geschichte hat ihre Vorgeschichte: so auch die Jahre 1935 und was dann folgte.

Etwa 1927 hatte mein Freund Hans Melzian die Idee – eigentlich sollte man es gut Berlinerisch eine Schnapsidee nennen –, wir sollten zu zweit oder dritt eine Fußwanderung in den hohen Norden unternehmen, in ein Land, wo es noch Wölfe gab. Er schlug Finnland vor. Wir gewannen noch einen früheren Klassenkameraden dafür: Herbert Rauter. Dieser Vorschlag hatte eine ungeahnte Folge: Ich lernte – nicht in Finnland, sondern nach der Reise – dadurch meine Frau, Ilse Bredow kennen.

Zunächst belegte ich an der Universität Kurse für Finnisch. Alsdann wurde Hans Melzian die abenteuerliche Reise in dies unbekannte Land von seinen Eltern nicht erlaubt. Herbert Rauter und ich, wir hielten aber an dem Plan fest.

Große Reisevorbereitungen gab es nicht: Im Rucksack hatte jeder einige wenige Wäschestücke, ein Eßgeschirr, einen Kompaß und eine – wie sich dann herausstellte – sehr ungenaue Karte von Finnland; auf den Rucksack gebunden eine Decke. Knapp war das Geld: Jeder hatte ganze 200 Mark bei sich. So fuhren wir 4. Klasse (das gab es damals noch) nach Stettin. Dort fragten wir nach einem Passagierdampfer nach Helsinki und bekamen – unangemeldet – Plätze auf dem Deck, nicht etwa in einer Kabine, sondern auf dem freien, ungeschützten Deck – weiter hätte unser knappes Geld nicht gereicht. Verpflegung war nicht vorgesehen.

Es war kalt und stürmisch. Die Tage verbrachten wir auf der Leiter zum Maschinenraum sitzend, weil es dort warm war. Andererseits hatte der Sturm Vorteile für uns beide: Die meisten der wenigen Passagiere waren seekrank. So blieb viel Essen übrig, und wir beide bekamen mehr als wir verzehren konnten. Der Sturm wurde so stark, daß der kleine Dampfer 24 Stunden vor der Küste von Gotland beidrehte und nur noch schaukelte. Schließlich erreichten wir – reichlich übermüdet – Helsinki. Dort etwa in ein Hotel zu gehen, erlaubten unsere

Moneten nicht. Also fuhren wir alsbald mit der Eisenbahn nach Norden. Die Lokomotive wurde damals noch mit Birkenholz geheizt.

Der Zug ging bis Rovaniemi, am nördlichen Polarkreis gelegen. In der kleinen Stadt zu bleiben, war nicht unsere Absicht. So machten wir beide uns beim dämmrigen Schein der dicht unter dem Horizont liegenden Mitternachtssonne – es war August – auf den Weg zum nächsten Bauernhaus, deren eines auf unserer Karte verzeichnet war, wenige Kilometer von Rovaniemi entfernt. Wir fanden ein einsames Bauernhaus, in dem Licht – eine Kerze – brannte. Unsere Versuche, mit unserem kümmerlichen Finnisch um eine Unterkunft für die Nacht zu bitten, wurden schnell überflüssig: Der Finne sprach fließend Englisch; er war als Landarbeiter einige Jahre in den USA gewesen.

Am nächsten Morgen machten wir uns dann gen Süden auf, jeweils bis zum nächsten Bauernhof. Die lagen oft 20 und mehr Kilometer auseinander. Zuweilen mußten wir 30 km und mehr laufen; unsere Karte war in dieser Hinsicht unzuverlässig.

Immer wurden wir freundlich aufgenommen; nicht selten räumten der Bauer und seine Frau ihr gutes Zimmer und schliefen selbst im Stall. Allerdings war die Verständigung meist schwierig. Wir konnten zwar auf Finnisch erklären, daß wir deutsche Studenten waren, daß wir Quartier für die Nacht suchten; aber darüber hinaus gab es kaum eine Unterhaltung. Als Deutsche stießen wir auf große Sympathien. Der finnische Landtag hatte Finnland im November 1917 nach der Oktoberrevolution in Rußland für selbständig erklärt. Rote Garden versuchten eine kommunistische Herrschaft zu errichten. Im Januar 1918 brach ein Bürgerkrieg aus, der schließlich mit dem Sieg der „Weißen Garde" unter General von Mannerheim (1867–1951; von 1944–1946 Staatspräsident) endete. Bei diesem Kampf gegen die russischen „Roten Garden" wurde von Mannerheim durch ein deutsches Expeditionskorps unter General Rüdiger von der Goltz (die „Ostseedivision") unterstützt. So blieb Finnland ein selbständiger Staat. Das Volk hatte das nicht vergessen: Uns beiden deutschen Studenten brachte es alle Sympathien entgegen. – Unser Weg führte über Kajaani, Nurmes, Joensuu, Savoninna, den Saima-See nach Süden, insgesamt an die 800 km zu Fuß.

Die finnische Landschaft war im Norden durch ihre weiten Tannenwälder faszinierend, im Süden durch die unendliche Vielfalt der Seen. Die Häuser waren meist primitiv aus Balken gebaut, die Ritzen mit trockenem Moos zugestopft. Schon im Norden lernten wir die finnische Sauna kennen, kleine Holzhütten mit einem aus großen Steinen aufgeschichteten, etwa 1 m hohen „Ofen". Auf die heißen Steine wurde

Wasser geschüttet, das sofort verdampfte und eine erhebliche Hitze entwickelte. Mit Besen aus dünnen Birkenreisern wurde die Haut massiert. Zuweilen trieben unsere Wirte die Temperatur so hoch, daß wir fast erstickt ins Freie flohen – die auf ihre Hitzetoleranz stolzen Finnen zurücklassend. In besonderer Erinnerung ist mir der Empfang bei einem größeren Bauern im Süden Finnlands: Der Bauer sprach fließend, seine Frau und die beiden erwachsenen Töchter ein leidliches Deutsch. Der Vater hatte in Deutschland Landwirtschaft studiert. Wir wurden wie hohe Gäste empfangen; geschwind wurde Kuchen gebakken. Dann kam die erste Schwierigkeit: Wir mußten in den in ganz Finnland beliebten Schaukelstühlen unsere Kaffeetassen vorsichtig balancieren: Alle, Vater, Mutter und die beiden Töchter schaukelten bei lebhafter Unterhaltung. Die zweite, reizendere Schwierigkeit war am Abend schnell überwunden: Die Mädchen heizten die Sauna, teilten sie mit uns und schrubbten uns in Bottichen mit kaltem Wasser sitzend – endlich einmal – den Rücken. Wir hatten zwar zuweilen in den einsamen, aber doch etwas kalten Seen gebadet, sahen aber nach den langen Märschen doch wohl ein wenig reinigungsbedürftig aus. Badehosen hatten wir nicht im Gepäck; sie waren auch nicht nötig, denn man badete in den Seen ungeniert nackt.

Nur einmal hatten wir ein unangenehmes Erlebnis: Wir hatten um Quartier gebeten, wurden auch freundlich empfangen. Gegessen wurde gemeinsam an einem großen Tisch, der in der Mitte eine Vertiefung hatte. In sie wurde die kräftige Bohnen- und Kartoffelsuppe mit Hammelfleisch geschüttet, und jeder fischte sich mit dem Löffel sein Essen daraus – Teller gab es nicht. Dann saßen wir mit vier oder fünf Männern schweigend – unser Finnisch reichte nicht weit – auf Bänken an der Wand. Die Männer kauten Tabak, und spuckten in kurzen Abständen in weitem Bogen gezielt in ein mit Tannenreisern gefülltes Kästchen auf dem Boden in der Mitte des Raumes. Als es dunkel wurde, erklärten sie uns – durch Gesten –, sie wollten auf die Jagd gehen – es war heller Mondschein; wir könnten mitkommen. Zu sechst stiegen wir in ein Boot, das bis zum Rand im stillen Wasser lag. An einer kleinen, flachen Insel legten sie an; dort stand eine kleine Blockhütte. Sie führten uns hinein, kochten Kaffee und verschwanden. Als wir uns draußen umsehen wollten, fanden wir die Tür verriegelt. Fenster gab es nicht, der Kamin war zu eng. Wir saßen fern von Menschen ungemütlich in der Falle.

Erst am späten Morgen kamen die Männer zurück, ruderten uns schweigend ans Land, gaben uns unsere Rucksäcke zurück, und wir wanderten weiter. Unsere Deutsch sprechenden Wirte meinten, als wir das erzählten: Finnland war „trockengelegt", Alkohol in jeder Form verboten, und wahrscheinlich handelte es sich um Schmuggler – die Grenze zu der UdSSR war ganz nah –, die für diese Nacht unbeobachtet ihren Geschäften nachgehen wollten. Dafür spricht: Sie boten uns auf der nächtlichen Bootsfahrt Schnaps an – die Flasche kreiste; es war aber verdünnter Methylalkohol. Wir sagten dankend „Nein".

Als wir dann nach langer Dampferfahrt wieder in Stettin ankamen, müssen wir reichlich verwildert ausgesehen haben. Wir konnten von unseren je 200 Mark gerade noch die Fahrkarten nach Berlin bezahlen. Auf dem Bahnsteig wurden wir von Polizei festgehalten: Wo wir herkämen, wo wir hinwollten; die Fahrkarten hätten wir wohl gestohlen, behaupteten die Ordnungshüter. Da aber Pässe und Studentenausweise in Ordnung waren, mußten sie uns schließlich laufenlassen.

Ich sagte, die Finnland-Expedition hatte Folgen. Wölfe hatten wir zwar nicht gesehen, aber: Im folgenden Wintersemester (1927/28) saßen in der Mathematik-Vorlesung von Erhard Schmidt in der Reihe vor mir zwei Studentinnen, die sich – vor Beginn der Vorlesung – über Finnland unterhielten. Ich sprach sie an. Sie hatten die Absicht, im kommenden Sommer eine Finnland-Reise zu unternehmen. So kamen wir ins Gespräch. Eine der beiden war Ilse Bredow. 1935 heirateten wir.

Durch Ilse kam ich mit dem Wandervogel in Berührung. Das war eine Jugendbewegung, der um jene Zeit etwa 30 000 Jugendliche angehörten. Durch Fußwanderungen wollte sie dem Großstadtleben entfliehen. Sie pflegte in kleinen Gruppen, die sich regelmäßig zu „Heimabenden" trafen, Volkstänze und alte Singspiele; auch die einfachen Kunstlieder des 17.–19. Jahrhunderts wurden wieder ausgegraben. Der „Zupfgeigenhansl" war das Buch dieser Lieder. Ich habe ihn heute noch. Auf den Wanderungen durch die Mark Brandenburg lernten wir unsere Heimat kennen und lieben. Die Verbände des Wandervogels wurden 1933 aufgelöst.

Dem Wandervogel verdanke ich auch die erste Anregung, selbst zu musizieren. Auf dem Gymnasium war der Unterricht in Musik miserabel, genau: Es gab keinen. Im Wandervogel brachte man mir zunächst einmal – mit einiger Mühe – das richtige Singen im Chor bei. Sehr schnell folgte dann eine Blockflöte. Aber: Zu Hause durfte ich nicht üben. Es hätte meinen Vater gestört. Als er dann 1932 nach Königsberg versetzt wurde, mieteten mein Bruder Siegfried und ich eine kleine Wohnung in der Essener Straße in Berlin-Moabit. Sie lag der Wohnung meiner (zukünftigen) Schwiegereltern gegenüber. Dort konnte ich nach

Belieben musizieren. Die Blockflöte genügte mir bald nicht mehr: Ich kaufte mir eine Klarinette, zunächst eine B-Klarinette, die dann bald durch eine A-Klarinette ergänzt wurde. Beide Instrumente habe ich noch und spiele sie – mit durch die Arbeit bedingten Unterbrechungen – bis heute. Ich nahm Unterricht bei einem Militärmusiker. Der war streng; es wurden fast nur Tonleitern, staccato und legato geübt. Einige Jahre später fand ich in Professor Kramer (später Ordinarius für Physiologie in München) und Professor Wilhelm Trendelenburg (1877–1946) engagierte Gefährten. Kramer spielte gut Klavier, Trendelenburg Cello. Wir spielten Hindemith, Mozart, Brahms – so gut wir konnten. In den späten dreißiger Jahren beteiligte ich mich als Klarinettist am Hochschulorchester der Universität Berlin (Dirigent war ein Herr Wachten). Ich bin heute noch stolz darauf, daß ich in einer öffentlichen Aufführung in der prächtigen Aula der Universität in der h-Moll-Symphonie, der „Unvollendeten" von Schubert, die Solo-Klarinette spielen durfte – offenbar, trotz Angstschweiß, zur Zufriedenheit des Dirigenten. Das war nicht zuletzt der strengen Zucht meines Lehrers zu verdanken. Leider habe ich seinen Namen vergessen. – Als ich das genau 50 Jahre später stolz einer Klarinettistin, Dozentin an der Musikhochschule München, erzählte, fragte sie erstaunt: „Ja haben Sie denn eine A-Klarinette? Die haben ja nicht einmal alle meiner Schüler." Investitionen für den Beruf – Lehrbücher gehören z. B. dazu – werden heute von der Jugend nicht mehr verlangt, wahrscheinlich zu ihrem späteren Schaden.

Einige Bemerkungen über Wilhelm Trendelenburg seien eingefügt. Er war Schüler des berühmten Physiologen Johannes von Kries (1853–1928). 1904 wies Trendelenburg als erster nach, daß die Absorptionskurve des Sehpurpurs mit der spektralen Empfindlichkeit des dunkeladaptierten Auges übereinstimmt. Diese Arbeit (Z. Sinnesphysiologie, 37, S. 1) sollte jeder lesen, der glaubt, man käme ohne Statistik, welcher Art auch immer, ohne quantengleiche Lichter nicht aus: Trendelenburg benutzte das Spektrum einer Gaslampe und verglich die vom Sehpurpur absorbierten und durch seine Bleichung bestimmten Lichtmengen mit der Dämmerungssehkurve des Menschen. Beide stimmten überein. Mehr brauchte man nicht für den Nachweis, daß der Sehpurpur, das Rhodopsin, in den Stäbchen das Dämmerungssehen bestimmt. Von Trendelenburg stammt ein kleines Buch über „Die Physiologie des Geigenspiels". Zu Professor Kramer fuhren wir meist gemeinsam mit dem Omnibus hinaus. Am Tag zuvor hatten wir beide – unabhängig voneinander – Mediziner im Physikum geprüft, und ich erinnere mich noch an seine Klage: „Die Studenten von heute haben oft keine gute Kinderstube." Meine Frage, woraus er das schließe, beantwortete er: „Sie arbeiten noch am Tag vor der Prüfung für's Examen. Hätten sie eine gute Erziehung gehabt, dann würden sie nur studieren, weil der Gegenstand ihre Leidenschaft ist, und dann hätten sie keine Angst vor dem Examen."

So hatte die Finnland-Expedition zwei Folgen: 1935 heirateten Ilse Bredow und ich, und durch sie wurde ich enger an die Musik geführt.

Zur Heirat entschlossen wir uns erst, als ich 1935 eine bezahlte Anstellung bekommen hatte. Als wir vom Standesamt kamen, war das erste, was meine Frau zu mir sagte: „Nun gib mir mal Dein Portemonnaie". Sie hatte noch Einkäufe zum Hochzeitsessen zu machen und ihr Geld zu Hause vergessen.

Meine Frau hatte Mathematik, Physik und Turnen studiert und war als Studienassessorin an einer Schule in Frankfurt a. d. Oder. Jeden Morgen fuhr sie mit dem D-Zug nach Frankfurt und kam am frühen Nachmittag zurück. Nicht lange: Ende 1935 wurde sie wegen „Doppelverdienertums" entlassen. Ein Gesetz dieser Art gab es nicht; aber im Dritten Reich gehörte die Frau in die Küche und hatte Kinder zu kriegen. Sie wurde Anfang 1936 rückwirkend entlassen und sollte das Gehalt zurückzahlen. Als sie sich dagegen zu wehren versuchte, wurde sie ins Provinzialschulkollegium bestellt und abgekanzelt. Jeder Protest war ungehörig und dementsprechend erfolglos. So half meine Frau mir dann bei der Arbeit im Institut – natürlich ohne Vergütung.

Wir wohnten zunächst in der Essener Straße in Moabit (mein Bruder zog aus), betreut von einer Tante (Bille) meiner Frau. Freilich nur kurze Zeit: In Berlin nahm die Wanzenplage zu. Wirksame Mittel dagegen gab es nicht – DDT wurde uns erst 1945 durch die amerikanischen Truppen zugänglich. So zogen wir nach Babelsberg – früher Nowawes, im Dritten Reich umgetauft – bei Potsdam; meine Schwiegereltern hatten sich schon vor 1935 ein Häuschen bei Potsdam gekauft; so waren wir wieder in deren Nähe.

1935–1945

Zum Wintersemester 1935 kam Friedrich Seidel als Chef nach Berlin. Er regierte mit militärischer Allgewalt. Richard Hesse hatte noch Anfang 1935 für mich ein Stipendium für einen Aufenthalt an den Zoologischen Station in Neapel beantragt: Jeder Zoologe müsse einmal in Neapel gewesen sein. Damals hatte er recht: Der Golf war noch nicht verpestet, und die reiche Tierwelt konnte nur lehrreich und anregend sein. Das Stipendium wurde gewährt. Ich bat Seidel – wohl für die Semesterferien im Frühjahr 1936 – um Urlaub. Seidel genehmigte ihn, allerdings unter einer für mich unannehmbaren Bedingung: Ich sollte mich freiwillig zum Militär melden und eine Prüfung zum Reserveoffizier machen. Ich lehnte das ab – und bekam keinen Urlaub für Neapel. Seidels militärische Haltung hatte zuweilen groteskkomische Züge. So z. B. in seiner Vorlesung „Allgemeine Zoologie": Er behandelte den Bienenstaat, lobte den Fleiß der Sammelbienen. Plötzlich holte er unter dem Vorlesungspult zwei Sammelbüchsen für die nazistische „Volkswohlfahrt" heraus und ließ sie bei den verdutzten Studenten kreisen.

1938 machte er mit dem Institut eine Exkursion nach Holland. Wir hatten Zelte mit; die Assistenten mußten mitkommen. Auf der Insel Vlieland tobte bereits am Abend ein heftiger Wind, der sich in der Nacht zu einem kräftigen Sturm auswuchs. Trotzdem: Die Zelte mußten in einem Kreis aufgebaut werden; seines und seiner Frau Zelt lag recht geschützt vor dem Wind, die beiden anschließenden Halbkreise, darunter ein großes Zelt für einige Studentinnen, waren aber dem Sturm unnötig ausgesetzt. Meine Frau und ich – wir hatten ein Zelt für uns – zogen uns trotz Seidels Protest in ein schützendes Gebüsch zurück. Dasselbe tat Professor Feuerborn. In der Nacht weckte uns ein Knall: Über die Dünen flatterten im hellen Mondschein geisterhaft weiße Gebilde: Das war die Wäsche der Mädchen, deren Zelt vom Sturm umgerissen worden war.

Am Morgen wollte uns der holländische Ornithologe van Oort die Vogelwelt der Nordsee vorführen. Der Sturm trieb aber den Sand kniehoch über die Dünen und die Inseln. Seidel war begeistert. Van Oort meinte nur kühl: „So, lieben Sie so etwas?"

Eingeplant war ein Besuch in Leiden. Der dortige Zoologe, Professor van der Klauw, empfing uns mit einem üppigen indonesischen Essen; seine Mitarbeiterinnen bedienten die Gäste, in indonesische Sarongs gekleidet. Wir waren in Privatquartieren untergebracht, die van der Klauw großzügig organisiert hatte. Seidel erwartete natürlich, er werde von van der Klauw eingeladen. Nichts dergleichen: Van der Klauw lud meine Frau und mich zu sich ein. Der Empfang war nobel, aber kühl: Als wir vor van der Klauws Haus ausstiegen, stellte er uns seine Kinder vor: „Dieser hat blonde Haare; den müssen wir weiterzüchten." Die nächste Bemerkung: Er führte uns in unser Zimmer mit den Worten: „In diesem Zimmer haben Professor Marcus und seine Frau ihre letzte Nacht (vor ihrer Emigration nach Brasilien) in Europa verbracht." Als wir ihm dann beim Abendessen erzählten, Marcus und Frau hätten ihre letzte Nacht in Deutschland bei uns verbracht, tauten seine Frau und er auf. Nach kurzer Zeit war eine freundschaftliche Unterhaltung im Gang. Van der Klauw brachte uns am Morgen zur Bahn, begrüßte Seidel nicht, winkte uns beiden nach.

Im Grunde bin ich Seidels rigorosem Nationalsozialismus und Militarismus dankbar: Ich kam – so spielt das Schicksal – nie zum Militär. Als im März 1934 die Allgemeine Wehrpflicht Gesetz wurde, war ich gerade ein Jahr zu alt, um noch „dienen" zu müssen. Als dann 1939 der Krieg begann, wurden Seidel und seine beiden aus Königsberg mitgebrachten Assistenten, Gerhard Krause und Eberhard Bock, schon im August eingezogen. Sie waren – Seidel hatte es offenbar durchgesetzt – Reserveoffiziere. Seidel übernahm die Leitung einer Offiziersschule (an der Front war dieser Militarist nie), Krause überstand den Krieg und Bock fiel bereits 1940. So war ich 1939 neben Professor Feuerborn der einzige Dozent am Institut und wurde „u. k." (unabkömmlich) gestellt. Davon später.

Noch unter Hesse hatte ich gebeten, mich habilitieren zu können. Die Arbeiten im Heinrich-Hertz-Institut lagen vor und reichten dazu auch aus. Aus was für Gründen auch immer: Seidel zögerte die Zulassung zum Kolloquium hinaus. Erst 1938 kam es dann zustande. Vorsitzender war der damalige Dekan Bieberbach, der Mathematiker; er hatte seit der Machtergreifung durch Hitler eine Vorlesung über „Deutsche" (d. h. antisemitische) „Mathematik" gehalten. Beisitzer waren Friedrich Seidel und – zu meinem Glück – Max Hartmann. Bieberbach und Seidel versuchten, das Gespräch beharrlich auf nationalsozialistische Rassenlehre und auf Hitlers „Mein Kampf", auf Alfred Rosenbergs antikirchliches und antisemitisches Werk „Der Mythos des 20. Jahrhunderts" zu lenken (Rosenberg, 1893–1946, in Nürnberg zum Tode verurteilt und hingerichtet). Max Hartmann aber blieb temperamentvoll und stur bei der Wissenschaft und setzte durch, daß das Kolloquium für „bestanden" erklärt wurde. Ich wurde „Dr. phil. habil.". Die Ernennung zum Dozenten erfolgte erst 1939 – ohne Anspruch auf Diäten. Aber ich durfte nun endlich Vorlesungen ankündigen.

Schließlich sei noch ein unfreiwilliger Lapsus von Seidel zitiert: In den Präparier-Übungen hatten die Studenten Haifische zu sezieren, jeweils auf benachbarten Plätzen ein Männchen und ein Weibchen. Seidel leitete den Kurs, von Holst und ich waren Assistenten. Seidel gab die Anweisung: „Nun legen sie ihre Geschlechtsorgane frei und demonstrieren sie sich gegenseitig". Der Stoß mit dem Ellenbogen von von Holst hätte mir fast einen Rippenbruch eingebracht.

Die Antrittsvorlesung in Gegenwart von Max Hartmann war offenbar langweilig: Meine Frau hatte, um aufmerksam folgen zu können, ein Weckmittel, Pervitin (Methamphetamin) genommen – und schlief prompt ein. Nach der Vorlesung wollte ich die Aktionspotentiale als Reaktion auf (für den Menschen nicht hörbaren) Ultraschall von Tympanalorganen von *Tettigonia* demonstrieren. Alles war sorgfältig vorbereitet, nur der „Vorführeffekt" nicht eingeplant: Das Präparat reagierte nicht. Warum nicht, ist mir unklar, denn eine Stunde später klappte es; aber die Zuhörer waren inzwischen gegangen. Wahrscheinlich spielten die selbstgebastelten Verstärker nicht mit. Solche Instrumente sind überaus launisch. Dagegen hilft nur: Man muß zwei Exemplare haben, dann sind sie aufeinander eifersüchtig, haben keine Launen und streiken nicht, wenn's drauf ankommt. Dafür haben manche Maschinen andere Tücken: Im Heinrich-Hertz-Institut wurde in den dreißiger Jahren der erste Lautstärkemesser, geeicht in „Phon", entwickelt. Man baute einen zweiten, und da gab es Kummer, weil beide etwas verschiedene Werte anzeigten: Kinderkrankheiten.

Die politische Lage spitzte sich zu: Am 1. Oktober 1938 begann der Einmarsch ins Sudetenland. Am 9. November brannten in Berlin die Synagogen. Im März 1939 marschierten deutsche Truppen in Böhmen-Mähren ein. Im August 1939 wurden Seidel, Krause und Eberhard Bock zum Militär eingezogen. Am 1. September begann der Einmarsch deutscher Truppen in Polen. Schon im August hörten wir in Babelsberg von Ferne das Dröhnen der in Richtung Osten fahrenden Truppen und Panzer.

Ich war im Frühjahr 1939 bereits für's Militär „gemustert", d.h. militärärztlich untersucht und für den Militärdienst als „tauglich" befunden worden. Aber: Alle Dozenten – außer Professor Feuerborn und mir – waren beim Militär und – entscheidend wichtig – wir hatten an die 800 (achthundert) angehende Militärärzte zu betreuen, Studenten, die Medizin studierten mit dem Ziel, dereinst Militärarzt zu werden. Die große Vorlesung „Zoologie" hielt Prof. Feuerborn. Für das Physikum war darüber hinaus ein Anfängerkurs in Zoologie (4-stündig, wöchentlich, in Trimestern) vorgeschrieben, und den mußte ich abhalten. Dazu kamen die Prüfungen im Physikum. Auch damit wurde ich beauftragt. Der Kurator der Universität stellte an das Wehrbezirkskommando einen Antrag, mich für „unabkömmlich" zu erklären, bekam aber keine Antwort.

So flatterte mir eines Tages im November 1939 ein Einberufungsbefehl zur Maschinengewehrkompanie in Rust am Neusiedlersee ins Haus: Ich hätte mich an einem Montag (5. Dezember) bis 12.00 Uhr dort einzufinden. So wurde der übliche Pappkarton gepackt; ich kaufte mir noch ein Taschenschachspiel und Reclams Anleitung, damit ich geistige Beschäftigung beim Militär hätte. Ich ging zur Bahnhofskommandantur in Potsdam, mich nach den Zugverbindungen zu erkundigen. Reisetag – so stand es im Einberufungsbefehl – war der 4. Dezember. Auf dem Bahnhof schüttelte man den Kopf: Wenn ich am 4. meine Reise antrat, so konnte ich unmöglich bis Montag 12.00 Uhr in Rust sein. Fuhr ich – befehlsmäßig – erst am 4.12. morgens von Potsdam, dann würde ich zu spät kommen, was wahrscheinlich unangenehme Folgen in Rust hätte haben können. Ich beschloß, mich stumpfsinnig militärisch zu verhalten, und erst am 4.12. gegen 10.00 Uhr befehlsgemäß von Potsdam aufzubrechen. Befehl ist Befehl, und der kleine Rekrut hat nicht zu denken. So saß ich am 4.12.1939 morgens gegen 9 Uhr auf meinem Pappkarton: es klingelte: Ein Soldat war mit dem Fahrrad gekommen und überreichte mir einen Brief des Wehrbezirkskommandos: „Sie brauchen dem Einberufungsbefehl nicht zu folgen."

Ich feiere den 4. Dezember immer noch: Da hat zudem eine meiner besten Freundinnen, Wendy Thompson, Geburtstag.

So konnten Forschung und Unterricht – u.a. 8×100 angehende Mediziner in den 4-stündigen Übungen für Anfänger – weitergehen. Im wesentlichen lag die Arbeit dafür, auch die Vorbereitung, bei mir. Dazu kamen alsbald die Prüfungen der Medizin-Studenten im Physikum – und die Ausarbeitung der Versuchsergebnisse über das Hören und die Vibrationsempfindlichkeit der Heuschrecken (Z. Vergl. Physiol. 1941).

Am 12. November 1940 kam der sowjetische Außenminister Molotow nach Berlin. Er wurde mit einem riesigen Feuerwerk begrüßt. Wir beobachteten es vom Dach des Zoologischen Instituts. Sieben Monate später begann der Angriff auf die UdSSR (22. Juni 1941). Als das im Rundfunk prahlerisch verkündet wurde, sagte ich zu meiner Frau: „Das ist der Anfang vom Ende". Laut durfte man das allerdings nicht sagen; es hätte tödliche Folgen gehabt. Mein Freund und Förderer Professor Walter Arndt kam durch ähnliche Äußerungen zu Freunden 1944 ums Leben.

Im März 1942 begannen die britischen Luftangriffe auf Deutschland sich zu intensivieren; schließlich fielen die ersten Bomben nicht auf Berlin, sondern auf Babelsberg. Getroffen wurde nur das Krankenhaus. Am nächsten Morgen sammelten Kinder die umherliegenden Bombensplitter und verkauften sie als makabre „Andenken". Sie sollten bald genug davon bekommen, vor allem von den Bomben. Im November 1943 wurden die Angriffe auf Berlin immer häufiger. Es gab fast jede Nacht Fliegeralarm. Die Sirenen fraßen viel Strom. Daher verdunkelte sich Bruchteile von Sekunden zuvor das elektrische Licht. Heute noch zucke ich zusammen, wenn aus was für Gründen auch immer die Glühbirnen plötzlich dunkler werden.

Schließlich wurde mir die Situation in Babelsberg für meine Frau und unsere Tochter Swantje (geb. 1939) zu gefährlich, und ich brachte sie bei freundlichen Bauern in Klaistow – einem kleinen Runddorf bei Beelitz – unter, etwa 20 km südlich von Potsdam. Es war leicht, dorthin mit dem Fahrrad zu fahren, und das tat ich regelmäßig an den Wochenenden und zu Weihnachten.

Das Dörfchen Klaistow hatte für uns, meine Frau und mich, schon einige Tradition. Am Rande des Dorfes stand das „Armenhäuschen", ein einstöckiges, mit Schilf gedecktes kleines Haus, 200 Jahre alt und jetzt unter Denkmalschutz. Die kleine Tür führte in einen fensterlosen Raum in der Mitte; er endete mit dem Kamin, dem Schornstein. Rechts und links von diesem Kamin-Raum lag je ein großes Zimmer, mit je zwei kleinen Fenstern. In jedem dieser beiden Räume war eine kleine Feuerstelle zum Kochen. Sie stand mit dem Kamin in Verbindung. Der eine Raum diente zum Wohnen – jedenfalls zu unserer Zeit –, der andere – mit ebenerdigen Matratzen – zum Schlafen. Hier waren eine Dusche und ein WC eingebaut. Das Haus war vom Wandervogel gepachtet, und schon 1929 führten uns von dort aus viele Wanderungen in die damals unberührte, sehr reizvolle Umgebung. Sie war reich an Pflanzen und Tieren. Später, in den Jahren 1935–1938, führte ich auch

Exkursionen mit Studenten dorthin. Wir nahmen Bestimmungsbücher und Mikroskope mit und Verpflegung; die Mädchen kochten, und am Abend, wenn es dunkel war, machten wir auf einer nahen Lichtung ein Feuer. Volkslieder wurden gesungen und Geschichten erzählt. Wissenschaft und Wandervogel feierten eine glückliche Vereinigung. In den Lehmwänden des Hauses fanden wir Mauerbienen und Goldwespen, in der frühen Nacht lauschten wir dem wunderschönen Gesang der Heidelerche. Es ging heiter und vergnügt zu. Im nahen See konnten wir baden – wobei einmal eine Studentin unter Wasser ihren Badeanzug auszog und aus der Hand verlor. Sie mußte im Eva-Kostüm zu uns zurückkehren.

In den Jahren vor dem Krieg studierten auch Chinesen in Berlin, und einer nahm an den Exkursionen nach Klaistow teil. Am Abend saßen wir um unser Feuer bei schönem, warmem Wetter. Wir hatten Blaubeeren gesammelt und die Mädchen hatten Reis mit Milch gekocht. Das Gespräch kam auf nationale Eß-Sitten. Ein Student meinte, er habe gehört, man äße in China Regenwürmer in Fett gebakken. Das empörte unseren Chinesen, und er sagte wütend: „Nein, Regenwürmer essen wir nicht. Aber ihr eßt Reis mit Blaubeeren."

Es wurden Volkslieder gesungen, vorwiegend solche der Jugendbewegung aus dem Zupfgeigenhansl. Wir baten den China-Mann um ein chinesisches Gedicht, und er sagte es zunächst auf Chinesisch. Dann schloß sich seine Übersetzung ins Deutsche an; sie entsprach ganz der nächtlichen Stimmung mit hellem Mondschein: „Der Mond scheint und in seinem milden Licht erzittern wie Silber die Blätter der Bäume. Ein sanfter Wind geht, und das Klima ist donnerwetterknorke." Er hatte sein Deutsch offensichtlich in Berlin vervollkommnet. „Knorke" bezeichnet in der Berliner Umgangssprache etwas besonders Feines und Schönes. Die etymologische Deutung ist unsicher. Ich vermute, es ist von der um 1920 auftauchenden Reklame abgeleitet: „Knorkes Würstchen sind die besten"; offenbar war Knorke der Inhaber einer Berliner Wurstfabrik.

Hubertus Strughold (1898–1989)

Elektrophysiologie und ihre Methoden waren in den dreißiger und vierziger Jahren in Deutschland nur selten angewandte Methoden. Hans Berger (1873–1941) hatte zwar die Gehirnströme entdeckt (Elektro-Enzephalographie), aber die notwendige Apparatur war überaus unhandlich und kaum in einem Raum unterzubringen. Im Kaiser-Wilhelm-Institut für Hirnforschung in Berlin-Buch arbeitete Professor Kornmüller über die Abgrenzung der elektrischen Felder des menschlichen Gehirns. Ich habe ihn mehrfach besucht; allein seine Akkumulatoren-Batterie zum Betrieb der Verstärker füllte fast einen ganzen Raum. Lernen konnte ich bei Professor Kornmüller nichts. Aber ich traf dort den Leiter des Instituts, Professor Oskar Vogt (1870–1949), seine Frau Cécile und vor allem den Genetiker Nikolai Wladimirowitsch Timoféeff-Ressowsky (1900–1981) und den Physiker Max Delbrück (1906–1981). Davon später.

Etwa Anfang 1942 hörte der Leiter des Luftfahrtmedizinischen Forschungsinstituts des Reichs-Luftfahrtministeriums, Professor Hubertus Strughold, davon, daß ich mit elektrophysiologischen Methoden arbeitete. Wie er auf mich kam, weiß ich nicht. Jedenfalls bestellte er mich eines Tages zu meiner Überraschung zu sich. Sein Institut lag ganz in der Nähe des Zoologischen Instituts, in der Scharnhorststraße. Akustik interessierte Prof. Strughold nicht. Aber elektrophysiologische Methoden seien doch objektiv, d. h. nicht auf Aussagen der untersuchten Personen angewiesen. Ferner: Der Verlauf der Dunkeladaptation des Auges könne vielleicht beschleunigt werden, wenn dazu neue Mittel entwickelt würden. Das sei von fundamentaler Bedeutung für Piloten von Kampfflugzeugen, wenn sie etwa durch das Licht von Scheinwerfern geblendet die Anzeigen auf dem Armaturenbrett nicht erkennen könnten. Strugholds Anliegen: Ob ich nicht mit meinen Methoden den Adaptationsverlauf des Auges messen könne; Mittel und Hilfspersonal – wenn nötig – stelle die Luftwaffe zur Verfügung. Ich sagte zu. Geld oder gar Hilfe für meine Arbeiten an Insekten hatte ich zu dieser Zeit sowieso nicht mehr zu erwarten.

Strughold war ein hervorragender Organisator – und im Umgang mit Behörden ein exzellenter Diplomat. Er war ein Schüler des berühmten Physiologen Max von Frey (1852–1932; 1899–1932 Professor in Würzburg). Von Frey arbeitete (nach 1900) vor allem über die Physiologie der Hautsinne. Strughold hatte über Kälterezeptoren und ihre Verteilung auf der Haut und in der Mundhöhle des Menschen gearbeitet. Ob es wahr ist oder nur von Lästerzungen erzählt: Strughold habe in seiner Doktorarbeit u. a. die Temperatursinne des Penis untersucht und einen einfachen Demonstrationsversuch erdacht: Blase man, in der Badewanne sitzend, über die Spitze des Penis, so habe man die Empfindung „kalt". Ziehe man das Präputium zurück, so zeige sich, daß die Glans penis keine Temperatursinnesorgane für Kälteempfindung habe.

Was Strughold vor allem auszeichnete, war der fürsorgliche und distanziert-freundschaftliche Umgang mit seinen Mitarbeitern. Er war immer für sie zu sprechen, förderte sie und – dies vor allem – schützte sie vor nazistischer und militärischer Willkür. Auf sein Wort konnte man sich immer verlassen. Auch merkte ich ihm bald im persönlichen Gespräch an, daß er den Krieg für aussichtslosen Wahnsinn hielt; freilich hütete er sich, das offen auszusprechen.

Gegen Ende der ersten Besprechung mit Strughold meinte er, es sei der Vorsicht halber nötig, beim Wehrbezirkskommando in Potsdam meine weitere Befreiung vom Militärdienst zu beantragen. Sofort diktierte er seiner Sekretärin einen entsprechenden Brief und unterschrieb ihn. Ich erbot mich, den Brief in den Postkasten zu stecken. Da erteilte er mir eine Lehre fürs Leben: Niemals dürfe man jemandem eine Aufgabe übertragen, die durchzuführen nicht zu seinem intellektuellen und geistigem Niveau passe, sondern im Grunde unter ihm läge. Aufgaben müßten Ansprüche stellen, nie Nebensache sein. Er werde den Brief einer Putzfrau geben, ihn ihr als wichtig bezeichnen, und dann käme er sicher in den Briefkasten.

So begann die Arbeit über die Ableitung der elektrischen Spannungen vom intakten Auge. Die Schwierigkeiten waren groß, aber mit Zähigkeit zu überwinden. Das Ziel war die Ableitung der Spannungen vom menschlichen Auge. Da es sich dabei um sehr langsame Spannungsänderungen handelte, waren die Verstärker für Wechselspannungen ungeeignet; ihre untere Grenzfrequenz lag zu hoch. Nötig war als optimale Lösung eine Verstärkung von Gleichspannungen, also über einige Zeit konstante Spannungen. Physiker, die ich um Rat fragte, rieten zu Saitengalvanometern. Sie bestehen aus einem dünnen (wenige

1/1 000 mm) Faden aus Platin, der in einem starken konstanten Magnetfeld aufgehängt ist. Fließt Strom durch den Faden (die Saite), so wird er abgelenkt. Saitengalvanometer haben einen hohen Widerstand (etwa 10 000 Ohm) und sind damit an den inneren Widerstand der Stromquelle (dem Auge) angepaßt, wenn auch noch keineswegs optimal. Ihre Empfindlichkeit (etwa 10^{-12} Ampère) genügt, Aktionsströme vom Auge abzuleiten. Im übrigen haben sie aber erhebliche Tücken: Bei geringer Überbelastung klebt der Faden am Magneten; zur Registrierung der geringen Ausschläge des Fadens muß er belichtet und durch ein Mikroskop vergrößert auf laufendes Registrierpapier projiziert werden.

Viel schwieriger war es, ein Saitengalvanometer zu bekommen. Umfragen von Professor Strughold ergaben schließlich, daß das Physio-Institut in Wien eines auszuleihen bereit war. So fuhr ich denn dienstlich nach Wien. Meine Frau begleitete mich (auf meine Kosten). Der Aufenthalt in Wien war reich an Kontrasten. Wir logierten zwei Nächte im Nobelhotel Meißl & Schadn. Essen gab es nur gegen Lebensmittelmarken, und die waren kurz bemessen. Dafür umstand uns in dem leeren Hotel eine Schar von Kellnern in Fräcken, die nichts zu tun hatten. Abends sahen wir in der Wiener Staatsoper eine prächtige Aufführung der „Salome".

Versuchstiere waren zunächst Mäuse. Wir leiteten das Elektroretinogramm vom Auge mit Wollfäden ab, die mit etwas Salzlösung getränkt an der Cornea lagen. Die Tiere waren narkotisiert, die Hornhaut mit Novocain anästhesiert, die Pupille mit Atropin erweitert. Die Mäuse waren aber zu klein, um gut gehandhabt zu werden. Wieder half die Luftwaffe über Professor Strughold: Wir bekamen Kaninchen. Ein findiger Zoologe hatte nämlich empfohlen, auf den zahlreichen Flugplätzen der Luftwaffe Angora-Kaninchen zu züchten: Grünfutter war genügend auf den Grünflächen vorhanden. Der Nutzen für das fliegende Personal: Angora-Kaninchen liefern eine feine Wolle, die zu wärmender Kleidung für die Flieger verwendet wurde. Die Kaninchen hatten einen wesentlichen Vorteil auch für uns: Da sie für die Versuche mit einem Narkotikum betäubt waren, das sich beim Erhitzen zersetzte, erweiterte Kaninchenbraten unseren durch Lebensmittelkarten beschränkten Speisezettel erheblich.

Aber bei allem Bemühen kamen die Versuche nicht voran. Das Luftfahrtmedizinische Forschungsinstitut hatte zwar in mein großes, an die 8 m hohes Zimmer im Zoologischen Institut eine geräumige Dunkelkammer eingebaut, aber die Apparatur bereitete nahezu unüberwindliche Schwierigkeiten und nahezu täglich Kummer. Ideal wäre ein

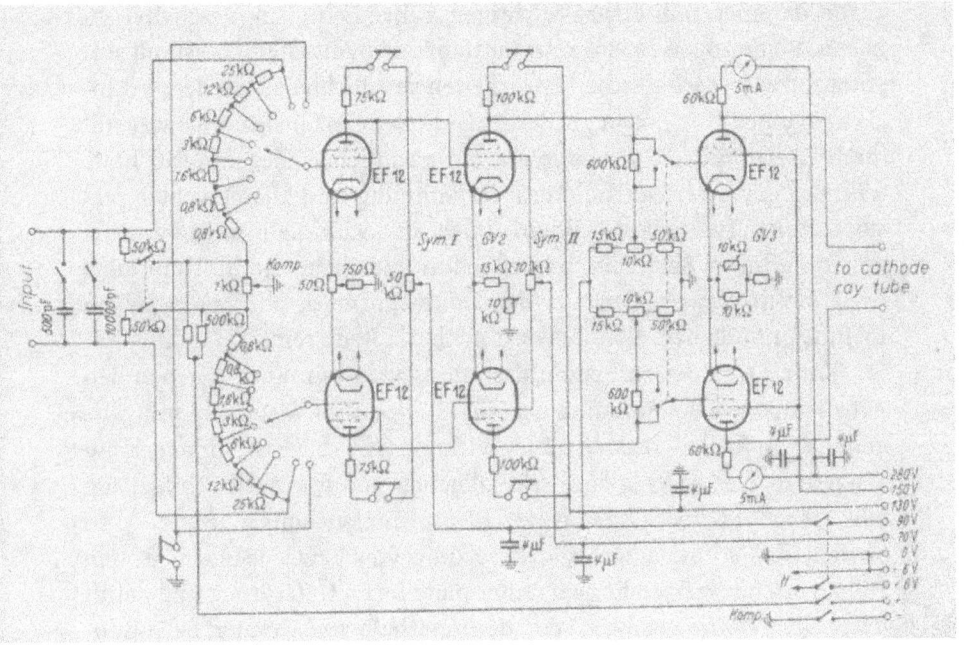

Abb. 12. Der erste Gleichsspannungsverstärker (1943). Verstärkungsfaktor: 3×10^5. 6 Radioröhren EF12. *Komp, Symm. I, II* Potentiometer, mit deren Hilfe die Spannungen im Gerät ausgeglichen werden und der Verstärker in die Null-Stellung gebracht wird (Autrum 1950: Z. Vergl. Physiol. 32: 176–227).

elektronischer Gleichspannungsverstärker gewesen. Den aber gab es weder im Handel, noch gab es in der Literatur Vorbilder zu seinem Bau. Wieder half ein glücklicher Zufall: Mein Vater, inzwischen Reichspostdirektionspräsident in Königsberg, erzählte meine Nöte einem der Mitarbeiter der Forschungsanstalt der Deutschen Reichspost (Dr. Schöps). Der erklärte sich bereit, einen Gleichspannungsverstärker für mich zu entwickeln. Neun Monate dauerte das, es war damals keine leichte Aufgabe, zumal hohe Verstärkung der geringen Spannungen erforderlich war. Es war wohl der erste Gleichspannungsverstärker der Welt (Abb. 12). Er wurde mit 6 Radioröhren im Gegentakt betrieben. Die Anodenspannungen lieferten Nickel-Eisen-Batterien (Ni-Fe-Akkumulatoren), die relativ wenig Platz einnahmen, aber umständlich zu warten sind (etwa 200 Einzelbatterien hintereinander geschaltet). Einen Oszillographen stellte die Luftwaffe zur Verfügung.

Zu diesen Aufgaben erhielt ich auch „technische" Assistenz: Viktoria Veith und Herta Tscharntke. Frauen durften nicht studieren, ohne zuvor in einer militärisch wichtigen Fabrik ein Jahr gearbeitet zu haben. Beide zogen es vor, vom Luftfahrtmedizinischen Forschungsinstitut für wissenschaftliche Hilfsarbeiten verpflichtet zu werden. Viktoria kam eines Morgens in großer Abendtoilette ins Institut: Sie war mit ihren Eltern in der Oper gewesen. Ein nächtlicher Fliegerangriff hatte während der Opernvorstellung ihre Wohnung und alles Inventar zerstört. Herta Tscharntke (Abb. 26) blieb als technische Assistentin bei mir in Berlin, in Schlesien, schließlich in München, und hilft mir auch nach ihrem Ausscheiden aus dem aktiven Dienst am Zoologischen Institut in München. Von ihr wird noch die Rede sein.

Ende 1942 oder zu Beginn des Jahres 1943 wurde ich – neben den Arbeiten über die Adaptation des Auges – von Prof. Strughold mit ganz anderen Aufgaben betraut: Die Wirkung von Sauerstoffmangel auf Säugetiere. Der Auftrag kam sehr plötzlich und war nach Schilderung von Strughold höchst dringend. Diese Untersuchungen waren – so Strughold – so akut, weil die Besatzung von Flugzeugen, in großen Höhen an- oder abgeschossen, unter plötzlichen Unterdruck und damit unter Sauerstoffmangel gerieten, der innerhalb von Minuten Bewußtlosigkeit zur Folge hatte. Wie lange mußte sich einer aus dem Flugzeug mit dem Fallschirm frei durchfallen lassen, damit er noch bei vollem Bewußtsein den Fallschirm ohne Gefahr entfalten konnte? Wie hing diese Zeit von der Höhe ab, in der plötzlicher Unterdruck und damit Sauerstoffmangel auftrat? Gemessen wurden das EKG (Elektrokardiogramm) und zuweilen die Herztöne. Eine Unterdruckkammer stellte Strugholds Institut zur Verfügung. Versuchstiere waren Schäferhunde, die, gut dressiert, alle – ja unblutigen – Versuche überlebten. Kurz vor dem Tod – wir brachten keinen Hund endgültig um – verlangsamte sich der Herzschlag und wurde arrhythmisch (was er bei Hunden oft normalerweise ist). Bei einer Demonstration dieser Versuche spielten wir die Schlußtakte von Richard Strauss' „Tod und Verklärung", die überraschend getreu den Herzrhythmus mit seiner Verlangsamung wiedergeben; das EKG hörten wir mit dem Lautsprecher ab (neben einer Aufzeichnung auf laufendem Registrierstreifen).

Viele Jahre später erst erfuhren wir von Strughold, warum ihm so an der schnellen Durchführung dieser Versuche an Hunden gelegen war: Im Juni oder Juli 1945 wurden wir (Dr. Denzer, der an den Versuchen beteiligt war, und ich) in Heidelberg von Amerikanern „verhört", was wir während des Krieges getrieben hätten. Da erzählte uns Strughold die Vorgeschichte. Im Mai 1942 hatten Hitler und Himmler, Reichsleiter der SS, die „Endlösung der Judenfrage" beschlossen.

Wenig später fand eine Besprechung im Hauptamt der SS statt, zu der auch Strughold geladen war. Hier wurde Strughold gefragt (wenn ihm nicht nahegelegt wurde), ob er diese Versuche in Unterdruckkammern an KZ-Häftlingen vornehmen wolle. Strughold lehnte das ab: Tierversuche seien viel aussagekräftiger, da hier psychische Faktoren keine Rolle spielen. Von diesen makabren und horrenden Hintergründen erfuhren wir nichts.

1944 hat das Institut diese Versuche in Unterdruckkammern in der Ausweichstelle Welkersdorf in Schlesien fortgeführt: Versuchskaninchen waren wir und unsere Kollegen, die fast alle Mediziner waren. Die eigene Erfahrung dabei: Langsamer Druckabfall, d. h. im Grunde verminderter Sauerstoff in der Atemluft, ist in Drücken, die Höhen von 3 000–4 000 m entsprechen, keineswegs unangenehm, wenngleich er natürlich die Leistung mindert. Bei zunehmend größeren Höhen tritt keineswegs eine Beklemmung, sondern eine ausgesprochene Euphorie auf. Sie geht schließlich in Bewußtlosigkeit über, bei deren Eintritt der Versuch natürlich in Sekundenschnelle abgebrochen wurde; auch kurzzeitiger Sauerstoffmangel schädigt alsbald vor allem Gehirn und Nieren irreversibel.

Neben diesen Versuchen wurden die Arbeiten unter Dunkeladaptation fortgesetzt. Aber die Luftangriffe der Alliierten auf Berlin nahmen zu, und schließlich traf eine Bombe das Gebäude des Luftfahrtmedizinischen Forschungsinstitutes in der Scharnhorststraße. Strughold beschloß, das Institut zu verlagern. Am sichersten erschien Schlesien, zumal die sowjetische Luftwaffe niemals zivile Ziele bombardiert hatte. Ein Schloß in Welkersdorf bei Greiffenberg in Schlesien (30 km südöstlich von Görlitz, 100 km westlich von Breslau, jetzt zu Polen gehörend) war die neue Arbeitsstelle.

Das Schloß stammte wohl aus dem 15. Jahrhundert und der erste Stock wurde noch von der Inhaberin bewohnt. Es hatte meterdicke Mauern – einen Angstbau nannte es Strughold. Er hatte sein großes „Dienstzimmer" im ersten Stock. Im ehemaligen Weinkeller bekam ich ein Laboratorium, ein zweites für die Adaptationsmessungen unter dem Dach. Es hatte nur ein kleines Dachfensterchen und war daher leicht zu verdunkeln.

Im Keller war zudem der Maschinenumformer aufgestellt, der die Laboratorien mit genügendem Strom von 220 V, 50 Hz versorgte. Der Umformer (den wiederum die Luftwaffe lieferte) wurde von einer 5 000-Volt-Überlandleitung gespeist, die einige hundert Meter entfernt vorbeilief. Die ganze Installation im Haus (einschließlich des Anschlusses an die 5 000-V-Überlandleitung) mußten wir selbst installieren. Für die Arbeiten wurden uns fünf russische Kriegsgefangene, Schlosser aus Baku, aus einem Lager bei Görlitz zur Verfügung gestellt, dazu ein reichlich betagter Wachsoldat. Gefangene und Bewacher wurden im Kretscham – so hießen in Schlesien die kleinen Dorfkneipen – untergebracht. Die erste Aufgabe der Gefangenen war, einen Graben für das Verbindungskabel zwischen Hochspannungsleitung und Schloß auszuheben. Dabei ereignete sich ein recht charakteristischer Zwischenfall: Der Wachsoldat stand mit geschultertem Gewehr bei den grabenden Gefangenen. Unversehens ließ mich Strughold aus dem Labor rufen: Ich solle zu dem Wachsoldaten gehen und ihm bestellen, daß sich eine Inspektion aus dem Gefangenenlager angekündigt habe. Er – der Wachsoldat – solle gewarnt werden, damit ja alles in Ordnung sei. Der arme Wachposten wollte eilends sein Gewehr laden, aber irgend etwas klemmte. Da sprang einer der Gefangenen aus dem Graben, nahm dem Posten das Gewehr ab, lief in unsere Werkstatt und, als er nach wenigen Minuten zurückkam, lud er das Gewehr und ging wieder an seine Arbeit. Neigung zu fliehen hatten sie nicht. Sie wußten, daß ihnen als Kriegsgefangenen in der UdSSR unter Stalin Schlimmeres drohte. Und noch ein kleines Erlebnis: Der Umgang mit den Gefangenen war uns streng verboten. Da niemand Russisch konnte, war er auch kaum möglich. Eines Tages kam meine Frau in den ehemaligen Weinkeller, wo gerade einer der Gefangenen Leitungen installierte. Da niemand zusah, schenkte sie ihm eine Packung Zigaretten. Er bedankte sich, indem er ein Kreuz über ihrer Hand schlug.

Da die Lage in Berlin zunehmend gefährlicher und mir mitgeteilt wurde, daß wir in Kürze nach Welkersdorf „verlagert" würden, hatte ich die wesentlichen Apparate einzeln nach Klaistow zu meiner Frau gebracht. Von dort wurden sie eines Tages mit einem Lastwagen der Luftwaffe nach Welkersdorf gebracht. Ich begleitete den Fahrer. Die Fahrt dauerte zwei Tage, denn der Lastwagen war ein „Holzkocher". An der Seite war ein Kessel, 2 m hoch und vielleicht 80 cm im Durchmesser, in dem trockenes Holz durch Hitze „destilliert" wurde; dabei entstehen, wenn auch in bescheidenen Mengen, brennbare Gase, mit denen der Motor betrieben wird. Benzin war knapp, und selbst die Wehrmacht mußte sparen. Der Wagen fuhr im Schneckentempo, es waren im ganzen etwa 220 km. Sobald Quartier – für meine Frau, die vierjährige Tochter und mich, zwei Zimmer bei einem freundlichen Bauern – bereit war, kam die Familie und dann auch Herta Tscharntke und etwas später eine ebenfalls zum Institut „dienstverpflichtete" Doktorandin, Wilfriede Schneider (verh. Kingerter) nach. Auch unsere Haushaltsgehilfin konnten wir „dienstverpflichten" und nach Welkersdorf mitnehmen, vorausgesetzt, daß meine Frau im Institut mitarbeitete. Strughold war da großzügig – sofern ernsthaft gearbeitet wurde. Wer Wissenschaft betreibt und forscht, muß – so Strughold – nicht nur von allem lästigen Nebenkram befreit sein, darüber hinaus haben Verwaltung und Dienststellen ihm jede nur mögliche Bequemlichkeit nicht nur zu gewähren, sondern zu garantieren. Als sich einmal eine technische Assistentin bei ihm beklagte, sie hätte ihrem „Chef" viermal am Tag Kaffee zu kochen und das gehöre nicht zu ihren Dienstpflichten, wies er sie kurzerhand an, so viel und so oft Kaffee zu kochen, wie von ihr gewünscht werde; denn ein Forscher müsse sich um solche Dinge nicht kümmern. Dazu sei seine Zeit zu kostbar und die Forschung leide darunter. Es wäre gut, wenn sich auch heute die Bürokratie dies hinters Ohr schriebe. Die Verwaltung vergißt zumeist, daß sie für die Wissenschaft da ist. Ein Wissenschaftler arbeitet ja auch nicht 37 Stunden und 15 Minuten in der Woche, sondern nimmt, wenn ihm 24 Stunden nicht reichen, die Nacht dazu (was für höhere Verwaltungsbeamte ebenfalls zutrifft).

Jede Woche mußte ich mindestens einen Tag nach Berlin fahren, natürlich mit der Eisenbahn. Die Vorlesungen für die wenigen Studenten[2] – meist als Verwundete aus dem Heeresdienst entlassen – mußten abgehalten werden, meist im Keller des Zoologischen Institutes. Dazu kamen Prüfungen. Ich wohnte dann bei meinen Schwiegereltern in Potsdam-Wildpark. Die Fahrten nach Berlin und erst recht von Potsdam mit der Stadtbahn zum Institut waren meist Abenteuer. Im kalten Winter schlossen die Türen der S-Bahn nicht. An manchen Tagen mußte ich kilometerweit durch brennende Straßen laufen. Schließlich wurden auch das Zoologische Institut und das Museum für Naturkunde so mitgenommen, daß weiterer Unterricht nicht möglich war. Ich wurde von der Universität für die Luftwaffe beurlaubt. Gehalt erhielt ich von der Universität; die Tätigkeit für die Luftwaffe wurde nicht vergütet. Allerdings bekam ich Zulagen zu den Lebensmittelkarten – und das war wichtiger als Geld. Trotzdem: Das Essen wurde karg.

Inmitten des Krieges war das Leben in Welkersdorf ruhig. Sicher wurde intensiv gearbeitet, aber auch das Feste-Feiern nicht vergessen.

---

[2] Warum wir in den späteren Kriegsjahren keine Medizinstudenten der Militärärztlichen Akademie mehr zu betreuen hatten, kann ich nicht sagen.

So feierte die Tochter unseres Bauern (Schwertner hieß er) Hochzeit mit einem Urlauber. Trotz des Krieges wurden an die 40 Bleche Kuchen gebacken. Das ganze Dorf mußte bewirtet werden; schon am frühen Morgen sangen Bauernkinder vor dem Hochzeitshaus und bekamen natürlich Kuchen dafür. Meine Frau und ich waren als prominente Hochzeitsgäste geladen und mußten neben den Eltern des Paares in der ersten Reihe Platz nehmen. (Eine Kirche gab es in Welkersdorf nicht, nur ein schlichtes „Bethaus"). Nach der Trauung erschien der Küster und sammelte Spenden auf einem offenen Teller. Ich hatte in der Eile mein Geld vergessen. Der Bauer (Schwertner) lieh mir 20 Mark; der Küster verschwand hinter dem Altar und kam mit leerem Teller wieder; abermals lieh mir der Bauer. Das wiederholte sich noch einmal. Auf meine verwunderte Frage, warum sich die Zeremonie dreimal abspielte, wurde ich belehrt: Die erste Sammlung war für die Kirche, die zweite für den Pfarrer, die dritte für den Küster.

Die vierjährige Swantje saß während der Zeremonie auf der Empore. Mitten in der Predigt drang ein laut geflüstertes „Mutti, ich muß mal" zu uns. Es wurde befriedigt.

Im Anschluß an die Feier im Bethaus stiegen Brautpaar, Eltern und meine Frau in Kutschen: Es schloß sich eine mehrstündige Fahrt durch alle benachbarten Dörfer an. In jedem Kretscham wurde haltgemacht und die Hochzeiter mit reichlich Schnaps gefeiert. Wir kamen ziemlich „blau" nach Welkersdorf zurück. Vor dem Haus unseres Bauern war nach altem schlesischen Brauch die Einfahrt mit Brettern, Balken und Gestrüpp verbarikadiert: Der neuvermählte Ehemann mußte zunächst einmal schwere Arbeit leisten, um den Weg zu seiner und seiner Frau Wohnung frei zu machen. Den Frack durfte er dabei ausziehen. Ja, die feierlichen Fräcke: Ich vergesse das Bild nicht. Am Morgen kamen die Bauern in Frack und Zylinderhut aus den verstreuten Häusern, mit Hosen, die ihnen um die Beine schlotterten. Auf dem Weg am Berghang wirkte das gespenstisch-feierlich. Es waren alles alte, in der festlichen Kleidung und mit den knorrigen Gesichtern imposante Gestalten, die zu der Landschaft einen seltsamen Kontrast boten.

Es gab auch andere Feste: Reinen 96 % Alkohol bekam ich vom Fliegerhorst aus dessen Apotheke, unter einem fadenscheinigen Vorwand: Ich bekam den Auftrag, die Wirkung radioaktiven Phosphors auf Tiere zu untersuchen – das waren so Ideen, die irgendwo im Reichsluftfahrtministerium (RLM) auftauchten und keine fundierte Fragestellung enthielten. 1943 ließ ich in der Werkstatt des Kaiser-Wilhelm-Institutes für Hirnforschung ein Geiger-Müller-Zählrohr bauen.

Das etwa 5 cm lange (Durchmesser 1,2 cm) Rohr wurde hochgradig evakuiert und dann ein Stecknadelkopf-großes Tröpfchen absoluten Alkohols im Inneren verdampft. Da wir den Alkohol von der Luftwaffe nicht tröpfchenweise beziehen konnten, bekamen wir ihn in 1-, zuweilen in 10-Liter-Flaschen. Für unsere Festivitäten blieb genug übrig. – Auf das Geiger-Müller-Zählrohr komme ich später noch zurück.

Zuweilen wurde das Institut von „höherem" Ort inspiziert. Einmal erschien der Kreisleiter der NSDAP, um sich zu überzeugen, ob wir auch getreu dem Führer wirklich wehrwichtige Forschung trieben. Wie immer bei solchen angekündigten Besichtigungen hatten wir natürlich einige Effekte aufgebaut. Als er mein Labor betrat, war es dort stockfinster. Wir saßen gerade an Versuchen, die Belichtungspotentiale vom menschlichen Auge abzuleiten. Als Ableit-Elektroden dienten Haftgläser. Sie waren seitlich durchbohrt. Durch dieses Loch verband ein feuchter Wollfaden die Augenoberfläche mit dem Verstärker. Versuchspersonen waren wir und unsere Mitarbeiter. Als Strughold mit dem Kreisleiter an die Tür klopfte, hörten wir es nicht, denn wir machten mit Bohrmaschinen und anderen Instrumenten einen gar nicht zu unseren Versuchen passenden Lärm: Strughold klopfte mir auf die Schulter; der Krach verstummte, das Licht ging an – und vor dem verdutzten Kreisleiter stand ein Mädchen, eine unserer Mitarbeiterinnen, der ein Wollfaden aus dem Auge hing. Das Haftglas sah man natürlich nicht. Der Kreisleiter hatte anscheinend keine starken Nerven, denn er verabschiedete sich schnell. Es kam aber noch schlimmer: Wir führten den braunen Bonzen in den Keller, wo unser von uns selbst installierter Umformer lief. Aus Mangel an Material war der Schalter (und die Sicherungen) frei montiert. Der Hebelschalter mit einem großen Handgriff lag frei, und stolz demonstrierten wir unsere selbstgebaute Anlage und forderten den selbstbewußten Besucher in brauner Uniform auf, selbst den Schalter zu bedienen und den Umformer von der 5000-Volt-Leitung abzuschalten – wohl wissend bei laufendem Umformer. Natürlich gab es einen riesigen Lichtbogen, als der Hebelschalter geöffnet wurde. Der Erfolg: Der Herr Kreisleiter ging ängstlich erschrocken in die Knie. Er verabschiedete sich bald. Seine Visite hatte eine Folge: 14 Tage später wurde uns eine große Kiste mit Hitler-Bildern geliefert. Der gute Mann hatte im ganzen Schloß kein Bild des Führers entdeckt. Die Bilder wurden nie ausgepackt.

Makaber war die Inspektion durch den Chef des Sanitätswesens der Luftwaffe, soweit ich mich an Titel und Namen erinnere: Generaloberstabsarzt Schröder. Ihn führten wir sachlich durchs Institut. Am ersten Abend gab er für Professor Strughold und einige Offiziere benachbarter, in Garnison liegender Truppen ein Essen in einem Hotel in Greiffenberg. Wir kleinen Zivilisten waren nicht geladen, durften uns aber – immerhin nur von unseren schon recht kargen Lebensmittelrationen lebend – an den Fenstern die Nase platt drücken und zusehen, wie da gepraßt und gesoffen wurde.

Gegenüber diesem hohen Vertreter der Luftwaffe bewährte sich wieder einmal die Noblesse, Fürsorge und Diplomatie von Strughold. Der Herr Generaloberstabsarzt hatte auf eine hübsche Sekretärin in meinem Labor ein Auge geworfen und forderte sie – ohne Strughold zu fragen – auf, abends um 23 Uhr mit Schreibmaschine auf sein Zimmer zu kommen. Er habe wichtige Schreiben zu diktieren. Das Mädchen kam mit Tränen in den Augen zu mir. Ich ging zu Strughold. Er reagierte schnell: Das Mädchen bekam einen Befehl, sofort mit Wehrmachtsfahrschein nach Berlin zu fahren, um dringende „geheime Schreiben" zum Reichsluftfahrtsministerium zu überbringen.

Ich erzählte schon, daß ich plötzlich den Auftrag bekam, die Wirkung von radioaktivem Phosphor auf Organismen zu untersuchen. Er hat eine kleine Halbwertzeit von etwa 14 Tagen und geht unter Abspaltung eines Elektrons in Silicium über. Den Phosphor könnte ich vom Kaiser-Wilhelm-Institut für Hirnforschung in Berlin-Buch von Timoféeff-Ressovsky bekommen. Ich fuhr also zu ihm und trug ihm – offensichtlich wenig begeistert – meinen Wunsch vor. Er nahm die Sache durchaus von der richtigen Seite, das heißt, er hielt sie für Unsinn, merkte aber schnell, daß damit doch wieder ein Vorwand gefunden werden konnte, unter dem Deckmantel wehrwichtiger Aufträge vernünftige Forschung zu treiben – trotz allem. So fragte Timoféeff mich: „Was willst du machen: 50 % Schwindel, oder 75 % Schwindel, oder etwa gar keinen Schwindel?" Wir einigten uns auf 75 % Schwindel. Ich bekam geringe Mengen radioaktiven Phosphors, bekam ein Geiger-Müller-Zählrohr. In unserer Ausweichstelle in Welkersdorf konnte ich auch eine Zählvorrichtung zusammenbasteln, freilich nur mit einem mechanischen Zählwerk, dessen Zählfrequenz recht niedrig war. Freilich zu irgendwelchen Versuchen mit Tieren reichte weder der aus Buch gespendete Phosphor noch die Zeit.

Einige Bemerkungen über das Kaiser-Wilhelm-Institut für Hirnforschung und das Schicksal einiger seiner Mitarbeiter seien hier eingefügt. Oskar Vogt (1876–1959) war Neurologe, Professor in Berlin (seit 1913) und ging in den zwanziger Jahren nach Moskau. Dort sezierte er das Gehirn von Lenin. 1931 wurde er Direktor am Kaiser-Wilhelm-

Institut für Hirnforschung in Buch bei Berlin. Bei Führungen durch sein Institut zeigte er (vor 1933) u. a. Tafeln mit Schnitten durch Lenins Gehirn und wies auf eine im Verhältnis zu anderen menschlichen Gehirnen vergleichsweise stark entwickelte Schicht von Nervenzellen hin: Das sei der Sitz der sozialen Aktivitäten von Lenin. 1937 gründete (wohl mit eigenen Mitteln) und leitete Vogt das Institut für Hirnforschung und Allgemeine Biologie in Neustadt am Schwarzwald. Vogt hat große Verdienste um die Lokalisationslehre des Gehirns, auch die Pathologie und Psychiatrie.

In den Jahren 1935 bis etwa 1941 besuchte ich regelmäßig die Seminare, die Timoféef-Ressovsky in Berlin-Buch veranstaltete. Ihr Gegenstand war vor allem Genetik. In den Seminaren trafen wir Max Delbrück. Er arbeitete bis zu seiner Emigration am Kaiser-Wilhelm-Institut für Chemie, kam oft nach Berlin-Buch, wo dann heftig seine Treffertheorie diskutiert wurde: Mutationen werden durch mikrophysikalische Elementarvorgänge, durch ein Quant energiereicher oder radioaktiver Strahlung ausgelöst. 1927 hatte der amerikanische Genetiker Hermann Joseph Muller (1890–1967) entdeckt, daß Röntgenstrahlen bei der Taufliege *Drosophila* Mutationen auslösen, und ich erinnere mich noch an die Sensation, als jemand über Mullers Veröffentlichungen in der „Science" im Zoologischen Seminar vortrug. – Die Diskussionen bei Timoféeff waren ein Vorbild der so viel geforderten interdisziplinären Zusammenarbeit: Max Delbrück war von Haus aus theoretischer Physiker, Timoféeff Biologe und Genetiker, K. G. Zimmer Strahlenphysiker.

Timoféeff-Ressovsky hatte Naturwissenschaften in Moskau studiert, hatte zwar einen Abschluß mit dem Diplom-Examen, aber nie promoviert oder gar sich habilitiert. Sein zupackendes Temperament, seine ehrliche, offene, zuweilen derbe Art machten ihn überaus beliebt. Die Unterhaltungen in diesem kleinen Kreis dauerten nicht selten bis in den frühen Morgen. Dabei floß der Wodka reichlich, bis Timoféeff gegen 3 oder 4 Uhr morgens erklärte: „Wodka trinke ich liebend gern; aber jetzt ist mir ein Tee lieber". Typisch für ihn war eine vielseitige Bildung. Als jemand einmal Bachs Musik die wertvollste und erhabenste Musik nannte, entgegnete Timoféeff: Bach allein sei nichts; Jazz allein auch nichts. Wirklich musikalisch sei nur, wer Bach *und* Jazz zu schätzen wisse. 1945 blieb er in Berlin-Buch: Er wolle lieber mit einem russischen Soldaten als mit einem amerikanischen Offizier verhandeln. Er täuschte sich: In der Sowjetunion hatte Trofim Lyssenko alle klassische Genetik nicht nur verboten; ihre Vertreter wurden von Stalin verfolgt und in sibirische Arbeitslager verbannt. Dies Schicksal traf auch Timoféeff. In Sibiren kam er fast um. Erst 1955 – nach dem Scheitern Lyssenkos – konnte er wieder genetisch arbeiten.

Lyssenko behauptete, durch geeignete Bedingungen der Umwelt könnten die Erbanlagen eines jeden Organismus gezielt verändert werden. Das gelte auch für den Menschen: Durch radikale Umformung der Gesellschaft könne ein neuer Menschentyp geschaffen werden. Das paßte ausgezeichnet zur marxistisch-leninistischen Gesellschaftstheorie. Die Vertreter der „mendelistisch-morganistischen Irrlehre" wurden verfolgt, soweit sie nicht emigrieren konnten.

Nationalsozialismus und Lyssenko sind Beispiele, wie durch Ideologie Politik, Wissenschaft und Kunst völlig bestimmt werden, gegen jede Erfahrung, gegen Vernunft und gutes Wissen. Freilich: Unsere heutige Gesellschaft ist davon keineswegs frei. Nur kommt der Terror der Unvernunft in der Demokratie von unten. Möglich wird er durch verantwortungslose Unkenntnis in Presse und Fernsehen. Dahinter steht als Primum movens der bare Materialismus: Mit Schlagwörtern kann man Geld verdienen, vor allem, wenn sie Emotionen wecken; am besten natürlich, wenn dem Schwindel dann noch ein „ethisches" Mäntelchen umgehängt wird. Waldsterben, Robbensterben, Tierschutz, Retortenbaby sind nur einige Beispiele für solchen Terror von unten. Zur sachlichen Diskussion gehören nun einmal zunächst Kenntnisse. Betont sei, daß der Sprechfunk eine sehr rühmliche Ausnahme ist, zumindest bei uns.

Im Juli 1944 erreichte mich erneut ein Einberufungsbefehl, wiederum aus Potsdam. Ich hatte mich in Potsdam zu melden. Für meinen Jahrgang gab es keine Ausnahmen. Strughold meinte, man solle es wenigstens versuchen, den Termin um einen Monat hinauszuschieben, denn das Ende des Wahnsinns sei ja abzusehen. So bekam ich ein Schreiben von ihm mit, des Inhalts, die Untersuchungen im Auftrag des Reichsluftfahrtministeriums seien abgeschlossen, es fehle nur noch der Abschlußbericht; für den benötige ich vier Wochen. Ich fuhr eines frühen Morgens von Welkersdorf nach Potsdam. Zwischen Görlitz und Berlin geriet der Zug in einen Bombenangriff und blieb einige Stunden liegen. Die Folge: Ich kam mit einiger Verspätung erst gegen Mittag im Wehrbezirkskommando in Potsdam an. Der Kommandant, ein ehrwürdiger, grauhaariger Offizier – wahrscheinlich schon im alten preußischen Potsdam Offizier gewesen –, der Kommandant las das Schreiben Strugholds: „Ich glaube" sagte er – der Kommandant – „Ihr Jahrgang 1907 kann nicht mehr u. k. (unabkömmlich als Zivilist) gestellt werden.

Ich werde aber meinen Sachbearbeiter fragen." Er wählte eine Nummer auf seinem Telefon: keine Antwort. Er wählte eine zweite Nummer: "Wo ist denn der Leutnant .....? So, der ist gerade zu Tisch." Er legte auf, sah mich an und sagte: "Ich will mich den Belangen der Wissenschaft nicht entziehen. Weitere vier Wochen genehmigt." So kam ich durch die unverschuldete Bummelei des Zuges wiederum ums Militär.

Die Arbeiten in Welkersdorf gingen weiter. Die einzig uns interessierende Frage nach der Messung der elektrischen Potentiale am menschlichen Auge stieß immer wieder auf Schwierigkeiten. Entweder war irgend eine Abschirmung nicht in Ordnung, wir hatten Störspannungen im Verstärker, oder die Batterien mußten neu geladen werden. Eines Tages streikte auch der Oszillograph, den wir inzwischen bekommen und umgebaut hatten. Lästig war es, einem von uns immer wieder Haftgläser einzusetzen, um dann enttäuscht festzustellen, daß die Instrumente nicht mitspielten. Ein Ersatzobjekt statt unserer eigenen Augen mußte her, um die Apparatur einzufahren. Kaninchen bekamen wir nicht mehr, sie wanderten in die Töpfe der Luftwaffe selbst. In Massen gab es in den Viehställen der Bauern Schmeißfliegen (blowflies). Wir probierten es mit ihnen: Die Ableitung der elektrischen Potentiale war denkbar einfach, zumal es uns nicht auf die Eigenschaften der Fliegenaugen ankam, sondern darauf, die Apparatur endlich narrensicher zu machen: Eine Stahlnadel in das Hinterhauptloch, eine zweite in das Auge gestochen, das genügte. Der Lichtstrahl wurde mit einer rotierenden schwarzen Metallscheibe unterbrochen, aus der radial zwei Sektoren herausgeschnitten waren. Dann kam die Überraschung: Wir konnten die Scheibe noch so schnell rotieren lassen, auf jeden Lichtblitz bekamen wir ein getrenntes Aktionspotential, selbst bei Blitzfrequenzen, bei denen für unser Auge kein Flimmern mehr zu sehen war. Wir konstruierten rotierende Scheiben mit mehr Sektoren, um die Zahl der noch im Elektroretinogramm unterscheidbaren Blitze zu erhöhen. Erst bei etwa 300 Blitzen pro Sekunde war die Verschmelzungsfrequenz erreicht. Für die Fovea des Menschen gilt: Bei Flimmerfrequenzen von 30–50/Sekunde sehen wir kontinuierliches Licht – der Film macht davon Gebrauch: Er zeigt 2×24 Bilder in der Sekunde.

Damit war das Auge der Schmeißfliege 1944 für die Wissenschaft entdeckt. Für den Rest des Jahres machten wir nun wirklich nur noch „75 % Schwindel", d. h. uns interessierten fast nur noch die Insektenaugen.

Fast, denn schon bekamen wir wiederum einen neuen Auftrag von der Luftwaffe: George Wald (geb. 1906) hatte Vitamin A als wesentlichen Bestandteil des Sehpurpurs, des Rhodopsins, gefunden. Mangel an Vitamin A hat Nachtblindheit zur Folge, das Sehen in der Dämmerung ist vermindert, die Adaptation des Auges an Dunkelheit ist verlangsamt. Die Frage an uns: Kann Zufuhr von Überdosen Vitamin A den normalen Verlauf der Adaptation, etwa nach Blendung durch Scheinwerfer, beschleunigen? Die Frage war wiederum für das fliegende Personal der Luftwaffe von Bedeutung. Es war sicher normal ernährt und litt keineswegs unter Vitamin-A-Mangel.

Die Frage ließ sich durch subjektive Beobachtung des Verlaufs der Dunkeladaptation entscheiden. „Normal" ernährt waren wir; also bekamen ein Kollege von mir und ich zusätzlich reines Vitamin A. Das Ergebnis war negativ: Selbst nach wochenlanger zusätzlicher Zufuhr von Vitamin A blieb die Dunkeladaptation sowohl der Fovea wie der Peripherie unverändert auf ihrem Kontrollwert.

Gegen Ende 1944 ging ein entsprechender Bericht an das Reichsluftfahrtministerium. Wer uns das dort nicht glaubte, weiß ich nicht. Jedenfalls teilte uns im Januar 1945 Strughold mit: Dieser negative Bericht sei nicht glaubwürdig; man habe das dem SS-Hauptamt der NSDAP mitgeteilt und dort wurde gegen meinen Mitarbeiter und mich ein Verfahren wegen Wehrmachtszersetzung eingeleitet. Unser Glück: Anfang 1945 war fast jede überregionale Organisation wegen der ständigen Bombenangriffe und des Zusammenbruchs der militärischen Fronten bereits in Auflösung. Strughold nahm daher die Drohung nicht tragisch: Sollte wirklich ein Verfahren gegen uns eingeleitet werden, so bekämen wir von ihm die Mittel und Wege, um irgendwo in dem ausbrechenden Chaos unterzutauchen. Besonnenheit und fast phlegmatische Ruhe auch in kritischen Situationen waren eine Grundeigenschaft von Strughold. Zu einem Verfahren kam es aber gar nicht mehr.

Den Winter in Welkersdorf verbrachten wir nicht nur mit Arbeit. Der herrliche, unberührte Schnee lockte zum Skifahren. Lifte gab es nicht, und außer uns auch keine Skiläufer. Unsere ersten Ski hatten wir im Dezember 1942 – noch in Potsdam – an die Wehrmacht abliefern müssen. Sie sollten der bei Stalingrad eingeschlossenen deutschen Armee helfen. Die Ski standen ein Jahr später noch auf einem Lagerplatz bei Potsdam. Von dort holten wir sie gegen Ende 1943 nachts ungesehen wieder ab.

Der Kessel von Stalingrad besiegelte endgültig das Ende des nazistischen Wahnsinns: 284 000 Soldaten waren von sowjetischen Truppen eingeschlossen, in Schnee und bitterer Kälte. 90 000 davon blieben am Leben und gerieten in russische Gefangenschaft (Ende Januar 1943).

Im Dezember 1942 hatte Strughold einen Mitarbeiter, einen Arzt, noch mit einer Sondermaschine in den Kessel von Stalingrad geschickt. Er kam nach wenigen Tagen zurück. Sein Bericht war nicht nur trostlos, sondern grauenvoll: Es fehlte an allem, an Verpflegung, an warmer Kleidung, an Munition, an Ärzten, an Medikamenten, an Einrichtungen für Notlazarette. – Da war es ein Irrsinn, ein Wahnsinn, uns 1944 noch zuzumuten, Hitler-Bilder im Institut aufzuhängen, wie es der Kreisleiter uns in Welkersdorf nahegelegt hatte. Auch Stalingrad, das Verbrechen eines Wahnsinnigen, Hitlers, sollte nie vergessen und eine ewige Mahnung sein.

Wir aber lebten fast im Frieden in Welkersdorf. Oft liefen wir im Winter 1944 bei Mondschein Ski; die Häuser des Dorfes lagen – mit Ausnahme einiger weniger um das Gasthaus, den Kretscham – weit verstreut auf den Abhängen und Hügeln, und in fast allen war die ganze Nacht hindurch zumindest eine Stube matt gelb erleuchtet. (Verdunkelt war nur unser Schloß.) So war die nächtliche Mondstimmung durch die heimeligen gelben Farbtupfer der matt erleuchteten kleinen Fenster malerisch und zutiefst friedlich. In unserer Stube wärmten wir uns dann mit Wodka (aus verdünntem Alkohol, von den Geiger-Müller-Zählrohren) und tanzten zuweilen bis in den frühen Morgen.

Freilich, zuweilen erreichte uns der Krieg auch im stillen Schlesien. Am 13. September 1944 bekam ich aus Wandlitz (bei Berlin) ein Telegramm: mein Vater sei „gefallen". „Gefallen" war nazistische Terminologie: Das Haus in Wandlitz, das meine Eltern nach der zwangsweisen Pensionierung meines Vaters gemietet hatten, war von einer Bombe getroffen und völlig zerstört worden. Mein Vater war sofort tot, meine Mutter lag mit einem Schädelbruch im Krankenhaus. Ich fuhr sofort nach Wandlitz. Das kleine Häuschen war vollkommen zerstört, der Keller zugeschüttet. Mit Hilfe einiger „Flakhelfer" – das waren 16- bis 17jährige, die bei einer benachbarten Fliegerabwehr-Kanone (FLAK) Dienst taten – versuchten wir, noch etwas zu retten. Es war vergeblich. Die Flakhelfer erzählten uns, wie es zu dem Bombenabwurf gekommen war: Über dem 20 km entfernten Berlin war ein deutsches Flugzeug bei einem Luftkampf mit englischen Flugzeugen angeschossen worden. Vor der Notlandung hatten die Piloten noch schnell ihre Bombenladung abgeworfen. Es war also eine deutsche Bombe, durch die mein Vater umgekommen war. Es hatte eine ganze Anzahl Toter in den benachbarten Häusern gegeben. Wie üblich, ging ich zum evangelischen Pfarrer von Wandlitz, um mit ihm die Einzelheiten der Beisetzung zu besprechen. Zu meinem Schrecken erfuhr ich von ihm, der

Ortsgruppenleiter der NSDAP habe ihm nahegelegt, wenn nicht sogar verboten, die Trauerfeier abzuhalten; das sei nicht seine Sache, sondern die des Ortsgruppenleiters. Das meinem Vater anzutun erschien mir ungeheuerlich. So holte ich den Pfarrer vor der anberaumten „Zeremonie" ab und erschien Arm in Arm mit ihm auf dem Friedhof. Wir ließen das hohle Geschwätz des Ortsgruppenleiters vom Endsieg Hitlers und der „Ehre", für's Vaterland und den Führer gefallen zu sein, über uns ergehen. Wie die Feier sich abspielte, schilderte der Pfarrer mir später in einem erhaltenen Brief:

„Als ich im vorigen Jahr das Pfarramt in Wandlitz verwaltete, erfuhr ich nach einem feindlichen Bombenangriff von einer gemeinsamen Beisetzungsfeier zahlreicher Toter, die wie üblich von der Partei veranstaltet werden sollte. Nicht nur weil es meinerseits amtlich war, sondern auch von mehreren evangelischen Gemeindemitgliedern darum gebeten, setzte ich mich mit den maßgeblichen Parteistellen in Verbindung, bei der Trauerfeier mitzuwirken. Die Partei lehnte eine geistliche Mitwirkung ab. Leider fanden sich auch die ev. Gemeindemitglieder mit dieser diktatorischen Ablehnung ab.

Da erschienen Sie bei mir und erklärten mir, daß Sie, selber kristlich interessiert, auf der Mitwirkung des Pfarrers bestehen wollten und deshalb soeben eine sehr heftige Auseinandersetzung, ja man kann sagen: einen gewaltigen Krach mit dem Ortsgruppenleiter gehabt hätten. Da ich selbst mich der Partei gegenüber nicht durchgesetzt hatte, waren Sie es, der durch sein energisches Auftreten bei der Partei und gegen die Partei es durchsetzten, daß man auch mich bei der Trauerfeier zuließ.

Die Feier spielte sich dann so ab, daß ich sehr rechtzeitig auf dem Friedhof anwesend war, Sie und die anderen Angehörigen der evangelischen Toten begrüßte, bei der offiziellen Rede der Parteigrößen nicht zugelassen wurde, aber nachdem die Formationen abgezogen waren, vor einer auf dem Friedhof gebliebenen großen Gemeinde die kirchlichen Zeremonien dennoch halten konnte. Danach wurde mir auch später immer wieder versichert, wie dankbar die ganze Gemeinde Ihnen sei, daß auf Ihre Veranlassung hin, trotz des heftigen Widerstandes der NSDAP, aus der Trauerfeier zum Schluß noch ein kristliches Begräbnis wurde.

Mit herzlicher Begrüßung
Ihr sehr ergebener Walther Caesar."

Es war nicht das einzige deprimierende Ereignis, daß uns – ganz abgesehen von den Katastrophen des Krieges selbst – in unserem scheinbaren Frieden aufschreckte. Am 26. Juni 1944 wurde mein Freund und Förderer, Professor Walther Arndt, im Zuchthaus Brandenburg-Goerden wegen defaitistischer Äußerungen hingerichtet. Was hatte er sich zuschulden kommen lassen? Arndt war gebürtiger Schlesier. Im August 1943 traf er, aus dem unter ständigen schweren Bombenangriffen leidenden Berlin kommend, auf einem Bahnhof in Schlesien seine Jugendfreundin und die engste Freundin seiner Schwester, Hannelore Mehlhausen, und ihren Mann, Dr. med. Siegfried Mehlhausen. Man unterhielt sich; Arndt berichtete von dem Grauen in Berlin. Seine Worte sind in der Gerichtsverhandlung dokumentiert: „Schlimm ist, daß wir alle darunter leiden müssen, was die andern uns eingebrockt haben. Jetzt werden diese zur Rechenschaft gezogen werden. Wie in Italien Mussolini erledigt worden ist, wird es auch bei uns kommen. Du wirst sehen, in vier Wochen ist die Partei erledigt". Seine Jugendfreundin, Frau Mehlhausen, denunzierte Arndt mit dieser Äußerung bei der Geheimen Staatspolizei. Am 14. Januar 1944 wurde Arndt in seinem Arbeitszimmer im Zoologischen Museum verhaftet.

Der Prozeß fand am 11. Mai 1944 vor dem „Volksgerichtshof" unter Vorsitz des berüchtigten Roland Freisler (1893–1945) statt. Nach kaum zwei Stunden – ein Kollege Arndts aus dem Museum, Dr. Stichel, und die Mehlhausens belasteten Arndt als Zeugen mit der zitierten und einer anderen ähnlichen Äußerung – nach kaum zwei Stunden wurde Walther Arndt als „gefährlicher Defaitist und für immer ehrlos geworden" zum Tode verurteilt.

Freisler kam im Februar 1945 bei einem Bombenangriff um. Ein Beispiel für politische „Sprachregelung" – Sprachverdrehung wäre die richtige Bezeichnung: In „Meyer's Lexikon" von 1938 wird Freisler als „Rechtswahrer" bezeichnet (Bd. 4, S. 678). Was wäre aus uns geworden, wenn wir auch nur einen einzigen Denunzianten in Welkersdorf gehabt hätten?

Das Ungeheuerliche an der Ermordnung von Walther Arndt: Er hatte nicht etwa Propaganda für seine Ansichten gemacht, keine öffentlichen Reden gehalten, keine geheimen Konventikel organisiert. Er hatte unter vier Augen zu Freunden, im privaten Gespräch zu einem Kollegen gesagt, was er dachte, was im übrigen viele nicht nur dachten, sondern mit Sicherheit voraussahen.

Der Mord an Walther Arndt ist eingehend dokumentiert (M. Eisentraut: Walther Arndt. In: Sitzungsber. d. Ges. Naturforsch.

Freunde zu Berlin, N. F. 26, S. 161–187). Die Deutsche Zoologische Gesellschaft hat 1950 Arndt zum dauernden Ehrenmitglied ernannt. (Was die Gesellschaft nicht hinderte, auch Friedrich Seidel 1987 zum Ehrenmitglied zu wählen.)

Ein letzter Auftrag der Luftwaffe erreichte uns im September 1944: Im Juni 1944 wurde zum ersten Mal die neue, uns als „Wunderwaffe" angepriesene V2-Rakete auf England abgeschossen. Sie sollte – so verkündete man uns im Radio – den „Endsieg" herbeiführen. Es waren 8 m lange Rohre, die am Kopf (im Einsatz) Sprengstoff enthielten. Sie wurden durch ein Gemisch aus Treibstoff und Sauerstoff nach dem Rückstoßprinzip angetrieben. Ursprünglich war wohl vorgesehen, sie von Flugzeugen abzuschießen. Das war aber ein Plan, der nie ausgeführt wurde. In einem dichten, hermetisch abgeriegelten Wald bei Lauban, einige Kilometer von Welkersdorf entfernt, war eine Versuchsstation für solche Raketen-Antriebe. Das 8-m-Antriebsrohr war fest montiert. Wenn es gezündet wurde, fegte die aus dem Rohr schießende Flamme und der heiße Luftstrahl in einigen hundert Metern alles weg.

Dr. Palme, Mediziner, und ich bekamen den Auftrag, den Einfluß des infernalischen Lärms dieser Antriebsmaschinen zu untersuchen. Offenbar waren die Zündungen des Antriebsgemisches periodisch, in Bruchteilen von Sekunden. So konnte ich zum ersten – und zum Glück einzigen – Mal die Wirkung der Schallschnelle direkt beobachten: Strohhalme, etwa fingerlang, auf der Erde wurden rhythmisch etwa 10 cm hin- und hergeschleudert, nicht vom Antrieb (sie lagen weit neben dem Rohr), sondern vom Schall.

Wir mußten ja nun etwas zum Untersuchen erfinden. Am nächsten lag, den Einfluß auf die Herztätigkeit, auf das EKG (Elektrokardiogramm) zu bestimmen. In 200 m Entfernung von der Maschine wurde ein kleiner Betonbunker in die Erde gebaut; in ihm konnte, einigermaßen schallgeschützt, ein EKG-Gerät und einer von uns als Beobachter untergebracht werden. Der andere lag auf einer Bahre, wenige Meter neben der Öffnung des Rohres, mit einer feuerfesten Asbestdecke zugedeckt, nur den Kopf frei. Neben ihm stand ein Soldat mit einem Feuerlöscher, falls Wind unvorhergesehen die Versuchsperson in Brand steckte. Der Versuchsperson, abwechselnd Dr. Palme und mir, waren die EKG-Elektroden angelegt. Ein Kabel verband sie mit dem EKG-Gerät im Bunker.

Um unser Gehör nicht irreversibel zu schädigen, trugen wir hantelförmige Aluminium-Stöpsel an einer Schnur, deren eines Ende, eine Kugel, genau und dicht in den Gehörgang paßte: die Kugel am anderen

Ende hielt die Hantel im Ohr (Hantel 26 mm lang, jede Kugel 9 mm im Durchmesser). Die Hantel war genau angepaßt.

Das Unternehmen verlief, wie alle unsere nicht-Schwindel-Arbeiten, negativ: Jeweils 30 Sekunden vor dem Zünden ertönte ein Warnton. Sofort wurde der Herzschlag beschleunigt, bevor der Lärm einsetzte. Offenbar waren wir beide für diese Versuche ebenso ungeeignet, wie die V-Waffen für den „Endsieg". Einen Vorteil hatte die Sache für Palme und mich: Wenn wir abends nach Welkersdorf zurückkehren durften, bekam jeder eine Flasche Kognak von der feinsten Sorte. – Die kleinen, das Ohr schützenden Hanteln habe ich noch als Talismane.

Das Ende in Welkersdorf

Am 6. Juni 1944, morgens um 6.30 Uhr landeten die Truppen der Alliierten in der Normandie. An der komplizierten Berechnung von Ebbe und Flut im Landungsgebiet soll der Mathematiker John von Neumann (1903–1957) durch Entwicklung von Maschinen zur elektronischen Datenverarbeitung maßgebend beteiligt gewesen sein. (Als Student hatte ich bei ihm noch Vorlesungen gehört.) Ende Januar 1945 erreichten russische Truppen Frankfurt/Oder und standen in Schlesien vor Breslau. Wir konnten das Schießen von der näherrückenden Front in Welkersdorf hören. Den russischen Truppen wollten wir nicht in die Hände fallen. Strughold hatte sich bereits im Januar nach Göttingen „abgesetzt". Wir wollten aber unsere Apparate, Verstärker und Oszillographen nicht zurücklassen. So packten wir das Wichtigste in Kisten – das Wichtigste war nicht unsere persönliche Habe, sondern unsere wissenschaftlichen Instrumente; das Wichtigste waren zudem Frau und die Tochter Swantje, gerade fünf Jahre alt. Die Kisten fuhr uns der Bauer Schwertner zum Bahnhof Greiffenberg. Sie waren als Wehrmachtsgut deklariert und trugen die Adresse unserer („dienstverpflichteten") Mitarbeiterin Herta Tscharntke. Die Kisten nach Berlin zu schicken, war sinnlos; die Stadt war zerstört. In unserem Haus in Potsdam waren wir seit Monaten nicht mehr gewesen. Zudem sollten die Sachen so weit wie möglich nach Westen. Die beste Adresse schienen uns die Bekannten Hertas in (oder bei) Suhl in Thüringen. Als einige Tage nach der Einlieferung die Kisten immer noch im Bahnhof Greiffenberg standen, griffen wir zu „kriminellen" Mitteln – in der Folge noch mehrmals. Wir: das heißt Dr. Hans Denzer und ich. Wir bedrohten den Bahnhofsvorsteher in Greiffenberg: Die Kisten enthielten wichtiges Material, das den Russen nicht in die Hände fallen dürfe. Wir hätten daher den dezidierten Auftrag, das Gepäcklager in die Luft zu sprengen, wenn die Kisten nicht innerhalb von zwei Tagen in Richtung Westen befördert würden. Freilich hatten wir weder den Auftrag dazu noch Sprengstoff. Der arme Bahnhofsvorsteher hatte seine Wohnung über dem Gepäckraum. Ergo gingen die Kisten tatsächlich am nächsten

Tag ab und erreichten sogar wohlbehalten Suhl (was wir aber erst viel später erfuhren).

Dies war die geringste Schwierigkeit. Die größere: Allen männlichen Einwohnern älter als 16 und jünger als 60 Jahre war die Ausreise aus Schlesien vom Gauleiter der NSDAP verboten worden. Sie hatten sich zum „Volkssturm" zu melden. Dieser „Volkssturm" war dem Reichsführer der SS, Himmler, unterstellt, eine miserabel ausgerüstete und noch miserabler ausgebildete paramilitärische Organisation; sie sollte in den vom Feind bedrohten Grenzgebieten die Wehrmacht unterstützen. Der Bahnhof Greiffenberg war – wie alle anderen schlesischen Bahnhöfe – hermetisch von SS-Leuten in schwarzen Uniformen abgeriegelt. Jeder Versuch, durch diese Sperren auf den Bahnhof zu gelangen, wäre gescheitert. Wir – das war die nächste „kriminelle" Tat – wir schrieben uns Ausweise. Strughold hatte uns fürsorglich Briefpapier mit dem Kopf „Reichsluftfahrtministerium. Luftfahrtmedizinisches Forschungsinstitut" und ein Dienstsiegel des Institutes zurückgelassen. Auf solchen Briefbögen im halben DIN-Format schrieben wir auf der linken Halbseite:

Herr Dr. Hansjochem Autrum, geb. 6. 2. 1907, hat in Übereinstimmung mit und im Auftrag vom Reichsminister der Luftfahrt, Hermann Göring (Aktenzeichen, ein frei erfundenes) und dem Hauptamt der SS (Aktenzeichen, ebenfalls erfunden) persönlich wichtige, geheime Akten von Welkersdorf in Schlesien nach Göllingen am Harz zu bringen. Ihm ist jede Unterstützung zu gewähren.

Unterschrift (unleserlich), Datum, Dienstsiegel
Damit dieser „Ausweis" gewichtig und ernsthaft aussah, war auf der rechten Seite mein Lichtbild mit Dienstsiegel zu sehen. Das Blatt klebten wir auf graue Leinwand; es war zusammengeklappt gar nicht unähnlich unseren Personalausweisen. Wir setzten unsere Hoffnung auf das schon herrschende allgemeine Chaos. Telefonische Rückfragen etwa im RLM oder im SS-Hauptamt waren höchst wahrscheinlich unmöglich.

So ausstaffiert fuhren Hans Denzer mit Frau und Kindern und ich mit Frau und Tochter nach Greiffenberg, freundlicherweise vom Wirt des Kretscham mit der Pferdekutsche befördert. Alle unsere persönliche Habe blieb in Welkersdorf. Im Rucksack hatten wir Verpflegung, ein Minimum an Wäsche; darauf eine Decke und ein Paar feste Stiefel – und jeder eine Flasche Schnaps. Der – auch von uns ausgestellte – Wehrmachtsfahrschein wies als Zielort Göllingen im Harz aus.

Wir kamen zitternd, aber überaus glücklich durch die SS-Sperre. Auf dem Bahnsteig erwartete uns das nächste Desaster: Die wenigen

Züge in Richtung Görlitz-Dresden waren hoffnungslos überfüllt. Flüchtlinge aus Breslau – dort standen fast schon die sowjetischen Truppen – hingen außen an an den Trittbrettern. Ein Wehrmachtszug mit offenen Transportwagen mit Panzern und Kanonen fuhr langsam durch den Bahnhof. Einige junge Frauen sprangen auf die Wagen; die Soldaten halfen dabei. Aber wir konnten das mit den kleinen Kindern nicht riskieren.

Da fuhr ein Gegenzug in Richtung Breslau ein, leer. Wer wollte schon näher an die Front? Ob nachtwandlerisch oder mit klarer Überlegung – ich weiß es nicht – stiegen wir ein. In Hirschberg am Riesengebirge stiegen wir aus. Der Zugschaffner sagte uns, dort führe eine Kleinbahn nach Schreiberhau, von dort kämen wir wahrscheinlich in die Tschechoslowakei und so weiter nach Westen. Tatsächlich fuhr eine kleine Lokalbahn nach Schreiberhau. Spät in der Nacht kamen wir mit völlig übermüdeten Kindern dort an. Zu unserem Glück fanden wir ein Lazarett der Luftwaffe. Die Verwundeten waren gerade zuvor weiter ins Reich transportiert worden. Wir kamen in ein leeres Lazarett, freundlich von Schwestern und Ärzten empfangen. Wir gönnten uns und den Kindern drei Tage Ruhe.

Vom herrlich verschneiten Riesengebirge hatten wir wenig: Das Bild der Straßen war von hohen Leiterwagen geprägt. Zwei Pferde davor und auf dem Wagen die Habe von Flüchtlingen aus dem Osten und der inneren Tschechoslowakei. Oben darauf verweinte Frauen, übermüdete Kinder. Greise führten die Pferde: die jüngeren Männer waren beim Militär – soweit sie noch lebten. Die Pferde waren müde, die Menschen waren müde. Ein Ziel hatten sie nicht, es sei denn irgendwohin zu kommen, wo sie die feindlichen Truppen nicht erreichten. Hoffnungsloses Elend zog ständig an uns vorbei, bei eisiger Kälte.

Nach drei Tagen fanden wir einen Zug, der Richtung Westen fuhr, durch die nördliche Tschechoslowakei. Der Zug ging bis Komotau in Nordböhmen und endete dort. Der Bahnhof war überfüllt von Flüchtlingen. Wir setzten uns dazu. In Züge Richtung Westen zu gelangen war – zumal mit den Kindern – unmöglich. Dann fuhr ein leerer Zug ein. Aber die meisten Türen waren versperrt, und an den wenigen offenen stand ein „Kettenhund"; so nannten die Soldaten die Angehörigen der Feldgendarmerie, weil sie ein großes, mondförmiges Schild an einer Kette um den Hals mit der Aufschrift „Feldgendarmerie" trugen. Es war ein Zug für Urlauber der Wehrmacht. Er fuhr fahrplanmäßig in Richtung Westfront. Urlauber gab es nicht. Also war der Zug leer. Aber die Kettenhunde ließen uns nicht einsteigen. In der Dunkelheit liefen wir um den Zug herum: Hurra, die Türen waren nicht verschlossen! Kaum hatten wir Kinder und Frauen in den Zug befördert, fuhr er an, Denzer und ich sprangen auf – und wir waren im fahrenden Zug. Wir wurden furchtbar angeschnauzt und Denzer und ich zum Zugkommandanten geführt. Das war ein greiser Offizier, der seine Kettenhunde sofort freundlich aber bestimmt anwies, uns in Abteile mit Polstern zu führen und – vor allem – uns Essen zu bringen. Der Zug fuhr bis Hof.

Göttingen

Inzwischen hatten wir uns gefragt, was wir eigentlich in dem auf keiner Karte verzeichneten Göllingen am Harz wollten und sollten. Göttingen wäre doch sinnvoller. Das hatte die nächste „kriminelle" Handlung zur Folge: Wir änderten auf unseren Wehrmachtsfahrscheinen Göllingen in Göttingen. Zunächst kamen wir allerdings nur bis Bebra, wiederum tief in der Nacht. Wir schliefen in der kalten Bahnhofshalle auf dem Fußboden, in unsere Decken gewickelt. Um Mitternacht weckte uns Fliegeralarm. Aber wir blieben liegen: Die Kinder waren nicht zu wecken. Das war am 6. Februar 1945, meinem Geburtstag. Wir feierten ihn mit dem mitgeführten Schnaps.

In dem unzerstörten und von keiner Bombe heimgesuchten Göttingen gingen wir in das Physiologische Institut zu Professor Hermann Rein (1898–1953). Dort trafen wir Strughold wieder. Eine Nacht schliefen wir auf dem Fußboden im Hörsaal. Dann wurde uns Quartier auf dem Dorf Niedernjesa bei einem Bauern angewiesen: Ein kleines Zimmer, aber besser als alles in den vergangenen Tagen.

Göttingen war in jeder Hinsicht eine Kleinstadt mit provinziellem Charakter. In Prospekten hieß sie „Universitäts- und Gartenstadt". Es werden böse Witze über die Göttinger Einwohner erzählt: Da kommt abends jemand mit dem Zug an. Ein einzelnes Taxi steht am Bahnhof. Der Reisende steigt ein: „Zum Nonnenstieg, bitte." Der Taxifahrer reagiert nicht. Der Reisende wiederholt seine Bitte, vergebens. „Warum fahren Sie denn nicht? „Naa" (das ei wird wie ein breites aa gesprochen) „Aaner soll immer da saan". Und eine wahre Geschichte: Eine Doktorandin von mir bekam ein Zimmer bei einem Universitätsprofessor zur Miete. Eines abends erhielt sie Besuch von einer Freundin, und die mußte mal auf's WC. Am nächsten Tag wurde der Doktorandin mit Kündigung gedroht, falls sich das wiederhole: Das Örtchen sei der intimste Ort der Familie; es sei schon fast unerträglich, daß sie – die Doktorandin – es mitbenutzen müsse. Freunde: Erst recht nicht. Die Eingeborenen sind – mit Ausnahmen – wenig freundlich. Eines Abends stiegen wir, meine Frau und ich, am Hainberg in den dort haltenden

Bus. Im Wagen saß ein einfach aussehender Mann. Als er dem Schaffner seinen Fahrschein zeigte, fuhr der ihn grob an: Der Fahrschein sei ungültig. Der Flüchtling – offenbar ein Berliner – sagte nur verächtlich: „Mensch, Dir macht wohl Dein Beruf kein' Spaß!"

In Niedernjesa wurden wir, meine Frau, die inzwischen sechs Jahre alte Tochter und ich, von dem Bauern, dem wir zugewiesen waren, sehr unfreundlich empfangen. Der Sohn, wohl nach einer Verwundung aus dem Militärdienst entlassen, feierte gerade Hochzeit. Es gab alles in Hülle und Fülle. Von den Riesenmengen Kuchen bekam aber nicht einmal das Kind etwas ab. Wo man uns schikanieren konnte, da schikanierte man uns. Lebensmittel bekamen wir nur im Laden zu kaufen, soweit unsere Lebensmittelkarten reichten. Der reiche Bauer gab uns weder eine Scheibe Brot noch einen Tropfen Milch von seinem Überfluß ab. Einmal rächte sich meine Frau. Nach dem Tod ihrer Eltern schleppte sie aus Potsdam-Wildpark ein Bild mit. Mein Schwiegervater war Maler, Schüler von Adolph von Menzel. Auf dem Bild war eine Wiese mit neun weidenden Kühen zu sehen. Der Bauer wollte das Bild durchaus erwerben (gegen Lebensmittel). Was wir dafür haben wollten? Die Antwort meiner Frau: „Für jede gemalte Kuh eine lebendige". Der Bauer verzichtete.

Ordinarius für Zoologie war in Göttingen Karl Henke (1895–1958), ein Schüler von Alfred Kühn. Henke kannte ich schon aus Berlin. Er war dort am Kaiser-Wilhelm-Institut für Biologie bei Alfred Kühn. Vor allem aber traf ich in Göttingen Erich von Holst wieder. Er hatte sich 1938 bei Karl Henke habilitiert und war Assistent in Göttingen. Die Freundschaft mit ihm war erhalten geblieben, und von Holst setzte sich sehr für mich bei Henke ein. Ich bekam einen Arbeitsplatz im Institut am Bahnhof. Aber zu ernstem Arbeiten war kaum Gelegenheit: Ständiger Fliegeralarm, die weite Entfernung und das Fehlen aller Apparate – sie waren hoffentlich in Suhl – hinderten jede Arbeit im Institut. Von Niedernjesa bis zum Institut waren es 7 km zu Fuß zu laufen – 7 km hin und 7 km zurück. Bus-Verbindungen waren sehr unregelmäßig. So blieb ich Februar und März im wesentlichen in Niedernjesa. Mein Gehalt bekam ich gegen eine Bescheinigung der Universität Berlin in Göttingen ausbezahlt. Nur war das Geld wenig wert: Es gab nichts zu kaufen, außer unseren knappen Lebensmittelrationen.

Meine Schreibmaschine hatten wir ins Gepäck von Herta Tscharntke gepackt; sie gelangte in einer Kiste auch am Bestimungsort an. Ich wußte aber nicht, wo sie geblieben war. Wo Herta sie fand, weiß ich nicht. Herta war von Welkersdorf nach Berlin zu ihrer Mutter gefahren. Eines Tages im März 1945 tauchte sie in Niedernjesa auf: Sie war im Harz gewesen und hatte sich von dort mit der Eisenbahn Richtung Göttingen auf den Weg gemacht. Ihr Zug ging aber nur bis Friedland. Die Bahn nach Göttingen war bereits durch Bomben zerstört. Das Mädchen lief zu Fuß die fast 20 km bei kaltem Wetter und schneebedeckten Straßen, die Schreibmaschine vorn, den Koffer auf dem Rücken, beide mit Stricken verbunden. Nach wenigen Tagen kehrte sie nach Berlin zurück. Erst als ich eine Professur in Würzburg bekam (1952) konnte ich sie wieder als Mitarbeiterin – bis heute – einstellen (s. Abb. 26).

Das Göttinger Zoologische Institut lag (und liegt) direkt am Bahnhof, ein großes, aber gut eingerichtetes Gebäude. Es war von Alfred Kühn mit einem hochmodernen Hörsaal ausgestattet worden: 3×3 große Tafeln, mit Handdruck zu bewegen, befanden sich hinter dem Pult. Durch Knopfdruck konnte vom Pult her der Hörsaal verdunkelt, das Licht – abgestuft – ein- und ausgeschaltet werden. Alfred Kühn war sehr stolz auf diese neue und vorbildliche Ausstattung des Hörsaals. Eines Tages – so wird erzählt – habe Kühn Albrecht Bethe (1872–1955), den berühmten Physiologen, zu einem Vortrag eingeladen und ihm vor Beginn alle die vielen Knöpfe auf dem Pult und ihre Funktion erklärt. Bethe benutzte keinen Knopf, sondern hielt frei seinen Vortrag. Zum Schluß sagte er, nun wolle er dem Kollegen Kühn ein Vergnügen machen: Er drückte wahllos auf einzelne Knöpfe und entfesselte die ganze Mechanik des Hörsaals. – Bethes treffende Schlagfertigkeit habe ich – wohl 1948 oder 1949 – auf dem ersten Physiologenkongreß nach dem Krieg erlebt. Hermann Rein hatte ihn organisiert und Bethe gebeten, den Vorsitz zu übernehmen und die einleitende Rede zu halten. Wer zu Beginn nicht da war, war Bethe. Er kam mit einiger Verspätung in den Hörsaal des Rein'schen Institutes, ging ans Pult und sagte: „Lieber Herr Rein, wenn Sie so schöne Mädchen als Garderoben-Frauen haben, dann kann ich nicht pünktlich sein". Sein Kompliment galt den Technischen Assistentinnen des Institutes.

Karl Henke (Abb. 13) wurde mein zweiter großer Lehrer – nicht in dem Gegenstand der Forschung, sondern im Stil zu arbeiten und die Ergebnisse klar und widerspruchsfrei zu formulieren. Henke hatte 1924 bei Alfred Kühn in Göttingen promoviert und sich 1929 dort habilitiert. 1933 bis 1937 war er Richard Goldschmidts Assistent am Kaiser-Wilhelm-Institut in Berlin-Dahlem. 1937 wurde er als Nachfolger Alfred Kühns nach Göttingen berufen. Sein Arbeitsgebiet war durch seine Dissertation und damit durch seinen Lehrer Alfred Kühn bestimmt, aber Henke ging sehr selbständig weiter darüber hinaus. Die Variabili-

Abb. 13. Professor Karl Henke (1895–1956). Er war Schüler von Alfred Kühn, war 1930/32 als Rockefeller-Stipendiat bei R. G. Harrison (Yale University), 1933–1937 am Kaiser-Wilhelm-Institut für Biologie in Berlin-Dahlem. Hier lernte ich ihn kennen. 1937 Ordinarius für Zoologie in Göttingen. Sein Arbeitsgebiet: Musterbildung im Tierreich, vor allem bei Schmetterlingen (Photograph unbekannt; Photo vor 1932).

tät und das Entstehen von Mustern von tierischen Zeichnungen, das waren die Themen, die er bearbeitete. Dabei verknüpfte er die Analyse von Kreuzungen mit entwicklungsphysiologischen Fragestellungen. Die Zeichnung von Schmetterlingsflügeln ist in der Puppe noch im embryonalen Zustand und kann daher experimentell beeinflußt werden. Henke interessierte sich generell für Zeichnungsmuster im Tierreich, für die Probleme der Gestaltung von Mustern bei Muschel- und Schneckenschalen. Um das Zusammenwirken von Vererbung und Variabilität zu untersuchen, schienen ihm die Muster von Schnecken besonders reizvoll. Wulf Emmo Ankel (1897–1983), Professor für Zoologie an der Technischen Hochschule Gießen, hatte über die Züchtung von Schnecken berichtet, ohne aber Einzelheiten anzugeben. Henke schrieb an Ankel und bat um genaue Angaben. Die Antwort Ankels war enttäuschend: die Schnecken könne er – Ankel – wohl züchten. Aber das sei sein Objekt, und er gäbe sein Geheimnis keinem preis. Henke antwortete mit einem Vers aus Schillers Gedicht „Die Teilung der Erde":

„*Ganz spät, nach dem die Teilung längst geschehen,*
Naht der Genet; er kam aus weiter Fern';
Ach da war überall nichts mehr zu sehen,
Und alles hatte seinen Herrn."

(Bei Schiller ist nicht vom „Genet", sondern vom „Poet" die Rede).

Professor Ankel ließ sich erweichen und schickte die Anleitung zum Züchten von Schnecken an Henke.

Henke hatte vielseitige Interessen. 1929 war in dem Sammelwerk „Geist der Gegenwart" seine Abhandlung über moderne Malerei erschienen. Seine Habilitationsschrift (1929) behandelte die Orientierung der Rollassel (*Armadillidium*; engl. pill bug) zum Licht. Damals war es üblich, daß die Habilitationsarbeit ein selbst gestelltes Thema behandelte. Sie durfte keine Fortsetzung der Doktorarbeit sein. Henke war ein ausgezeichneter Lehrer. Seine Vorlesungen waren gründlich vorbereitet und bis ins letzte Detail ausgearbeitet. Allerdings stellte er – nicht nur in seinen Vorlesungen – hohe, ja höchste Ansprüche an das Mit-Denken. Ich habe seine Vorlesung „Allgemeine Zoologie", eine einführende Vorlesung, 1946 noch gehört, mit Genuß für einen „Fortgeschrittenen", für Anfänger aber wahrscheinlich von etwas zu hoher Warte. Einem guten Scherz war Henke nie abgeneigt; er selbst hatte zuweilen einen schlagfertigen Witz. So kam eines Tages nach der Vorlesung ein Student zu ihm und fragte: Die großen Bartenwale hätten –

Henke hatte es in der Vorlesung erzählt - einen sehr engen Schlund. Wie sie dann einen Propheten hätten verschlingen können? Richtig, sagte Henke, das war der Prophet Jonas; aber das sei ja einer von den „kleinen" Propheten gewesen.

Zu seinen Schülern und Mitarbeitern war er von gleichbleibender Güte und Freundlichkeit. 1951 besuchte mich Konrad Lorenz in Göttingen und meinte, er müsse wohl, da er schon einmal in Göttingen sei, auch dem Chef seine Aufwartung machen. Was für ein Mensch das und wie er im Umgang sei, fragte Lorenz mich. Ich entgegnete, Henke sei stets zu allen konziliant und freundlich. Lorenz: „Um Gottes willen, um welchen Preis!?"

Wenn Henke mit der Ausarbeitung einer Veröffentlichung beschäftigt war, erschien er - in den Semesterferien - oft wochenlang nicht im Institut, war auch zu Hause nicht ansprechbar. Rief man in dringenden Angelegenheiten bei ihm an, so sagte seine Frau am Telefon, der Herr Professor sei nicht zu sprechen. Auch seine Post im Institut ließ Henke oft wochenlang unerledigt liegen. Dann fing er nicht selten am Heiligabend gegen Mittag an, mit seiner Sekretärin die Post von Wochen aufzuarbeiten, und das arme Mädchen mußte oft gerade am Weihnachtsabend bis tief in die Nacht mit ihm Post sortieren und beantworten. In Diskussionen und in der Kritik war er unerbittlich, aber immer sachlich. Ich habe viel von ihm gelernt.

Henke war ein wenig weltfremd, versponnen. Ein Erlebnis kennzeichnet diese Seite: In der Zeit vor der Währungsreform (1948) gab es nichts zu kaufen außer den zugeteilten Lebensmitteln. Wir waren in das Ausweich-Institut am Nikolausberger Weg umgezogen, und da tropften die Wasserhähne, wie überhaupt manches der Reparatur bedurfte. Mir waren alle Verwaltungsaufgaben übertragen. Um solche Dinge kümmerte sich Henke nicht. Eines Tages tropften die Wasserhähne, auch in Henkes Arbeitszimmer, nicht mehr. Das fiel ihm auf, und er zitierte meinen Kollegen und Assistenten Dr. Hans Piepho und mich zu sich: Wie wir das fertigbekommen hätten. Freimütig gestand ich, ich hätte einen halben Liter Alkohol (den bekamen wir mit Genehmigung der Militärregierung aus der Apotheke der Universitätskliniken) gegen neue Wasserhähne und Dichtungen auf dem (blühenden) Schwarzmarkt getauscht. Darauf Henke, mißbilligend, er habe noch nie etwas auf dem Schwarzmarkt erworben. Piepho: „Sie nicht, Herr Professor, aber Ihre Frau".

Gleich sei noch eine kleine Geschichte angefügt, die sich etwas später ereignete: Die Doktoranden trugen regelmäßig über ihre Arbeit im

Seminar vor. Mein Schüler Günter Schneider arbeitete über die Funktion der Halteren (das sind die im Flug schwingenden Kölbchen, die umgewandelten hinteren Flügelpaare der Fliegen). Durch ihre Schwingungen stabilisieren sie den Flug. Entfernt man die Halteren, so wird der Flug unsicher und taumelnd, die Fliegen finden ein Ziel nicht mehr. Schneider zeigte: Klebt man solchen Fliegen ohne Halteren einen kurzen Wollfaden an das Abdomen, so ist der Flug wieder stabilisiert. Schneider demonstrierte uns eine solche Fliege und sagte, bevor er sie losließ: „Die Fliege wird den hellsten Punkt" – er meinte die elektrische Lampe – „zielgerecht anfliegen." Er ließ seine Fliege los, und sie landete zielsicher auf Henkes leuchtender Glatze.

Ich habe vorgegriffen: Wir, meine Frau, die Tochter Swantje und ich, waren zunächst in Niedernjesa; die amerikanischen und englischen Truppen standen am Rhein, hatten aber bis zum 22. März den Fluß nicht, jedenfalls nicht wesentlich, überschritten. Wir lebten mehr schlecht als recht in einem kleinen Zimmer bei einem Bauern in Niedernjesa. Zu tun hatten wir nicht viel. Täglich waren Luftangriffe, auch Tiefflieger schossen auf alles, was sich bewegte. Mehr als einmal mußten ich, meine Frau und das Kind uns hinter einem Erdwall schnell verstecken, wenn solch ein Ding in geringer Höhe heranbrauste und nach uns schoß. Geschoß-Einschläge im Haus waren keine Seltenheit. Die Angriffe der englischen Luftwaffe auf verängstigte Zivilisten, auf Frauen und Kinder, Krankenhäuser und unverteidigte Städte und Dörfer, auf Kirchen und historische Denkmäler haben mit Gegenwehr oder militärischen Angriffen, selbst mit „Vergeltung" nichts zu tun. Für diese Verbrechen gibt es keine Entschuldigung; sie sind nie geahndet oder bestraft worden; im Gegenteil, man darf bis heute zwar die Fakten nennen, sie aber nicht als das bezeichnen, was sie de facto waren: Kriegsverbrechen.

Auf den Feldern und in Wäldern lag zerstörtes oder zurückgelassenes Wehrmachtsgerät umher. Ich sammelte davon einiges und baute mir einen primitiven Rundfunkempfänger. Als Frontplatte diente das Blech einer großen Blechdose. So konnten wir wenigstens Nachrichten hören – am Tage. Abends drehte der Bauer die Sicherung für unser Zimmer heraus; wir saßen im Dunkeln. Damit nicht genug: Ich erstand auf dem Schwarzmarkt eine eigene Sicherung. Da verschloß der Bauer das Brett mit den Sicherungen mit einem Kasten. Ich bin weit davon entfernt, solche Schändlichkeiten zu verallgemeinern. Aber unterschwellig bin ich bis heute mißtrauisch gegenüber allem, was aus Niedersachsen kommt, z. B. auch gegen Wilhelm Busch mit seinem gräßlichen „Max und Moritz".

Wir warteten auf die amerikanischen Truppen. Sie ließen auf sich warten. Inzwischen wurde der Bahnhof von Göttingen bombardiert und das Zoologische Institut schwer mitgenommen. Bei schönem, klarem Wetter sahen wir im Norden von Göttingen einen riesigen Rauchpilz aufsteigen: Das war der Brand von Hildesheim.

Amerikanische Truppen kamen nach Göttingen erst Anfang April. Am Tag zuvor schossen Panzer ziellos in unser Dorf, richteten aber wenig Schaden damit an. Lediglich ein totes Pferd lag auf der Dorfstraße. Am Morgen kamen dann die ersten G.Is, geduckt an den Häuserwänden schleichend. Kaum waren sie im Dorf – ich ging vors Haus –, kam, auf einem offenen Jeep stehend, ein Offizier angerast und schrie mir zu: „Where's the way to Berlin?". Unsere Straße war eine Sackgasse; der Amerikaner kehrte um und verschwand. Kurz nach Mittag rollten Panzer ins Dorf; ein Sergeant wies uns aus unserem Zimmer und beschlagnahmte es für seine Soldaten. Gegen 15 Uhr aber wurden sie von einem ihrer Offiziere aus dem Zimmer gejagt; ich hörte nur, wie er seinen Leuten klarmachte, der Krieg dauere bis 4 p.m., man habe noch eine Stunde weiterzumarschieren bzw. zu fahren.

Wir kehrten in unser Zimmer zurück. Auf den Fensterbrettern lagen in Mengen Päckchen mit Lebensmitteln und Schokolade; aber – zu unserem Entsetzen – auch zurückgelassene Handgranaten. Die luden wir nachts auf einen Karren und versenkten sie heimlich in einem nahen Bach.

Dann kam das mich bis heute erregendste Erlebnis dieses Tages: Ich sagte zu meiner sechsjährigen Tochter: „Swantje, jetzt gibt es keine Fliegerangriffe und keine Bomben mehr". Ihre Antwort: „Vati, mach keine Witze." Das Kind kannte die Welt nicht anders.

Unser Wirt, der Bauer, wurde von diesem Tag an freundlicher, wenngleich keineswegs freundlich. Ich konnte etwas Englisch und so zwischen den Amerikanern und ihm vermitteln. Wir durften sein Vieh hüten, auf den Feldern helfen, was uns aber keineswegs mit Lebensmitteln vergolten wurde.

Professor Henke hatte sehr bald von der Militärregierung – sie hatte ihren Sitz in der Universität – ein Ausweichquartier für das Institut zugewiesen bekommen, ein von der Militärregierung beschlagnahmtes Verbindungshaus einer schlagenden studentischen Verbindung am Nikolausberger Weg in Göttingen. Dort erhielt ich in einem wenige Quadratmeter großen Mansardenzimmer einen Arbeitsplatz. Freilich hatte ich keine Apparate, konnte aber die gerettete Bibliothek des Institutes benutzen. Mit der Zeit gab es auch wieder regelmäßige

Bus-Verbindungen nach Göttingen, wenn auch nur einmal täglich nach (morgens) und von (am Nachmittag) Göttingen.

Meine Apparate lagen – vielleicht – in Suhl. Wie aber dorthin kommen? Die formelle Kapitulation Hitler-Deutschlands wurde erst am 4. Mai 1945 bei Lüneburg und endgültig am 7. Mai in Reims unterzeichnet. Wieder ergossen sich Ströme von Flüchtlingen aus dem Osten und Hunderttausende von zerlumpten deutschen Soldaten über die von Engländern und Amerikanern besetzten Gebiete. Sie flüchteten vor den russischen Armeen, zum Teil vergeblich: einen Teil lieferten die Amerikaner an die Russen aus.

Danach begann für uns, und nicht nur für uns, die eigentliche Zeit des Hungerns. Von den Bauern war nichts zu bekommen. Die zugeteilten Lebensmittelrationen lagen bei 1100 Kalorien. Allein der Grundbedarf bei Vermeidung jeder körperlichen Arbeit beträgt etwa 2400 Kalorien (so 1936 vom Völkerbund festgesetzt). Auf Anordnung der Militärregierung bekam jede Flüchtlingsfamilie ein winziges Stück Ackerland. Dort bauten wir Kartoffeln – und weit wichtiger, weil zum Tausch auf dem Schwarzmarkt geeignet – Tabak an. Den konnten wir aber erst 1946/47 ernten. In unserem Zimmer wurden Schnüre gespannt; daran hingen die großen Tabakblätter zum Trocknen. Fermentiert wurden sie später in einem selbstgebastelten Thermostaten. Das ergab immerhin damals brauchbaren Tabak für den Tausch auf dem Schwarzmarkt.

Wie sollten wir nach Suhl kommen? Strughold und Rein trugen meine Nöte dem Offizier vor, der die Universität verwaltete, und es geschah ein Wunder: Wir – Dr. Denzer und ich – bekamen Benzin und durften mit Professor Reins Wagen nach Suhl fahren, das in der amerikanischen Besatzungszone lag. Rein stellte auch einen Chauffeur der Besatzungs-Offizier gab uns Passierscheine.

Am 28. Juni 1945 fuhren wir von Göttingen Richtung Suhl in Thüringen. Es war eine abenteuerliche Fahrt: Durch die schöne, unberührte hügelige Landschaft mit friedlich weidendem Vieh, durch unzerstörte Dörfer. Dann wieder durch vollkommen zerstörte Städtchen, über Heiligenstadt, Eschwege, Richtung Eisenach. Zuweilen lagen hier die Trümmer der zerstörten Häuser hoch auf den Straßen, wir fuhren auf meterdicken Wegen von Ziegelschutt, Ruinen rechts und Ruinen links. Wegweiser waren nicht mehr vorhanden. Fahrstraßen waren quer durch Felder und über Schutt durch amerikanische Fahrzeuge und Panzer gefahren worden. Irgendwo wußten wir nicht weiter; unsere Landkarte nützte da wenig. Endlich trafen wir auf einen amerikanischen Militärposten und fragten nach Eisenach. „Sorry, don't know" und Kopfschütteln. Wir zeigten ihm den Namen auf der Karte. Der Soldat strahlte: „O yes, I see; Jisenätsch." Schließlich erreichten wir Suhl, und da erwartete uns eine große Enttäuschung: Die Kisten waren angekommen. Aber die Empfänger (die Bekannten unserer Mitarbeiterin Herta Tscharntke) hatten sie ausgepackt und, bevor die amerikanischen Truppen kamen, in ihren Luftschutzgraben im Garten geworfen und zugeschüttet, aus Angst, die Amerikaner könnten sie finden und für einen „feindlichen" Sender oder sonst etwas Gefährliches halten. Die Nacht schliefen wir im Auto, am frühen Morgen begannen wir, die Apparate auszugraben. Das war harte Arbeit, bis wir sie fanden, gut eingewickelt in Papier, wie wir sie in Welkersdorf verpackt hatten.

Das war am 29. Juni 1945. Zum Glück war das Wetter schön, aber es war spät geworden, und im Dunkeln trauten wir uns nicht, über die zum Teil unwegsamen Straßen zu fahren. So übernachteten wir in einem kleinen Dorf in der Nähe von Suhl und fuhren am 30. Juni froh nach Göttingen zurück. Wir wurden empfangen wie der Reiter über den Bodensee: Am 1. Juli räumten die amerikanischen Truppen Thüringen (und Suhl), und die russische Armee rückte nach Westen und besetzte Thüringen. So war es im Abkommen von Jalta (September 1944) vereinbart worden. Wir ahnten nichts davon. Der amerikanische Verbindungsoffizier in Göttingen, der uns die Reise ermöglichte, hat es sicher gewußt. Es war eine noble Handlung, daß er uns rechtzeitig nach Suhl schickte, wenn auch im letzten Augenblick. Vielleicht spielte auch die eingewurzelte Animosität der Amerikaner gegenüber dem Kommunismus dabei eine Rolle.

Meine Apparate wurden auf dem Speicher des Hauses in Niedernjesa zunächst abgestellt. Es waren ein Tonfrequenz-Summer und ein Leistungsvertärker, beide von der Fa. Siemens durch Prof. Trendelenburgs Vermittlung; sie funktionieren heute noch und befinden sich im Deutschen Museum in München. Es war mein Gleichspannungsverstärker, eine Registrierkamera (Fa. Tönnies) und ein Oszillograph von Philipps.

Es war nicht das letzte Abenteuer, das sie zu bestehen hatten: Wenige Wochen später durchsuchte eine Militärstreife der Amerikaner das Dorf und fand die Geräte. Sie wurden auf einen Jeep verladen und in ein nahes Dorf, Reinhausen, gebracht. Auch unseren Photoapparat, eine Leica, nahm man mit. Einige Tage später lieh ich mir ein Fahrrad und fuhr zu dem Kommandanten der kleinen Truppe nach Reinhau-

Abb. 14. Bescheinigung des Amerikanischen Sergeanten, daß meine – zunächst von seinen Soldaten beschlagnahmte – Apparatur ohne militärischen Wert ist.

sen. Ich nahm einige Sonderdrucke amerikanischer Kollegen mit („With kind regards"), um die Harmlosigkeit meiner Apparate und meine guten Beziehungen zu Amerika zu demonstrieren. Es war nicht nötig. Der Sergeant empfing mich freundlich und erklärte mir, ich bekäme alles unversehrt zurück. Er ließ Stroh holen und auf diesem Polster alles auf einen Jeep packen. Vorsichtshalber bat ich ihn, mir doch eine Bescheinigung mitzugeben, damit mir so etwas nicht noch einmal passiere. Ich bekam sie (Abb. 14).

Ich fragte noch, ob das auch von englischen Truppen respektiert würde: „Yes"; französische Truppen? „Sure"; russischen? Die Antwort war ein langgezogenes „Oo" und Schulterzucken. Alles war wieder da, nur der Photoapparat fehlte. Der Sergeant lief rot an, stürzte auf den Hof, brüllte etwas. Seine Leute stürzten aus dem Haus und mußten in einer Reihe antreten. Nach wenigen Minuten reichte er mir mit langer Entschuldigung die Kamera zurück. Mein Fahrrad und ich wurden auf den Jeep geladen und wohlbehalten nach Niedernjesa gebracht.

Ohne alle diese Glücksfälle hätte ich lange Zeit, viele Jahre nicht wissenschaftlich arbeiten können.

> *„Wie sich Verdienst und Glück verketten,*
> *Das fällt den Toren niemals ein.*
> *Wenn sie den Stein der Weisen hätten,*
> *Der Weise mangelte dem Stein."* (Goethe, Faust)

Sicher habe ich viel unvermutetem Glückszufall, mindestens ebenso viel aber den Menschen zu verdanken, denen ich begegnet bin.

Mit der Zeit kamen wir nun regelmäßig nach Göttingen. Schon 1945 erhielt ich bei Henke eine planmäßige Assistentenstelle. Die Militärregierung ließ die Öffnung der Universität wieder zu. Allerdings beschränkte sie die Zahl der Zulassungen, soweit ich mich erinnere, auf 3 000. Für die Aufnahme mußten die Bewerber eine Prüfung machen, die von den Professoren des gewählten Faches abgehalten wurde. Solche Prüfungen sind allerdings im großen und ganzen ungeeignet, Begabungen und Eignung fürs Studium festzustellen. Ein junger Assistent, 32 Jahre alt, im Physiologischen Institut bei Rein, meldete sich aus purem Übermut und Neugier zu einer solchen Prüfung. Er fiel durch, was ihn nicht berührte, denn er war mit seinen 32 Jahren fest angestellt. Es war Jürgen Aschoff; später wurde er Direktor am Max-Planck-Institut für Verhaltensphysiologie und einer der bedeutendsten Forscher auf dem Gebiet der circadianen Rhythmik. – Die wirklich Begabten kann man nur während des Studiums erkennen und fördern. Das gilt auch für die sogenannten Massenfächer. Es ist ein Irrtum, man könne mit großen Studentenzahlen nur durch Vermehrung der Dozenten und der Prüfungen, der schriftlichen wohlverstanden, fertig werden. Der „Einfachheit" halber werden dann „multiple choice"-Frage verteilt, die jeder Analphabet auf richtige Beantwortung überprüfen kann. Solche „Prüfungen" sagen allenfalls etwas über den Fleiß (möglichst am Tag vor der Prüfung) aus, nichts, aber auch nicht das Geringste über Begabung. Und noch eins: „Anwesenheitslisten" sind einer Universität unwürdig. Wer nicht zu Übungen, Vorlesungen oder Seminaren erscheint, hat offensichtlich kein Interesse am Studium; man soll ihn laufen lassen.

In Göttingen wurden also angeblich 3 000 Studenten zugelassen. Die wahre Studentenzahl kam ans Tageslicht, als die Militärbehörde eines Tages, offenbar aus einer amerikanischen Spende, Speck gegen Vorweisung und Abstempelung des Studienausweises verteilte: 3 000 Portionen waren viel zu wenig; es sollen etwa 5 000 erforderlich gewesen sein.

Dann kamen die Care-Pakete aus Amerika, Lebensmittel und oft Schokolade enthaltend. Wir hatten noch wenig Bekannte in den USA.

Abb. 15. Die Ausweichstelle des Zoologischen Institutes in Göttingen (Nikolausberger Weg) nach der Zerstörung des Institutes am Bahnhof (1945). Die oberste Etage, die Mansarden, beherbergten das Große Zoologische Praktikum und die Räume für mich und meine Doktoranden. Der Raum mit dem Balkon war das Arbeitszimmer Professor Henkes. Darunter lag der Saal für Vorlesungen und Seminare.

Dazu kamen Spenden verschiedenster Art. Als die amerikanischen Truppen durch englische ersetzt wurden, hielt eines Tages vor unserem Haus ein englisches Auto; ein Offizier fragte nach mir. Man wußte nie, was da kam: Gutes oder Böses. Es war Professor Healey aus London. Er hatte bei Karl von Frisch in München studiert, von meinen Arbeiten gehört und kam zu Besuch – mit enormen Mengen Schokolade für meine Tochter. – Der Physiker Otto Hahn hatte 1944 den Nobelpreis erhalten. 1945 bekam er ihn ausbezahlt und stiftete warme Kleidung davon. Den Genetiker Curt Stern (1902–1981) kannte ich noch von Berlin (Assistent am Kaiser-Wilhelm-Institut für Biologie in Berlin-Dahlem); er war 1933 emigriert und Professor in Rochester. Er soll zeitweilig 1/3 seines Einkommens für Care-Pakete gestiftet haben. Leider wanderten manche gutgemeinte Gaben nicht die Wege, für die sie bestimmt waren. Ein beschämendes Beispiel, das nur schwer aus der Feder will: der (evangelische) Pfarrer von Niedernjesa erhielt eine beachtliche Sendung Kleider und wohl auch Nahrungsmittel. Er verteilte sie an seine im Überfluß lebenden Bauern. Als wir Flüchtlinge – es waren recht zahlreiche – in Niedernjesa davon erfuhren, berief man eine kleine Versammlung ein (was von der Militärregierung verboten war) und schickte einen von uns – er hieß Greiß – und mich zum Pfarrer, um ihn zur Rede zu stellen. Seine Antwort war kurz: „Der Herr hat euch Flüchtlinge geschlagen. Ich würde mich versündigen, wenn ich euch etwas gäbe."

Die einzige wirkliche Gefahr in der Zeit nach der Besetzung waren räubernde und plündernde „Fremdarbeiter", zumeist Polen. Verständlich: Auch sie wollten zurück in die Heimat. Zugverbindungen gab es kaum. So machten sie sich zu Fuß auf den Weg, klauten Fahrräder, belästigten die Bauern und raubten, was sie bekommen konnten. Man kann sie wohl verstehen: Jahrelang aus der Heimat verschleppt, zur Arbeit gezwungen, oft schlecht untergebracht und von vielen primitiven Deutschen als Menschen minderen Wertes behandelt.

Polnische „Zwangsarbeiter" kamen auch auf unseren Hof. Der Bauer schickte stets mich zu Verhandlungen mit ihnen, und die liefen immer friedlich ab. In uns Flüchtlingen sahen sie Leidensgenossen.

Eines Nachts spät hämmerte es gegen die Tür: Zwei amerikanische Soldaten suchten angeblich nach Waffen; das war unwahrscheinlich, denn derartige Kontrollen kamen immer am Tage. Ich bat sie in unser Zimmer, bedauerte, daß wir keine Waffen hätten, forderte sie auf, ins Zimmer zu kommen. Wahrscheinlich suchten sie ein Mädchen, das gegen einige Stangen Zigaretten (für die man auf dem Schwarzmarkt vielerlei bekommen konnte) zu allem bereit war. Ich forderte die beiden netten Burschen auf, Platz zu nehmen, aber mit Rücksicht auf das schlafende Kind leise zu sein. Sie nahmen ihre Helme ab und stellten sie artig mit der offenen Seite nach oben neben ihre Stühle auf die Erde. Sie hatten Schnaps bei sich (auf der Suche nach Waffen?), und es wurde ein ganz gemütlicher Abend. Zum Schluß meinten sie ganz ehrlich, sie sehnten sich auch in ihre Heimat, Pennsylvania, zurück.

Besonders lieb zu Kindern waren die schwarzen amerikanischen Soldaten. Die konnte man in Göttingen auf dem Marktplatz vor dem Gänseliesl-Brunnen treffen, wie sie, an jeder Hand ein paar Kinder, Schokolade verteilten und mit den Kindern scherzten.

Gelegentlich hatten wir Besuch von Kollegen, die wir von früher kannten. So kam Anfang August 1945 an einem schönen, warmen Nachmittag der theoretische Physiker Pascual Jordan (1902–1980) zu mir nach Niedernjesa. Wir kannten uns vom biophysikalischen Kolloquium im Kaiser-Wilhelm-Institut für Physik in Berlin-Dahlem. Wir saßen nachmittags vergnügt am offenen Fenster; das Radio, das selbstgebastelte – einen Lautsprecher hatte ich aus Suhl mitgebracht –, hatte ich eingeschaltet. Plötzlich unterbrach der Sender sein Programm für eine Nachricht: Amerikanische Flugzeuge hätten eine Atombombe auf Hiroshima abgeworfen. Es war der 6. August 1945. Jordan sprang erregt auf und stotterte (er stotterte immer, wenn er erregt war): „D...d...das ist n...n..nicht möglich." So weit sei man doch unter keinen Umständen. Trotzdem: es war wahr. Über die Geschichte der Atombombe gibt es heute eine umfassende Literatur. (Eine kurze, sachliche Darstellung findet man in dem Buch von David Nachmansohn und Roswitha Schmid: „Die Große Ära der Wissenschaft in Deutschland 1900–1933. Jüdische und Nichtjüdische Pioniere in der Atomphysik, Chemie und Biochemie." Wissenschaftliche Verlagsgesellschaft, Stuttgart 1988). Die Physiker in Deutschland und den USA hatten die theoretische Möglichkeit einer Atombombe früh erkannt, wußten aber auch, welch enormer Aufwand zu ihrer Konstruktion erforderlich war. 1942 wurde Werner Heisenberg bei einem Kolloquium bei der Kaiser-Wilhelm-Gesellschaft befragt, ob und mit welchen Mitteln eine Atombombe konstruierbar sei. Heisenberg bejahte die Frage, wies aber zugleich darauf hin, daß es viele Jahre enormer Anstrengungen und der Zusammenarbeit einer Unzahl von Physikern und Technikern bedürfe. Milliarden an Geld seien erforderlich. Heisenberg hatte im Grunde recht mit seinen Schätzungen. Amerika hatte alles dies. In Deutschland wurde der Plan fallen gelassen. Das Kaiser-Wilhelm-Institut unter seiner Leitung wurde jedoch beauftragt, an der Entwicklung von Atomreaktoren zu arbeiten. Das gab Heisenberg die Möglichkeit, Physiker um sich zu sammeln und vor dem Zugriff des Militärs zu schützen – genau wie es Strughold und Rein in der Physiologie und Medizin taten.

Vor uns lag der eisige Winter 1945/46. Meine Frau hatte schon 1945 eine Stelle als Studien-Assessorin an einem Gymnasium in Göttingen erhalten. Swantje ging in die Dorfschule in Niedernjesa. Im Dorf wurden Arbeiter zum Holzfällen gesucht; die Bäume sollten an die Besatzungstruppen geliefert werden. Das Abfallholz sollte den Fällern gehören, und das war endlich ein Weg, zu Heizungsmaterial zu kommen. So meldete ich mich mit anderen Flüchtlingen als Holzfäller, angeleitet von einheimischen Landarbeitern. Schon die Fahrt auf dem offenen Lastwagen bei −20 °C Kälte war eine Strapaze. Das Butterbrot, das ich im Morgengrauen mitbekam, war bei der Ankunft im Wald steinhart gefroren; wir mußten es vorsichtig an einem kleinen Feuer auftauen. Da unbrauchbares Holz zwischen uns verteilt wurde, kamen wir schnell auf die Idee, so viel davon zu produzieren, daß wir auf unsere Kosten kamen. Wir drei Flüchtlinge, Dr. Denzer und Wilfriede Schneider taten uns zusammen, sägten einen schönen Stamm zur Hälfte an und legten so hoch wie möglich ein Seil um den angeschnittenen Baum. Durch rhythmisches Ziehen am Seil brachten wir den Baum dazu, von der angesägten Stelle bis hoch oben aufzureißen: Das Holz war für Bauzwecke ungeeignet, wurde zerlegt, und wir brachten – zur Wut des Försters – reichlich Brennholz nach Hause.

Hier muß ich nun doch die Niedersachsen loben: Ein Tagelöhner aus Niedernjesa half uns bei unserer Arbeit. Sein Name sei festgehalten: Er hieß Klug und war Arbeiter bei einem Bauern. Gelegentlich lud er uns zum Abendessen nach der Anstrengung des Tages ein. Zuweilen bekamen wir von ihm auch eine Kanne Milch – nicht von eigenen Kühen; denn die hatte er nicht, sondern Milch, die er seinem Bauern für uns gestohlen hatte. Allerdings: Die Kanne mit der Milch durften wir nur des Nachts wohlversteckt mit nach Hause nehmen. Wir waren höchst vergnügt, wenn wir, einmal satt und durchwärmt, mit der Milch unter klarem Sternenhimmel über den glitzernden, knirschenden Schnee nach Hause trabten. In einer solchen Nacht erlebten wir ein seltenes Schauspiel am Himmel, einen Mond-Regenbogen: Ein silberner Halbkreis spannte sich über den Himmel, entstanden durch Brechung des Mondlichtes an Eiskristallen, die in der Luft schwebten. Das Dorf war dunkel und totenstill.

Inzwischen waren wir umquartiert worden, in ein etwas größeres Zimmer bei einer Witwe. Wir hatten größere Freiheiten. Das zum Teil ergaunerte Holz ließ uns noch auf andere Weise unsere dürftige Speisekarte erweitern. Im Hof des Hauses befand sich eine alte Waschküche mit einem großen, eingemauerten, mit Holz heizbaren Kupferkessel. Wir kamen auf die Idee, darin aus Zuckerrüben Sirup zu kochen. Zuckerrüben wurden vielfach in der Umgebung angebaut (im benachbarten Obernjesa stand eine unversehrte Zuckerfabrik). Kaufen konnten wir aber die Rüben nicht, denn gegen Geld gaben die Bauern nichts her. So klauten wir nachts Rüben von den Wagen auf Bauernhöfen, ein mühsames Geschäft; denn ohne Aufsehen konnten wir unterm Mantel nur eine oder zwei nach Hause bringen. Das Vorhaben konnte aber starten: Der Tagelöhner Klug warf uns eines Nachts einen vollen Sack Rüben über die Mauer auf unseren Hof. „Unsere" Rüben fuhren wir mit dem Handwagen nach Obernjesa zur Zuckerfabrik und tauschten dort abgepreßten, konzentrierten Zuckersaft ein. Große Milchkannen dafür lieh uns Klug, den Handwagen auch.

Der große Kessel war voll des süßen Saftes; aber ihn zu Sirup einzukochen, war eine harte Arbeit. Eines Abends – am Tage war meine Frau in Göttingen in der Schule – fingen wir an. Da der kochende Saft ständig gerührt werden mußte, lösten wir uns – meine Frau und ich – eine lange Nacht lang stündlich ab. In der Waschküche war es warm und voller Dampf. Draußen herrschte eisige Kälte. Als ich meine Frau ablösen wolle, fror meine Hand an der eisernen, vom Dampf beschlagenen Türklinke fest. Wo wir die Blecheimer für den Sirup herbekamen, weiß ich nicht mehr.

Allmählich kam der Universitätsbetrieb in Gang. Ich erhielt zum Sommersemester 1946 die Assistentenstelle von Erich von Holst. Er hatte einen Ruf an die Universität Heidelberg angenommen. Im Frühjahr 1946 schaffte ich meine Apparate in mein kleines Mansardenzimmer am Nikolausberger Weg. Sehr bald besuchte ich auch die Vorlesungen von Professor Robert Wichard Pohl (1884–1976). Pohl las Experimentalphysik, und seine Vorlesungen waren durch ihre Anschaulichkeit und die Fülle der eindrucksvollen Demonstrationen berühmt. In diesen Vorlesungen habe ich viel gelernt. Ich bat Pohl um die Erlaubnis, sie hören zu dürfen. Er interessierte sich für meine akustischen Arbeiten. Am Ende des langen Gesprächs rief er seinen tüchtigen und selbstbewußten Werkstattleiter, Herrn Sperber; er stellte mich vor: „Wenn der Dr. Autrum Wünsche an Ihre Werkstatt hat, so erledigen Sie sie bitte mit Vorrang. Sollte sich jemand aus dem Haus beschweren, dann schicken Sie ihn zu mir." Natürlich hatte ich Wünsche. Im Zoologischen Institut fehlte es ja an allem. So bekam ich eine optische Bank, Linsen, Linsenhalter und manches, was man so bei experimentellen Arbeiten braucht. Im Zoologischen Institut hatte ich nur eine kleine Handsäge, Schraubenzieher und einen Lötkolben.

Im Sommer 1946 konnte ich mich auch in Göttingen habilitieren; erforderlich war nur eine „Antrittsvorlesung". Ich trug über den Vorgang der Erregungsleitung in Nervenfasern vor. Dekan war Arnold Eucken (1884–1950), der berühmte Physikochemiker. Nach der Vorlesung sprach er kurz mit mir: Als Student habe er sich auch dafür interessiert, wie eigentlich Nachrichten über Nervenfasern geleitet werden. Bald habe er gemerkt, man brauche dazu eingehende Kenntnisse der Physikalischen Chemie, und bei der sei er Zeit seines Lebens hängengeblieben. 1950 beging Eucken Selbstmord: Er litt an schmerzhaftem Magenkrebs. Pohl und Eucken haben mich sehr gefördert. Jederzeit konnte ich Rat bei ihnen holen; beide – sie sagten es mir auch – fanden es großartig, daß sich nun endlich ein Zoologe für Physik und Physikochemie interessierte.

Henke übertrug mir die Vorlesung über Vergleichende Anatomie der Wirbeltiere (2 Stunden pro Woche), und ich hielt außerdem eine einführende Vorlesung über Physiologie (2 Wochenstunden). Hörsaal war der etwas umgebaute Versammlungsraum (die „Kneipe") des ehemaligen Studentenhauses. Die Vorlesung über Vergleichende Anatomie hatte eine lange, hervorragende Tradition: Es existierten noch die Wandtafeln, die Alfred Kühn für seine Vorlesung hatte zeichnen lassen, und die konnte ich übernehmen. Mit kleinen Änderungen habe ich diese Vorlesung dann fast 30 Jahre, in Würzburg und München, gehalten. Der Stoff der Vergleichenden Anatomie ist eine wesentliche Grundlage für das Verständnis der Evolution.

Henke übertrug mir sofort die Verwaltung des Institutes, eine Angelegenheit, für die er sich in gar keiner Weise interessierte. Der Etat war klein, zu kaufen gab es nichts. So entschloß sich Henke eines Tages, mit mir zum Kultusministerium in Hannover zu fahren, um dort seine Wünsche vorzutragen. Bahnfahrten waren immer ein Abenteuer. Die Züge waren überfüllt, und auf Pünktlichkeit konnte man nicht bauen. Kurz nach Mitternacht fuhren wir von Göttingen die 100 km nach Hannover; wir kamen früh am Morgen an; das Wetter war kalt und regnerisch. Wir gingen in das „Restaurant" des (zerstörten) Bahnhofs; es lag im Keller, und mehr durch Zufall ergatterten wir zwei Stühle. Das Publikum, wie an allen Bahnhöfen damals: Schwarzhändler, zwielichtige Gestalten mit ihren Mädchen. Meine Nachbarin fragte mich, ob ich Zigaretten hätte; dann könnte ich zu ihr kommen. Das Milieu war also eindeutig. Wir bekamen sogar eine Tasse „Kaffee", wahrscheinlich aus gerösteten Zichorien-Wurzeln (Wegwarte, *Cichorium*). Henke sah sich eine Zeitlang um. Dann meinte er voller Mitleid: Es sei doch erstaunlich, wieviele Menschen bei diesen Zeiten kein Zuhause hätten, wo sie ihren Morgenkaffee in Ruhe trinken könnten. Er war weltfremd und in vielem fast naiv. – Im Ministerium erreichten wir nichts. Einige Zeit später kam Alfred Kühn zu Besuch. Henke klagte ihm sein Leid. Er sei schon einmal vergeblich im Ministerium gewesen. Kühns Antwort: „Das ist ganz falsch: Jeden Monat müssen Sie nach Hannover fahren". Das aber lag Henke nicht.

Eines Tages kam Henke strahlend, aber für seine Verhältnisse aufgeregt von einer Fakultätssitzung und rief mich: Ausgerechnet Eucken (und nicht er, Henke) habe in der Fakultät den Antrag gestellt, mich zum außerplanmäßigen Professor zu ernennen. Der Antrag wurde

genehmigt, und ich wurde 1948 ernannt; was außer dem Titel nichts einbringt. In Göttingen mit seiner anspruchsvollen Fakultät war es jedenfalls eine Auszeichnung.

1947 wurde das Leben im ganzen nicht leichter. Doch gab es einen wesentlichen Fortschritt: Da meine Frau in der Schule und ich an der Universität angestellt waren, erhielten wir eine Zuzugserlaubnis für Göttingen und konnten in ein schönes Zimmer am Nonnenstieg einziehen; ich bekam den großen Schreibtisch des (pensionierten) Wirtes, und wir durften eine zwar unheizbare, aber immerhin eine Dachkammer zum Schlafen benutzen. Wenig tröstlich war der Spruch, der über dem Hauseingang stand:

„Mach es wie die Sonnenuhr:
Zähl die heitren Stunden nur."

Die in Welkersdorf begonnenen Versuche an den Fliegenaugen wurden nun in Angriff genommen. Im Keller des Institutes wurden in Weckgläsern Schmeißfliegen gezüchtet. Das stank zunächst ein wenig; denn die Larven entwickeln sich in faulendem Fleisch. Abfälle und infiziertes, aber für unsere Zwecke geeignetes Fleisch bekamen wir vom Schlachthof, zum Teil sogar Freibankfleisch.

Sehr bald kam die erste Enttäuschung: So sehr wir uns bemühten, wir bekamen keine Aktionspotentiale von den Augen. Das gelang uns gut drei Monate lang nicht. Woran lag es? Die Schere, mit der wir den Kopf der Fliege abtrennten, war stumpf, und das erhöhte offenbar den Binnendruck im Insektenkörper so stark, daß die Augen geschädigt wurden.

Die Flimmerfrequenz der Fliegenaugen hatten eine Blamage zur Folge. Professor Pohl bat mich, die Versuche einmal abends in seinem Hörsaal im Rahmen eines öffentlichen Vortrags vorzuführen. Ich baute die Apparatur dort auf, demonstrierte die optische Anordnung auf einer drehbaren optischen Bank und die Aktionspotentiale auf einem Oszillographen. Dann wollte ich zum Vergleich die Verschmelzungs-

Abb. 16. Mein Raum in der Ausweichstelle am Nikolausberger Weg in Göttingen (*oben links*).

Abb. 17. Der Raum für das Große Zoologische Praktikum im Dachgeschoß des Ausweichinstitutes am Nikolausberger Weg in Göttingen. Es gab nur Ofenheizung (*unten*).

Abb. 18. Was mir in Göttingen an „Werkstatt" zur Verfügung stand (*oben rechts*).

Abb. 19. Die Akkumulatorenbatterie für meine Verstärker wurde in der Toilette des Institutes geladen, weil kein anderer Platz zur Verfügung stand.

frequenz für das menschliche Auge demonstrieren und drehte die optische Bank mit der sehr schnell rotierenden Scheibe so, daß das flimmernde Licht auf die Projektionsfläche des Hörsaals fiel; genauer: ich wollte drehen. Als ich anfing, die optische Bank bei rotierender Scheibe zu drehen, sprang Professor Pohl wütend auf: „Haben Sie nie etwas von Coriolis-Kräften gehört?" Ich hatte nicht daran gedacht, hielt die Scheibe an und brachte die Anordnung in die richtige Stellung. Pohl trug es mir nicht nach.

Bald meldeten sich die ersten Doktoranden: Dietrich Schneider, seine Schwester Elfriede, Johann Schwartzkopff, Dietrich Burkhardt, Günter Schneider, Dietrich Poggendorf, Hildegard Stumpf, Ursula Gallwitz, Friedrich-Wilhelm Schlote, Marie-Luise Stöcker. Sie alle saßen und arbeiteten auf engstem Raum. Fünf Mansardenräume, keiner größer als 5-6 Quadratmeter, erfüllten das Dachgeschoß mit Leben. Im WC waren die Akkumulatoren untergebracht (Abb. 19), in einem winzig kleinen Eckraum eine Dunkelkammer. Der relativ „große" Zentralraum nahm die Studenten des ganztätigen Praktikums auf (Abb. 17). In der Regel wurde in Tag- und Nachtschichten gearbeitet und geforscht. Das Göttinger Tageblatt brachte einmal eine Reportage, was so rund um die Uhr in Göttingen geschah, für die Zeit zwischen 1 und 4 Uhr nachts fand der Reporter nur: Licht im Zoologischen Institut am Nikolausberger Weg. Es wurde intensiv gearbeitet, aber auch ebenso intensiv Schabernack getrieben und zuweilen „Feste" gefeiert.

Wer abends als letzter ging, hatte zu kontrollieren, ob alle Gashähne abgedreht, ob alles Licht gelöscht war. War niemand mehr da, wurde die Tür zum Treppenhaus abgeschlossen und der Schlüssel an einem nur uns bekannten Platz versteckt. In der Regel kam ja der eine oder andere dann, um die Nacht durch zu arbeiten. So passierte folgendes: Günter Schneider empfing morgens Johann Schwartzkopff mit ernstem Gesicht: Er – Schwartzkopff – sei am frühen Abend gegangen, habe sich nicht vergewissert, daß niemand mehr in den Labors war. So sei die arme Ursula Gallwitz bis spät in die Nacht eingeschlossen gewesen, und er – Schneider – habe sie erst morgens um 4 oder 5 Uhr befreien können. Natürlich habe es zu Hause bei Gallwitzens einen gewaltigen Krach gegeben, weil die Ursel sich wer weiß wo und mit wem herumgetrieben habe. Schwartzkopff warf sich auf's Rad und fuhr sofort zu Vater Gallwitz (der war Professor für Landmaschinenbau in Göttingen). Vater Gallwitz wußte nicht, wovon dieser ihm unbekannte Student redete und weswegen er sich entschuldigte. Schwartzkopff war von Schneider genasführt worden. Ursula Gallwitz war vor ihm brav

nach Hause gekommen. Die Freundschaft störten solche oft derben Scherze nicht.

Auch Feste wurden organisiert. Dabei gab es sogar einmal (im Februar 1947) ein solennes Essen: Katzen und Hunde wurden gefangen. Das Haus neben dem Institut hatte wohl einem Nazi-Funktionär gehört und war für einen Major der englischen Militärregierung beschlagnahmt worden. Der hielt sich wohlgenährte Katzen. Ich sehe noch eine kleine Technische Assistentin vor der Tür unseres Instituts hocken und eine Katze schmeichelnd anlocken: „Komm, Miez, komm." Die Katze kam und wanderte in den Kochtopf. Hunde fing unser Instituts-Faktotum, Herr Becker, der freundliche Sohn eines Kleinbauern. Das alles gab ein prächtiges Festessen. Der Hunger machte uns nicht wählerisch. Es wurde getanzt, Scherze gemacht; zu unserer Verwunderung blieb Professor Henke bis zum frühen Morgen. Als besonderen Gag hatten die Studenten für uns Dozenten (mit Ausnahme von Henke) Themen für zu improvisierende Vorlesungen von je 15 Minuten entworfen und zu projizierende Lichtbilder dazu vorbereitet. Ich bekam – ich las ja die „Vergleichende Anatomie" – als Thema die „Vergleichende Anatomie des Bauchnabels". Leider sind die Bilder verlorengegangen, und was ich geredet habe, weiß ich auch nicht mehr.

Dietrich Schneider, später Direktor am Max-Planck-Institut für Verhaltensphysiologie in Seewiesen, schilderte die Zeit: „Es war eine Zeit, die wir uns heute kaum noch vorstellen können. Wir heimgekehrten Kriegsteilnehmer waren ausgehungert in jeder Beziehung. Den physischen Hunger füllten wir durch Hoover-Speisung und Kreislauf-Versuchshunde, die einer von uns (Hans Schwartzkopff; er wurde später Ordinarius in Bochum) aus der Physiologie besorgte oder vom Schwarzmarkt. Den geistigen Hunger stillten wir durch intensive Arbeit im Labor und in der Bibliothek. Die Gruppe war klein, wir hatten viel voneinander und von unserem Doktorvater. Doktoranden-Kolloquien fanden in seiner Wohnung statt, wo es manchmal hoch herging. Aber wir haben dort auch heftig Feste gefeiert ... Generell waren wir eher fröhlich als deprimiert, auch wenn es manchmal nicht leicht war."

Hoover-Speisung, das war für die Studenten eine zusätzliche Ration, die sie sich in Naturalien holen konnten, benamt nach dem

Abb. 20a–c. Bilder vom Fasching (ca. 1947/48). Meine Frau Ilse (*oben links*). Der Autor (*unten*). Dietrich Schneider, mein erster Doktorand (*oben rechts*).

Abb. 21. Dietrich Schneider. Er hat sich schon 1939 in Berlin um das Thema einer Dissertation beworben, wurde aber zum Militär eingezogen und kam erst nach Kriegsgefangenschaft in Göttingen zu mir. Seine Arbeiten über Geruchsrezeptoren bei Insekten und über Pheromone sind klassische, wegweisende Arbeiten. Später Direktor am MPI für Verhaltensphysiologie in Seewiesen.

Präsidenten der USA (1929-1933), Herbert Clark Hoover (1874-1964); er hat Unendliches für die karitative Versorgung des ausgehungerten und zerstörten Deutschland getan.

Als das Eis des kalten Winters getaut war, konnten wir die schöne Umgebung von Göttingen erwandern. Einige Tage verbrachten wir in Bad Sooden-Allendorf mit seinen imposanten Gradierwerken: Über haushohe, aufeinandergeschichtete, schwärzliche Bündel von Reisig und Holz fließt langsam Wasser aus salzhaltigen Quellen; durch Verdunstung wird die Salzkonzentration erhöht und die anschließende Gewinnung des Salzes erleichtert. Das Wasser rieselte in kleinen, silbrigen Strömchen über die dunkle Masse. Hermann Löns sagt irgendwo: Feuer sei Gesellschaft. Fließendes Wasser kann es auch sein. – Seit etwa 1900 wird in Bad Sooden kein Salz mehr hergestellt; die Gradierwerke sollen nur Touristen anlocken. Die Herbstferien verbrachten wir im Harz, sammelten fleißig Bucheckern und ließen (im Physiologischen Institut) Öl daraus pressen.

1949 wurde die Notgemeinschaft der Deutschen Wissenschaft wieder ins Leben gerufen, nach einigen Querelen mit dem „Forschungsrat" 1951 wieder Deutsche Forschungsgemeinschaft (DFG) genannt, zunächst mit einem bescheidenen Jahresetat von 2,6 Millionen DM (1949) bzw. 9 Millionen DM (1951). Soweit ich mich erinnere, habe ich 1951 den ersten Antrag gestellt. Weitere genau 50 folgten dann, sämtlich im „Normalverfahren". Keiner wurde abgelehnt oder gekürzt – mit einer (alsbald korrigierten) Ausnahme: Als ich 1952 nach Würzburg berufen wurde, mußte ich alles zurückgeben, was mir Professor Pohl großzügig geliehen hatte: Optische Bank mit Haltern, kleine Elektromotoren, Linsen. Ich beantragte sie bei der DFG; die aber lehnte mit der Begründung ab, das sei Grundausstattung jeden Institutes. Sicher für Physikalische, aber ebenso sicher (damals) nicht für Zoologische Institute. Ein kurzer Brief an Professor Butenandt (1903—1995) – ich kannte ihn noch von Berlin; er war Mitglied des bewilligenden Hauptausschusses der DFG – genügte, um die Sache in Ordnung zu bringen.

Zurück nach Göttingen. 1948 wurde ich zu meiner Überraschung vom Foreign Office in London zu einer Versammlung der British Association for the Advancement of Science nach Brighton eingeladen. Wie ich zu dieser Ehre kam, weiß ich nicht. Es waren unser nur acht Deutsche. Ich bekam einen Personalausweis von dem englischen Offizier, der die Aufsicht über die neu eröffnete Universität hatte und im Zimmer des Rektors residierte, bekam auch einen Fahrausweis von Hannover nach Brighton. Der Zugverkehr in Deutschland war noch höchst mangelhaft. Zu viele Bahnhöfe waren zerstört, Kohlen waren knapp. So wurde ich eines schönen Morgens von einem englischen Jeep in Niedernjesa abgeholt, und wir fuhren nach Hannover. Als ich auf dem Bahnhof Hannover auf den Bahnsteig gehen wollte, der für die englischen Wehrmachtszüge reserviert war, hielt der (deutsche) Kontrolleur – damals gab es noch die kleinen Kabinen vor den Bahnsteigen, in denen die Fahrscheine kontrolliert wurden – der Kontrolleur hielt den Arm vor den Durchgang: „Nur für unsere Befreier". Als er meinen Fahrausweis sah (der natürlich in Englisch geschrieben war), traute er der Sache nicht und rief erst mal einen Wachsoldaten; der ließ mich dann passieren. Ich mußte in einem Abteil „Distressed People only" Platz nehmen, was den Vorteil hatte, daß ich das Abteil für mich hatte. Der Zug ging bis Hoek van Holland. Zur Fähre nach Harwich mußte man durch das Bahnhofsrestaurant gehen, und da roch es intensiv nach Kaffee (wirklichem Kaffee), nach Kuchen und gutem Essen, wie wir es seit vielen Jahren nicht mehr erlebt hatten. Davon wurde mir schlecht. Kaufen konnte ich nichts; Geld hatte ich nicht bekommen. Aber ich fand die Fähre und kam, wenn auch extrem hungrig, über Harwich nach London. Auf der Waterloo-Station war ein dichtes Gewühl von Reisenden. Bevor ich mich aber durchfragen konnte, hielt mich jemand an: „Dr. Autrum?". Wie der mich in dem Menschenhaufen gefunden und erkannt hat, ist mir heute noch ein Rätsel. Gewiß hatte ich schon in Göttingen – von den Engländern hergestellte – Photos lange vorher abgeliefert. Trotzdem: Es war für mein Gefühl eine ans Unwahrscheinliche grenzende Meisterleistung. Der Mann drückte mir eine Pfundnote in die Hand und brachte mich zum Zug nach Brighton. Dort solle ich mir ein Taxi nehmen, die Pfundnote reiche dazu und weiter. (Damals hatte 1 Pfund noch die Kaufkraft von 20 Goldmark Vorkriegswährung.) Ein Taxi nahm ich mir, bezahlte es aber – geizig – nicht, sondern ging zur Hotelrezeption; ein freundliches, nettes Mädchen bezahlte bereitwillig das Taxi. Das Geld sparte ich für eine Fahrt nach London zum Besuch des British Museum und vor allem zu einem Besuch bei Foyles, dem Büchergroßmarkt. Dort kaufte ich mir das gerade (1947) erschienene Buch von Ragnar Granit „Sensory Mechanisms of the Retina" (Oxford University Press) und – für Swantje – L. Carolls „Alice's Adventures in Wonderland".

Am Morgen weckte mich ein nettes Zimmermädchen mit dem „early morning tea". Sie öffnete die Fenstervorhänge, zögerte einen Moment und fragte: „Do you have any pictures of Hitler?" Ich hatte keine. In Brighton hätte man zu der Zeit viel Geld damit machen können.

Ich erinnere mich nur noch an einen temperamentvollen Vortrag von Bertrand Russell (1872-1970), oder genauer: nicht worüber er sprach, sondern an sein klares, eindrucksvolles Gesicht. Die englischen Kollegen waren freundlich und überaus hilfsbereit. Sir Henri Dale (1875-1968; Nobelpreis 1936) nahm mich unter den Arm: „Let's go to the open air"; er ließ sich eingehend erzählen, was ich gearbeitet hatte, sprach über seine Arbeiten über Acetylcholin und Ergotamin und die Vorgänge der Nervenübertragung. W. Feldberg kannte ich noch aus Berlin; er hatte über Histamin und Schmerzempfindungen durch Histamin (auch in Giften von Insektenstichen) gearbeitet, war früh emigriert und Professor in London. Wir saßen auf einer Bank am Strand. Plötzlich fragte Feldberg: „Was würdest du sagen, wenn jetzt Hitler hier vorbeikäme?" Ich wußte keine Antwort. Feldberg: „Ich sage nur: Nebbich". Was in der Berliner Gaunersprache so viel heißt wie: „Was macht's schon! Laß ihn doch."

Alles war freundlich. Nur zu den Mahlzeiten saßen wir in einem eigenen Raum des Hotels, wahrscheinlich nicht, um uns zu isolieren, sondern weil die Bezahlung das Foreign Office übernahm.

1948 kam dann die Währungsreform. Jeder bekam 40,-- DM ausbezahlt. Damit hörte auch das Hungern auf. Bis dahin war selbst gegen viel Geld in den Läden gleich welcher Art nichts zu haben. Selbst in den Buchläden waren plötzlich von einem Tag auf den anderen die Regale voll. Das erste, was ich mit dem Geld tat: Ich ging zum Friseur und ließ mir die Haare schneiden (90 Pfennige kostete das). Einen kleinen Ärger gab es noch mit der Universitätsverwaltung: Sie hatte monatelang die Prüfungsgebühren nicht ausgezahlt und wollte sie nun nach alter Währung, also in Pfennigbeträgen auszahlen. Ein geharnischter Protest brachte sie zur Räson.

Mit der Währungsreform kamen auch die Arbeiten zum Wiederaufbau des zerstörten Institutes am Bahnhof in Gang. Professor Henke übertrug mir die Aufsicht und die Verhandlungen mit den Behörden. Es war nicht das einzige Institut, das ich in den folgenden zehn Jahren wieder aufzubauen hatte.

1951 konnten wir dann wieder in das Institut am Bahnhof einziehen. Dabei fiel das Wort, das mit der Prägung des Berliner Volksmundes meine Forschungsrichtung klar und kurz bezeichnet. Ein (Berliner) Möbelpacker hatte die Apparate zum Transport einzupacken. Als er die Verstärker sah, sagte er „Een Radio ha'm se ooch for det Unjeziefer?"

Die wissenschaftlichen Arbeiten gingen trotz der Enge gut voran und waren recht vielfältig. Johann Schwartzkopff (gestorben 1995)

Abb. 22. Johann Schwartzkopff, Promotion in Göttingen über Vibrationssinn bei Vögeln. Kam nach seiner Habilitation in Göttingen zu mir nach München. Wurde Ordinarius für Zoologie in Tübingen und Bochum. Klassische Arbeiten über Vibrationssinn und Akustik (gest. 1995).

untersuchte den Vibrationssinn an Vögeln. Die Dompfaffen fing er am Futterplatz mit Handschuhen über der Hand. (Beim Anblick der unbedeckten Hand fliehen sie schnell). Dietrich Burkhardt fand die (bis heute ungeklärten) rhythmischen Entladungen in den optischen Ganglien der Fliegen. Dietrich Poggendorf maß die Hörschwellen von Fischen (Zwergwels, *Amiurus nebulosus*; brown bull-head), eine bis heute klassische Arbeit; zum ersten Mal wurden da Hörschwellen im Wasser akustisch einwandfrei gemessen; beim Bau der Apparatur half Professor Pohls Werkstatt beträchtlich. Wilfriede Schneider maß vergleichend die Vibrationsschwellen bei zahlreichen Insektenarten. Dietrich Schneider befaßte sich mit der Erregungsleitung in einzelnen Nervenfasern. Marie-Luise Stöcker bestimmte die Verschmelzungsfrequenz der Insektenaugen im Verhaltensversuch mit Hilfe von bewegten Streifenmustern (Drehtrommel). Günter Schneider befaßte sich mit der Funktion der Halteren. 1949 erschien die Arbeit von Karl von Frisch: „Die Polarisation des Himmelslichtes als orientierender Faktor bei den Tänzen der Bienen" (Experientia (Basel) 5: 142–148), eine Mitteilung von wenigen Seiten; Hildegard Stumpf nahm sich alsbald mit elektrophysiologischen Methoden der Frage an, wie die Polarisationsempfindlichkeit zustande kommt. Die einzelnen Zellen eines Ommatidiums, die einzelnen Retinulazellen müssen dafür verantwortlich sein, indem sie verschieden stark auf Licht bestimmter Schwingungsrichtung ansprechen. Ich schrieb darüber an Professor von Frisch. Seine Frage: Woher ich wüßte, daß die einzelnen Sehzellen auch je eine separate Nervenfaser hätten und ihre Signale getrennt zu den optischen Zentren leiteten? Das Ommatidium des Facettenauges sei doch eine Einheit. Ich antwortete Herrn von Frisch, ich wüßte das aus dem „Grundriß der Zoologie" von Alfred Kühn, der Einführung, die jeder Student kenne. Mein Lehrer Richard Hesse habe es bereits 1901 entdeckt und beschrieben.

Das soll kein Hochmut oder gar eine Kritik an dem von mir hochverehrten Karl von Frisch sein. Es sollte zur Bescheidenheit mahnen: Niemand konnte schon damals die weit verstreute Literatur kennen, erst recht heute nicht. Schon 1840 spricht E. Th. Peipers auf der 18. Versammlung Deutscher Naturforscher von dem „inneren Mißbehagen, welches uns bei dem Wuste dieser Auswüchse der Erfahrungswissenschaft überfällt." Mit dem „Wust" und den „Auswüchsen" ist die Flut von Einzelfakten gemeint, die schon damals – und erst recht heute – Literatur und Symposien belasten.

Hildegard Stumpf promovierte dann mit einer Arbeit über das Farbensehen der Schmeißfliege. – Es kamen noch weitere Schüler in Göttingen in unseren Kreis: Hans-Christoph Lüttgau (Abhängigkeit der Reizschwelle von Nervenfasern vom Ionen-Milieu) und Friedrich Diecke (Akkommodation von isolierten Ranvier-Schnürringen von Nervenfasern); Friedrich Wilhelm Schlote (Erregungsleitung im Nerven von Gastropoden).

Was das für eine „Gesellschaft" war, geht aus ihren späteren Erfolgen hervor: Johann Schwartzkopff wurde Ordinarius in Tübingen und Bochum, Dietrich Schneider Direktor am Max-Planck-Institut für Verhaltensphysiologie in Seewiesen, Hildegard Stumpf wurde Dozentin in Göttingen, starb zu früh bei einem Autounfall. Dietrich Poggendorf wurde Direktor der Technischen Informationsbibliothek in Frankfurt, Hans-Christoph Lüttgau Professor in Bochum, Günter Schneider in Düsseldorf, Dietrich Burkhardt in Regensburg, Friedrich Diecke Präsident der New Jersey Medical School in Newark, New Jersey, USA; Friedrich Wilhelm Schlote o. Professor in Aachen. Von den 13 Doktoranden der Zeit in Göttingen arbeiteten neun auf dem Gebiet der Neurophysiologie weiter und erzielten sachlich und persönlich beachtliche Erfolge.

Bereits 1948 konnten dann vier Veröffentlichungen über das zeitliche Auflösungsvermögen von Insektenaugen erscheinen. Karl Henke legte zwei der Göttinger Akademie vor, die sie annahm. Die Versuche ergaben hohe Verschmelzungsfrequenzen für Augen von *Calliphora* (blow fly); bei hohen Lichtintensitäten waren bis zu 300 Reize/s nötig, um ein homogenes Elektroretinogramm zu erhalten. Diese Ergebnisse sind später ausgebaut und korrigiert worden: Rotierende Scheiben mit herausgeschnittenen Sektoren modulieren das Licht rechteckig, d. h. sehr steil. Unter natürlichen Bedingungen sind die Kontraste geringer (s. z. B. S. Laughlin: Neural Principles in the Peripheral Visual System of Invertebrates. In: H. Autrum (ed.) Vision in Invertebrates (Handbook of Sensory Physiology, Vol VII/6B) 1981. – R. C. Hardie: Functional Organization of the Fly Retina. In: D. Ottoson (ed.) Progress in Sensory Physiology, Vol 5, 1985). Schon in den ersten Versuchen wurden den Augen mit hohem zeitlichem Auflösungsvermögen andere Augen gegenübergestellt, z. B. die der sich langsam bewegenden Stabheuschrecke (*Dixippus*; stick insect). Die Versuchsbedingungen waren in beiden Fällen identisch. Das bessere Auflösungsvermögen der Augen schnell fliegender Insekten ist also experimentell gesichert. Das Sehen dieser Insekten ist nicht „statisch" – was übrigens auch für das Sehen der höheren Wirbeltiere gilt: Erst die Sakkaden, die schnellen Zitterbewegungen unseres Auges, ermöglichen ein Formensehen. Diese Arbeiten über „schnelle" und „langsame" Augen der Insekten nahm später van Hateren (Groningen) 1993 wieder auf (Journal of Comparative Physiology A, Bd. 172).

Immer lag meinen Mitarbeitern und mir daran, neuro- und sinnesphysiologische Fakten mit dem Verhalten in Beziehung zu bringen: Marie-Luise Stöcker bestimmte daher die Flimmerfrequenzen von fliegenden Insekten im Verhaltensversuch. Heute nennt man das vornehm „Neuroethologie" und tut so, als sei das etwas ganz Neues. Auch wir waren keineswegs die ersten „Neuroethologen". Nimmt man's historisch genau, dann geht die sogenannte Neuroethologie bis ins 17. Jahrhundert, spätestens aber auf Franz Joseph Gall (1758–1828) zurück (s. dazu: H. Autrum: Gehirn und Verhalten. In: Streifzüge durch die Verhaltensforschung. dtv 1986, S. 27–37).

Ebenso wie die Theorien über die Schallwahrnehmung blieben auch manche der Entdeckungen dieser Zeit lange unbeachtet; nicht selten wurden sie sogar später – aus Unkenntnis – wiederentdeckt. So befaßte sich Ursula Gallwitz (1951) in ihrer Dissertation mit dem Ursprung des komplexen Retinogramms des Auges der Fliegen. Sehr sorgfältig entfernte sie die optischen Ganglien: die abgetrennten Zellen der Retina reagierten auf Belichtung mit rein monophasischen Potentialen. 1986 erschien im Journal of Comparative Physiology A (Vol. 159, pp 655–665) eine Arbeit von P. E. Coombe, die zu dem gleichen Ergebnis kam; freilich, unsere Arbeit von 1951 wurde nicht zitiert. Mein Schüler und Mitarbeiter Professor Dietrich Burkhardt (Abb. 30) hat mir das – mit Recht – ironisch vorgehalten: „I do not know whether to blame the author or the chief editor" (das bin ich) „of the Journal of Comparative Physiology that Autrum's work is not cited at all in this paper" (D. Burkhardt: Autrum's impact on compound eye research in insects. In: Stavenga DG, Hardie RC (eds) Facets of vision. Springer 1989, p. 22).

An sogenannter „Priorität" hat mir nie etwas gelegen. Darauf habe ich schon hingewiesen. Gar zu oft werde ich als Herausgeber bedrängt, ein Manuskript doch ja möglichst schnell zu behandeln und zu veröffentlichen. Die Begründung: Ein und nicht selten mehrere andere „Kollegen" oder Gruppen arbeiteten an demselben Problem und man müsse denen zuvorkommen. Das ist immer ein Zeichen von Phantasielosigkeit. Jeder sollte froh sein, wenn ein anderer sich einer Frage annimmt. Dann suche man sich eben ein anderes Problem; offene, noch nicht bearbeitete Themen gibt es in Fülle; freilich muß man sie zu finden wissen.

Im übrigen ist es ja wohl keine Schande, etwas zu entdecken, was andere früher schon entdeckt haben. Das ist uns auch passiert: 1960 entdeckte Ingrid Wiedemann in unserem Institut in München eine Eigentümlichkeit der optischen Achsen der Sehzellen benachbarter Ommatidien des Fliegenauges. Eine punktförmige Lichtquelle wird nur in einer Sehzelle (einem Rhabdomer), nicht in allen sechs (bzw. acht) Sehzellen eines Ommatidiums abgebildet; aber je eine Sehzelle von je sechs benachbarten Ommatidien haben die gleiche optische Achse. Das hatte aber bereits Vigier 1909 entdeckt und in drei kurzen Arbeiten in Comptes Rendus Hebdomadaires des Séances de l'Académie des Sciences (Paris) beschrieben. Braitenberg und Strausfeld haben Vigiers Arbeiten „wiederentdeckt" und übersetzt (Handbook of Sensory Physiology, Vol. VII/3A (R. Jung, ed.)), erwähnen aber ihrerseits Wiedemanns Arbeit nicht, von der de facto alle späteren Untersuchungen über die Konvergenz der Sehzellenachsen ausgingen.

Schon frühzeitig nach der Eröffnung der Universität ordnete die Militärregierung an, es solle ein Vertreter der Nicht-Ordinarien, also der Dozenten und apl. Professoren, in die Fakultät gewählt werden. Die

Leitung der geheimen Wahl hatte der jeweilige Dekan der Fakultät. Das war Arnold Eucken. Wir wurden von ihm zur Wahl eingeladen. Wahlkabinen waren vorschriftsmäßig aufgestellt. Eucken eröffnete in seiner etwas mürrischen Art die Sitzung und erläuterte kurz die Vorschrift der Militärregierung. Dann sagte er kurz, er und wir sollten nicht viel Zeit darauf verwenden, er schlage mich vor. Ob es etwa Gegenstimmen gebe? Da das nicht der Fall sei, sei ich gewählt. Kurz schloß er noch die Bemerkung an: Der Vertreter der Nicht-Ordinarien habe nicht etwa in der Fakultät mitzureden; er solle vielmehr lernen, wie es in Fakultätssitzungen zugehe. Basta.

So lernte ich denn, wie es in diesen „alten" Fakultäten zuging. Die Diskussion hatte Niveau, die Sitzungen waren recht kurz, weil sie erstens vorbereitet waren, zweitens keine Nebensächlichkeiten ermüdend hin und her besprochen wurden und – vor allem – weil alle Fakultätsmitglieder lange Erfahrung in akademischen Angelegenheiten hatten. Freilich wurde mit – gedämpfter – Ironie nicht gespart. Aber auch die hatte Geist und Witz.

Habilitationen erforderten ein Kolloquium des Habilitanden vor der Fakultät. So habilitierte sich ein Mitarbeiter von Prof. Erwin Meyer, eben jenem, dem K. W. Wagner mich im Heinrich-Hertz-Institut anvertraut hatte. Meyer hatte einen Lehrstuhl für Angewandte Physik. Er machte Gutachten in Fragen der Akustik und Schalldämmung – und die brachten Tantiemen ein. Er war sicher eine Kapazität auf seinem Gebiet – galt aber in der hochgestochenen Göttinger Fakultät als ein Physiker zweiter Klasse – wegen der Verbindung von Wissenschaft mit Geld. – Das Kolloquium war beendet, der Habilitand hatte den Saal verlassen. Der Dekan (Prof. Pohl) wandte sich an die Fakultät: „Ich bitte um Ihre Meinung." Bevor jemand etwas sagen konnte, ertönte die Stimme des theoretischen Physikers Richard Becker (1887–1955): „Erstaunlich, Herr Kollege Meyer: Ein so guter Mann aus Ihrem Institut." – Ein anderes Mal beschwerte sich Professor von Allesch, der emeritierte Psychologe, über irgendeine Petitesse in endloser Breite. Henke verlor – ausnahmsweise – die Geduld: „Vor Ihrer Emeritierung sagten Sie, Herr von Allesch, Sie wollten so schnell wie möglich den Staub Göttingens von Ihren Füßen schütteln. Statt dessen wirbeln Sie ihn jetzt auf."

Die Max-Planck-Gesellschaft hatte sich alljährlich einer Prüfung ihres Geschäftsführers durch eine unabhängige Kommission zu unterwerfen. Dieser Kommission gehörte der Professor für Nationalökonomie Woermann an. Präsident der MPG war Otto Hahn. Dem wurde schließlich die Krittelei von Woermann zu viel und er meinte, es sei doch böswillig, was Woermann da vorbringe. „Aber, aber" meinte Herr Woermann, „doch nicht böswillig; allenfalls bösartig. Und das ist meine Aufgabe."

Im übrigen gab es natürlich auch zuweilen kleine Eifersüchteleien. Henke erzählte mir: Er sei mit dem damaligen Dekan, dem Botaniker Richard Harder, von der Fakultätssitzung nach Hause gegangen, ohne sich dabei etwas zu denken, an Harders rechter Seite. Zufällig wechselte er an einer Straßenkreuzung auf Harders linke Seite. Der fuhr Henke an: „Jetzt sind Sie die ganze Zeit rechts gegangen, da können Sie's auch weiter." Das ist für die damalige Zeit kennzeichnend; eine Göttinger Scherzfrage: Was ist der Unterschied zwischen der Frau eines Dekans und der eines Professors? Die Antwort: fast keiner. So war das gesellschaftliche Leben in diesem weltberühmten Universitätsstädtchen streng geregelt.

Leben in diese Provinzstadt brachten die Studenten. Auch da belustigte mancher Scherz die Öffentlichkeit: Am 23. Februar 1951 machten meine beiden Schüllerinnen Ursula Gallwitz und Marie-Luise Stöcker ihre Doktorprüfung, wie immer im Aula-Gebäude am Wilhelmplatz. Der Prüfungsraum lag im ersten Stock des Gebäudes. Als die beiden Mädchen nach bestandener Prüfung aus dem Raum kamen, mußten sie – nicht darauf vorbereitet – Trainingshosen über ihre elegante Garderobe anziehen und bekamen Doktorhüte aufgesetzt; dann wurden sie mit Feuerwehrleitern (die Feuerwehr spielte mit) aus den Fenstern des ersten Stockes auf den Wilhelmplatz gebracht. Dort warteten, von einer neugierigen Menschenmenge umgeben, zwei Kamele des gerade in Göttingen gastierenden Zirkus Apollo. Meine Mitarbeiter hatten sich Zylinderhüte beschafft und geleiteten die beiden Reiterinnen auf den Kamelen in langem Zug durch die Stadt. – Wilfriede Schneider wurde nach bestandener Prüfung in einem Schubkarren ebenfalls in feierlichem Zug durch die Stadt gefahren. Das alles war in einer Kleinstadt ohne (damals) viel Autoverkehr möglich.

In Göttingen hatten wir nach 1948 auch bald Kontakt mit ausländischen Kollegen. Schon bald kam Professor Ted Bullock (jetzt Emeritus in La Jolla, Kalifornien) zu Besuch. Er machte u.a. auch eine Visite bei einem Kollegen, der aus dem Kaiser-Wilhelm-Institut für Hirnforschung in Berlin-Buch nach Göttingen geflüchtet war und bei der nun in Max-Planck-Gesellschaft umbenannten Gesellschaft ein Laboratorium hatte. Als Ted Bullock von dort zurückkam, fragte er mich in seiner typisch sarkastischen Weise: „Was macht Herr X den ganzen Tag? Sein Labor sieht so aufgeräumt aus."

Im November 1951 fragte der berühmte Ornithologe Erwin Stresemann bei mir an, ob ich bereit sei, an die Humboldt-Universität (in der DDR) auf einen Lehrstuhl für Zoologie zu kommen. Stresemann (1889-1972) kannte ich aus meiner Zeit in Berlin. Er leitete die ornithologische Abteilung des Museums für Naturkunde. Ich habe Stresemann vor allem als Menschen hoch geschätzt – von Ornithologie verstand ich nichts. Er war ein Grandseigneur. Nach 1945 war er in Berlin (Ost) geblieben und blieb dort auch bis zu seinem Tod. Da ich zunächst hinhaltend reagierte, kam Stresemann nach Göttingen; er versprach mir, unter Berufung auf das Staatssekretariat für Hochschulwesen in der DDR die Erfüllung aller persönlichen und sachlichen Wünsche, bestellte mir Grüße und Zusicherungen vom Leiter des Staatssekretariats, Professor Rompe. Rompe war Physiker, wir hatten uns bei Timoféeff in Berlin-Buch kennengelernt. Ich konnte also auf die Versprechungen von Stresemann vertrauen. Im Grunde hatte ich wenig Neigung, in das von der kommunistischen SED (Sozialistische Einheitspartei Deutschlands) beherrschte Ost-Berlin überzusiedeln. Vor allem hätte ich keinen meiner Schüler mitnehmen können und mit allem vom Nullpunkt aus neu anfangen müssen. Es kam noch etwas anderes hinzu: Stresemann hatte natürlich auch mit Professor Henke darüber gesprochen. Der teilte es der Göttinger Fakultät mit, und die versprach mir – mündlich – ein Extraordinariat, also nach heutiger Terminologie eine C3-Professur. Daraufhin sagte ich Stresemann ab. Das Extraordinariat wurde vom niedersächsischen Kultusministerium geschaffen; aber die – immer unersättlichen – Chemiker vereinnahmten es für sich. Ich ging leer aus.

In Göttingen besuchten mich zwei Kollegen, Humberto Fernándesz-Morán aus Caracas und René Guy Busnel aus Jouy-en-Josas bei Paris. Fernández-Morán lud mich dann 1957 nach Caracas ein. Darüber wird noch zu berichten sein. Professor Busnel verdanke ich die erste Einladung nach Paris 1952. Dort hatte Pierre-P. Grassé ein internationales Symposium organisiert und mich zu einem Vortrag aufgefordert. Zugelassene Sprachen waren Italienisch und Französisch. Ich ging also zu dem Lektor für Französisch an der Universität, der auch gern bereit war, mir den Vortrag ins Französische zu übersetzen; auch bei der Aussprache war er mir sehr behilflich. Beim Dank sagte ich einige freundliche Worte und machte ihm Komplimente über die Klarheit der französischen Sprache. Er konnte sich nicht enthalten zu betonen: Das heutige Französisch sei unter den Königen entstanden; an deren Hof spielten Frauen eine große Rolle; daher müsse die Sprache so klar und eindeutig sein, daß selbst Frauen verstehen, was gesagt wird. Der Lektor war Flame, offenbar haßte er Sprache und Frauen.

Der Vortrag in Paris war ein voller Erfolg. Ich lernte Pierre-P. Grassé und viele andere, auch Sir John Burden Haldane (1892–1964), kennen. Grassé gab seit 1949 den vielbändigen „Traité de Zoologie" heraus, war vielseitig gebildet und in jeder Hinsicht ein Gourmet. In Frankreich – so erzählte er uns – könne man überall gut essen, aber die Krone der französischen Küche sei das Périgord mit seinen Trüffeln. Auch sonst hatte er den Ruf eines Genießers – neben dem eines großen Wissenschaftlers. Als er einmal zu Beginn eines Vortrags nicht erschien, meinte einer seiner Mitarbeiter: „Vraisemblablement, il a trouvé une belle fille." Viele Jahre später habe ich für Grassé's „Traité de Zoologie" Gehör und Sehen der Insekten bearbeitet (1975: L'audition et l'ouie des insectes; Les yeux et la vision des insectes; Traité de Zoologie, Vol. VIII, Fasc. III, pp. 668–853). Ich hatte das umfangreiche Manuskript in Deutsch an Grassé geschickt; er hat es dann selbst ins Französische übersetzt. Unser beider Mühe war im Grunde vergebens: Heute ist die Kenntnis des Französischen vor allem in den Ländern mit Englisch als Heimatsprache kümmerlich; kein Mensch benutzt oder zitiert das Werk.

John Haldane war überaus anregend in der Diskussion. Er sprach fließend Deutsch und konnte von Goethe und Schiller lange Texte auswendig zitieren. Ich traf ihn drei Jahre später (1955) in London wieder: Ich war für vier Wochen vom British Council zu Vorträgen nach England eingeladen. Den Abschluß bildete ein Vortrag im University College in London. Otto Lowenstein hatte mich in Birmingham und London betreut und stellte mich einleitend auch in London vor. (Lowenstein hatte in München bei von Frisch promoviert und wurde dann Professor in Birmingham). Vor dem Vortrag kam Haldane, und ich ging auf ihn zu, ihn zu begrüßen. Lowenstein hielt mich entsetzt zurück: „You are not introduced." Aber ich war „introduced", schon seit dem Treffen in Paris. Wir begrüßten uns, und mein Vortrag begann. Zugleich aber zog Haldane ein Gummikissen hervor und blies es pfeifend auf. Dann legte er das Kissen vor sich auf den Tisch, den Kopf – mit dem Gesicht auf den Händen – auf das Kissen, und schien zu schlafen. Mein Lampenfieber verringerte das freilich nicht. Aber Haldane hatte keineswegs geschlafen, sondern aufmerksam zugehört. Als erster und erstes monierte er, daß ich in meiner Aufregung einmal (wirklich nur einmal) statt angle (Winkel) angel (Engel) gesagt hatte. In Deutsch zitierte er aus Lessings „Nathan": „Dem Menschen ist ein

Mensch noch immer lieber als ein Engel." Das Wort Lessings gelte auch für den angle.

Nach dem Vortrag lud Haldane meine Frau und mich zum Essen ein. Er hatte seine Frau gerade am Tag zuvor aus dem Gefängnis abgeholt; sie hatte acht Tage dort verbracht, weil sie einen Bobby (englischen Polizisten) beschimpft und fast geohrfeigt hatte. Der Grund: Der Bobby hatte nach einem Hund getreten, der ihn anbellte. Über die Wahl des Restaurants entspann sich ein heftiger Streit: Sie schlug ein italienisches, er ein indisches Restaurant vor. Haldane beschloß die Debatte: Das indische Restaurant ist billiger. Bei Tisch zeigte er uns einen Würfel in Form eines Ikosaeders (ein Würfel mit 20 Seiten aus gleichseitigen, kongruenten Dreiecken), mit dem zwischen ihm und seiner Frau gewürfelt wurde, wer das Essen bezahlen solle. Wahrscheinlich war das Argument, indisches Essen sei billiger, gar nicht wirklich so entscheidend. Haldane hatte tiefe Neigungen zu Indien. 1957 ging er nach Calcutta und gründete später in Bhubaneshwar ein Institut für Genetik und Biometrie. Haldane war ein hochbegabter Genetiker und Statistiker, aber, wie viele Hochbegabte, ein Sonderling. In seinem Arbeitsraum im University College zeigte er uns stolz seinen Armchair vor dem Kamin: Seine Füße konnte er auf ein riesiges Stück Charcoal stützen, um bequem zu sitzen.

Würzburg (1952–1958)

Im März 1952 fragte die Universität Wien an, ob ich geneigt sei, ein Ordinariat für Experimental-Zoologie zu übernehmen. Ich sagte zu, habe aber in der Folge nichts mehr aus Wien gehört.

Im August 1952 erhielt ich den Ruf auf den Lehrstuhl für Zoologie an der Universität Würzburg.

Die Universität Würzburg war 1582 vom Fürstbischof Julius Echter von Mespelbrunn gegründet worden. Dieser tatkräftige und weitsichtige Fürstbischof bedachte die Universität mit Weinbergen, Wäldern und Gütern, aus deren Einnahmen sie ihre Unkosten decken sollte und lange auch konnte. Noch heute hat die Universität aus ihrem Stiftungsvermögen beträchtliche Einnahmen. Freilich geht es heutzutage bei weitem nicht mehr ohne erhebliche staatliche Mittel: Der eigentliche Universitätsbetrieb wird ausschließlich vom Freistaat unterhalten.

Die Universität hatte noch weitgehend die alte Verfassung. An der Spitze der rein akademischen Angelegenheiten standen Rektor und Senat. Die gesamte Verwaltung, auch der Institute und Kliniken, lag in den Händen eines Verwaltungsausschusses aus Professoren; sie und der Direktor des Verwaltungsausschusses wurden von den Professoren gewählt. Weder der Direktor des Verwaltungsausschusses noch der Ausschuß waren dem Rektor unterstellt. Beide Organe waren unabhängig voneinander. Rektor und Verwaltungsdirektor waren Ex-officia-Mitglieder des Verwaltungsausschusses bzw. des Senats.

Da der Verwaltungsausschuß den Haushalt verwaltete und auch für Bauangelegenheiten zuständig war, hatte ich also in diesen Anliegen mit dem Direktor des VA, Professor Laufke, einem Mitglied der Juristischen Fakultät, zu verhandeln.

Die Zoologie in Würzburg hat eine große Tradition. Von hier ging für Karl Ernst von Baer (1792–1876) die Anregung aus, sich mit der Entwicklung des Hühner-Eies zu befassen. Von Baer kam 1815 ohne ein besonderes Ziel nach Würzburg, es sei denn, bei dem berühmten Anatomen Ignaz Döllinger vergleichende Anatomie zu lernen. Er hatte in Dorpat studiert und dort sein Doktorexamen abgelegt. Die Reise von

Wien nach Würzburg und seinen Aufenthalt in Würzburg beschreibt von Baer ausführlich in seinen Lebenserinnerungen („Nachrichten über Leben und Schriften des Herrn Geheimrathes Dr. Karl Ernst von Baer. Mitgeteilt von ihm selbst. Veröffentlicht bei Gelegenheit seines Fünfzigjährigen Doctor-Jubiläums am 29. August 1864, von der Ritterschaft Ehstlands". St. Petersburg, Buchdruckerei der Kaiserlichen Akademie der Wissenschaften. 1863). Da liest man (S. 227): „Auf der ganzen Reise von Wien nach München hatte man mir in grösseren Gasthäusern sogenannte Meldungs-Zettel vorgelegt, in denen ich der hohen Policei anzeigen sollte, wohin ich reiste. Am liebsten hätte ich geschrieben, dass ich das noch nicht wisse, aber mit Recht musste ich befürchten, dass man mich dann in sorgsame Pflege genommen hätte." Diese „Meldungs-Zettel" hatte im 18. Jahrhundert der Amerikaner in Bayern, Benjamin Thompson Graf von Rumford, eingeführt.

Karl Ernst von Baer traf in Würzburg seinen Freund Christian Pander, den er „in Dorpat kennen gelernt und lieb gewonnen hatte." Döllinger, Pander und von Baer begannen nun, die Entwicklung des Hühnchens zu studieren. 1829, als Professor in Königsberg/Preußen, entdeckte von Baer die Eier der Säugetiere.

Einen Lehrstuhl für „Zoologie und vergleichende Anatomie" gab es erst 1870 unter der Leitung von Carl Semper (1832–1893). Semper hatte in den Jahren 1858–1865 Expeditionen zu den Philippinen und den Palau-Inseln unternommen und darüber umfangreiche Veröffentlichungen vorgelegt. Semper baute auch das Zoologische Institut zwischen Pleicher Wall und Röntgenring. 1889 wurde der Bau bezogen. Nachfolger von Semper war Theodor Boveri (1862–1915). Seine Beiträge zur Entwicklungsgeschichte und -physiologie gehören zu den großen Höhepunkten der Biologie. Boveris Arbeiten zur Entwicklung von Seeigel und Ascaris führten ihn zur Chromosomentheorie der Vererbung.

Oft wird die Priorität für diese grundlegende Theorie dem amerikanischen Zoologen Walter Stemborough Sutton (1870–1916) zugeschrieben. Das stimmt aber nicht. Sutton und Boveri äußerten diesen Gedanken gleichzeitig (1902). Boveri legte zudem ein viel umfangreicheres Material an Beobachtungen und Experimenten vor. (Siehe dazu: F. Baltzer „Theodor Boveri, Leben und Werk". Große Naturforscher, Bd. 25. Wissenschaftl. Verlagsgesellschaft, Stuttgart 1962, S. 127).

Wieder zeigt sich, wie überflüssig Streben oder gar Streit um Priorität ist: Das Verdienst ist in beiden Fällen, Sutton und Boveri, gleich; zudem kamen beide von ganz verschiedenen Ansätzen her zu dem

Abb. 23. Das Zoologische Institut in Würzburg am Röntgenring, hier von der Köllikerstraße. Links der Neubau des Hörsaals. Das Gebäude steht jetzt leer, nachdem das Institut neu gebaut Am Hubland ist. Die biologischen Institute sind dort – mit Ausnahme der Botanischen Institute – zum „Theodor-Boveri-Institut" zusammengefaßt. Theodor Boveri (1862–1915) begründete als erster, daß die Erbanlagen (Gene) in den Chromosomen lokalisiert sind. Er war Schüler von Richard Hertwig (München); 1893–1915 Ordinarius für Zoologie und Vergleichende Anatomie in Würzburg.

Ergebnis, daß die Chromosomen untereinander verschieden und in ihnen die Erbanlagen zu suchen seien.

Boveris Veröffentlichungen sind nicht nur ein Muster an Klarheit: Es sind im Text und in den Tafeln Kunstwerke. Spemann (1869–1941), einer der ersten Schüler Boveris und später bei ihm Assistent, bekam seine erste schriftliche Arbeit von Boveri zum Überarbeiten mit den Worten zurück: „So etwas müssen Sie als Kunstwerk behandeln." Die Lektüre von Boveris Arbeiten sollte für jeden angehenden Biologen Pflicht sein.

In seiner hervorragenden Biographie von Boveri sagt Baltzer (S. 80): „Zu einer Zeit, wo das öffentliche und private Leben an Gehetztheit und Überlastung zu leiden begann, blieb er ein Mensch, der sich trotz seiner großen Arbeitslast Ruhe und Zeit nahm und die innere Kraft des Verweilens bewahrte: in seiner Wissenschaft bei weit gespannten Gedanken, in der Kunst bei den Werken großer Meister, in seinem täglichen Leben bei den ihm nahe stehenden Menschen, bei sich selbst und der ihn umgebenden Natur."

Ich glaube aus meiner Erfahrung sagen zu können: Das gilt für alle großen Forscher. Es gibt Menschen, die nie Zeit für sich und andere haben; mein Verdacht: sie tun gar nichts und haben deshalb keine „Zeit", etwas für eine Sache oder andere zu tun.

Nachfolger von Boveri wurde 1916 Waldemar Schleip (1879-1948), ein bedeutender Entwicklungsphysiologe. Schleip starb 1948. Die Jahre 1948-1952 waren ein „Interregnum", während dessen Dozenten und Assistenten mühevoll in dem zerstörten Institut den Unterricht wahrnahmen. Warum die Fakultät so lange niemanden fand, weiß ich nicht.

Die Göttinger Fakultät beantragte als Antwort auf den Ruf nach Würzburg für mich beim Kultusministerium in Hannover einen zweiten Lehrstuhl für Zoologie, um den Ruf nach Würzburg abzuwenden. Das sechs Seiten lange Schreiben begründete die Notwendigkeit sehr ausführlich. Ich nahm trotzdem – vor allem auch, weil eine Bewilligung des zweiten Lehrstuhls ja zweifelhaft war – ich nahm also die Verhandlungen mit dem Verwaltungsausschuß der Universität Würzburg auf. Die Verhandlungen mit Würzburg verliefen schnell und reibungslos. Allerdings formulierte ich meine Wünsche schriftlich. Zweimal fuhr ich nach Würzburg, teils zu Verhandlungen mit dem Direktor des Verwaltungsausschusses, teils zu Besprechungen mit dem Universitätsbauamt. Wie später in München, so hatten sich notgedrungen Mitarbeiter im Institut häuslich niedergelassen. Zudem hatten sich manche Nachbarinstitute nicht gescheut, sich der seit 1948 verwaisten Räume zu bemächtigen; die Rückgabe dieser Räume machte ich zur Bedingung (und erreichte sie auch).

Am 24. Oktober 1952 hatte ich dann die erste und einzige Besprechung meiner Wünsche und Bedingungen mit dem zuständigen Referenten im Kultusministerium in München. Dieses Amt versah 1952 noch ein Münchener Universitäts-Professor – nebenamtlich. Wahrscheinlich ging das noch auf die spartanische Sparsamkeit des bayerischen Kultusministers Alois Hundhammer (1900-1974; Kultusminister 1946-1950) zurück. Der zuständige Mann im Kultusministerium war Professor Hans Rheinfelder (1898-1971), ein berühmter Romanist und Dante-Forscher. Die „Verhandlung" mit ihm war kurz; sie dauerte keine zehn Minuten. Nach ein paar einleitenden Worten griff er zu einem Zettel, las mir vor, was ich an Gehalt bekäme und daß mir für 1953/54 und 1954/55 je 5 000 Mark für die Einrichtung einer Werkstatt zur Verfügung stünden.

Die Werkstatt war für mich entscheidend wichtig. In Göttingen erfüllte Professor Pohl im Physikalischen Institut meine Wünsche. In Würzburg wollte ich in dieser Hinsicht endlich autonom sein und wurde es auch.

Zum 1. November 1952 wurde ich dann zum Professor für Zoologie und Vergleichende Anatomie und Direktor des Zoologischen Institutes ernannt. Die Urkunde über die Ernennung erhielt ich allerdings erst Anfang Dezember ausgehändigt. Dann teilte ich die Ernennung auch offiziell dem Kurator in Göttingen mit. Die erste Reaktion der Göttinger Universitätsverwaltung und ihres Kurators war: Ich habe das mir bereits überwiesene Weihnachtsgeld zurückzuzahlen.

Der Umzug von Göttingen nach Würzburg hatte noch einen kleinen Haken: Die Speditionsfirma hatte meine Apparate und Bücher in den ersten Januartagen 1953 eingepackt, konnte sie aber am 6. Januar in Würzburg nicht, wie vorgesehen, auspacken. Der 6. Januar (Heilige Drei Könige) war im Gegensatz zu Niedersachsen in Bayern ein Feiertag.

Ab Januar 1953 übernahm ich die Vorlesung „Allgemeine Zoologie", das ganztägige zoologische Praktikum (gemeinsam mit Professor Wohlfahrt) und das Praktikum für Anfänger (gemeinsam mit Dr. Hubl). Die Kolleggelder – sie richteten sich nach der Zahl der Studenten – teilte ich zur Hälfte mit Wohlfahrt und Hubl – wozu ich nicht verpflichtet war. Überflüssig zu sagen, daß ich auch in den Kursen stets anwesend war und die Einführung und Anleitung selbst gab. Das hat mit Studenten*zahlen* nichts zu tun. Es hat auch nichts mit „Ablenkung" durch Verwaltungsaufgaben zu tun, sondern nur mit einer gewissen Fähigkeit zur Organisation und Einsatz für die Sache. – Das Institut mußte wieder aufgebaut, erweitert, und vor allem mußte ein Hörsaal geplant und gebaut werden. Daneben kam die Forschung nicht zu kurz. Freilich hatte ich wesentliche Hilfe durch meine Mitarbeiter Dietrich Burkhardt und Günter Schneider; sie siedelten nach Würzburg über. Zu alledem kamen die Prüfungen, vor allem – schon seit meiner Zeit in Berlin – die Prüfungen der Mediziner im Physikum. In Berlin und später in München habe ich zuweilen an die 400 angehende Mediziner in den Ferien geprüft.

Würzburg war vor der Zerstörung (1945) eine schöne und an Kunst und Kirchen reiche Stadt. Mit meiner Frau hatte ich noch vor dem Krieg, in den dreißiger Jahren, eine lange Fußwanderung durch Franken gemacht, die kleinen malerischen Städtchen in der Umgebung kennengelernt: Iphofen mit seinen drei Toren und Häusern aus dem Mittelalter, seinem Wein, der weitgehend erhaltenen Stadtmauer, seiner Pfarrkirche St. Veit. Und durch das Taubertal: Ein Höhepunkt war Creglingen mit dem herrlichen Altar von Tilman Riemenschneider. Schließlich kamen wir nach Würzburg mit der hochragenden Festung Marienberg, dem imposanten Bau der Residenz von Balthasar Neumann, dem Dom, den vielen Kirchen, darunter die Petrini-Kirche mit ihrem hochragenden Turm aus rotem Sandstein, an die sich das Gebäude der alten Universität anschließt; mit dem Käppele und der aus dem 15. Jahrhundert stammenden Mainbrücke mit ihren vielen Heiligenfiguren, einer wahren Prozession.

Vieles war zerstört, vor allem die malerischen alten Straßen, Teile des Doms, der Festung; die Petrini-Kirche (Universitätskirche; von Petrini stammt nur der obere Teil des Turms). Wir bekamen eine Wohnung in der Theodor-Körner-Straße 6 vom Verwaltungsausschuß zugewiesen, die wir am 15. April 1953 beziehen konnten. Von dort konnte ich morgens und abends am Main entlang zum Institut gehen, am alten Kran vorbei. Das Institut lag am Röntgenring, einem grünen, mit schönen Bäumen bestandenen Gürtel zwischen Bahnhof und Main.

Das Nachbar-Institut war die Organische Chemie. Hier residierte Gottwalt Fischer, ein kluger, sympathischer, aber etwas verbitterter Kollege; verbittert wohl auch über seine wissenschaftlichen Erfolge. Er hatte lange über Nukleinsäuren gearbeitet, aber keinen Weg zu ihrer genetischen Bedeutung gefunden. Zu meiner Zeit arbeitete Fischer über die chemische Zusammensetzung der Gifte von Schlangen und Insekten. Großen Wert legte er auf gute Formen im Umgang mit Kollegen und im Auftreten; zur Jahresfeier der Universität ging er stets im Frack und mit Zylinderhut von seiner Wohnung durch die Stadt zur Residenz. Fischer nahm nie ein Blatt vor den Mund, drang immer auf Gründlichkeit und Klarheit. Zwischen dem Chemischen und dem Zoologischen Institut lag ein kleiner Garten; ein niedriger, unschöner Gartenzaun trennte den Garten meines Instituts von dem des Chemischen. Als eines Tages das Bauamt vorschlug, den Zaun zu entfernen, widersprach Fischer: „Lassen Sie ihn stehen; ich will mich auch in Zukunft mit Kollegen Autrum vertragen". Fischer galt unter den Kollegen als schwierig. Das beruhte aber nur darauf, daß er stets den Dingen auf den Grund ging und keine Nachlässigkeiten duldete. Ich habe sogenannte „schwierige" Leute immer geschätzt; mit ihnen konnte man wirklich positive und fruchtbare Arbeit leisten.

Botaniker in Würzburg war Professor Burgeff. Auch das Botanische Institut war vollkommen zerstört und provisorisch in einer Holz-

Abb. 24. Feier zur Einweihung des neuen Hörsaals des Institutes in Würzburg. Von links nach rechts: Professor Alfred Kühn, der die Festrede über Boveri hielt; Autor; Institutsfaktotum Belusa; Oberbürgermeister Zeidler von Würzburg.

baracke untergebracht. Wie manchmal das Schicksal spielt: In einer Fakultätssitzung beschwerte sich Burgeff bitter darüber, daß ein Neubau immer noch nicht in Sicht sei. Gottwalt Fischer meinte – im Scherz –, er solle doch die Baracke einfach abbrennen lassen. Prompt brach in der Nacht danach ein Feuer in der Holzbaracke aus. Die Ursache war aber nicht Brandstiftung, sondern ein Kurzschluß in einem Thermostaten. – Burgeff züchtete mit großer Liebe und entsprechendem Erfolg Orchideen. Wenn ich nicht irre, war er es, der erkannt hatte, daß Orchideen nur lebensfähig sind, wenn in ihren Wurzeln gewisse Pilze (Mykorrhiza) symbiontisch leben.

Zwischen Botanik und Zoologie bestanden freundschaftliche Beziehungen, wissenschaftliche und persönliche. So wurde der Fasching abwechselnd von Studenten und Mitarbeitern der Zoologie und der Botanik vorbereitet und ausgerichtet. Vier Wochen vorher begannen die Vorbereitungen, ohne daß Arbeit oder Vorlesungen darüber vernachlässigt wurden. Es war – wie die Weihnachtsfeiern in Berlin bei Richard Hesse – ein Fest, in das viel Witz und Geist investiert wurde. Natürlich wurde auch – aber eben nur auch – getanzt (zu Musik von Schallplatten). In Würzburg hatte man höheren Ortes, d. h. bei der Verwaltung, durchaus nicht nur Verständnis, sondern Wohlwollen für solche Institutsfeste, zumal sie den Betrieb, Forschung und Lehre in keiner Weise störten. So war der Kurssaal, in dem getanzt wurde, gerade neu weiß gestrichen worden – vor'm Fasching. Danach war die schöne weiße Wand kniehoch mit schwarzen Strichen verunziert, von den Schuhen der geschwungenen Tanzbeine. Das Bauamt konstatierte das mit Humor und ließ die unteren 50 cm wieder neu streichen. Der Oberste Rechnungshof hat offenbar diese Untat nie erfahren; oder hatte er den Humor, das großzügig zu übersehen – oder gar zu verstehen?

1954 schied Professor Laufke als Direktor des Verwaltungsausschusses aus. Er kannte mich durch meine Verhandlungen anläßlich der Berufung und – vor allem – aus den Besprechungen über den Neubau des Institutes. Laufke schlug bei der Wahl mich als seinen Nachfolger vor. Gottwald Fischer äußerte allerdings Bedenken: Der Autrum mag ja ein rechtschaffener Zoologe sein; aber von Verwaltung versteht er doch nichts. Ich wurde jedoch gewählt und stimmte zu, dies Amt zu übernehmen. Damit lag die gesamte Verwaltung der Universität bei mir. Gewiß war die Universität klein und überschaubar. Aber viel war zerstört, und das Personal der Verwaltung war – für heutige Verhältnisse – erbärmlich klein: Mir standen zur Verfügung: ein Amtmann, zwei Inspektoren, ein Amtmann für die Kliniken, ein Kassenprüfer, eine Sekretärin. Dem Verwaltungsausschuß gehörten – gewählte – Professoren an. Prof. Fischer, Prof. Ruchti (Jurist), Prof. Carell (Nationalökonom), Prof. Wollheim (Innere Medizin), Prof. Fleckenstein (Theologie) und der jeweilige Rektor, zu meiner Zeit Prof. Nehring (Anglist). Die Sitzungen des Ausschusses fanden etwa alle 4 Wochen statt; mit Rücksicht auf Vorlesungen und Klinikbetrieb begannen sie am späten Nachmittag und endeten stets erst, wenn alle Punkte erledigt waren. Wenn der Haushalt zu besprechen war, dauerte nicht selten die Sitzung bis 4 Uhr morgens. Ich konnte – aus Mangel an Personal – ja keine vorbereitenden Schriftsätze verschicken; so stapelte sich neben mir nicht selten ein Aktenstoß von 70 cm Höhe, der abzuarbeiten war. Die Diskussion war immer ergiebig, sachlich und freundschaftlich. Hier lernte ich, derartige Sitzungen und Besprechungen zu leiten. Um sie ergiebig und vor allem so kurz wie möglich zu machen, mußte ich genau wissen, worüber und wovon die Rede war. Ich kannte die Akten und vor allem: Ich besuchte regelmäßig sämtliche Institute, Seminare und vor allem die Kliniken. So hatte ich recht genaue Vorstellungen von dem

Zustand, den Sorgen und Wünschen, berechtigten und unberechtigten, der ganzen Universität.

Zu alledem kamen Berufungsverhandlungen, wie sie Prof. Laufke mit mir geführt hatte, Verhandlungen mit dem Universitätsbauamt, mit den Behörden der Stadt und dem Bischöflichen Ordinariat. Mindestens einmal im Monat fuhr ich dann nach München ins Kultus- und – wenn Haushaltsfragen zu erörtern waren – ins Finanzministerium. Das aber war immer noch nicht alles: Dem Verwaltungsausschuß oblag auch die Verwaltung des Stiftungsvermögens der Universität, und so mußte ich auf Güter bei Haßfurt und zu der Försterei fahren, die die Wälder (und das Wild) zu betreuen hatte.

Ferner: Verhandlungen mit der AOK, die sich weigerte, ein neues und ihrer Meinung nach unerprobtes Mittel – Penicillin – zu bezahlen, selbst wenn es ärztlich verordnet war. Weiter: Verhandlungen mit dem Schwestern-Orden über Vergütung der Ordensschwestern in den Kliniken („freie" Schwestern gab es damals kaum in Würzburg). Diese Verhandlungen fanden stets in sehr freundschaftlicher Atmosphäre statt, während die AOK mehr als schwierig war. Natürlich hatte ich gute Berater, vor allem in den ausgezeichneten Mitgliedern des VA. Für manche rein juristischen Fragen hatte ich einen Anwalt gewonnen, der ehrenhalber die Universität beriet. Die Arbeit wurde mir zudem durch das großzügige Entgegenkommen und die überaus hilfreiche Beratung der Mitarbeiter des Bayerischen Staatsministeriums für Unterricht und Kultus leicht gemacht. Besonders genannt und bedankt seien die Herren Johannes von Elmenau (damals Miniterialrat und Leiter der Hochschulabteilung), Walther Krafft (damals Regierungsrat), Amtsrat Saur (er hatte die Verwaltung der Universitäts-Kliniken), Amtsrat Wanninger (Haushalt) und Inspektor Seitz (Personalfragen). So lernte ich die Notwendigkeiten, ja oft Zwänge der Verwaltung kennen, immer in sachlicher und stets freundlicher, fast freundschaftlicher Atmosphäre. Ich fand eine verständnisvolle, hilfsbereite Verwaltung, hilfsbereit, soweit ihre Möglichkeiten reichten. Ohne die tatkräftige Hilfe von Dietrich Burkhardt und Günter Schneider wäre das gar nicht möglich gewesen: Sie überwachten den Neubau des Institutes. Freilich: Ich ließ weder eine Vorlesung ausfallen, noch gar einen der angekündigten Kurse. (Heutzutage kommt es gar nicht selten vor, daß Dozenten sich sogar durch technisches Personal im Kurs und seiner Vorbesprechung „vertreten" lassen; nicht, weil sie Wichtigeres zu tun hätten, sondern weil sie unfähig oder faul oder beides – dies nicht das Schlechteste – sind.)

Wenig Hilfe hatte ich im Verwaltungsausschuß von dem altgedienten Amtmann: Akten und Verordnungen waren 1945 vernichtet worden, und er entschied viel nach eigenem Gutdünken, ohne mich immer zu informieren. So strich er eines Tages einer Putzfrau das Kindergeld, als ihm zu Ohren kam – Würzburg war eine etwas größere Kleinstadt als Göttingen –, ihr Kind sei unehelich. Es bedurfte einer schriftlichen Anordnung an den Amtmann, das Kindergeld wieder zu zahlen. Freilich sind das Kleinigkeiten – vom Direktor des VA aus gesehen; keine Kleinigkeiten, wenn eine Verwaltung ihrer Pflicht zur Fürsorge nachkommen will.

Zu verhandeln war auch mit dem Regens des Priesterseminars. Der Grund: Der Fürstbischof Julius Echter hatte bei der Gründung der Universität Würzburg als einer Universität der Gegenreformation nicht nur das Priesterseminar (die „Alte Universität", s. Abb. 38) bauen lassen, sondern auch für die Studenten gesorgt: Aus dem Stiftungsvermögen waren jährlich einige Fuder Heu für die Schlafräume der Studenten und einige Hektoliter „mittleren" Frankenweins an das Priesterseminar zu liefern, ursprünglich also Naturalien. Weder der Regens des Seminars noch gar die Theologie-Studenten waren an Heu, darauf zu schlafen, noch auch dem Frankenwein in natura interessiert. So mußte Jahr für Jahr der Geldwert zwischen Verwaltungsdirektor und Regens in einer gemütlichen Besprechung ausgehandelt werden, nicht etwa bei „mittlerem", sondern bei vortrefflichem Frankenwein. Der VA hatte das Ergebnis dann formal zu billigen.

Es gab – wie immer in solchen Ämtern – Erfreuliches und Unerfreuliches. Unerfreulich war das Verhalten eines Klinikchefs: Mit fast allen kam ich gut, zumindest zur beiderseitigen Zufriedenheit aus. Unerfreulich war es, wenn eine Klinik stets ihren Haushalt überzog und der VA dann mühsam bei den anderen Kliniken um Deckung betteln gehen mußte. Von eben dieser Klinik bekam ich eines Tages ein Telegramm (innerhalb Würzburgs!), es seien sofort zwei zusätzliche Stellen für Pflegepersonal für eine der Stationen erforderlich; anderenfalls sei die Versorgung der Patienten nicht mehr möglich. Ich meldete mich bei dem Klinikdirektor zur Rücksprache am folgenden Tag an, bat – offenbar unerwartet – um Besichtigung der genannten Station und fand dort überhaupt keine Patienten. Das ist allerdings ein Ausnahmefall gewesen.

Zum Bischöflichen Ordinariat bestanden seit alters gute Beziehungen, und sie blieben es. Bischof Julius Döpfner (1913–1976), später Bischof in Berlin, Kardinal, Erzbischof von München und Freising, hat mir als Mensch und als Bischof immer imponiert. Meist hatte ich mit dem Generalvikar Fuchs zu verhandeln. Er war Mitglied des Bayerischen Senats, der für Bayern eigentümlichen Standesvertretung neben dem Parlament (mit beratender Funktion). Dem Ordinariat lag am Wiederaufbau des Priesterseminars und den beiden angeschlossenen Kirchen (Petrinikirche im Westen, Michaelskirche im Osten, beide in den Gebäudekomplex der „Alten Universität" einbezogen). Der völlige Wiederaufbau der Petrinikirche überstieg die Mittel aus dem Stiftungsvermögen. Aber die Michaelskirche wurde restauriert und vom Bischof Julius Döpfner eingeweiht. Bei dieser Gelegenheit verkündete er, der Papst habe mir für meine Bemühungen um die Kirche ein Jahr (oder 300 Tage?) Ablaß gewährt. Ich kann's gebrauchen.

Mit dem Generalvikar sprach ich den vom VA gebilligten Haushalt der Universität eingehend durch, nicht nur die kirchlichen Angelegenheiten, die das Stiftungsvermögen betrafen und vom Ministerium genehmigt werden mußten; der Generalvikar konnte (und tat es auch) den Haushalt im Senat vertreten. Zum Schluß mußte ich meine Wünsche für das Zoologische Institut erwähnen und entschuldigte mich, weil hier eigene Interessen im Spiel seien. Der Generalvikar tröstete mich; der Heilige Augustin habe gesagt: „Si autem amor est verus et profundus incipit in te ipso" (Wenn Liebe wahr und tief ist, fängt sie bei dir selbst an.). Später erzählte ich die Geschichte meinem Freund Karl Rahner; der meinte dazu, der Heilige Augustinus habe viel gesagt.

Hervorragend war die Zusammenarbeit mit dem Bischöflichen Ordinariat bei der Restaurierung und Verteilung der Räume der beim Brand 1945 beschädigten Residenz. Der imposante Bau der Residenz umfaßt zwei Innenhöfe, die durch den Mittelbau verbunden jeweils nördlich und (der andere) südlich liegen. Von der Marienfeste hoch über der Stadt hat man einen herrlichen Blick auf die gesamte, symmetrische Anlage der Residenz. Im westlichen Südflügel liegt die von Balthasar Neumann geplante und um 1733 ausgeführte Hofkirche mit schönen Fresken und reicher Stukkatur. Da bei dem Bombardement das Würzburger Stadttheater zerstört war, kamen Oberbürgermeister und Stadtrat auf die Idee, ein neues Stadttheater in den südlichen Innenhof der Residenz zu legen. Das hätte bedeutet, diesen Innenhof zu überdachen. Uns, der Universität, lag zudem an den Räumen im Südflügel, die zwar gelitten hatten, aber in der Bausubstanz nicht geschädigt waren. Neben dem Kunsthistorischen Seminar hätte hier vor allem das Martin-von-Wagner-Museum angemessene Räume gefunden. Die Sammlungen des Museums sind Eigentum der Universität. Martin von Wagner (1777–1858) war Bildhauer (von ihm stammt z. B. die Plastik am Siegestor in München) und Kunstsammler; von König Ludwig I war er beauftragt, auch für die königlichen Sammlungen antike Kunstwerke verschiedenster Art anzukaufen. Seine reiche eigene Sammlung vermachte er der Universität seiner Geburtsstadt Würzburg. Sie angemessen unterzubringen und wieder der Öffentlichkeit zugänglich zu machen, war also ein legitimes Anliegen der Universität. Im Wege stand dem der Plan der Stadt, im Südflügel ein Theater unterzubringen. Hier nun hatten wir das Bischöfliche Ordinariat auf unserer Seite. Wir waren uns einig, daß es – gelinde gesagt – unschön wäre, wenn neben der Hofkirche Plakate prangen, etwa mit der Ankündigung von Operetten wie „Die lustige Witwe". Dazu kam: Der zuständige Referent im Finanzministerium hatte sich (mit einem gewissen Recht) aus Gründen der Kosten gegen die Pläne der Universität ausgesprochen. Er schwenkte um 180°, als er zum Generaldirektor der Verwaltung der Staatlichen Schlösser, Gärten und Seen ernannt wurde: jetzt förderte er unsere Pläne nachhaltig.

Bei den Bauarbeiten an der Residenz ergaben sich zuweilen unerwartete Schwierigkeiten: Die Mauer des Gebäudes war nicht etwa massiv aus Steinen, sondern sie bestand aus zwei Mauern, einer äußeren und einer inneren. In die Zwischenräume war offenbar der Bauschutt geschüttet worden. Kaum war in einer Mauer ein Loch geschlagen, so rutschte dieser Schutt nach und hemmte zunächst weiteres Arbeiten.

Im ersten Zwischengeschoß sollte das Kunsthistorische Institut untergebracht werden. Vom Hofgarten führte innerhalb der Mauer eine kleine Wendeltreppe zum ersten Zwischengeschoß, von einer kleinen Tür verschlossen. Diese Treppe endete in dem Raum, der als Dienstzimmer für den Direktor des Institutes vorgesehen war. In diesem Raum soll – so wurde erzählt – König Ludwig I seine Freundin Lola Montez empfangen haben; sie konnte vom Hofgarten aus über diese Treppe ungesehen zu ihrem König gelangen. Das Bauamt wollte die Treppe zuschütten. Unser Einspruch rettete die Treppe; wenn die Geschichte stimmte, dann war sie eben doch ein Stück Geschichte, auch der Residenz.

Einmal im Jahr lud der Regens des Julius-Spitals die Spitzen der Würzburger Behörden zu einer Weinprobe ein. Das waren Bischof Julius Döpfner, sein Generalvikar, Rektor und Verwaltungsdirektor der Universität, Regierungspräsident, Oberbürgermeister und last not least der evangelische Dekan. Der Kellermeister des Julius-Spitals nannte die Weine; er behauptete, er könne an die 400 Weine nach Lage und Jahrgang erkennen. Er fing mit den letzten Jahrgängen des Julius-Spitals an. Dann wurde das elektrische Licht gelöscht, und bei Kerzenschimmer wurden uns die älteren und ältesten Weine vorgeführt, zurück bis zum Anfang des Jahrhunderts. Dazu kam eine gelockerte und geistreiche Unterhaltung. Einem der geladenen Gäste muß wohl der Wein etwas zu Kopf gestiegen sein; er begann, über einen nicht anwesenden Zeitgenossen gar zu abfällig zu reden, und die Situation drohte peinlich zu werden. Generalvikar Fuchs rettete sie mit den Worten: „Herr ..., nach kanonischem Recht ist es verboten, beim Wein Todesurteile zu fällen."

Oft machen scheinbare Kleinigkeiten immens viel Arbeit und kosten Zeit. So wünschten die Theologie-Studenten in der Nähe des Priesterseminars (der „Alten Universität") einen abgeschlossenen Platz zum Fußball-Spielen. Es bedurfte langer Verhandlungen, bis ein von einer hohen Mauer umgebener geeigneter Platz gefunden und aus den Stiftungsmitteln hergerichtet werden konnte.

Zeitraubend waren die Prüfungen des Haushalts durch den Obersten Rechnungshof. Aber sie verliefen immer in freundlicher Weise und mit gegenseitigem Verständnis. In der Regel besprach ich alle einzelnen Fälle mit den prüfenden Beamten, von denen ja auch kaum Spezialkenntnisse in allen den vielfältigen Anliegen der Universität erwartet oder gar verlangt werden konnten. Diese abschließenden Besprechungen ersparten beiden, dem Obersten Rechnungshof und der Universität, viel Papierkrieg. Nur einmal blieb eine Kleinigkeit unbesprochen und hatte eine Anfrage des Obersten Rechnungshofes zur Folge: Die Augenklinik hatte von einem dankbaren Patienten vor vielen Jahren eine Stiftung erhalten, aus der Blinden zu Weihnachten eine Freude zu machen sei. So wurde nun ein Korb mit Weihnachtsgebäck und einer (oder einigen?) Flaschen Frankenwein zusammengestellt und den Blinden zum Fest überreicht. Die Anfrage des Obersten Rechnungshofes: Wozu der Wein beschafft worden sei? Sie wurde vom Verwaltungsausschuß richtig beantwortet: zum Trinken.

Der altgediente Amtmann, den ich übernommen hatte, wurde schließlich pensioniert. Im Ministerium erkundigte ich mich, wo ein tüchtiger Nachfolger im Bereich der Verwaltung zu finden sei, der seine Stelle einnehmen könne. Mir wurde ein Obersekretär, Herr Bogner, empfohlen, der die Amtskasse der Musikhochschule leitete. Er war Flüchtling aus Schlesien. Ich schickte also einen Antrag an das Kultusministerium, mit der Bitte, Herrn Bogner unter Beförderung nach Würzburg zu versetzen – und bekam den Antrag zurück; eine Randnotiz, mit grünem Kugelschreiber geschrieben, fragte: „Gibt es dafür keinen Bayern?". Darunter das Kurzzeichen des Herrn Staatsministers. (Zur Erläuterung: Grüne Farbe für Randnotizen darf nur der Staatsminister benutzen.) Goldene Zeiten, als sich ein Minister noch um solche Dinge kümmern konnte! Ich schrieb, ebenfalls mit Grünstift (ich gehörte ja nicht zum Ministerium), darunter: „Nein. At" und schickte den Vorgang zurück. Mein Antrag wurde genehmigt und Herr Bogner nach Würzburg versetzt. Viele Jahre später wurde dieser tüchtige Beamte ins Ministerium zurückgeholt, obwohl er kein Bayer war.

Immer wieder habe ich in Bayern die Erfahrung gemacht, daß ein offenes, ehrliches Wort respektiert wird und fast nie seine Wirkung verfehlt. Zuweilen wurde mir dann von Kollegen gesagt, wenn ich ihnen zum Widerstand gegen Vorschriften oder Zumutungen riet, *ich* könne mir das erlauben. Das ist völlig falsch. Gerade durch klaren und wohlbegründeten Widerstand erwirbt man sich Ansehen und gewinnt Vertrauen. Wir leben – im Großen und im Kleinen – in einer Demokratie, und die kann ohne Opposition nicht fruchtbar arbeiten.

In Würzburg hatte ich endlich auch im Institut technische Hilfe. 1955 konnte ich Herta Tscharntke nach 10 Jahren wieder eine Planstelle als Technische Assistentin anbieten. Sie hatte nach 1945 in einer Klinik im Krankenhaus Moabit als T.A. gearbeitet. Eine Zeichnerin wurde eingestellt (Frau Kaiser). Etwas schwieriger als in Göttingen war es in Würzburg, Doktoranden zu gewinnen. Hennig Stieve, später Professor an der TU Aachen, und Jost Bernhard Walther, später Professor in Ulm, arbeiteten der erste über Aktionsströme an markhaltigen Nervenfasern, der zweite über Komplexaugen von *Periplaneta* mit Farbreizen und selektiver Adaptation.

Wichtig erschien mir eine Ergänzung der physikalischen Untersuchungsmethoden nach der chemischen Seite. Ich gewann Dr. Helmut Langer (s. Abb. 34) aus Berlin-Buch für die Aufgabe. 1958 erschien die erste (gemeinsame) Arbeit über photolabile Pterine in Komplexaugen der Fliegen.

In diesen Jahren mußte die eigene Forschung zurücktreten: Neben dem Wiederaufbau des Institutes, neben dem „Nebenamt" als Direktor des Verwaltungsausschusses war die Hauptaufgabe die Ausarbeitung der Grundvorlesung, also der einführenden Vorlesung (5 Stunden pro Semesterwoche).

Heute ist es – leider – üblich, diese einführende Vorlesung in einzelne Spezialvorlesungen mehrerer Dozenten zu zerhacken. Alle paar Wochen redet ein anderer Lehrer über sein eigenes Arbeitsgebiet. Meist weiß keiner von ihnen, was die anderen erzählt haben. Der Student bekommt keine Einführung, sondern eine Summe von Spezialitäten ohne inneren Zusammenhang. In der Regel fehlt dabei Wichtiges, nämlich die erkenntniskritische, wissenschaftstheoretische Grundlage. Man sage nicht, es sei heute unmöglich, sich einen allgemeinen und umfassenden Überblick über ein Gebiet wie die Zoologie zu verschaffen. Es gibt über alle Teilgebiete hervorragende Zusammenfassungen, von kompetenten Spezialisten geschrieben, sie sind leicht zugänglich und zuverlässig. Die einführende Vorlesung hat zudem für den Vortragenden den großen Gewinn, daß er selbst die Nachbargebiete seines Faches kennenlernt und Verbindungen zu eigener Forschung herstellen kann. Aber viele laufen lieber mit Scheuklappen herum; die wirklichen Gründe für die Aufteilung der Vorlesung sind Geltungsbedürfnis, erbärmlicher Fachegoismus, Neid und Besserwisserei. Im übrigen steht nichts im Wege, Spezialvorlesungen und Übungen in beliebigem Umfang anzukündigen und zu halten. Eine auf mehrere Spezialisten aufgeteilte Grundvorlesung ist jedoch ein Fleckerl-Teppich ohne Muster.

1956 starb Karl Henke, erst 61 Jahre alt, und für seinen Lehrstuhl in Göttingen mußte ein Nachfolger gesucht werden. 1957 erhielt ich den Ruf nach Göttingen. Karl von Frisch in München wurde 1956 emeritiert, und die Fakultät stellte die Liste für die Nachfolge auf. An erster Stelle stand Prof. Dijkgraaf aus Utrecht, an zweiter Prof. Hadorn (Zürich) und an letzter Stelle ich. Dijkgraaf, mit von Frisch verwandt, sagte nach langen Verhandlungen ab, ebenso Hadorn. So erging 1957 an mich zugleich mit dem Ruf nach Göttingen der nach München, als Nachfolger von Karl von Frisch.

Die Einladung nach Caracas

Mitten in diese schwierige Entscheidung fiel eine Einladung von Prof. Humberto Fernández-Morán nach Caracas (Venezuela) zu einem Symposion aus Anlaß der Eröffnung des von ihm gegründeten Instituto Venezolano de Investigaciones Científicas. Dort fand vom 15.–22. März 1957 ein Symposion über Nerven- und Sinnesphysiologie statt. Geladen waren insgesamt 50 Teilnehmer.

Der Flug von Frankfurt a.M. nach Caracas war der erste meines Lebens und in jeder Hinsicht ein eindrucksvolles Erlebnis. 1957 war es noch eine Maschine mit Propellern, die zudem in Shannon Airport (Irland) zum Auftanken zwischenlanden mußte. Die Passagiere der 1. Klasse – Venezuela bezahlte alles sehr großzügig – erhielten in Shannon Airport ein opulentes Abendessen. Hier traf ich mit dem schwedischen Biophysiker T. Teorell zusammen. Er war auch nach Caracas eingeladen. In New York traf unser Flugzeug mit Verspätung ein, und die Maschine nach Caracas war bereits abgeflogen. Die PanAm war bereit, Hotel und Aufenthalt in New York zu bezahlen. Aber ich hatte kein Transit-Visum für die USA und durfte den Flughafen nur gegen Hinterlegung einer hohen Kaution verlassen, die meine Mittel bei weitem überstieg. Nach einigem Verhandeln bürgte PanAm für die Kaution, besorgte ein Hotelzimmer und stattete mich reichlich mit Dollars aus. Am nächsten Morgen nahm ich mir – alles auf Kosten der PanAm – ein Taxi und ließ mir New York zeigen. Ich speiste zu Mittag wie ein Fürst, genoß vom Empire State Building einen imposanten Rundblick über die Riesenstadt. Viel in Erinnerung geblieben ist mir von New York nicht, außer dem strudelnden Verkehr, dem riesigen Coca-Cola-Wasserfall und den Juwelierläden, alles sehr eindrucksvoll für jemand, der aus dem kleinen Würzburg kam. Am Morgen des nächsten Tages startete die Maschine vom Idlewild-Flughafen nach Caracas.

Unvergeßlich ist mir der Flug von New York nach La Guaira, dem Airport von Caracas. Die Maschine flog bei strahlendem Sonnenschein über die Karibik, nicht so hoch wie heute, aber immerhin etwa 6 000 Meter über dem azurblauen Meer. Tief unter uns lagen wie kleine Watteflöckchen Wolkenfetzen, weiß in der Sonne aufleuchtend. Puerto Rico tauchte auf, die Insel von einem schmalen weißen Streifen der Brandung umgeben. Einer ängstlichen Passagierin versicherte der Pilot, sie möge keine Angst haben, herunter seien sie noch immer gekommen. Schließlich landeten wir in La Guaira, an der Küste gelegen. Heiße, feuchte Tropenluft schlug uns entgegen. Die Paß- und Zollformalitäten waren überraschend schnell erledigt, weil ein Beauftragter von Prof. Fernández-Morán am Flughafen uns abholte. Fernández-Morán war mit dem Diktator Marcos Pérez Jiménez eng befreundet, und solche Dinge spielen in Diktaturen eine entscheidende Rolle.

Caracas liegt etwa 10 km südlich von Guaira in der Küstenkordillere, in einer Höhe von 900 m über dem Meeresspiegel. Dort war es zwar warm, aber durch die Höhe durchaus erträglich. In den Jahren nach 1950 war die Stadt enorm gewachsen. Es gab moderne Hotels, lange Straßen mit protzigen Lichtreklamen und imposanten Hochhäusern. Aber die Straßen waren zum Teil noch nicht ausgebaut, und der Wagen fuhr im Schrittempo durch tiefen Sand. Auch die sozialen Gegensätze waren enorm. Am Stadtrand waren die Wohnungen der armen Bevölkerung, Hütten aus Wellblech, zuweilen nur aus einem Raum bestehend, die „Tür" mit einer Decke zugehängt. Nicht selten standen vor den Behausungen vornehme Autos, aber ohne Reifen; Schrottwagen als Imponiergehabe. Das Stadtzentrum, damals gerade entstanden, ist hochmodern, lebhaft bevölkert. In vielen Straßen blühten die Tulpenbäume, im Gezweig der Bäume in den Parkanlagen hingen, nahezu unbeweglich, Faultiere. Am Nachmittag bezog sich der Himmel mit schweren, grauen Wolken. Es gab jedoch keinen Regen; die Regenzeit stand noch bevor.

Ich war in einem modernen Hotel untergebracht. Für einen einige Tage später kommenden Gast und Teilnehmer am Symposion war kein Zimmer mehr frei; ich war bereit, meines mit ihm zu teilen: Es war Dr. Heinz Götze, Mitinhaber des Springer-Verlages in Heidelberg. So nahm eine lebenslange Freundschaft zwischen uns ihren Anfang. Symposien haben ja zwei Aufgaben: Über Wissenschaft zu diskutieren und to make friends. In Caracas waren alle Voraussetzungen dafür gegeben. Die wichtigste: Die Zahl der Teilnehmer muß klein sein – es waren etwa 50. Heute ist – fast ist das die Regel – bei solchen Treffen (Meetings) die Zahl der Teilnehmer viel zu groß. Was nützt es, wenn bei einem Meeting von Neurophysiologen 5 000 anwesend sind und damit die Kenntnis des Gehirns (und der Nerven) auf 5 000 Gehirne verteilt ist? Zum andern muß Zeit für persönliche Gespräche bleiben; die

Überfülle eines Tagungsprogramms ist schädlich, sowohl für die wissenschaftliche Diskussion als auch für die persönliche Begegnung. Die acht Tage des Symposions in Caracas waren in jeder Hinsicht optimal gestaltet: Es waren nie mehr als vier Vorträge am Tag. So blieb viel Zeit für Exkursionen, etwa mit dem aus Deutschland stammenden Leiter der Institutswerkstatt an die Karibische Küste zum Baden. Freilich, Schatten gab es nicht, und das Auto stand in der fast aus dem Zenit niederbrennenden Sonne. Die Türgriffe waren so heiß, daß sie nur mit Tüchern angefaßt werden konnten. Ein Ausflug zum Maracaibo-See führte uns an schmalen, hoch an den Felsen gelegenen Straßen die tropische Landschaft vor Augen. Im Urwald liefen uns Gürteltiere (Armadillos) über den Weg.

Aus Deutschland war außer mir nur Professor Richard Jung, Neurologe aus Freiburg, in Caracas. Auch mit ihm verband mich Freundschaft bis zu seinem Tod. George Wald (Harvard; er erhielt 1967 den Nobelpreis für seine Arbeiten über die Chemie der Sehfarbstoffe), Stephen Kuffler (Johns Hopkins University, Baltimore), Professor Alexander von Muralt (Bern) seien stellvertretend für viele andere genannt. Aus Paris kam R. Couteaux. Kongreßsprache war Englisch, und dem Franzosen Couteaux gelang es wie vielen Franzosen nicht, bei den abweichenden Phonemen des Französischen mit der englischen Aussprache zurechtzukommen. Alexander von Muralt (1903–1990) war in der Sitzung mit Couteaux's Vortrag Chairman; er hatte bemerkt, daß zwei Kollegen aus England sich über Couteaux mokierten. Kaum hatte Couteaux seinen Vortrag beendet, sagte von Muralt, er habe in Paris Vorträge von Couteaux gehört, es seien Meisterleistungen gewesen. Was man ihm – Couteaux – hier zugemutet habe, sei nichts anderes, als wenn man von Menuhin verlange, Saxophon zu spielen.

Wir erhielten auch Besuch des Diktators von Venezuela, Marcos Pérez Jiménez. Wir mußten uns auf einer Wiese vor dem Institut versammeln. Drei gepanzerte schwarze Limousinen fuhren vor; dem ersten und dritten Wagen entstiegen schwarz gekleidete Leibwächter mit Maschinenpistolen unter dem Arm. In ihrer Mitte kam Pérez Jiménez, ein kleiner, untersetzter Mann, auf unser Häuflein zu. Die Leibgarde bildete einen Kreis um uns, die Maschinenpistolen im Anschlag unter dem Arm. Pérez Jiménez trat in unsere Mitte. Teorell, der neben mir stand, sagte zu mir: „Wenn ich mir jetzt eine Zigarette anzünde, sind wir alle Leichen." Nach einer kurzen Ansprache verabschiedete sich Jiménez. Das Ganze war höchst ungemütlich. Pérez Jiménez wurde 1958 gestürzt und mußte, wie auch alle seine Freunde, darunter

Fernández-Morán, aus Venezuela fliehen und ins Ausland gehen. Es war nicht nur die politische Unterdrückung, die unvorstellbaren Gegensätze zwischen ganz Armen und exzessiv Reichen, sondern auch die Korruption und Verkommenheit des Diktators und seines Klüngels, die ihn stürzen ließen. Der „Spiegel" (1964) berichtete: „Als Gönner von Nacktballett erlangte Pérez kontinentale Berühmtheit. Gemeinsam mit Generalfreunden pflegte er die nackten Schönen (Tagesgage 1000 Dollar) auf einer von Marinetruppen hermetisch abgesperrten Privatinsel in der Bucht von Maracaibo auf Motorrollern zu jagen."

Die wissenschaftlichen Anregungen dieses Symposions waren gering. Ich lernte moderne Elektronenmikroskopie kennen: Fernández-Morán hatte teils mit privaten, teils öffentlichen Mitteln die kostspieligen modernen Instrumente und geschultes Personal in seinem Institut. Das Elektronenmikroskop hatte gerade eine Geschichte von 27 Jahren: 1931 hatte der deutsche Physiker Ernst Ruska (1906–1988) – zusammen mit M. Knoll – das erste EM mit magnetischen Linsen entwickelt. Im gleichen Jahr war Zoologenkongreß in Utrecht, und die neue Erfindung mit ihrer weit über das Lichtmikroskop reichenden Auflösung wurde – nicht in den Sitzungen, aber im persönlichen Gespräch – diskutiert. Die einhellige Meinung war, für biologische Analysen werde es nie geeignet sein; denn man müsse die Schnitte ja im Hochvakuum untersuchen. 20 Jahre später begann das EM ein wichtiges Hilfsmittel in der Biologie zu werden; neue Methoden der Fixierung, neue Mikrotome für die Herstellung ultradünner Schnitte, Kontrastfärbungen wurden entwickelt. In Caracas war Fernández-Morán mit der Untersuchung der Feinstruktur der Insektenaugen sicher führend. Seine Emigration unterbrach diese bahnbrechenden Untersuchungen.

Über die Vorträge auf dem Symposion in Caracas berichtet ein Band des „Experimental Cell Research" (Suppl. 5, 1958).

Der Ruf nach München

Im April 1956 legte ich das Amt als Direktor des Verwaltungsausschusses nieder, trotz der wirklich inständigen Bitten vieler Kollegen. Es war nicht so sehr die zeitliche Belastung, als wohl eher die ständigen Querelen mit einigen Klinikdirektoren, die (zum Teil) bei ihrem teils angeborenen, teils durch den Beruf verstärkten Imponiergehabe sich durch einen kleinen Zoologen ihre Grenzen und zuweilen Fehler und Übergriffe nicht hatten vorhalten lassen wollen. In seinem Dankesbrief schrieb der Staatsminister für Unterricht und Kultus (Prof. Rukker), meine „Sachlichkeit und Gewandtheit der Geschäftsführung haben auch dem Ministerium die Sachbehandlung erleichtert." Die Juristische Fakultät bedankte sich für die korrekte Führung der Geschäfte, was mich besonders freute.

Nach Göttingen fuhr ich zwar zu Verhandlungen über den Ruf, lehnte ihn jedoch ab, sobald ich für München konkrete Zusagen in der Hand hatte. Mich reizte die Stadt, mich reizte der Wiederaufbau des zerstörten Institutes. Dazu kam die auch für die Zukunft vom Ministerium in Aussicht gestellte weitere Förderung.

Wie schon in Würzburg, unterzog ich auch das Institut in München zunächst einer eingehenden Besichtigung. Außer der geretteten Bibliothek, einem großen Verdienst von Frau Professor Ruth Beutler (1897–1959), war nichts Brauchbares vorhanden. Im Grunde war das Gebäude unversehrt, aber die Chemischen Institute waren nach 1945 in das verwaiste Gebäude eingezogen. Das oberste Geschoß war zwar nach 1945 aufgestockt worden. Aber auch hier hatten sich „Privatquartiere" gebildet, so z. B. die Wohnung einer Sekretärin des Institutes für Organische Chemie. Als ich in einem Schreiben an den Dekan verlangte, sie müsse ausziehen, bekam ich schriftlich die Antwort, ich wendete „Raubrittermethoden" an. De facto waren aber die Chemiker die Raubritter gewesen. Es existiert ein ermüdend umfangreicher Briefwechsel zwischen den Chemikern und mir, in dem sorgar – unter Berufung auf die Autorität Wieland – behauptet wurde, eine Sekretärin müsse in der Nähe der Institute wohnen. Meine etwa nicht? Dann hätte sie eine Wohnung im Institut beanspruchen können. Ich blieb aber hart und machte die Annahme des Rufes von der Räumung der Wohnung abhängig. Das Ministerium unterstützte mich darin. Nach dem Krieg hatte Karl von Frisch einen Ruf nach Graz angenommen und war erst 1950 wieder auf den Lehrstuhl in München zurückgekehrt. In der Zwischenzeit herrschte ein Interregnum, das die Chemie (deren Institute ebenfalls schwer mitgenommen waren) ausnutzte, um in der Zoologie zu parasitieren. Von Frisch hatte einige kleine Räume für sich. An Mitarbeitern fand ich Prof. Anton Koch (1901–1978), Frau Prof. Ruth Beutler (1897–1959), Prof. Werner Jacobs (1901–1972) und den mir aus meiner Zeit in Berlin bekannten Prof. Hermann Kahmann (1906–1990) vor. Dazu kamen als Assistenten Maximilian Renner (1919–1990) und Martin Lindauer. Es ist immer mit Schwierigkeiten verbunden, eine solche alt-gediente Gruppe übernehmen zu müssen und neues Leben in Forschung und Lehre zu bringen. Mit ganz wenigen Ausnahmen glückte das im Lauf der Zeit.

Sicher ist: Mir ging der Ruf eines unerträglichen Despoten voraus. Als ich – noch nicht ernannt, aber mit dem Ministerium verhandelnd – zu Anfang 1958 das Institut inspizierte, sollen sich Mitarbeiter von Prof. von Frisch auf dem WC versteckt gehalten haben. Aber Sicheres hat mir Karl von Frisch später selbst erzählt: Als Otto Koehler (1889–1974), damals Ordinarius für Zoologie in Freiburg, von meinem Ruf nach München als Nachfolger von Frischs erfuhr, meinte er zu ihm: „Nur die größten Kälber suchen ihre Schlächter selber." Von Frisch schmunzelte, als er mir das berichtete, viele Jahre später. Wir haben uns immer hervorragend vertragen; von Frisch hat sich nie in meine oder Institutsangelegenheiten gemischt. Oft kam er zu mir, um „ein bisserl zu plauschen". Ich habe von ihm noch viel gelernt, zumal wir bald begannen, an seinen geliebten Bienen zu arbeiten.

Ganz anders als Otto Koehler reagierte Alfred Kühn, der bedeutende Zoologe. Ich zitiere aus einem Brief von Alfred Kühn vom 6. April 1957:

„Viele herzliche Glückwünsche! Ich kann mir denken, daß mancherlei Gedanken Sie bewegen. Ich selbst habe nicht ohne ein leises Bedauern an Ihr von Ihnen so großartig ausgebautes Würzburger Institut und an den dortigen Arbeitskreis, vor allem an meinen Schwager Gottwalt Fischer gedacht, der Ihr Weggehen sehr schwer nehmen wird. Aber die Münchener Aufgabe läßt ja keinen Zweifel. Sie ist groß und zwingt Sie, noch einmal neu aufzubauen. Sie ist die wichtigste in der Bundesrepu-

blik..... ...... Das Bayerische Ministerium, das die „Klaue des Löwen" ja schon von Würzburg aus gespürt hat, muß Ihnen weitgehend entgegenkommen; denn München muß jetzt in großzügiger Entfaltung der Biologie vorangehen.

Also alles Gute! Mit herzlichen Grüßen

Ihr

Alfred Kühn"

Da zunächst in München alle Stellen mit Mitarbeitern von Frischs besetzt waren, konnte ich nur Dr. Burkhardt als bewährten Helfer mitnehmen. Dabei stellte sich eine geradezu groteske Schwierigkeit seitens der Verwaltung der Universität München heraus: Da Dr. Burkhardt am 31. März 1958 in Würzburg aus dem Dienst entlassen worden ist, in München aber „erst" am 1. April eingestellt worden sei, er also von 24.00 Uhr des 31. 3. bis 0 Uhr des 1. 4. kein Beamter gewesen sei, könne er keine Umzugskosten-Vergütung bekommen. Der Amtsschimmel wieherte heftig, wenn auch nicht lange und schließlich vergeblich. Die Verwaltung berief sich darauf, daß Dr. Burkhardt hätte „versetzt" werden müssen; aber bei ihrer Pedanterie übersah sie ein wichtiges, ja das wichtigste Gebot: Beamte haben Güter abzuwägen; sie dürfen nicht stur nach dem Buchstaben von Vorschriften entscheiden. Ich mußte unsere Verwaltung noch öfter auf dies Gebot hinweisen.[3]

Noch in Würzburg hatte ich bei der Deutschen Forschungsgemeinschaft Mittel für die Bezahlung einer technischen Hilfskraft beantragt und – wie alle meine 51 Anträge nach 1950 – bewilligt bekommen. Die Referentin in der DFG, Dr. Agnes Haeckel, empfahl mir Inge Thomas aus Bremen. Sie wurde noch in Würzburg eingestellt und begleitete mich am 1. April 1958 nach München. So hatte ich zwei Mitarbeiter, Dr. Burkhardt und Frau Thomas, mit denen ich in München beginnen konnte, ohne das von Herrn von Frisch übernommene Personal nach

---

[3] Dies Güterabwägungsprinzip spielte z. B. seinerzeit im sog. Fluglotsenprozeß eine Rolle. Fluglotsen waren Beamte, durften also nicht streiken. Um höhere Besoldung zu erzwingen, taten sie „Dienst nach Vorschrift", der den Flugverkehr durcheinanderbrachte. Auf Grund des Güterabwägungsprinzips wurde „Dienst nach Vorschrift" ihnen verboten: Wenn dadurch das höhere Gut, die Sicherheit der Passagiere, in Gefahr gerieten, dürfen „Vorschriften" als das geringere Gut nicht beachtet werden. Für jeden Hochschullehrer sind seinem Auftrag gemäß Forschung und Lehre die höchsten Güter. Wenn bürokratische Vorschriften diese Güter hemmen, dürfen sie nicht beachtet werden.

meinen Wünschen einsetzen zu müssen. Herta Tscharntke (s. Abb. 25) konnte ich im September 1958 auf eine neue Planstelle nach München holen.

Hier sei ein Wort über Mitarbeiter eingefügt. „Arbeit" bezeichnet ursprünglich schwere körperliche Anstrengungen, Mühsal, Plage. Im Garten Eden brauchten Adam und Eva nicht zu arbeiten; eben das bekam ihnen nicht (vielleicht, weil's noch kein Fernsehen gab?) Sie aßen vom Baum der Erkenntnis, und Adam wurde zur Arbeit auf dem Acker im Schweiße seines Angesichts und Eva zum Gebären von Kindern verflucht (Mose, Kap. 3). Arbeit ist also etwas im Grunde Unwürdiges. Diese urtümliche Bedeutung haftet dem Wort oft unterschwellig auch heute noch an, und zuweilen steht sie sogar im Vordergrund. Arbeit als sittlichen Wert hat erst Martin Luther begründet. Dadurch verlor das Wort weitgehend seinen herabsetzenden Sinn. In den folgenden Jahrhunderten ist der Begriff überaus kontrovers definiert und unter den verschiedensten weltanschaulichen Aspekten behandelt und bewertet worden. Arbeit ist notwendig, um den Unterhalt zu erwerben und zu sichern. Ideal ist es natürlich, wenn Arbeit Spaß macht, ein gewollter und freudig begrüßter Teil des Lebensinhaltes ist. Ob das der Fall ist, hängt oft nicht nur von dem Gegenstand und der Aufgabe ab, sondern wesentlich von der Atmosphäre am Arbeitsplatz. Die kann entscheidend vom „Chef" bestimmt sein und werden, wenn er dazu in der Lage ist. Irgendwo, sei es in einem noch so kleinen Bereich, möchte jeder in einer Gruppe, einer Gemeinschaft von Arbeitenden König sein, selbst bestimmen, wie er seine Arbeit ausführt. Das gilt bis „herab" zur Putzfrau.

Ich hatte immer Glück mit allen meinen Mitarbeitern. Das ist nicht zuletzt auch eine Folge der Auswahl, auch der rechtzeitigen Verabschiedung von ungeeigneten „Mitarbeitern". Das ist zuweilen eine für beide Teile harte Operation; aber nur so ist nicht nur Zusammenarbeit, sondern auch stete Einsatzfreudigkeit für die gemeinsame Sache zu erreichen.

Mit Herta Tscharntke und Inge Thomas hatte ich vorbildliche Mitarbeiterinnen. Mit beiden habe ich wissenschaftliche Arbeiten gemeinsam veröffentlicht. Hervorragend war auch der Einsatz aller meiner Mitarbeiter in der Institutswerkstatt. Walter Anschütz hatte bereits in Würzburg die Werkstatt aufgebaut und geleitet und kam nun mit nach München. Theo Zaschka hatte ich noch in Würzburg als Lehrling eingestellt; der junge Bursche war so klein, daß ihm ein Holzschemel gebaut werden mußte, damit er an der Werkbank arbeiten konnte. Er

kam auch mit nach München und ist jetzt Leiter der Werkstatt. Nach dem Tod von Walter Anschütz (1965) leitete Johann Weber die Werkstatt in München. Mit ihm entstand ein freundschaftliches Vertrauensverhältnis. Hubert Hein ist von Haus aus Uhrmacher, lernte bei der Uhrenfirma Huber; mit dem Aufkommen der Quarzuhren verlor er das Interesse an dieser Arbeit und wechselte zu uns in die feinmechanische Werkstatt. In ihrer hervorragenden Zusammenarbeit erfüllte die Werkstatt alle meine in Göttingen und Würzburg nur erträumten Wünsche; und nicht nur meine, sondern auch die aller meiner Mitarbeiter. Darüber hinaus fühlen sie sich dem Institut verbunden und verpflichtet und übernehmen aus eigener Initiative auch Arbeiten, die nicht formell im Arbeitsvertrag festgelegt sind.

Entscheidend für ruhige und produktive Arbeit des „Chefs" in einem großen Institut ist die Persönlichkeit seiner Sekretärin. Sie soll – und muß – ein freundlicher Cerberus sein, „ihrem" Chef jede nur mögliche Arbeit abnehmen, bevor er ausdrückliche Anweisungen gibt, mit Ministern und Studenten, mit Kollegen und erbetenen und ungebetenen Gästen freundlich, aber entschieden (wenn's sein muß) umgehen können. Außerdem muß sie natürlich die technischen Hilfen (Schreibarbeiten, Registratur und was sonst noch dazugehört, heutzutage auch Englisch) perfekt beherrschen. Das alles steht nicht im BAT (Bundes-Angestellten-Tarif, Lohngruppe VII/VI). Deshalb ist es abwegig, wenn eine Verwaltung – übrigens dem Vernehmen nach auch der Bayerische Oberste Rechnungshof – die Einstufung nach BAT VII verlangt und durchsetzen will. Industrie und Wirtschaft wissen genau, was eine tüchtige Sekretärin wert ist und bezahlen sie entsprechend; infolgedes-

Abb. 25. (*Oben*). Links: Herta Tscharntke. Kam als „Technische Assistentin" 1941 zu mir. Sie wurde von Professor Strughold für meine Versuche für das Luftfahrtmedizinische Forschungsinstitut eingestellt. Sie arbeitete mit mir in Berlin, Welkersdorf, Würzburg und München bis heute. Auch mit ihr wurden Arbeiten gemeinsam veröffentlicht. Rechts: Frau Dr. Sonja Zilk. Sie arbeitete zunächst als Sekretärin bei mir in München. Dann studierte sie Medizin und ist heute Oberärztin an einer Universitätsklinik in München. Zuweilen nahm ich Wendy Heiligenberg (Abb. 43) zu den Öffentlichen Vorträgen der Akademie mit, ein anderes Mal Frau Dr. Zilk. Beim Abschied fragte die Frau eines Kollegen sie: „Sind Sie die Geigerin?" Sie verneinte.
Darauf die indignierte Antwort: „Wieviel hat er denn?!"

Abb. 26. (*Unten*). Inge Thomas. Sie kam als Technische Assistentin 1958 zu mir und hilft mir bis heute bei meinen Arbeiten, obwohl sie pensioniert ist. Auch mit ihr habe ich gemeinsam publiziert (Handbook of Sensory Physiology).
(Photo: Hubert Hein, München)

sen ist es oft schwierig oder unmöglich, tüchtige Mitarbeiterinnen für solche Tätigkeiten an den Universitäten zu bekommen.

Andererseits darf eine Mitarbeiterin dieser Art nicht der Willkür ihres Chefs ausgeliefert sein; er soll(te) sich an die vorgeschriebenen Dienstzeiten halten, sofern nicht zwingende Umstände eine Ausnahme erfordern. In dieser Hinsicht ist der Chef der „Angestellte" seiner Sekretärin oder sollte es sein; d. h. er muß sich an ihre Dienstzeiten halten.

Ich habe in dieser Hinsicht doppelt, ja mehrfach Glück gehabt. Freilich mußte ich zunächst die Sekretärin von Herrn von Frisch übernehmen. Sie hatte – anfänglich – nur einen Fehler. Es war eine Regel von mir, nach Möglichkeit jeden Tag einmal durchs ganze Institut zu gehen, mit den Mitarbeitern über ihre Fortschritte zu sprechen, Sorgen und Schwierigkeiten persönlich zu kennen. Sie fand das unmöglich: Wer etwas von mir wolle, solle zunächst zu ihr kommen; der Weg zu mir dürfe nur über das Vorzimmer führen. Kann sein, daß Herr von Frisch das so gehalten hat. Bei mir mußte sie umlernen.

Eine böse Erfahrung machte ich mit dieser ersten Sekretärin, eine Erfahrung, an der sie wohl nicht schuldig war: Herr von Frisch hatte sich nie um Haushaltsdinge gekümmert; die erledigte seine Sekretärin. Bei meinen Vorbesprechungen mit ihr sagte sie mir, der Sachetat des Institutes reiche vollkommen aus, alle Bedürfnisse des Institutes und der Mitarbeiter zu befriedigen. Bei meinen Berufungsverhandlungen erbat ich daher nur eine relativ bescheidene Erhöhung der Sachmittel für das Institut (die mir auch gewährt wurde). Wenige Wochen nach der Übernahme des Institutes mußte ich zu meinem Schrecken feststellen, daß der Sachetat gerade ausreichte für Heizung, Licht und was sonst an laufenden Betriebskosten notgedrungen entsteht. Der Grund: Seit vielen Jahren hatte Herr von Frisch erhebliche Gelder von der Rokkefeller Foundation erhalten und daraus allen Bedarf für die Forschung bezahlt. – Im Ministerium stieß ich zum Glück auf volles Verständnis; der Sachetat wurde erhöht – nach Abschluß der Berufungsverhandlungen.

Meine beiden anderen Sekretärinnen waren wesentliche Helferinnen mit allen den oben geschilderten Eigenschaften. Fräulein (damals war diese Anrede noch üblich) Sonja Lercher (Abb. 25) (verh. Frau Dr. Zilk) wechselte 1965 vom Hygienischen Institut zur Zoologie, bis sie eines Tages kam und zu meiner Verwunderung kündigte. Ich fragte. Warum? Ob ich ihr etwas angetan habe? „Nein. Aber so schlau wie Ihre Studenten bin ich auch. Ich werde Medizin studieren." Was sie mit

Erfolg tat. Sie betreut mich bis heute als Ärztin. Oft habe ich Bekannte zu ihr geschickt, was immer eine heikle Sache ist; denn zuweilen kann selbst der beste Arzt nicht helfen, und dann wird's dem Vermittler zu Unrecht vorgeworfen. Allerdings ist mir das bei Frau Dr. Zilk nicht passiert.

Sonja Lercher war eine Sekretärin, wie man sie sich wünscht, selbständig, freundlich, entschieden (wo's sein mußte) und souverän. Viele Jahre später hatte ich sie einmal mit Freunden zu mir eingeladen, und sie schwärmte von ihrem früheren „Chef". Dies zu belegen, sagte sie schließlich, sie sei mit ihm sogar einmal in einen Puff gegangen. Unglaube bei den Gästen. Trotzdem, es war wahr. Zu Frau Lerchers Zeiten war ich Vizepräsident der DFG und bekam aus Bonn einen Anruf, ich solle in einer eiligen Sache mit acht Kollegen eine Besprechung arrangieren. Es war Modewoche in München, und wo Frau Lercher es auch versuchte, alle Hotels waren ausgebucht. Tüchtig wie sie war, klagte sie dem Manager eines großen Münchener Hotels ihre Not, und der gab ihr, wenn's nur für eine Nacht sei, ein Hotel an. Auf ihren Anruf dort sagte man ihr, sie könne die sechs Zimmer wohl haben, unter der Bedingung, daß sie zuvor mit ihrem Chef dort vorgesprochen habe, damit es hinterher keinen Ärger gebe. Wir gingen hin. Es war eindeutig ein Bordell mit Einzelzimmern, jeweils zugänglich, ohne die Rezeption zu passieren, an der man sich den Schlüssel holen und ungesehen mitbringen konnte, wen man wollte. – Die acht Kollegen kamen am Morgen der Sitzung recht vergnügt zu mir ins Institut.

Ich hatte das Glück, für Frau Lercher eine tüchtige Nachfolgerin zu finden, die fleißig und geschickt als Sekretärin arbeitete. Etwa 1½ Jahre vor meiner Emeritierung teilte sie mir mit, daß sie heiraten werde. „Aber"– so fügte sie hinzu – „Sie brauchen keine Angst zu haben, Herr Professor. Kinder werden wir erst nach ihrer Emeritierung bekommen." Damit spielte sie auf die Bestimmung an, daß Schwangeren Urlaub zu gewähren und die Stelle für sie freizuhalten ist. Sie hat Wort gehalten.

Wieder kann ich diesen Teil der Erinnerungen nicht abschließen, ohne die zusätzliche Hilfe von Herta Tscharntke und Inge Thomas zu erwähnen. Sie sprangen ein, wo immer es nötig war, beim Schreiben von Eingaben und Briefen, beim Feiertags- und Nachtdienst, wenn Tiere zu versorgen oder Kurse vorzubereiten waren. Beiden war das Institut Herzenssache. Sie halfen in Kursen und bei Vorlesungen. So hatten sie große Erfahrungen gesammelt und wußten Rat, wenn einmal irgendwo etwas klemmte.

Schließlich sei hier noch einer erwähnt, der sehr viel später (1971) dazukam: Der Schreiner Ernst Hofmann. Tüchtige Mitarbeiter zu gewinnen, war schon immer schwierig, aber notwendig. Er führt seitdem ganz selbständig die Schreinerei des Institutes – und erspart dem Staat viel Geld, das sonst für Mobiliar und Apparaturen ausgegeben werden müßte.

So wurde die Arbeit im Institut von „unten" und von „oben" (dem Ministerium) tatkräftig unterstützt. Es war in jeder Hinsicht eine harmonische Zeit.

Natürlich gab es gelegentlich Reibereien und Kräche mit den wissenschaftlichen Mitarbeitern. Aber es waren immer reinigende Gewitter, und keiner hat es mir übel genommen, daß gelegentlich mein Temperament mit mir durchging. Zur Faschingsfeier wurde mir eines Tages der Spruch serviert:

> *Zum Frühstück einen Mitarbeiter*
> *zu verzehren, macht ihn heiter.*
> *Er selbst ist ungenießbar, leider.*
> *Doch liebt er uns als Beute,*
> *Uns arme, kleine Leute.*

(Herta Tscharntke; s. Abb. 25)

Meine Frau ergänzte:

> *„Zum Frühstück einen Mitarbeiter":*
> *So er ihn hat:*
> *Herta, die ständig Blitzableiter*
> *Hat das schon lange satt.*

Ich halte es in dieser Hinsicht mit Thomas Henry Huxley (1825–1895), dem Vorkämpfer für Darwins Theorie (Darwin selbst ist nie öffentlich aufgetreten, weder mit Vorträgen noch zum Besuch von Meetings). Huxley schreibt an Ernst Haeckel: „Was die polemischen Exkurse anlangt, so schmunzle ich natürlich teilnahmsvoll über dieselben, und dann sage ich: Wie sind Sie ungezogen! Ich habe selber zuviel ähnliches mir geleistet, um nicht völlig mit Ihnen zu fühlen, und ich neige sehr zu dem Glauben, daß es gut ist, wenn ein Mann wenigstens einmal in seinem Leben einen öffentlichen Kriegstanz gegen aller Arten von Humbug und Betrug aufführt. Aber wenn man einmal seine Freiheitsliebe auf diese Weise befriedigt hat, ist es gut, wenn die Kriegsbemalung je schneller je besser verschwindet. Sie hat nur Wert als Zeichen der eigenen Geistesverfassung und Willensrichtung."

Die Verhandlungen mit dem Staatsministerium für Unterricht und Kultus stellten sich nicht als schwierig heraus; freilich waren alle Wünsche für Einrichtung, Bau und Personal aufs sorgfältigste vorbereitet und – fast könnte man sagen, bis zum letzten Knopf – gut geplant und präzise dem Ministerium vorgetragen worden. Herr Dr. Johannes von Elmenau, der Hochschulreferent, unterstützte alle meine Wünsche mit Geduld und denkbar großem Entgegenkommen. Ein großes und in der Welt führendes Institut aufzubauen, von dem praktisch nur noch die Mauern standen, kostet Geld. Allein für die Einrichtung wurden 430 000 DM bewilligt, damals eine sehr beachtliche Summe. Ein Anbau wurde genehmigt und natürlich die völlige Wiederherstellung der von Bomben, Chemikern und Zeit mitgenommenen Räume, insgesamt etwa 4 000 m^2 Nutzfläche.

Das Zoologische Institut in München

Das Münchener Zoologische Institut hat eine lange und bedeutende Tradition. Seit Verlegung der Universität von Landshut nach München im Jahr 1826 haben bis zum Jahr 1958 nur vier Ordinarien die Geschicke dieses Institutes geleitet.

1827 wurde Gotthilf Heinrich von Schubert Ordinarius für Zoologie. Er war 1780 zu Hohenstein in Sachsen geboren und starb 1860 in Laufzorn (heute zu Grünwald bei München). Schubert war Naturphilosoph, 1809–1818 Direktor der Realschule Nürnberg. Bereits in dieser Zeit erschienen seine Hauptwerke: „Abhandlungen einer allgemeinen Geschichte des Lebens" (3 Bände, 1806–1820), „Ansichten von der Nachtseite der Naturwissenschaften" (1808), „Die Symbolik des Traumes" (1814). 1819 wurde er Professor für Naturgeschichte in Erlangen und ab 1827 in München. Zum Fortschritt der Zoologie trug er nichts bei, aber aus der Geschichte der deutschen Romantik ist er nicht wegzudenken. Seine allgemein-verständlichen Schriften machten ihn berühmt und hatten entscheidenden Einfluß auf Kleist, E. T. A. Hoffmann und die beiden Schlegel.

Sein Nachfolger war Karl Theodor Ernst von Siebold (geb. 1804 in Würzburg, gest. 1885 in München). Er wurde 1840 mit 36 Jahren Professor in Erlangen und 1853 als Ordinarius für Anatomie und Physiologie in die medizinische Fakultät der Universität München berufen. Sein Interesse galt der Zoologie. Als er nach München berufen wurde, war er bereits ein Zoologe von Rang. 1848 hatte er ein „Lehrbuch der vergleichenden Anatomie der wirbellosen Tiere" publiziert und 1849 mit Rudolf Albert von Kölliker (1817–1905) die „Zeitschrift für wissenschaftliche Zoologie" gegründet. Der Überlieferung nach hatte er aber in der medizinischen Fakultät neben der Anatomie auch die Physiologie zu lesen, und es scheint damals schon schwierig gewesen zu sein, beide Gebiete zu beherrschen. Es wird berichtet, daß sich Liebig, damals Generalkonservator der wissenschaftlichen Sammlungen, über seine Physiologievorlesung heimlich im Ministerium beschwert habe: Er verstünde nichts von Physiologie! Offenbar aber war seine Leistung als Zoologe anerkannt, denn ohne gefragt zu werden und zu seiner eigenen Überraschung wurde er 1854 zum Professor für Zoologie ernannt. Er übernahm die Sammlungen, erweiterte und organisierte sie und hat der Zoologie in den 32 Jahren seiner Münchener Zeit entscheidende Impulse gegeben. Seine schönen und vielseitigen Arbeiten zur Systematik der Süßwasserfische von Mitteleuropa (1863), über die Entwicklung der Medusen, parasitischer Würmer und der Insekten werden gekrönt durch den Nachweis der Parthenogenese bei Schmetterlingen, Bienen und Wespen.

Er hatte wenige Schüler, und ein Zoologisches Institut im heutigen Sinne gab es damals nicht. Nach seinem Tode im Jahre 1885 wurde Richard von Hertwig, damals 35 Jahre alt, berufen. Hertwig (geb. 1850, gest. 1937 in Schlederloh bei München) stammte aus Friedberg in Hessen, mit 28 Jahren wurde er Ordinarius in Jena, 1881 in Königsberg, 1883 in Bonn. Unter seiner Leitung wurde München die Hohe Schule der Zoologie, nicht nur in Deutschland, sondern in der ganzen Welt. Es ist nicht möglich, die vielseitigen und grundlegenden Arbeiten von Richard von Hertwig hier auch nur zu skizzieren. Stichworte müssen genügen: Arbeiten über Kernstruktur, über die Auffassung von Chromatin und Chromosomen, über die Kernteilung, über Befruchtungsvorgänge, über Sinnesorgane und Nervensysteme von Medusen, über zellphysiologische Fragen wie z.B. die Kern-Plasma-Relation, über künstliche Parthenogenese bei Seeigeleiern, über die Keimblättertheorie, systematische Arbeiten über Radiolarien, Aktinien, Abhandlungen über die Abstammungslehre deuten die Vielfalt der wissenschaftlichen Leistung an. Hertwig war nicht nur ein unermüdlicher und erfolgreicher Forscher, sondern auch ein begeisterter und infolgedessen auch seine Schüler begeisternder Lehrer, zu dem nicht nur aus Deutschland, sondern aus der ganzen Welt Schüler strömten.

Sein erster Schüler in München war Theodor Boveri. Karl von Frisch hat in seiner Darstellung der Geschichte des Münchener Zoologischen Instituts (1928) berichtet, daß Boveri wenige Tage nach dem Amtsantritt von Hertwig in München den Wunsch vortrug, ganztägig im Zoologischen Institut zu arbeiten, was aber nicht vorgesehen war. Rasch entschlossen habe Hertwig einen seiner Tische freigemacht und ihn gemeinsam mit Boveri in ein benachbartes Zimmer getragen. „Mir scheint" sagt von Frisch, „das war die Gründung des Zoologischen Instituts. Ein Vierteljahrhundert später umfaßte das Institut 50 Arbeitsplätze für ganztägige Praktikanten und selbständige Forscher."

Abb. 27. Richard Hertwig (1850–1937). 1885–1925 Nachfolger von Theodor von Siebold auf dem Lehrstuhl in München. Mitglied des Ordens Pour le mérite und des Bayerischen Maximiliansordens.

Abb. 28. Karl von Frisch (1886–1982). 1925–1945 Nachfolger von Richard Hertwig. 1932 erbaute er das jetzige Zoologische Institut in München in der Luisenstraße mit Mitteln der Rockefeller-Stiftung. 1946–1950 Professor an der Universität Graz, dann wieder in München. Mitglied des Ordens Pour le mérite und des Bayerischen Maximiliansordens.

1908 kam, vom Ruf der Münchener Zoologie angelockt, ein junger Student aus Wien nach München, um hier Zoologie zu studieren und zunächst am kleinen zoologischen Praktikum teilzunehmen: Karl von Frisch. Zu der Zeit war Richard Goldschmidt erster Assistent bei Hertwig und Franz Doflein (1873-1924) a. o. Professor für Systematik und Biologie der Tiere. Er verwaltete das damals noch mit dem Institut verbundene und Hertwig unterstellte Zoologische Museum.

„Das Zoologische Institut befand sich (1908) im zweiten Stock der „Alten Akademie" in der Neuhauser Straße. Das Gebäude war ehemals ein Kloster. Aus den Fenstern fiel der Blick auf die grünen Innenhöfe, in denen man zuweilen Patres von der benachbarten Michelskirche wandeln sah und alte Pensionisten, die ihren Rosengarten pflegten. Diese Räume hatten etwas vom Zauber ihrer stillen Abgeschiedenheit bewahrt, obwohl sie von jungen, lernbegierigen Studenten und älteren wissenschaftlichen Gästen aus aller Herren Länder belebt waren. Das Münchener Zoologische Institut hatte sich in jener Zeit zum meistbesuchten internationalen Zentrum unserer Wissenschaft entwickelt. Kein anderer Zoologe hat je in gleichem Maße Schule gemacht wie Richard Hertwig" (v. Frisch, Erinnerungen, p. 28).

Richard Hertwig ließ sich 1924 mit 74 Jahren emeritieren – eine Altersgrenze für Universitätsprofessoren gab es damals in Bayern nicht. Zunächst wurde Hans Spemann berufen, der jedoch ablehnte. Es folgte der Ruf an Karl von Frisch, der am 1. April 1925 das Institut übernahm. Er war dem Münchener Institut nicht nur durch seine Studentenzeit verbunden. 1912 – zwei Jahre nach dem Doktorexamen – hatte er sich in München habilitiert, in dieser Zeit entstanden die wunderschönen Arbeiten über das Farbensehen der Fische und Bienen und über die Sprache der Bienen. In die erste Zeit nach 1925 fallen die Untersuchungen über das Hören der Fische, über ihren Gleichgewichtssinn, über die Seitenorgane und die Lichtwahrnehmung durch das Zwischenhirn und manches andere.

Einige Anstöße und Ereignisse des Jahres 1886 haben die Welt erobert, materiell und geistig – oder eines von beiden. 1886 baute Gottlieb Daimler gemeinsam mit Wilhelm Marbach den ersten schnellaufenden Benzinmotor in einen Kutschwagen ein. Er erreichte damit auf der Strecke Stuttgart-Bad Cannstadt die enorme Geschwindigkeit von 18 km/Stunde. Carl Friedrich Benz erhielt im selben Jahr deutsche und ausländische Patente auf seinen (zunächst dreirädrigen) Motorwagen.

Nun zu Karl von Frisch: Zum 50jährigen Jubiläum des Automobils (wenn auch gewiß nicht aus diesem Anlaß und wohl kaum in dessen

Kenntnis) 1936 entschloß sich von Frisch, „obwohl (er) für Maschinen nie viel Verständnis hatte ..., ein Auto zu kaufen" („Erinnerungen", S. 109). Die Fahrprüfung begann nicht sehr hoffnungsvoll, weil das Ding nicht ansprang – von Frisch hatte nicht an den Zündschlüssel gedacht.

Das deckt einen Wesenszug von Frischs auf: Physik, Mathematik und komplizierte Apparate waren ihm zeitlebens fremd, ja er hatte einen Horror vor ihnen. „In puncto Mathematik hatte ich ein Brett vor dem Kopf", sagt er in seinen „Erinnerungen". Beobachten der Natur ohne apparativen Aufwand, das waren seine Anlage und sein Anliegen. Daß Bienen sich nach dem Polarisationsmuster des Himmels orientieren, bewies er mit einem Zelt und einem Ofenrohr. Ohne physikalische Kenntnisse machte von Frisch keine vagen Hypothesen, sondern engte die Möglichkeiten einer Antwort soweit ein, daß ein Physiker ihn sofort auf das Polarisationsmuster des blauen Himmels als Ursache für die Orientierung der Bienen hinweisen konnte. Diese Hypothese führte ihn alsdann weiter zu Versuchen mit Polarisationsfolien (von August Krogh aus den USA mitgebracht). Die erste Veröffentlichung von Karl von Frisch in „Experientia" (1949) war 6 Seiten lang. Allein die Zusammenfassung „Polarization Sensitivity" von Talbot Waterman (1981) im Handbook of Sensory Physiology umfaßt 290 Seiten mit 20 Seiten Literaturverzeichnis. Seitdem ist die Flut kaum geringer geworden.

Da läßt sich fragen, wie wir heute diese Überfülle noch bewältigen wollen. Beim Automobil ist in den hochindustrialisierten Ländern dieses Problem nicht gelöst und wird, so scheint es, immer unlösbarer. In der Wissenschaft ist die Situation zum Glück etwas anders. Nur darf man nicht denken und lehren oder gar fordern, man müsse eine Vielzahl dieser Dinge, die da in Büchern niedergelegt sind, auch wissen. Es ist einer der Fehler (auf Schulen und Hochschulen), den zu wissenden, zu lernenden Stoff festzulegen und diesen Katalog sowohl aus Fachegoismus als auch aus bürokratischer Vorschriftenmanie noch dazu ständig zu erweitern. Auf diese Weise machen wir aus Schülern und Studenten Konservendosen unseres Wissens, Konservendosen ohne Haltbarkeitsdatum. Wäre das nämlich (wohlverstanden für das Wissen, nicht für das Können) angegeben, so wäre die Wertlosigkeit dieser Konserven schnell erkannt. Für die Hochschule gibt es im Grunde nur ein Lernziel: zu lernen, wie man beantwortbare Fragen stellt.

Wichtiger als Faktenwissen ist: Wissen, wie man in den Speichern unserer Bibliotheken etwas findet. Das ist gar nicht so schwer, man muß es nur einmal geübt haben. Wenn man sich gar nicht zu helfen weiß, ist der erste Weg der zu den großen Konversationslexika, Meyer oder Brockhaus oder die Encyclopaedia Britannica. Nur darf man dort nicht unter einem allzu speziellen Stichwort Literatur suchen.

Vor hundert Jahren und lange Zeit danach stand die Abstammungslehre im Mittelpunkt des Interesses der Biologie und damit der Forschung und der Lehre. Im wesentlichen bestand die „Grundvorlesung" aus einer 5stündigen „vergleichenden Anatomie". Richard Hertwig las sie in München 6stündig. Der Münchener Lehrstuhl Th. von Siebolds (1804-1885), Richard Hertwigs (1850-1937), Karl von Frischs (1886-1982) heißt seit 1858 und heute noch „für Zoologie und vergleichende Anatomie". Das ist eine gute Tradition, obwohl (hoffentlich) niemand mehr auf die Idee kommen wird, einen reinen vergleichenden Anatomen auf diesen Lehrstuhl zu berufen. Das war schon mit Richard Hertwig nicht der Fall, ebensowenig bei Karl von Frisch.

Seit der Jahrhundertwende haben sich die großen Gebiete – fast könnte man sagen Disziplinen – der Biologie selbständig entwickelt; nicht daß sie nicht alle schon im 19. Jahrhundert vorhanden gewesen wären; aber sie führten zumeist ein Eigenleben, hatten ihre speziellen Methoden, spezielle Fragestellungen und meist auch spezielle Gegenstände. Die erste große Synthese war die Chromosomentheorie von Theodor Boveri (1904), die Synthese der Cytologie mit den Vererbungsgesetzen Gregor Mendels. Boveris Untersuchungen an *Ascaris* (Spulwurm) gehen ebenfalls auf das Jahr 1886 zurück, wenngleich die ersten Veröffentlichungen erst ein Jahr später erschienen.

Wir sollten diese Arbeiten der Großen wieder einmal in die Hand nehmen. sie sind nicht nur Muster an Klarheit der Darstellung, sie sind Kunstwerke, die auch ästhetisch ansprechen. Die knappe, sachlich und stilistisch einwandfreie Darstellung der Ergebnisse und die Dokumentation durch Bilder waren eine Selbstverständlichkeit. „So etwas müssen Sie wie ein Kunstwerk behandeln" war der Grundsatz, den Boveri seinen Schülern, etwa seinem Doktoranden Hans Spemann, als Richtschnur für die Darstellung in wissenschaftlichen Arbeiten mitgab (zit. nach O. Mangold 1953, S. 94). Boveris, Spemanns, von Frischs Arbeiten sind Kunstwerke, die man genießen und nicht in Magazinen verstecken sollte.

Bleiben wir noch einen Augenblick im Jahr 1886. In diesem Jahr erschien das Buch von August Weismann (1834-1914) „Die Bedeutung der sexuellen Fortpflanzung für die Selektionstheorie" bei Gustav Fischer in Jena. Weismann, einer der gedankenreichsten Zoologen des 19. Jahrhunderts nächst Darwin, begründete in dieser Schrift die erste fundierte Theorie der Sexualität: Im Verlauf der Befruchtung werden „zwei Vererbungstendenzen gewissermaßen miteinander gemischt. In dieser Vermischung sehe ich die Ursache der erblichen individuellen Charaktere und in der Herstellung dieser Charaktere die Aufgabe der amphigonen Fortpflanzung. Sie hat das Material an individuellen Unterschieden zu schaffen, mittels dessen die Selektion neue Arten hervorbringt" (1896, S. 29).

Hier wird zum ersten Mal die wesentliche Quelle der erblichen Variation, die Vereinigung väterlicher und mütterlicher Erbanlagen bei der Befruchtung in Verbindung mit der Selektionstheorie gesehen. Es hat lange gedauert (man kann zuweilen auch heute noch die Behauptung finden, Mutationen seien die wesentlichen Ursachen erblicher Variabilität), bis sich Weismanns Gedanken, Hypothesen und Theorien durchsetzten. Weismann war der erste, der konsequent, auf Grund eigener Beobachtungen und bekannter Tatsachen eine Vererbung erworbener Eigenschaften ablehnte. Die genotypischen Einheiten nannte Weismann „Determinanten". Sie sind beständige Einheiten, die bei der Befruchtung erhalten bleiben. Gregor Mendel hatte 21 Jahre vorher von „Elementen" gesprochen. Allerdings sind die theoretisch postulierten „Determinanten" Weismanns nicht genau identisch mit Mendels „Elementen", die wir heute Gene nennen.

Weismann lag weit mehr daran, die genetische Kontrolle der *Entwicklung* zu erklären als den Mechanismus der Übertragung von Erbfaktoren von einer Generation zur nächsten (E. Mayr, „Die Entwicklung der biologischen Gedankenwelt. Vielfalt, Evolution und Vererbung". Springer, Berlin Heidelberg New York Tokyo 1984. S. 688).

Das geistige Milieu des beginnenden 20. Jahrhunderts war also durch die Frage der Evolution, der Zellenlehre, der Entwicklungsgeschichte und der Genetik bestimmt. Die Physiologie war im wesentlichen eine Angelegenheit der Mediziner, wenn auch mit Ausnahmen. 1891 war Sigmund Exners (1846-1926) „Die Physiologie der facettirten Augen von Krebsen und Insecten" erschienen. In dem Vorwort heißt es: „Das Facettenauge liegt abseits von den viel begangenen Wegen unserer Wissenschaft." Sigmund Exner war Professor für Physiologie an der Universität Wien, ein Onkel von Karl von Frisch. Ihm verdankt Karl von Frisch viele Anregungen, auch (von Frisch studierte in Wien) zu einer ersten experimentellen Arbeit. „Es war eine vergleichende physiologische Arbeit im besten Sinn, zu einer Zeit, als es diese Wissenschaft als selbständige Disziplin noch gar nicht gab. Auch mir stellte der Humanphysiologe ein tierphysiologisches Thema, das der damaligen Zoologie fern lag: Er (Exner) hatte in den Facettenaugen Verlagerungen der Augenpigmente gefunden, die mit dem Wechsel vom Tages- und Dämmerungssehen im Zusammenhang stehen. Ich sollte herausfinden, welche Lage der Pigmente der Reizstellung und welche der Ruhestellung entspricht. Meine Versuchstiere waren Schmetterlinge, Käfer und Garnelen."

„Mit Eifer ging ich ans Werk, kam aber schnell in einen Konflikt. Ich mußte die Augen der lebenden Krebse mit elektrischen Strömen reizen, was ihnen sichtlich unangenehm war. Jeder Versuch kostete mich eine Überwindung" (von Frisch, „Erinnerungen", S. 26).

Nach einem zweiten, für Karl von Frisch uninteressanten Versuch einer Arbeit über die Entwicklungsgeschichte der Gottesanbeterin (dies Thema langweilte ihn), beobachtete er bei einem Kommilitonen den Farbwechsel von Ellritzen. Schon vorher war beschrieben worden, daß sich nach Durchtrennung des Nervus sympathicus der Schwanz der Fische hinter der Operationsstelle dunkel färbte. Von Frisch variierte die Schnittstelle systematisch „und kam von einer Überraschung in die andere". „Ich studierte die Nervenbahnen und Nervenzentren des Farbwechsels", wiederum beraten von seinem Onkel Sigmund Exner. Aber dies Thema hatte von Frisch selbst gefunden. Kennzeichnend für ihn: Der Anfang war eine Beobachtung des Tieres in seiner natürlichen Umgebung. An die Beobachtung schloß sich eine konsequente Folge von Fragen nach den physiologischen Grundlagen.

Völlig originell hatte von Frisch mit diesen Beobachtungen und den Methoden konsequenten Fragens zwei große, fruchtbare Arbeitsgebiete erschlossen: Die Kenntnis des Farbwechsels der Fische vor allem bei dem Lippfisch *Crenilabrus* führte zum Farbensehen, zunächst bei Fischen und dann bei Bienen. Zum zweiten führte von Frischs Schüler Ernst Scharrer, später Professor in den USA, die Untersuchung der (auch von Karl von Frisch entdeckten) Lichtempfindlichkeit der Epiphyse zur Entdeckung und tiefgehenden Analyse der Neurosekretion.

Die ersten Untersuchungen über das Farbensehen der Fische brachten, abgesehen von der Erkenntnis, daß Fische farbentüchtig sind, eine ganz allgemeine fundamentale und weit über die speziellen Ergebnisse wichtige Methode in die vergleichende Physiologie und Verhaltensforschung: Von Frisch begründete die Kriterien und Methoden für eine einwandfreie Dressur zur Analyse von Sinnesleistungen. Ich halte diese methodologische Grundlegung für noch wichtiger als das Ergebnis selbst: den Nachweis der Farbentüchtigkeit.

Allgemein bekannt ist die Kontroverse zwischen dem jungen Assistenten bei Hertwig und der Koryphäe der Ophthalmologie, Carl von Hess (1863-1923). Von Hess, Ordinarius für Augenheilkunde in München, glaubte durch umfangreiche Versuche nachgewiesen zu haben, daß alle Tiere total farbenblind seien. „Ich hatte als Anfänger gegenüber dem weltbekannten Geheimrat einen schweren Stand." 1911 wurden die ersten Versuche veröffentlicht. Was den jungen Assistenten am meisten verbitterte: Von Hess ließ sich nicht dazu bewegen, sich in dem nahen Institut die Versuche einmal selbst anzusehen. Von Frischs Groll gegen von Hess saß tief: 1963 wurde in München der 100. Geburtstag von Carl von Hess gefeiert, und der Schwiegersohn von Carl von Hess, der Professor für Chirurgie, Rudolf Zenker (1903-1984), bat mich, bei der Feier in der Augenklinik die Festrede zu halten. Als von Frisch das erfuhr, kam er grollend zu mir und beklagte sich noch 50 Jahre nach dem Desaster mit dem berühmten Ordinarius bitter bei mir.

Diese Dinge sind bekannt, aber sie sollten gerade heute wieder zum Besinnen Anlaß geben: Die immer mehr zunehmende Spezialisierung (aber nicht nur sie) zwingt die Herausgeber großer Fachzeitschriften, das Urteil von Fachleuten über Arbeiten einzuholen, die nicht gerade das Arbeitsgebiet des Herausgebers betreffen. Dieses „Referee-System" ist bei den meisten internationalen Zeitschriften (z.B. nicht bei Akademie-Zeitschriften und ähnlichen Periodica) seit langem allgemein üblich. Man bedenke nun, was dem armen Herausgeber einer solchen Zeitschrift und dem Autor passiert wäre, wenn er Karl von Frischs Arbeiten über das Farbensehen an die damals allgemein anerkannte Autorität, Carl von Hess, geschickt hätte? Zumindest *ein* vernichtendes „Ablehnen" wäre ihm auf den Tisch geflattert. Gewiß, es werden in der Regel zwei Referenten befragt. Was aber mit entgegengesetzten Kommentaren – „ablehnen" – „sofort und bevorzugt veröffentlichen" – anfangen? Das kommt gar nicht so selten vor, und es macht dem Herausgeber zumeist tagelange Arbeit, wenn er gerecht sein will.

Mit der Dressurmethode zur Analyse des Farbensehens hat dann 1921 Alfred Kühn (1885-1968) in Zusammenarbeit mit dem Physiker Robert Wichard Pohl (1884-1976) die Fähigkeit der Bienen, ultraviolettes Licht zu sehen, nachgewiesen. Einen Höhepunkt dieser Verhaltensstudien zum Farbensehen bilden die Arbeiten von Karl Daumer. Er mischte spektrale Farben und bestimmte den Farbenkreis bzw. das aus der Psychophysik des menschlichen Farbensehens bekannte Farbendreieck der Bienen; er zeigte, daß die Mischung der beiden Enden des

Spektrums auch für die Biene eine eigene Farbqualität ist, dem Purpur unseres Farbkreises entsprechend; Purpur entsteht, wenn (beim Menschen) Rot und Blau – die Enden des sichtbaren Spektrums – gemischt werden. Die Farbqualität Bienenpurpur entsteht entsprechend aus der Mischung von Gelb mit (geringen) Mengen Ultraviolett. Auch ein Bienenweiß läßt sich definieren; es muß Ultraviolett enthalten. Daumer stellte dann auch die Beziehung zwischen dem Farbensehen der Bienen und dem Aussehen der Blumen auf eine breite, gesicherte Grundlage. Diese Arbeiten gingen in die beiden Richtungen der biologischen Analyse: Aufhellung der sensorischen Mechanismen des Farbensehens (das Farbensehen kann mit der Annahme von drei Arten farbspezifischer Sehzellen erklärt werden) und die Frage nach dem Sinn und der Bedeutung des Farbensehens. – Heute nennt man das vornehm „Neuroethologie".

Farbensehen, Sehen polarisierten Lichtes, das sind nur Steinchen aus dem großen und geschlossenen Mosaik, das Karl von Frisch geschaffen hat. Man könnte noch viele solche Steinchen beleuchten und ihre fruchtbare Entwicklung bis heute verfolgen: Das Hören der Fische, 1923 zum ersten Mal beschrieben („Ein Zwergwels, der kommt, wenn man ihm pfeift", Biologisches Zentralblatt, Bd. 43), nur 7 Seiten lang. Der von Tavolga, Popper und Fay herausgegebene Band „Hearing and sound communication in fishes" (Springer 1981) umfaßt 32 Beiträge und mehr als 600 Seiten. Ich könnte genau so die Folgen und die Entwicklungen vieler Entdeckungen verfolgen, die auf Karl von Frischs Arbeiten über den Geruchssinn der Bienen und Fische, zur Duplizitätstheorie des Sehens aufbauen. Von Frisch selbst hat die Entdeckung des Rundtanzes der Bienen als seine folgenreichste Entwicklung bezeichnet.

„Den Schwänzeltanz kannte ich wohl, ich hatte ihn vor 20 Jahren als den Tanz der Pollensammlerinnen beschrieben. Nun kam heraus, daß ich mich geirrt hatte. Der Rundtanz bedeutete eine nahe Futterquelle, der Schwänzeltanz eine solche, die 50 bis 100 Meter oder weiter entfernt lag. Der Irrtum war dadurch entstanden, daß ich früher das Zuckerwasserschälchen stets in der Nähe aufgestellt hatte und Schwänzeltänze nur an Pollensammlerinnen sah, die von ihren natürlichen Trachtquellen aus größerer Entfernung kamen." („Erinnerungen", S. 126).

Dem überaus sorgfältigen Beobachter fiel noch etwas anderes auf: „Zu dieser Überraschung gesellte sich eine zweite: Wenn ein Futterplatz westlich vom Stock angelegt war, und zwei Beobachtungsschälchen mit dem gleichen kennzeichnenden Duft, in etwa gleicher Entfernung vom Stock, in westlicher und in östlicher Richtung aufgestellt waren, dann kamen zahlreiche Neulinge nach Westen, aber im Osten suchte fast keine einzige Biene. Wurde am folgenden Tag das Futterschälchen nach Osten verlegt, so richtete sich nun der Strom der alarmierten Stockgenossen nach Osten und hatte sein Interesse an der westlichen Flugrichtung verloren. Sollten sie auch ein Signal für die Himmelsrichtung haben? (...) Ich wollte nicht glauben, was sich vor meinen Augen abspielte. Doch war an der Tatsache nichts zu ändern." („Erinnerungen", S. 127).

Wieder sollten wir uns einen Augenblick besinnen: Es war nicht die erste Entdeckung, die bei von Frisch selbst zunächst ungläubiges Staunen und Zweifel hervorrief. Erwartete Ergebnisse mögen interessant sein und den Beobachter beruhigt schlafen lassen. Wir müssen uns aber sehr hüten, Unerwartetes und zunächst sogar Unwahrscheinliches vom Tisch zu wischen. Das gerade sind die Dinge, die in Neuland führen – sofern sie gründlich und unwiderleglich beobachtet sind. Eine unerwartete Beobachtung ist immer fruchtbar und wertvoll; nur darf man sie aus Unachtsamkeit, Bequemlichkeit oder gar durch „Statistik" nicht unter den Teppich kehren, was besonders gern Computer tun. Man täte Karl von Frisch unrecht, wollte man nur die Vielfalt und Konsequenz seiner Entdeckungen erwähnen. Seine wissenschaftliche Arbeit floß aus einer von Kindheit an geprägten und ausgeprägten Liebe zur lebenden Natur, einer Liebe, die nie die Geheimnisse der Natur entschleiern wollte, um sich die Natur dienstbar zu machen.

Wenn wir an das Ende des vorigen Jahrhunderts zurückdenken, so finden wir: Die großen Fragen der Biologie waren gestellt. Neue Entdeckungen, neue Teildisziplinen haben sich fruchtbar entwickelt. Keine der Fragen, ob die nach der Evolution, der Entwicklung und ihren Bedingungen, der Physiologie, der Genetik und Vererbung, nach dem Ursprung des Lebens, ganz zu schweigen von seiner Zukunft, ist endgültig gelöst.

In den letzten hundert Jahren und vor allem den letzten Jahrzehnten ist die Biologie zunehmend komplexer geworden, und den Stand der Physik oder Chemie hat sie längst erreicht, sowohl an Komplexität (nicht nur der Organismen, sondern ihrer Aussagen) und Umfang als auch an Exaktheit. Daß sie darüber hinaus Gesetze kennt, die nicht physikalischer oder chemischer Natur sind, ist heute allgemein anerkannt. Ich erwähne nur den Begriff der Teleonomie: Wir dürfen nicht nur, sondern wir müssen nach dem Sinn einer Erscheinung fragen.

Ein zweiter Aspekt der Entwicklung der Biologie seit hundert Jahren ist die ungeahnte praktische Bedeutung ihrer Ergebnisse. Physik und Chemie, ebenso die medizinische Physiologie waren im 19. Jahrhundert Quellen umfangreicher technischer und praktischer Anwendungen. Dabei sollte nicht vergessen werden, daß z. B. die Elektrotechnik ihre historischen Wurzeln einem biologischen Phänomen verdankt: Galvanis Entdeckung der „tierischen Elektrizität"; sie führte Alessandro Volta zur Entdeckung des „galvanischen", des elektrischen Stromes. Und die organische Chemie nahm ihren Anfang mit der Harnstoffsynthese durch Wöhler. Aber so sehr diese Entdeckungen die Physik und die Chemie förderten, angewandte Biologie im eigentlichen Sinn gibt es erst seit der Mitte dieses Jahrhunderts. Auch in der Biologie ist Anwendung ambivalent; sie kann zum Guten wie zum Bösen führen. „Ein Messer kann man zum Brotschneiden oder zum Halsabschneiden benutzen" (Walther Gerlach). Das gilt in vollem Umfang auch für die angewandte Biologie. Der Beispiele gibt es genug; man denke nur an die B-Waffen, die Folgen der Anwendung von Pestiziden, der sich entwickelnden Resistenz gegen Antibiotika, die eine vor 40 Jahren harmlose Blinddarm-Operation heute zu einem Risiko macht, weil jeder Operationssaal mit resistenten Bakterien verseucht ist.

Alle drei, von Siebold, von Hertwig und von Frisch, waren Mitglieder der Bayerischen Akademie der Wissenschaften, der Deutschen Akademie der Naturforscher Leopoldina (der ältesten deutschen Akademie, gegründet 1642), waren Träger des Bayerischen Maximiliansordens für Wissenschaft und Künste und des Orden Pour le mérite für Wissenschaft und Kunst, und vieler anderer hoher Ehrungen. Es dürfte wenige Institute oder Lehrstühle geben, die eine solche Tradition aufweisen können.

Das Gebäude des Zoologischen Institutes wurde, mit Ausnahme des Hörsaal- und Kurs-Gebäudes, in den Jahren 1931–1932 von dem von John D. Rockefeller 1923 gegründeten International Education Board, kurz Rockefeller Foundation, errichtet. Die Mittel in Höhe von 993 000 Mark wurden Herrn von Frisch unter der Bedingung gewährt, daß der Staat ein Grundstück zur Verfügung stelle und ein Hörsaal-Gebäude errichte. Es waren wirklich Zeiten der Not, wie es die Inschrift im Eingang des Zoologischen Institutes sagt: „Der Forschung erbaut von der Rockefeller Foundation in Jahren der Not 1931–1932". Wenig später hätte die Rockefeller Foundation keinen Pfennig mehr nach Hitler-Deutschland gegeben.

Abb. 29. Dietrich Burkhardt. Promovierte bei mir in Göttingen, kam mit nach Würzburg und München. Dann Professor für Tierphysiologie in Frankfurt und Regensburg. Mit ihm leitete ich zum ersten Mal mit Mikroelektroden die Potentiale einzelner Sehzellen von Insektenaugen ab und bestimmte deren spektrale Empfindlichkeiten. Später hervorragende Arbeiten über Verhalten von Stielaugenfliegen (Diopsiden) und das Sehen ultravioletten Lichtes bei Vögeln.

Bereits am 15. April konnten wir – die Familie – von Würzburg nach München umziehen. Die Wohnung stellte die Universität über eine Maklerfirma zur Verfügung: In der Veterinärstraße 7, eine (zunächst) schöne und große Wohnung, günstig unmittelbar zwischen Universitätshauptgebäude und Englischem Garten gelegen, in einer ruhigen Straße.

Der Englische Garten war damals eine wahre Erholungsstätte, ruhig und gepflegt, mit herrlichen Anlagen. Er war Ende des 18. Jahrhunderts von dem Amerikaner Benjamin Thompson (1753–1814), seit 1791 vom Bayerischen Kurfürsten zum Grafen von Rumford ernannt, angelegt worden. Die Lage der Wohnung war optimal: In 20 Minuten konnten meine Frau und ich zu Fuß zum Institut gehen, Swantjes Schule lang in der Luisenstraße gegenüber dem Institut. Der vierte in der Familie war unser treuer Hund Pluto, ein Deutsches Kurzhaar, braun mit grauweißen Flecken und einem treuen Blick. Pluto war uns schon in Göttingen zugelaufen. Neben „unserem" Haus am Nonnenstieg wohnte in einer von den Besatzungstruppen beschlagnahmten Villa ein englischer Offizier. Er kehrte Weihnachten 1951 nach England zurück und brachte Pluto zu einem Förster 20 km außerhalb von Göttingen. Wenige Tage später saß Pluto jaulend bei eisiger Kälte vor seines Herrn, unseres abgereisten Nachbarn, Haus. Wir lockten Pluto in unser Zimmer, wo er sofort auf einen Ledersessel sprang, sich zusammenrollte und erschöpft einschlief.

Im Institut bezogen wir zunächst die oberste Etage des Institutes für Physikalische Chemie. Das war zwar wenig, aber dafür konnte im zerstörten Zoologischen Institut gebaut werden. Dr. Burkhardt unterstützte mich sehr tatkräftig bei der Bauaufsicht. Gewiß gab es gelegentlich kleine Reibereien mit dem Bauamt. Eines Tages beschwerte sich der Direktor des Universitätsbauamts sogar beim Rektor über mich, und der Senat sprach mir – ohne mich zu hören – einen Tadel aus. Ich mußte den Rektor auf den Rechtsgrundsatz „audiatur et altera pars" aufmerksam machen; Magnifizenz erschien bei mir und entschuldigte sich nicht nur, sondern sah auch ein, daß die Schuld beim Bauamt lag.

Das Farbensehen der Bienen I

Das Wichtigste aber war, daß Forschung und Unterricht schnell in Gang kamen. Auch dabei war Burkhardt eine große Hilfe: Er ließ in der Werkstatt einen Apparat konstruieren, mit dem Glasmikroelektroden hergestellt werden konnten, feine Glasröhrchen mit einem Spitzendurchmesser von 1/10 000 mm. Mit diesen Mikroelektroden konnten einzelne Sehzellen in Insektenaugen angestochen und die elektrischen Potentiale abgeleitet und auf einem Kathodenstrahloszillographen sichtbar gemacht und photographiert werden. Burkhardt arbeitete zunächst mit unserem „Haustier", der Schmeißfliege *Calliphora* und erzielte damit die ersten Erfolge. Natürlich lag es nahe, der Münchener Tradition zu folgen und die Bienen zu untersuchen. Es waren die einzigen Insekten, bei denen in Verhaltensversuchen ein echtes Farbensehen nachgewiesen war, durch die genialen Versuche von Frischs. Vor allem hatte 1956 ein Schüler von Frischs, Karl Daumer, in geistreichen Verhaltensversuchen gezeigt: Das Farbensehen der Bienen ist trichromatisch wie das des Menschen, wenn auch mit Unterschieden im wahrnehmbaren Wellenlängen-Bereich (Bienen können Ultraviolett als Farbe sehen; im roten Bereich ist für sie das sichtbare Spektrum verkürzt.) Wie beim Menschen ist der Farbenkreis geschlossen: Mischt man die Farben der Enden des Spektrums – beim Menschen Violett und Rot, bei der Biene Ultraviolett und Gelb), so entsteht eine neue Farbe, Purpur. „Bienenpurpur" ist also eine Mischung von Ultraviolett und Gelb. Auch für Bienen gibt es ein „Weiß": Es muß Ultraviolett (UV) enthalten.

Daumers Ergebnisse stimmten mit der von Young und Helmholtz entwickelten Theorie überein, nach der Farbensehen beim Menschen auf dem Zusammenwirken von drei Arten von Lichtrezeptoren mit unterschiedlicher spektraler Empfindlichkeit beruht: Eine Art von Lichtzellen ist im Rot, eine zweite im Grün, eine dritte im Blauviolett maximal empfindlich. Die Empfindlichkeiten überlappen sich; so wird Farbensehen möglich. Freilich: Das war nur eine Vermutung, eine zwar gut gesicherte geniale Hypothese. Denn an einzelnen Sehzellen zu messen und die Existenz der drei Typen von Sehzellen nachzuweisen war bisher nicht gelungen.

Nach umfangreichen Vorbereitungen – unter tatkräftiger Unterstützung seitens der Werkstatt – wagten wir uns an die Bienen, mit einigem ängstlichen Gefühl: Es war ja keineswegs sicher, daß Bienen in elektrophysiologischen Versuchen so brav sind wie bei der Analyse im Verhaltensversuch. Zu unserem Erstaunen und unserer Erleichterung waren Bienen hervorragend geeignet.

Da meine Zeit durch mannigfache andere Aufgaben in Anspruch genommen war, gewann ich eine tüchtige Mitarbeiterin, Frau Dr. Vera von Zwehl (verheiratet mit Professor Jürgen Boeckh), von der Deutschen Forschungsgemeinschaft bezahlt. Bienen wurden unsere zweiten „Haustiere". Bienenstöcke standen seit langem im Garten, und sie wurden von einem tüchtigen Imker, Herrn Gruber, versorgt. Drohnen und Sammelbienen standen reichlich zur Verfügung.

In Zusammenarbeit mit Frau Dr. von Zwehl fanden wir tatsächlich vier Maxima im Spektrum bei der Ableitung von einzelnen Sehzellen, bei 340 nm, also im Ultraviolett, bei 414 nm, im tiefen Blau, bei 463 nm, ebenfalls im Blau, und bei 527 nm, im Gelb (s. Abb. 32). Der Verlauf der spektralen Empfindlichkeitskurven erklärte zugleich die von anderen (von Helversen; Menzel) gemessenen Unterschiede der spektralen Empfindlichkeit im Spektrum. 1962 und 1964 wurden diese Ergebnisse in der Zeitschrift für Vergleichende Physiologie veröffentlicht.

Eine kurze Mitteilung über spektrale Empfindlichkeit einzelner Sehzellen (zusammen mit Dr. Burkhardt), die ich 1961 an die englische Zeitschrift „Nature" schickte, wurde ohne Begründung abgelehnt. Ich bat daraufhin Professor Otto Lowenstein in Birmingham um Aufklärung und Vermittlung. Darauf wurde die Mitteilung von der „Nature" angenommen. (Lowenstein hatte bei von Frisch promoviert, war emigriert und Professor in Birmingham). Die „Aufklärung" erfolgte viele Jahre später durch Sir Hans Krebs (1900–1984), Nobelpreisträger für Medizin (1953). Krebs war 1933, wie viele unserer besten Wissenschaftler, emigriert und zunächst in Cambridge und ab 1954 in Oxford Professor. Als ich ihm (viel später) die Geschichte erzählte, meinte er, die „Nature" sei keineswegs immer sachlich, und zudem habe sie bzw. einige ihrer Mitarbeiter eine Aversion gegen alles Deutsche. Mit unsachlichen Berichten über deutsche Wissenschaft fährt sie in der Tat bis heute fort. Warum eigentlich?

Die Mitarbeiter in München

In München war zunächst der verfügbare Raum mehr als knapp. Meine Frau half mir in meinem Labor, aber der Raum mußte mit Doktoranden geteilt werden. Dazu kam: Ich wollte und mußte tüchtige Mitarbeiter und ehemalige Schüler nach München holen, denn trotz der Raumnot sollte die Forschung weitergehen. Der dringendste Fall war Dietrich Schneider (s.Abb. 21). Er war nach seiner Promotion zunächst als Dozent am Leibniz-Kolleg, hatte aber bald gute Kontakte zu Alfred Kühn und Adolf Butenandt. Er wurde Assistent am Max-Planck-Institut für Biologie in Tübingen bei Alfred Kühn, arbeitete dort zunächst über Probleme der Nervenleitung. Butenandt und Erich Hecker untersuchten am Max-Planck-Institut für Biochemie die Sexuallockstoffe (Pheromone) des Seidenspinners *Bombyx mori*. Das war die Frage nach der chemischen Struktur der Stoffe, mit denen weibliche Seidenspinner die Männchen anlocken. Erst in Tübingen gelang es Butenandt, einen sicheren Test zur Prüfung der isolierten bzw. synthetisierten Substanzen zu entwickeln: Wirksame Stoffe bewirken bei ruhenden Männchen ein Schwirren der Flügel. Schneider beherrschte die elektrophysiologischen Methoden. Die Sinneszellen, mit denen die Lockstoffe wahrgenommen werden, wurden auf den Antennen der Männchen vermutet. In hervorragender Zusammenarbeit mit den Kollegen aus dem MPI für Biochemie leitete Schneider die Aktionsströme von den Antennen-Nerven (Elektroantennogramm) ab, mit Erfolg. So entstand ein überaus fruchtbares Gebiet der Physiologie der chemischen Sinne, vorbildlich auch durch die Zusammenschau von Physiologie und Morphologie der Sinnesorgane, der Biochemie, ökologischer Aspekte, und schließlich praktischer Anwendung.

Dietrich Schneider kam im September 1958 nach München: Professor Kühn war emeritiert worden, und das Max-Planck-Institut für Biologie erhielt eine andere Arbeitsrichtung (Biologische Kybernetik). Die Folge: Dietrich Schneider verlor seine Stellung und mußte seinen Arbeitsplatz räumen. So konnte ich Schneider zu mir zurückholen.

Er brachte zwei Doktoranden, Jürgen Boeckh und Karl-Ernst Kaißling, mit – und lebende Bryozoen (Moostierchen). Das sind sehr eigentümliche, stark verzweigte Kolonien von vielen Einzeltieren, deren jedes einzelne nur wenige Millimeter groß ist. Ein hufeisenförmiger Kranz von Tentakeln umgibt die Mundöffnung. Sie sehen zwar Korallenpolypen äußerlich ähnlich, sind aber mit ihnen in keiner Weise verwandt. Im Süßwasser sind Bryozoen bei uns häufig auf Holz oder abgestorbenen Blättern.

Damals war es noch üblich und zumeist gefordert, daß zur Habilitation eine Arbeit vorgelegt wurde, die nicht eine Fortsetzung der Doktorarbeit war. Deren Thematik stammte ja in der Regel vom Doktorvater. Um sich an einer Universität habilitieren zu können und damit Dozent zu werden, mußte also wissenschaftliche Originalität nachgewiesen werden. Die vorgelegte Arbeit sollte in jeder Hinsicht originell sein. Der Kandidat mußte also nachweisen, daß er selbständig ein unbearbeitetes Gebiet gefunden und erfolgreich entwickelt hatte. So kam Schneider auf den Gedanken, sich mit den wenig bearbeiteten, ihm von Exkursionen (noch in Berlin) bekannten Moostierchen zu beschäftigen. Er legte eine umfassende Arbeit über deren Morphologie und Orientierung der Fakultät in Tübingen vor. Ordinarien für Zoologie waren ein Schüler von von Frisch, Franz Peter Möhres, und Hermann Weber (Verfasser eines hervorragenden „Lehrbuchs der Entomologie", Fischer Jena 1933). Weber war schwer krank, starb 1956 (geb. 1901) und konnte sich um nichts kümmern. Möhres war offenbar in jeder Hinsicht ein unverträglicher Mensch, der niemand, weder seinen Mitarbeitern noch gar einem Assistenten am Max-Planck-Institut, etwas gönnte. Er erhob Einspruch gegen Schneiders Habilitationsarbeit, und Alfred Kühn (der zur Max-Planck-Gesellschaft gehörte und nicht Mitglied der Fakultät war) gab Schneider den Rat, das Habilitationsgesuch zurückzuziehen, bevor es zu einem formellen Scheitern der Habilitation kam. Das hätte nämlich eine erneute Habilitation in einer anderen Fakultät erschwert. Das war schon 1956 geschehen. 1958 konnte ich dann Schneider aus seiner mißlichen Lage befreien, ihm eine Assistentenstelle und die Habilitation in München in Aussicht stellen. Es hat sich gelohnt, für beide.

Noch ein Wort zu Herrn Möhres: Obwohl er bei von Frisch promoviert hat, erwähnt ihn von Frisch in seinen „Erinnerungen eines Biologen" (Springer, Berlin Heidelberg New York, 3. Aufl. 1973) nicht. Möhres hat auch anderen Mitarbeitern bewußt Ärger gemacht. So verbot er seinem Assistenten Gerhard Neuweiler, einen Antrag für Forschungsmittel bei der „Stiftung Volkswagenwerk" zu stellen. Neuweiler erzählte mir das, und ich rief Gotthard Gambke, den Generalsekretär der Stiftung, an und erzählte ihm die Sache. Gambke kannte ich noch aus unserer gemeinsamen Zeit in der Deutschen Forschungsgemeinschaft. Gambke zögerte nicht einen Augenblick, bestellte Herrn Neuweiler zu sich, nahm den Antrag entgegen, und die Stiftung bewilligte ihn. Das war viele Jahre später.

Die Moostierchen-Kolonien brachte eine technische Assistentin per Bahn aus Tübingen mit. Um die Tierchen unterzubringen, mußten in aller Eile noch 30 geeignete Aquarien bei uns beschafft werden. Am 17. September 1958 morgens wurden dann die Apparate in Tübingen verpackt. Schneider und sein Doktorand K.-E. Kaißling fuhren mit dem Motorrad hinter dem Möbelwagen her, um beim Einräumen in München dabei zu sein. Schneiders Doktoranden bekamen als Arbeitsstätte zunächst einen fensterlosen Raum im Keller des Institutes. Schneider wurde dann wieder von der Max-Planck-Gesellschaft aufgenommen, zunächst (behelfsweise) am Max-Planck-Institut für Psychiatrie in München, und schließlich als Direktor am Max-Planck-Institut für Verhaltensphysiologie in Seewiesen.

Einen anderen Schüler holte ich aus Göttingen nach München: Johann Schwartzkopff (s. Abb. 22) (gest. 1995). Er hatte sich in Göttingen bei Henke habilitiert, wie Dietrich Schneider mit einer Arbeit, die nichts mit seiner Doktorarbeit zu tun hatte: „Über die Leistung des isolierten Herzens der Weinbergschnecke (*Helix pomatia* L.) im künstlichen Kreislauf" (Z Vergl Physiol 36: 543–594, 1954). Schwartzkopff hatte zunächst über den Vibrationssinn der Vögel (Dompfaffen, *Pyrrhula pyrrhula*; bullfinch) gearbeitet. Hier und in der Hörphysiologie der Vögel und Insekten hatte er bahnbrechende, originelle Wege beschritten. Er kam ebenfalls 1958 nach München. Seine Umhabilitation von Göttingen nach München bereitete keine Schwierigkeiten. So hatte ich in Kürze drei effektive Arbeitsgruppen, Burkhardt, Schneider und Schwartzkopff. Vor allem: Mit ihnen allen war die Zusammenarbeit hervorragend. Ergiebig waren auch die immer gemeinsamen Seminare.

Dazu kam Martin Lindauer. Er ist Schüler von von Frisch und hatte 1947 bei ihm (in Graz) promoviert. Von Frisch brachte ihn 1950 mit nach München, wo er sich 1956 habilitierte. Schon in seiner Dissertation über die Arbeitsteilung im Bienenstaat löste er überaus komplexe Fragen. Auch mit ihm und seinen Schülern – ich nenne nur Hubert Markl, später Ordinarius an der Universität Konstanz und Präsident der Deutschen Forschungsgemeinschaft – entwickelte sich eine fruchtbare Zusammenarbeit. So wurde von Herrn Markl zum ersten Mal die Frage geklärt, welches die Sinnesorgane für die Wahrnehmung der Gravitation bei Bienen und allgemein bei Insekten sind.

Hier sei eine Bemerkung über den personellen und damit wissenschaftlichen Aufbau eines Institutes eingeschaltet. Mein Bestreben war es, eine Gruppe mehr oder weniger selbständiger, aber *zusammenarbeitender* und sich gegenseitig ergänzender, helfender und anregender Mitarbeiter zu gewinnen. Dazu ist Konzentration auf eines der zahllosen Gebiete der Zoologie nötig. Das soll nicht heißen, daß nun „parallele" Lehrstühle etwa nur mit Vertretern einer Spezialrichtung besetzt werden sollten. Aber Fakultäten sollten jeden Bewerber oder Kandidaten für eine Stelle im Rahmen eines Institutes fragen, ob er zu produktiver Zusammenarbeit mit seinen Kollegen bereit und an ihr interessiert ist. Ein Institut sollte einem Orchester gleichen. Es ist ein Zeichen für Scheuklappen und von armseligem Spezialistentum, wenn – wie es mir nach meiner Emeritierung passiert ist – ein „Kollege" im gleichen Haus auf meine Bitte um Sonderdrucke seiner Arbeiten antwortet: „Ja, interessiert Sie denn, was ich treibe?". Offenbar interessiert er sich auch nicht dafür, was andere treiben. Ein Zwergpflänzchen im Urwald, und zudem ein schlechter Lehrer, denn wie kann er Studenten erzählen, wo in der Großstadt „Zoologie" sein eigenes Haus steht?

Zurück zu Martin Lindauer! Reisen in die Tropen führten ihn zum Studium der indischen und der südamerikanischen (stachellosen) Bienen und hatten ihn schon 1956 zur Aufklärung der Phylogenie der „Sprache" der Bienen und ihres Verhaltens geführt. Dazu kamen Untersuchungen über die Bedeutung des erdmagnetischen Feldes auf die Tänze der Bienen. So konnte er die Frage beantworten: Warum sind die Tänze der Bienen mit Fehlern behaftet? Es ist der Einfluß des erdmagnetischen Feldes. Wird er kompensiert, dann verschwinden die Fehler.

1963 nahm Lindauer einen Ruf an die Universität Frankfurt a. M. an. 1973 wurde er Ordinarius in Würzburg.

Weitere Mitarbeiter kamen zu allen diesen. Werner Nachtigall war Schüler von Werner Jacobs. Er hatte neben Biologie Physik studiert, und das schlug sich in seinen Arbeiten über die Physiologie des Vogelfluges und die Biophysik des Insektenfluges nieder. Er zeigte, wie fruchtbar gründliche physikalische Kenntnisse für Forschungen in der Biologie sind. Wie alle meine Mitarbeiter war er bestrebt, sich einen Überblick über das Gesamtgebiet der Zoologie zu erarbeiten. Daraus entstanden die jedermann verständlichen Bücher „Phantasie der Schöpfung" (1974), „Funktionen des Lebens" (1977), „Unbekannte

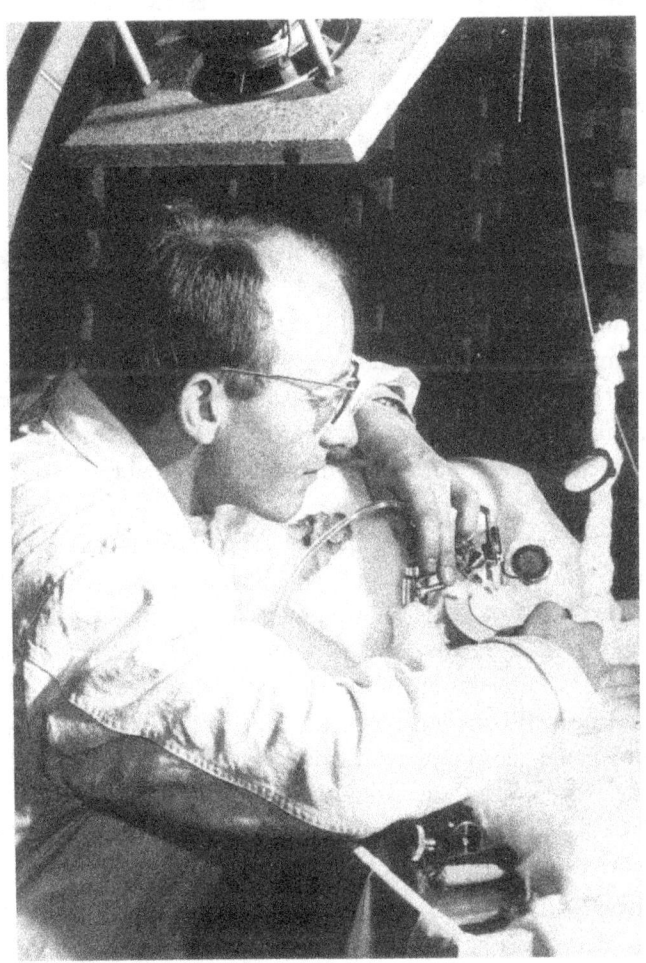

Abb. 30. Friedrich G. Barth bei seiner Arbeit an der Dissertation im schalltoten Raum des Institutes (1965). Arbeitete bei Theodore H. Bullock in San Diego und promovierte dann bei mir in München. Spezialgebiet: Verhalten und Sinnesphysiologie bei Spinnen. Wurde Ordinarius für Zoologie in Wien. Mitherausgeber des Journal of Comparative Physiology.
(Photo: Swantje Autrum-Mulzer).

Umwelt", „Die Faszination der lebendigen Natur" (1979) und andere. Das gleiche gilt für Friedrich G. Barth (Abb. 30), dessen wissenschaftliche Arbeiten dem Verhalten und der Sinnesphysiologie von (tropischen) Spinnen gelten. Er studierte in München und Los Angeles (bei T. H. Bullock) und promovierte 1967 in München, wurde 1975 als Nachfolger von Lindauer auf einen Lehrstuhl nach Frankfurt berufen; seit 1987 ist er Ordinarius an der Universität Wien. 1982 erschien das prächtige Buch „Biologie einer Begegnung. Die Partnerschaft der Blumen und Insekten". Es ist für Laien, für den Liebhaber der Natur geschrieben.

In der Mitte der sechziger Jahre hielt ich einen (nicht publizierten) öffentlichen Vortrag, in dem ich auch Fragen der Populationsbiologie und des sozialen Streß erwähnte. Einige Tage später kam ein Student zu mir, um mir zu sagen, er glaube nichts von dem, was ich über Streß gesagt hatte. Das war Dietrich von Holst, der Sohn von Erich von Holst. Gut, meinte ich, dann solle er das beweisen und die von mir vorgetragenen Ansichten widerlegen. Arbeitsplatz und Mittel (zum Teil von der DFG) würde ich ihm zur Verfügung stellen. So entstanden von Holsts Arbeiten über sozialen Streß. Zunächst arbeitete er mit Tupajas (Spitzhörnchen). Das sind ca. 15 cm große Säugetiere mit einem ebenso langen buschigen Schwanz. Ihre systematische Stellung ist nicht restlos geklärt; oft werden sie an die Wurzel der Primaten gestellt. Sie leben in Südostasien. Professor Eibl-Eibesfeld stellte einige Tiere aus den Beständen des MPI in Seewiesen zur Verfügung. Bei jeder Erregung sträuben Tupajas die Haare auf den langen Schwänzen, als äußeres Zeichen einer Streß-Situation. Von Holst promovierte mit einer klassischen Arbeit: „Sozialer Stress bei Tupajas (*Tupaja belangeri*). Die Aktivierung des sympathischen Nervensystems und ihre Beziehung zu hormonal ausgelösten ethologischen und physiologischen Veränderungen" (Z. Vergl. Physiol. 63: 1–58; 1966). Später, als Professor an der Universität Bayreuth, setzte er diese Untersuchungen fort. Über seine Ergebnisse berichtete er mir in einem Brief vom 13. März 1995. Da diese Untersuchungen über sozialen Streß ein neues und eigenes Arbeitsgebiet eines meiner Schüler darstellen, seien sie hier wiedergegeben. Ich zitiere:

„Erstmals kam ich auf einer Tagung auf Sylt mit Wildkaninchen in Kontakt, die dort in derartiger Zahl vorkommen, daß sie von allen wie die Pest gefürchtet werden. Aufgrund ihrer Häufigkeit, Größe und leichten Beobachtbarkeit erschienen sie mir sofort als ideales Untersuchungsobjekt .... Als erstes haben wir dann mit Hilfe eines Jägers auf dem Flughafen von Sylt zwischen 1979 und 1982 jweils sowohl im Frühjahr als auch im Herbst insgesamt 500 Wildkaninchen erlegt, von denen wir stets innerhalb von weniger als einer Minute Blutproben und Organe für die verschiedensten endokrinologischen und sonstigen Untersuchungen entnehmen konnten. Wir hatten daher im Gegensatz zu früheren Untersuchungen die Möglichkeit, moderne Methoden zur Charakterisierung des Zustandes der Tiere einzusetzen. Meine Annahme war, daß die Kaninchen zu Beginn der Reproduktionsperiode auf Grund der gestiegenen Aggression unter einem stärkeren Streß stehen sollten als am ‚friedlicheren' Ende der Fortpflanzungszeit. Diese Annahme wurde durch etwa 20 morphologische, histologische, parasitologische und klinisch-chemische Daten eindrucksvoll bestätigt.

Nachdem somit bei Kaninchen tatsächlich in der Natur physiologisch faßbare Streßreaktionen auftreten, errichtete ich in Bayreuth ein ca. 25 000 m^2 umzäuntes Versuchsgelände mit zwei Beobachtungstürmen und einem kleineren Labor. In dem Gelände befinden sich sowohl mehrere künstliche als auch von den Tieren selbst gegrabene Bausysteme. In einjährigen Vorversuchen in kleineren Gehegen erprobten wir zunächst die verschiedenen Methoden zur Durchführung einer umfangreichen populationsphysiologischen Untersuchung (Entwicklung von Fallen zum Fang der Tiere, dauernde individuelle Markierung, Techniken der Blutentnahme, Einfluß von Fang auf Verhalten und Reproduktion (etc.); anschließend setzten wir eine Gruppe von etwa 30 Wildkaninchen in das Großgelände. Alle erwachsenen Tiere (und teilweise auch die Jungen) werden seither ständig beobachtet. Eingriffe in die Populationsentwicklung machen wir nicht, doch werden möglichst alle Tiere monatlich einmal gefangen, um u. a. Blut für endokrinologische und verschiedene immunologische und sonstige Untersuchungen zu entnehmen. Das Gelände ist so umzäunt, daß die Kaninchen es nicht verlassen können; jedoch können die verschiedensten Raubfeinde (u. a. Marder, Katzen, Füchse, Mauswiesel, Raubvögel) problemlos in das Gelände gelangen (und es auch wieder verlassen).

Unsere wichtigsten Befunde sind: Kaninchen haben eine ausgeprägte Reproduktionsperiode, während der die Weibchen weitgehend synchron alle vier Wochen ihre Würfe zur Welt bringen (6 Würfe mit im Mittel jeweils 6 Jungen pro Jahr). Während der gesamten Reproduktionsperiode (März bis September) gibt es innerhalb der Männchen sehr heftige Kämpfe um Reviere und Rangpositionen, die einhergehen mit einer drastisch erhöhten Nebennierenrindenaktivität. Ebenso sind auch die Herzraten der Tiere während der Reproduktionsperiode um etwa 30% höher als außerhalb der Reproduktionszeit. Auch innerhalb der Weibchen gibt es zu Beginn der Reproduktionsperiode heftige Kämpfe um Rangpositionen (und damit zum Zugang zu den besten Wurfbauen), doch sinkt dann ihre Aggression ab, um erst im Herbst wieder auf ein zweites Maximum anzusteigen, das durch die Integrationsversuche der Jungtiere in bestehende Gruppen induziert wird. Entsprechend weist die Nebennierenrindenaktivität einen zweigipfligen Verlauf auf. Innerhalb unserer Population leben die Kaninchen (wie auch in der Natur) in Gruppen von 1–3 Männchen und etwa doppelt so vielen Weibchen, wobei Männchen und Weibchen getrennte lineare Rangordnungen besitzen. Es besteht hierbei eine enge Beziehung zwischen dem Rang der Tiere und ihrer Nebennierenrindenaktivität, ihrer Herzrate und – nach unseren bisherigen Befunden – auch ihrem ‚Immunstatus'. Die Vitalität dominanter Tiere ist deutlich besser als die unterlegener.

Dominante Männchen haben in der Regel den weitaus höchsten Reproduktionserfolg (Bestimmung der Vaterschaft durch Genetisches Fingerprinting); nur in sehr großen Gruppen oder in Gruppen im Umbruch können auch unterlegene Männchen oder sogar Tiere aus benachbarten Territorien Weibchen schwängern. Auch dominante Weibchen haben den höchsten Reproduktionserfolg. Sie werfen schwerere Junge, die auch besser wachsen, sie haben – im Gegensatz zu unterlegenen Weibchen – nur etwa 60% so hohe Verluste im Nest durch mangelnde Laktation oder schlechte Qualität des Nestes, und sie verlieren niemals Würfe durch Abort, während das bei unterlegenen Weibchen bei bis zu 25% der Trächtigkeiten der Fall ist (belegt durch hormonale Trächtigkeitsnachweise).

Über die Jahre haben wir in dem Gelände konstant 10–12 Reviere mit 80 bis 100 adulten Individuen, wobei diese im Mittel ein Alter von 4 Jahren erreichen.... Diese Individuenkonstanz ist erstaunlich, da jährlich ca. 800 Jungtiere das Nest verlassen. Etwa 74% dieser Jungtiere werden nach dem Nestverlassen von Räubern erlegt, wobei der Feinddruck wahllos alle Jungtiere betrifft (Männchen und Weibchen dominanter oder unterlegener Eltern). Der größte Teil der Jungtiere verstirbt dann im Spätherbst oder Winter (stets vor Beginn der neuen Reproduktionsperiode) nach sehr starkem Gewichtsverlust an einer Hypoglykämie. Es überleben dadurch jährlich immer nur etwa so viele Jungtiere, wie Adulte verstorben sind. Erstaunlicherweise ist die Überlebensrate der Jungtiere im Winter nicht wahllos: Zum einen überleben etwa doppelt so viele Weibchen wie Männchen, so daß sich im Winter das für Kaninchen typische Verhältnis 1:2 herstellt. Zudem stammt der Großteil der überlebenden Jungtiere von dominanten Weibchen ab.

Zweifellos sterben die meisten Jungtiere in der Wintersaison an Unterernährung, doch kommt ein genereller Nahrungsmangel nicht als Todesursache in Betracht, da alle Erwachsenen, ebenso wie die den Winter überstehenden Jungtiere, nur relativ geringe Gewichtsverluste aufweisen. Auch fressen die später sterbenden Tiere eher mehr als die den Winter überlebenden Jungtiere; erstaunlicherweise ist hierbei ihre Stoffwechselaktivität (gemessen mit doppelt markiertem Wasser) sogar niedriger als bei den überlebenden Jungtieren, so daß eine erhöhte Stoffwechselaktivität, z. B. als Folge einer unterlegenen Rangposition, nicht den Gewichtsverlust erklären kann: Ihre Nahrungsverwertung muß daher schlechter sein. Das ist auch tatsächlich der Fall: Etwa sechs Wochen vor ihrem Tod beginnen sich bei den später sterbenden Tieren die bei allen Individuen vorhandenen Darmparasiten (vor allem verschiedene Nematoden und Darmcoccidien) explosionsartig zu vermehren, so daß die Darmzotten und die Submukosa aller Darmbereiche mehr oder minder zerstört werden. Eine Aufnahme und Verdauung der Nahrung ist daher nicht mehr möglich, was den drastischen Gewichtsverlust von ca. 30% in 3-4 Wochen erklärt.

Während als Todesursache die extreme Zunahme von Parasiten feststeht, sind die dafür verantwortlichen und sonstigen Mechanismen noch nicht eindeutig geklärt. Nach unseren bisherigen Befunden hängt der Ausbruch der Parasitose mit dem Sozialverhalten der Tiere zusammen: Im Herbst versuchen die Jungtiere sich anderen Gruppen anzuschließen. Einem Großteil der Tiere gelingt dies nicht; sie werden aus den Gruppen vertrieben, was zu einer starken Immunsuppression führt (wir messen hierbei die verschiedensten Aspekte der zellulären und humoralen Immunabwehr), die wohl dann den Ausbruch der Parasitose ermöglicht. Tiere, die in einer Gruppe akzeptiert werden, zeigen hingegen eine Verbesserung ihres Immunstatus und können daher vermutlich auch die Parasiten in Schach halten."

Soweit ein Auszug aus dem Brief von Herrn von Holst. Er zeigt, wie aus einer schlichten Frage durch konsequentes Forschen ein umfassendes Bild der Vorgänge in der Natur entsteht, und wie Populationsgrößen in der freien Natur geregelt werden und konstant bleiben.

Die systematische Zoologie war in München durch Alfred Kaestner (1901-1971) vertreten. Er kam 1957 vom Museum für Naturkunde in Berlin. Er war ein überaus vielseitiger Kenner des gesamten Tierreiches. Sein „Lehrbuch der Speziellen Zoologie" (Bd. 1, 1954; 2. Aufl.

1965) war weit mehr als eine Darstellung nur der Systematik; es enthielt darüber hinaus gründliche Angaben über Vorkommen, Fortpflanzung und Lebensweise. Leider war das Werk allzu umfangreich. Es wurde, wie manche derartige Unternehmung, nie vollendet.

München: Der Unterricht

Zum Wiederaufbau des zerstörten Institutes, zur Forschung kamen in München weitere Aufgaben. Da war zunächst der Unterricht. Die Grundvorlesung las ich zunächst 5- dann 4-stündig (pro Semesterwoche). Sie war zugleich die einführende Vorlesung für die Medizin-Studenten. Da gab es Schwierigkeiten mit dem Anatomie-Professor Lanz. Er legte einen Präparier-Kurs genau auf die Zeit meiner Vorlesung und erteilte „Scheine über den erfolgreichen Besuch des Kurses" auf Grund von Anwesenheitslisten. Da schon damals so viele Leichen bei weitem nicht zur Verfügung standen, ließ er die Studenten aus Plastilin Knochen modellieren, ein präpotenter Unsinn. Proteste bei der Medizinischen Fakultät und beim Senat halfen nichts. Professor Lanz blieb stur. Anatomie im Rahmen der Mediziner-Ausbildung ist sicher nötig und unentbehrlich. Leider artet sie nicht selten – keineswegs immer – zu einem öden Pauken zusammenhangloser Fakten aus, deren meiste der Student nach dem Physikum vergessen kann und auch vergißt. Wenige Jahre später, im Strukturbeirat für die Universität Regensburg, wurde dann zunächst für die Universität das Überborden der „toten" Anatomie beschnitten, und zwar mit ausdrücklicher Zustimmung der Kliniker im Strukturbeirat. Freilich führte diese Beschränkung dann zu heftigen Protesten des Anatomen von Regensburg – nach seiner Berufung. Aber sie nützten ihm nichts.

Die Vorbereitung der Vorlesungen nahm viel Zeit in Anspruch, vor allem die Grundvorlesung. Sie umfaßte zunächst eine Einführung in wissenschaftstheoretische Fragen der Biologie; Reduktionismus, Holismus, Vitalismus wurden kurz und begründet als überwunden dargestellt; es folgte eine Darstellung der Methoden und Grenzen der Biologie als Wissenschaft. Dann wurden, zum Teil an ausgewählten Beispielen, alle Teil-Disziplinen der Biologie behandelt, auch historische Entwicklungen gelegentlich eingefügt.

Ohne zureichende Gründe wurde dann im Rahmen der „Mitbestimmung" die einführende Vorlesung auf zahlreiche Dozenten verteilt, deren jeder über sein Spezialgebiet vortrug. Den Wert einer solchen

Mosaikvorlesung für die Studenten wage ich ernsthaft zu bezweifeln. Ein Mosaik gibt ja nur dann ein geschlossenes Bild, wenn es vollständig ist und die Teile aufeinander bezogen sind. Sicher einer von vielen Nachteilen einer Mosaikvorlesung – man sollte besser von einem Flekkerl-Teppich sprechen – ist, daß die Studenten sich ständig auf neue Dozenten einstellen müssen. Das ist aber das geringste Übel. Viel gravierender ist, daß manche Aspekte überhaupt fehlen. So wird etwa das entscheidend wichtige Thema der wissenschaftstheoretischen, philosophischen Grundlagen überhaupt nicht behandelt, weil – angeblich oder unbewußt – kein „Spezialist" dafür vorhanden ist, keiner sich die Mühe macht, ein solches Thema zu behandeln. Außerdem wird eine solche Vorlesung zu einer Stoffhuberei von Spezialdisziplinen. Als offene Fragen werden im besten Fall nur die des eigenen engeren Gebietes behandelt. Die armen Studenten bekommen tröpfchenweise Spezialwissen vorgesetzt.

Gewiß macht es Mühe und nimmt Zeit, eine Grundvorlesung auszuarbeiten. Der Gewinn für Studenten und letztlich auch und vor allem für den Dozenten ist aber nicht zu unterschätzen. Ich habe dabei viel gelernt, vor allem durch die Fragen der Studenten nach der Vorlesung. Dabei wurde mir klar: Was die Studenten nicht verstanden hatten, hatte oft auch ich nicht restlos durchschaut, zumindest nicht in der einfach klaren Form vorgetragen, die im Grunde auch dann möglich ist, wenn es sich um komplexe Sachverhalte handelt.
Ein Beispiel: Der Vorgang der Osmose. Was steht da nicht alles selbst in guten Lehrbüchern der Biologie oder Zoologie! Ich habe lange Zeit gebraucht, die Vorgänge der Osmose richtig zu verstehen. Sie sind im Grunde ganz einfach. Arnold Eucken, Physikochemiker in Göttingen, hat sie mir klargemacht: Wasser wandert durch eine semipermeable, das heißt, nur für Wasser, aber nicht für andere, darin gelöste Substanzen durchlässige Membran von der Lösung mit dem höheren Dampfdruck in die mit dem geringeren. Höherer Dampfdruck heißt: Es verdampft mehr Wasser. Jeder kennt das vom Kochen. Im Wasser gelöste Substanzen verringern den Dampfdruck. Er sinkt auch – jedem bekannt – mit der Temperatur. Eine Frage eines Studenten nach meiner Vorlesung ließ mich zu Professor Eucken gehen: Warum ist die an Atemluft grenzende Oberfläche der Lunge feucht? Wenn es nur nach den Konzentrationen ginge, müßte das Wasser nicht in die Zellen der Lunge wandern? Aber der Dampfdruck an der Oberfläche der Lungenbläschen ist durch die ständige Kühlung durch die eingeatmete Luft niedrig, also wandert Wasser aus den Zellen mit ihrem höheren

Dampfdruck an die Oberfläche. Der osmotische Druck ist an der gekühlten Oberfläche also niedriger als in den Zellen. Ich habe das durch einen einfachen Versuch in der Vorlesung demonstriert; unter einer Glasglocke befindet sich eine sogenannte Apothekerwaage mit zwei kleinen Schälchen. Die eine Schale ist mit destilliertem Wasser gefüllt, die andere mit Kochsalzlösung. Als semipermeable Membran dient die Luft in der Glasglocke. Das Ganze kann man wunderschön als Schatten an die Wand des Hörsaals projizieren. Nach einiger Zeit senkt sich die Schale mit der Salzlösung: Ihr Dampfdruck ist niedriger als der des reinen Wassers. Sie nimmt Wasser auf. Erwärmt man dann die Schale mit der Salzlösung mit einem Lichtstrahl, so steigt ihr Dampfdruck, sie gibt Wasser an die Luft ab, und das wandert zu dem reinen Wasser. Diese Schale wird schwerer.

Einen weiteren Einwand lasse ich nicht gelten: Das Gebiet der Zoologie sei so umfangreich, die Fülle der Tatsachen so groß, daß ein einzelner es nicht mehr übersehen könne. Das kommt mir vor, wie wenn jemand im Wald lebt und behauptet, die Zahl der Bäume sei so groß, daß man nicht alle kennen könne. Freilich muß man sich die Mühe machen, auf einen Berg zu steigen, von dem man die Landschaft übersehen kann. Dabei entdeckt man die Zusammenhänge in der Landschaft. Sie sind wichtiger als Einzelfakten. Es gibt heute so viele gute zusammenfassende Darstellungen jeden Gebietes, aus denen man sich einen Überblick verschaffen kann. Daß es möglich ist, das Gesamtgebiet der Zoologie noch zu übersehen und interessant und verständlich darzustellen, zeigt das Buch „Zoologie" von Rüdiger Wehner und Walter Gehring (Thieme 1990), eine Neuauflage des klassischen „Grundriß der Allgemeinen Zoologie" von Alfred Kühn (1922).

Freilich wurde die Vorlesung für jedes Semester überarbeitet, ergänzt und verbessert; das war möglich, weil sie weitgehend schriftlich ausgearbeitet wurde. Zuweilen fragte ich die Studenten zu Beginn der Vorlesung, welches „Tagesthema" sie besonders interessiere. Das war von Jahr zu Jahr recht verschieden.

Zu der Vorlesung über Allgemeine Zoologie kamen weitere: Auf Wunsch von Karl Frisch las ich die Vergleichende Anatomie der Wirbeltiere, leitete den Anfänger-Kurs, das ganztägige Großpraktikum und das wöchentlich abgehaltene Seminar, an dem alle wissenschaftlichen Mitarbeiter des Instituts teilnahmen; hier trugen vor allem auswärtige Gäste vor.

Es war selbstverständlich, daß ich in den Kursen persönlich anwesend war, in den Übungen für Anfänger auch selbst die Einführung vortrug. Dabei konnte ich die Studenten persönlich kennenlernen; die interessierten und begabten fielen auf, und um die konnte ich mich weiter kümmern. Anwesenheitslisten wurden grundsätzlich nicht geführt. Wer kein Interesse am Studium hat, den soll man laufen lassen.

Auch Prüfungen gab es nach den Kursen nicht, auch keine schriftlichen. Vor allem schriftliche Prüfungen, etwa nach der Multiple-choice-Methode, fragen Wissen ab. Wichtig ist aber Verständnis und „Wissen wo", d. h. der Student soll lernen, soweit wie möglich seine Fragen aus der Literatur zu beantworten; mit anderen Worten: Er muß fragen und Fragen selbst beantworten lernen.

Oft höre ich den Einwand gegen den Wegfall von Prüfungen, andere Fächer führten solche Prüfungen rigoros durch, die Studenten paukten dann für diese Fächer und kämen nicht zur Zoologie. Das war schon zu meiner Zeit in München so; besonders die Chemiker taten sich beim Prüfen toten Einzelwissens hervor. Aber: 1. Sollten die Studenten durch ihre Fachschaften und Vertretungen dieses Problem lösen, vor allem, soweit es Voraussetzungen für die Fächerkombination für die Prüfung für das Lehramt betrifft. 2. Ist es ein Nachteil, wenn die an der Zoologie wirklich Interessierten die Chemie vernachlässigen und bei der Zoologie bleiben? Abwegig ist es, den törichten Druck eines Faches auf die Studenten durch weiteren, sinnlosen Druck zu vermehren.

In manchen Semestern kamen 16 Wochenstunden Unterricht heraus – wohlgemerkt neben – aber nicht nebensächlich – all den anderen organisatorischen Aufgaben: Fakultät, Forschungsgemeinschaft, Hochschulplanungskommission, Gründungsausschüsse für Konstanz, Regensburg, Bayreuth und Wissenschaftsrat, über die alle noch zu berichten sein wird.

Zu alledem kamen – vor allem in den sogenannten Semesterferien – die Prüfungen im Vorphysikum der Mediziner, Prüfungen zum Staatsexamen, Doktorprüfungen. Zuweilen waren es an die 300 angehende Mediziner. Je vier wurden in einer Gruppe geprüft – damit war die in der Prüfungsordnung vorgesehene „Öffentlichkeit" gewahrt. Obwohl mich meine Mitarbeiter in diesen Prüfungen unterstützten (soweit sie vom Prüfungsausschuß zugelassen waren), nahmen diese Prüfungen in den Semesterferien oft in vier Wochen die Vormittagsstunden in Anspruch.

Zuweilen gab es amüsante Antworten. Professor Werner Jacobs fragte einen Studenten nach dem Bau von Bandwürmern. Der Kandidat schrieb ihnen allerhand Eigenschaften zu, einen Darm, einen Kopf, ein Gehirn; schließlich fragte Jacobs, ob er auch Augen am Kopf habe: „Ja". Jacobs: „Was sieht er denn damit?" „Speisebrei". – Eine Studentin wußte, daß Isolation von Populationen eine Rolle in der Evolution spielt. Ob sie mir ein Beispiel nennen könne? Die Antwort: „Tag- und Nachteulen paaren sich nicht." Meine Frage: „Und was von beiden sind Sie?" Die Antwort: „Teils, teils."

Kaum zu glauben ist, was Staatsexamenskandidaten in der schriftlichen Klausurprüfung produzieren. Ich habe diese Stilblüten gesammelt.

Stilblüten I

Schriftliche Staatsprüfung; Studenten nach dem 8. Semester.

Verhalten ist das Erkennen von bestimmten Objekten, wie Geschlechtspartner, Nahrung, Familienmitglieder, und deren sinnvolle Verwendung.

Neuromuskuläre Übertragung: Neben der inhibitorischen gibt es eine exhibitionistische Übertragung in Synapsen.

Die Nahrungsaufnahme beginnt mit dem Hungergefühl. Da dieser Begriff aber ein Gefühl ist, ist er hier nicht verwertbar.

Ein Beispiel, das uns im Alltag immer wieder begegnet, soll uns veranschaulichen, wie ein Regelkreis funktioniert: Das Spülklosett.

Kurz zu erwähnen ist dabei auch, daß die Insekten natürlich keine Augenkrankheiten besitzen, die im Zusammenhang mit der Lichtbündelung (Nahsichtigkeit, Fernsichtigkeit) stehen.

Die Schlafhaut dient bei den Vögeln wie bei Säugetieren zur Säuberung der Cornea (Wimperbewegung) und zur Augenverdunklung, so daß Schlaf auch am hellen Tag möglich ist.

Der beim Bildsehen zerstörte Sehstoff wird (bei Insekten) sehr schnell wieder aufgebaut, so daß eine Libelle über 200 Impulse pro Sek. erhalten muß, um einen Film zu sehen.

Nicht alle eineiigen Zwillinge, die mit krimineller Anlage geboren werden, schlagen die Verbrecherlaufbahn ein.

Gar nicht selten, keineswegs immer, zeigt es sich, daß sich Tiere zum Gefressenwerden nicht eignen. Es gibt Fälle, wo die Farbe dem Tier direkt zum Verhängnis wird.

Allmählich wird der Stichling seiner Jungen nicht mehr Herr und die Brutpflege ist beendet.

Wenn das Heringsweibchen während ihrem Leben eine Million Eier ins Meer abgelaicht hat, so glaubt es schon, seiner Pflicht genügt zu haben.

Stilblüten II

Tiere sind aus Amöben entstanden, Amöben aus Pflanzen. Wie Pflanzen entstanden sind, ist eine Frage der Religion.

Das junge Fohlen wird nach der Geburt von der Mutter abgeleckt und dann ist es schon fähig, auf eigenen Füßen zu stehen.

Der Stichling veranlaßt das Weibchen durch Puffer zur Ablage der Eier.

Der Nestbau der Vögel artet manchmal zu wahren Kunstwerken aus.

In neuerer Zeit konnte diese Frage als Tatsache bestätigt werden. Selbst Goethe, ein begeisterter Verfechter dieser Forschungsrichtung, schaltete sich in die Gespräche ein.

Amphioxus hat seinen Kopf sekundär verloren.

Wie dieser Vorgang vor sich gegangen ist, bildet einen großen Teil des Problems, das man als Gliedmaßentheorie bezeichnet.

Die Konzentration der Muskeln auf bestimmte Leistungszentren hin erfolgt erst bei den Wirbeltieren (Bizeps).

Die Vögel können Körner von einer harten Unterlage aufnehmen, ohne Gehirnerschütterung zu bekommen.

Beim Schwertschwanzfisch können im Alter aus jungen Männchen alte Weibchen werden.

Die Giraffen stellen sich unter die Bäume der Steppensavanne, wobei sie durch ihre hohe Gestalt (mit dem Kopf im Laub) schon gedeckt sind.

Die Männchen der Kampffische sind zur Laichzeit nicht gut aufeinander zu sprechen und bekämpfen sich aufs erbittertste. Leider schürt der Mensch dieses grausame Spiel und ergötzt sich daran.

Farbkleider können sich ändern, wenn Schrecken oder Hochzeit naht.

In den meisten dieser Stilblüten steckt ein Körnchen Wahrheit. Warum aber versagen viele Studenten in der sprachlichen Formulierung? Ich weiß keine Antwort.

Die Deutsche Forschungsgemeinschaft

Eine ständig zunehmende Aufgabe waren die Gutachten für die Deutsche Forschungsgemeinschaft. In den fünfziger und sechziger Jahren waren deren Mittel noch gering, gemessen an dem Betrag, der ihr heute zur Verfügung steht. Mitglied des Senats der DFG war ich schon 1956 geworden, Mitglied des Hauptausschusses 1958.

Das bedeutete regelmäßige Fahrten nach Bonn, zunächst mit Rücksicht auf Vorlesungen und andere Verpflichtungen an Wochenenden. Schließlich protestierten die Vertreter der Länder, also leitende Beamte in den Kultusministerien: Sie wollten auf ihr dienstfreies Wochenende nicht verzichten. Also fanden die Sitzungen des Hauptausschusses an Wochentagen und nicht an Samstagen statt.

Der Hauptausschuß der Deutschen Forschungsgemeinschaft besteht auf 29 Mitgliedern: 15 Wissenschaftler, 12 Vertreter der Ministerien von Bund und Ländern und 2 Vertreter des Stifterverbandes für die Deutsche Wissenschaft (das sind die großen Firmen, die Geld für die Wissenschaft spenden). Dazu kamen – ohne Stimmrecht – die 5 Mitglieder des Präsidiums, sämtlich Wissenschaftler.

Der Hauptausschuß trifft alle wichtigen finanziellen Entscheidungen, vor allem entscheidet er, auf Grund aller ihm vorgelegten Anträge von Wissenschaftlern und den Kommentaren der Gutachter (in der Regel zwei bis drei) über alle Bewilligungen oder Ablehnungen. Die Unterlagen – also Anträge und Gutachten – wurden vorher an die Mitglieder des HA versandt.

Die Atmosphäre im Hauptausschuß kann ich nicht besser schildern als es Kurt Zierold, der Generalsekretär der DFG, in seiner Geschichte der Forschungsförderung tat (K. Zierold: „Forschungsförderung in drei Epochen". F. Steiner Verlag, Wiesbaden 1968, 638 S.):

„Es ist selbstverständlich, daß jeder Forscher nicht nur bei den Anträgen aus seinem Fachgebiet mitwirkt, sondern an allen Entscheidungen beteiligt ist. Wenn neben den befragten die fachlich zuständigen Mitglieder des Hauptausschusses natürlich eine größere Verantwortung tragen, so

gibt es doch so viele allgemeine Gesichtspunkte wissenschaftlicher, wissenschaftspolitischer und finanzieller Art, daß sich immer wieder zeigt, wie segensreich die fachliche Breite des Hauptausschusses ist. Daß der Hauptausschuß die Naturwissenschaften und die Geisteswissenschaften, die Grundlagenforschung und die angewandte Forschung umfaßt, und daß so an dieser Stelle die Einheit der Wissenschaft, die oft zu zerfallen droht, noch repräsentiert ist, das gewährleistet die Einheitlichkeit der Entscheidungspraxis auf allen Fachgebieten. Es bereichert aber auch das Hauptausschußmitglied, das oft Tatsachen und Gedankengänge kennenlernt, die ihm in seinem Fach fremd sind; diese Erweiterung des Gesichtskreises macht die Mitarbeit im Hauptausschuß besonders interessant. Nicht zuletzt deshalb, aber auch wegen des durch Sachlichkeit und Menschlichkeit ausgezeichneten Niveaus der Beratungen scheiden die meisten Hauptausschußmitglieder trotz aller Arbeitslast, die ihnen erwächst, nach Ablauf ihrer Mitgliedschaft ungern und mit einiger Wehmut aus diesem Kreis."

Sachlichkeit und Menschlichkeit und hohes Niveau, das traf wirklich zu. Es wurde oft eingehend über die vorgelegten Anträge diskutiert, bis eine einhellige Meinung sich herauskristallisiert hatte. Abstimmungen habe ich in vielen Jahren nicht erlebt. Die Mitglieder waren sämtlich nicht nur hervorragende Wissenschaftler, sondern auch imponierende Persönlichkeiten. Ich erlebte den Physiker Otto Hahn (1879-1968; im HA bis 1960), den Assyrologen Adam Falkenstein (1906-1966), Herbert Franke (Sinologe, Abb. 31), dem ich dann in München (z. B. als Präsident der Bayerischen Akademie der Wissenschaften) wiederbegegnete, Gerhard Hess (Romanist, 1907-1973; Präsident der DFG von 1955-1964), den Kunsthistoriker Hans Kauffmann (1896-1983), den Brückenbauer Kurt Klöppel, Helmut Schelsky (Soziologe, 1912-1984); er war später auch Mitglied der Bayerischen Hochschulplanungskommission), Hubert Jedin (Katholische Kirchengeschichte, 1900-1980), Bruno Snell (Gräzist, 1896-1986); ihm begegnete ich später im Orden Pour le mérite), Joseph Straub (Botaniker), Jost Trier (Germanist, 1894-1970), Erwin Bünning (Botaniker, 1906-1991), Bernhard de Rudder (Medizin), Adolf Butenandt (1903-1995, Biochemie) und manchen anderen. Nicht nur als Nachtrag zu diesen illustren Namen müssen genannt werden: Walther Gerlach (Physiker, 1889-1979; er war bis 1961 Vizepräsident der DFG). Ihm begegnete ich in München und war bis zu seinem Tode freundschaftlich mit ihm verbunden. (Nicht alle Genannten waren während meiner Zeit ständige Mitglieder des HA).

Abb. 31. 225-Jahrfeier der Bayerischen Akademie der Wissenschaften. Von links nach rechts: Ministerpräsident Franz Josef Strauß, der Autor, damals Vizepräsident der Akademie, Professor Herbert Franke Ordinarius der ostasiatischen Kultur- und Sprachwissenschaft, Präsient der Akademie. (Photo: Archiv der Bayerischen Akademie der Wissenschaften)

Von fast jedem könnte ich eine lange Geschichte schreiben. Einige „Anekdoten" mögen das ersetzen.

Den Assyrologen Adam Falkenstein (1906-1966) traf ich in den sechziger Jahren in Istanbul wieder. Meine Frau und ich hatten eine Kreuzfahrt durch das Mittelmeer mitgemacht, die uns auch nach Istanbul führte. Falkenstein leitete (soweit ich mich erinnere) dort das Deutsche Archäologische Institut. Meine Frau hätte gern einen kleinen Teppich aus der Türkei mitgebracht. Falkenstein ging also mit uns in den großen Bazar zu seinem Freund Ali, dem – auch über die Türkei hinaus bekannten – Teppichhändler. Zunächst wurde auf einem Tablett türkischer Mokka serviert, zu einem auf Türkisch zwischen Falkenstein und Ali geführten langen Palaver. Dann legte uns Ali einen Haufen Teppiche vor. Von Falkenstein zuvor instruiert, wurde von uns beiden kein Zeichen des Interesses gezeigt, nur meine Frau durfte ihn verstohlen mit dem Ellbogen anstoßen. Schließlich nannte Ali für einige Teppiche Preise, die bei 10 000 Türkischen Pfund lagen (ca. 800 DM). Nach langem Handeln – von dem wir nichts verstanden, da es auf Türkisch vor sich ging – ging Ali auf 2 000 Pfund zurück; Falkenstein stimmte zu und gab Ali 1 800 Pfund (ca. 150 DM). Ali fiel ihm aus Freundschaft um den Hals, und wir hatten unseren Teppich.

Gerhard Hess leitete die Hauptausschußsitzungen souverän. Er war immer glänzend vorbereitet; er konnte zuhören und die Diskussion stets zu einem guten Ende führen. Nur einmal entgleiste er – aus dem Unterbewußtsein heraus: Auf der Jahresversammlung der DFG in Hannover dankte er den Behörden „für die vertrauenslose und reibungsvolle Zusammenarbeit". Gemeint war natürlich „vertrauenvoll" und „reibungslos". Gerhard Hess war von 1955–1964 Präsident der DFG. Dann übernahm er den Vorsitz des Gründungsausschusses für die Universität Konstanz (dem ich auch angehörte) und wurde dann Rektor der Universität Konstanz.

Hans Kauffmann (1896–1983), der Kunsthistoriker, war eine bezaubernde Persönlichkeit. 1959–1965 war er Vizepräsident und nahm als solcher an den Sitzungen des Hauptausschusses teil. Er legte strenge Maßstäbe an. So plädierte er gegen einen Antrag mit der Begründung, Kunstgeschichte bestehe nicht darin, die Geschichte des Marktplatzes von Florenz zwischen 1490 und 1495 zu beschreiben. Gegen einen anderen Antrag erhob er – zunächst – Einspruch; es handelte sich um einen Druckkosten-Beitrag zu einer Ikonographie des heiligen Geistes seit dem frühen Mittelalter (seit dem 4. Jahrhundert als Taube dargestellt). Kauffmann wandte ein, daß die Reproduktion der Bilder zwar gut sei, die Originale aber eher kümmerlich und daß sie wenig mit Kunst zu tun hätten. Der (evangelische) Theologe Hans Freiherr von Campenhausen, gebürtiger Balte, meinte dazu in seinem breiten Baltisch: „Sehn'se, Herr Kauffmann, zu Beginn war der Heilige Jeist ein kleines, jerupftes Vöjelchen." Kauffmann ließ sich überzeugen, der Antrag wurde genehmigt.

Zur Jahresversammlung der DFG in Münster lud der Oberbürgermeister die Prominenz zu einem Mittagessen ein; es zog sich endlos in die Länge, vor allem durch eine nicht endende Tischrede des OB. Jedin (1900–1980) flüsterte mir zu: „Wenn ich in der Zeit, in der ich Tischreden hören muß, arbeiten könnte, würde ich mir das Geld verdienen, um das Essen selbst zu bezahlen." Gelangweilt zündete er sich eine Zigarre an, was ihm – bei unterbrochener Tischrede – einen Verweis des OB einbrachte: „Zigarren werden nach dem Essen im Vestibül geraucht."

Jost Trier, der Germanist, teilte uns in einer Sitzung mit, daß Grimm's Deutsches Wörterbuch nach über 100 Jahren nun endlich mit dem symbolischen Wort „Zypressenzweig" abgeschlossen sei. Freilich sei vieles in den frühen Bänden überholt. So laute die Definition der Blindschleiche: „Kleine giftige Schlange", wovon kein Wort richtig sei (es ist eine relativ große, ungiftige fußlose Eidechse).

Die Physik vertrat Walther Gerlach mit Autorität und imponierender Menschlichkeit. So sprach er sich einmal für die Bewilligung eines Antrages von Professor Hans Kopfermann (1893–1963) für ein Zusatzgerät zur Elektronenschleuder aus. Kosten: 10 000 DM. Das war damals für die DFG eine große Summe und mußte – wegen der Höhe, nicht wegen Qualität – im Hauptausschuß besprochen werden. Gerlach meinte zum Schluß, Kopfermann fordere ja nur das Nötigste und Bescheidenste. Clemens Plassmann, Direktor bei der Deutschen Bank und Vertreter des Stifterverbandes, fügte hinzu: „Kopfermann arbeitet eben zu Elektronenschleuderpreisen."

Plassmann steckte voller Schnurren. „Können Sie „für" steigern?" empfing er mich eines Tages. „?" „Für, Führer, Fürst". – Ein Antragsteller hatte sich auf einer Expedition nach Persien, die von der DFG bewilligt worden war, ein nicht genehmigtes und offenbar für das Vorhaben selbst nicht benötigtes Schlauchboot gekauft und bei der Abrechnung der Mittel der DFG angerechnet. Es wurde abgelehnt. Plassmann: „Was kaufst du dir ein Schlauchboot? Ich tret dich in den Bauch, Schlot".
Der Kuriosität, nicht der Qualität halber sei hier ein Opus von Plassmann wiedergegeben, das er offenbar in Mußestunden verfaßt hat und an die Mitglieder des Hauptausschusses verteilte.

Ethik oder E-Tick?

Den strengen, ehernen Gesetzen des Tegernseer September-Segel-Wettbewerbes entsprechend werden Geldwerte sehr selten – jetzt seltener denn je – vergeben, vermeldete gestern der Presse nebst sechzehn verlegen, selbst betreten werdenden Werbern des Fremdenverkehrs-Gewerbes Ernst Engelbert Schneeberger, der geweckte, bemerkenswert belesene, gelehrte Vertreter des Fernsehsenders West.

> Wer versteht der Werber Wesen, denen Gelder mehr denn
> Seelenwerte gelten?
> Verkehrte Welt!

Wehe den Werbern, denen ehrenwerte, edeldenkende Menschen begegnen!

Erst wenn jene Lehrer leeren Selbstzweck-Geldstrebens, jene verwegenen Selbst-Beherrscher des Werbewesens, jene frechen Bettler-Erpresser, jene Geldknechte, jene verderbten Erzgegner der Ehre vergehen, erst wenn jener elenden Gesellen ekelerregender Wettbewerb welkend verweht, werden den Tegernseer Regeln genesend selbst Lebewesen gerecht werden, deren entleerte Herzen eher (hellgelbe) Ledersessel nebst bequemen Federbetten sehnend erstrebten.

Dessen gedenkt der hehrem Streben stets ergeben gewesene Ernst Engelbert Schneeberger, der den Menschen kennt, der deswegen Werber sehr gern entbehrt.

Ernst erhebt er stehend den hellen Kelch, dem selten erleser Wehlener fehlte. Selbstvergessen betet er flehend:

> *„Herr der fernsten Sternenmeere,*
> *Geld verheert des Menschen Ehre,*
> *Herr des Lebens, Herr der Welt,*
> *Ehre gelte mehr denn Geld!"*

Bebenden Herzens zerschmettert er den Kelch, den letzten, den er leerte – Leser, lebe der Ehre! Wehre den Werbern!

Clemens Plassmann, Wiessee, 3. Juli 1964

Eine kleine Anekdote sei noch angeführt: Eines Tages kam Professor Bernhard de Rudder (1894–1962), Kinderarzt in Frankfurt, noch gänzlich fassungslos zu einer Senatssitzung: Seine Klinik hatte eine Telefonrechnung von über 20 000 DM – damals eine astronomische Summe – für nur einen Monat bekommen. Erst intensive Nachforschungen ergaben: Seine Sekretärin hatte einen Freund, der in die USA gereist war, und die beiden hatten täglich stundenlange Gespräche geführt, auf Kosten der Klinik.

Viel Mühe gab und gibt sich die Deutsche Forschungsgemeinschaft mit dem Nachwuchs. Gewiß ist dies zunächst die Aufgabe der Universitäten und des „Lehrers". Aber nicht immer stehen ihm die Mittel zur Verfügung, seine Schüler nach dem Abschluß der Promotion zu fördern. So lag dem Hauptausschuß einmal der Antrag eines Schülers von Professor A. Bückmann vor, in dem um Mittel für die Untersuchung von Pigmenten von Fischeiern gebeten wurde. Die Methodik schien gut, das Ziel aber verschwommen zu sein. So erklärte sich der HA bereit, dem Antragsteller ein Stipendium für ein Jahr zu gewähren, vorausgesetzt, er arbeite unter anderer Anleitung, an anderer Stelle über ein ihm neu gestelltes Thema, das freilich ebenfalls etwas mit Pigmenten zu tun haben sollte. Ich erklärte mich bereit, dem Antragsteller ein neues Thema zu geben und ihn bei mir probeweise ein Jahr lang arbeiten zu lassen. So kam Kurt Hamdorf nach München und begann seine schönen und bahnbrechenden Untersuchungen über die Sehpigmente der Insekten. Er blieb Assistent bei mir in München, habilitierte sich und wurde C3-Professor in Bochum.

1962 fragte Gerhard Hess mich, ob ich bereit sei, mich der Wahl zum Vizepräsidenten zu stellen. Ich war bereit, wurde gewählt und habe dann dieses Amt sechs (oder sieben) Jahre lang übernommen. So erlebte ich als Präsidenten Gerhard Hess, von dem Zierold mit Recht sagt, er sei ein Wissenschaftsdiplomat gewesen. Auf Hess folgte Julius Speer; er führte die DFG mit Impulsivität, liebte Offen- und Geradheit, war persönlich liebenswürdig und hilfsbereit. Das Präsidium lud immer die Präsidenten des Wissenschaftsrates und der Max-Planck-Gesellschaft zu seinen Sitzungen ein. Das Präsidium hatte keine große oder entscheidende Aufgabe. Die organisatorischen Aufgaben waren Sache des Generalsekretärs, zunächst Kurt Zierold.

1964 kam eine weitere Aufgabe hinzu: Ich wurde Mitglied des Wissenschaftsrates. Das ist ein 1957 von Bund und Ländern gegründetes Gremium mit Sitz in Köln. Es hat Vorschläge und Empfehlungen zur Förderung von Wissenschaft und Hochschulen auszuarbeiten und die Vorhaben der Länder in diesen Bereichen zu prüfen. Im allgemeinen folgten die Länderministerien den Empfehlungen des Wissenschaftsrates, zumal Bund und Länder mit 17 von insgesamt 39 Mitgliedern in ihm vertreten sind. Auch dies Amt bedeutete wieder eine Menge Papier, Sitzungen in Köln und Fahrten; denn die Kommissionen des Wissenschaftsrates besuchten die Universitäten, um sich an Ort und Stelle eine zuverlässige Grundlage für ihre Empfehlungen zu verschaffen. Vorsitzender des Wissenschaftsrates war der Jurist Ludwig Raiser (1904–1980). Ich kannte ihn bereits aus Göttingen, wohin er 1945 berufen wurde. Er war sachlich, überlegen, überaus gerecht, liebenswürdig, ein Mensch, der offen und ehrlich seine Meinung sagte, ohne zu verletzen. Er war ein hervorragender Rektor (in Göttingen), ein wortgewandter Leiter der Sitzungen des Wissenschaftsrates. Ihm folgte 1965 Hans Leussink.

Der Wissenschaftsrat hatte eine Eigenschaft, die ihn weitgehend unabhängig von äußeren Einflüssen immer nur auf ihren eigenen Vorteil bedachter Lobbyisten machte: Er hatte (und hat) kein Geld zu vergeben oder zu bewilligen. Damit ist er auch unabhängig von staatlichen Einrichtungen, die Geld bewilligen können oder zu vergeben haben. Auch seine Mitglieder – wie die der DFG – arbeiten ehrenamtlich; nur die de facto entstehenden Unkosten werden ersetzt.

Wissenschaftsrat und DFG bedeuteten: eine Menge Papier. Aber im Gegensatz zu dem Wust, der von der Bürokratie produziert und weitgehend inadäquat und überflüssig war und ist, war alles wohldurchdacht, und es ging nicht selten um die Existenz oder Nichtexistenz wissenschaftlicher Arbeit. So waren alle Sitzungen glänzend vorbereitet – und dauerten nie länger, als bis fundierte Entscheidungen erzielt waren.

Die DFG unterstützte sehr tatkräftig meine Arbeiten im Institut. Insgesamt habe ich 51 Anträge, den ersten schon Anfang der fünfziger Jahre in Göttingen, den letzten in München gestellt. Sie alle wurden ohne Abstriche bewilligt.

Die DFG bewilligte mir auch die Mittel für die Bezahlung einer wissenschaftlichen Hilfskraft. Es war Vera von Zwehl (später heiratete sie Jürgen Boeckh, einen Schüler von Dietrich Schneider; Boeckh wurde Professor in Regensburg). Das war eine ergiebige und erfolgreiche Zusammenarbeit.

Das Farbensehen der Bienen II

Dietrich Burkhardt hatte in München die Methode entwickelt, Glaskapillaren als Mikroelektroden zu verwenden. (Soweit ich mich erinnere, war der erste, der solche Kapillaren in Zellen einstach und so die intrazellulären Potentiale ableitete, Profesor Gasser, USA) Die Kapillaren hatten einen Spitzendurchmesser von 1/10 000 Millimeter. Die Maschine, solche Kapillaren herzustellen, baute unsere Werkstatt. Einige Zeit später arbeitete der Japaner Y. Washizu bei Burkhardt, und dem gelang es, mit der den Japanern eigenen Geschicklichkeit, solche Kapillaren mit der Hand herzustellen. Sie wurden mit Salzlösung gefüllt und durch einen Draht in der Flüssigkeit mit einem hochohmigen Verstärker verbunden. Dietrich Burkhardt arbeitete zunächst mit unserem Haustier, der Schmeißfliege *Calliphora* – und hatte Erfolg. Er konnte die spektrale Empfindlichkeit einzelner Sehzellen bestimmen: Licht besteht physikalisch aus Elementar-Vorgängen, Photonen (Quanten). Mit Hilfe von Filtern wird spektrales Licht vom Ultraviolett bis zum Rot mit bestimmter Wellenlänge („Farbe") hergestellt. Alle „Farben" des spektralen Lichtreizes werden so abgestimmt, daß sie die gleiche Anzahl Lichtquanten enthalten. Aber die Antwort ist je nach Wellenlänge („Farbe") verschieden.

Diese Ergebnisse von Burkhardt, schon 1960, ermutigten uns, mit der gleichen Methode die Sehzellen von Bienen zu untersuchen. Bienen waren ja das „Haustier" des Zoologischen Institutes in München seit den klassischen Arbeiten von Karl von Frisch. Das Farbensehen der Bienen war durch von Frisch und Daumer (1956) genau bekannt: Im Prinzip gleicht das Farbensehen der Bienen dem des Menschen, mit einem wesentlichen Unterschied: Das für Bienen sichtbare Spektrum reicht ins Ultraviolett und ist am langwelligen Ende, also im Rot, kürzer als beim Menschen. Thomas Young und Hermann Helmholtz nahmen an, daß das Farbensehen des Menschen auf dem Zusammenwirken von drei Typen von Sehzellen mit verschiedener spektraler Empfindlichkeit beruhe. Direkte Messungen an einzelnen Sehzellen gab es aber nicht.

Abb. 32. Der Autor mit seiner Apparatur zur Bestimmung der spektralen Empfindlichkeit einzelner Sehzellen bei Bienen. Etwa 1962.

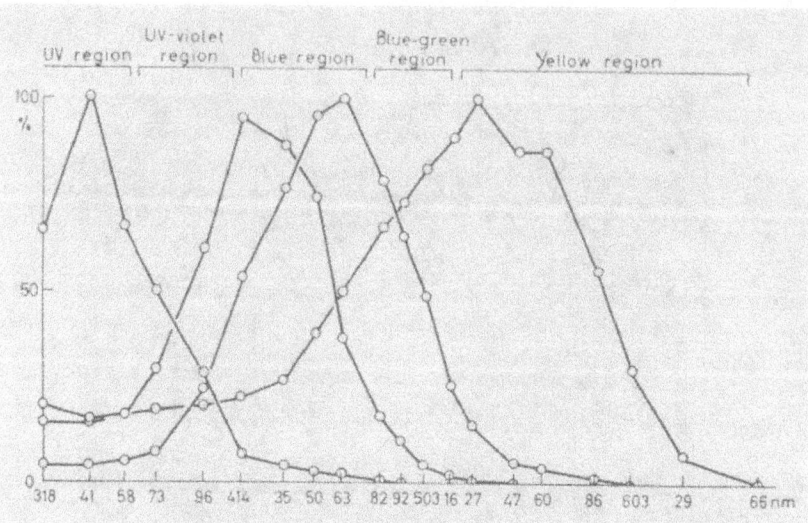

Abb. 33. Relative spektrale Empfindlichkeit von einzelnen Sehzellen im Auge der Biene (Arbeiterin). (Autrum 1962; aus: Autrum und von Zwehl, Z. Vergl. Physiol. 48: 357–384, 1964). Die Regionen der Farbunterscheidung auf Grund von Verhaltensversuchen von A. Kühn aus dem Jahr 1927 [Z.Vergl.Physiol. 5] sind am oberen Rand angegeben. Die beiden Maxima im Blau sind nicht bestätigt worden. Vielleicht statistische Schwankungen?

Zu unserem Erstaunen erwiesen sich Bienen als überaus geeignete Objekte für die Messungen an einzelnen Sehzellen. Wir fanden bei Arbeiterinnen vier Typen von Sehzellen mit verschiedener spektraler Empfindlichkeit: im Ultraviolett (Maximum der Empfindlichkeit bei 340 nm), zwei im Blau (bei 414 nm und 463 nm) und im Blaugrün (bei 527 nm). Zwar konnten später *zwei* Rezeptorentypen im Blau nicht gefunden werden. Aber ich bin immer noch der Meinung, daß genauere Untersuchungen darüber fehlen. Es ist eine sonderbare Tatsache, auch in der Wissenschaft: Was nicht in eine Theorie paßt, gibt es für manche Autoren nicht. Drei Farbrezeptoren-Typen passen zu schön in die Young-Helmholtz-Theorie. Aber es ist immer gefährlich, vorschnell zu verallgemeinern.

Die Dreikomponententheorie des Farbensehens schien nicht nur für Mensch, Primaten und Bienen gesichert, sondern ganz allgemein zu gelten. Bald aber mehrten sich die Beispiele für eine größere Komplexität des Farbensehens von Tieren. Einige Beispiele: Bei der Wüstenameise *Cataglyphis bicolor* (Nordafrika) fand Kretz (1977, 1979) nicht zwei Maxima der spektralen Unterschiedsempfindlichkeit, sondern

Abb. 34. Helmut Langer. Kam aus Berlin-Buch zu mir nach Würzburg und arbeitete über die physiologische Chemie des Sehvorgangs bei Insekten. Wurde Ordinarius in Bochum. Rechts: Dietrich Schneider.

deren drei; und nicht wie bei Bienen drei, sondern vier Maxima der spektralen Empfindlichkeit. Das deutet darauf hin, daß vier Rezeptortypen am Farbensehen beteiligt sind. Deren Maxima liegen bei 345, 430, 505 und 570 nm. Damit erstreckt sich das Farbensehen dieser Ameise sowohl ins kurzwellige (UV) als auch ins langwellige (Rot) Licht. Ebenfalls vier Sehpigmente fanden Langer und Mitarbeiter (1979) bei dem Eulenfalter *Spodoptera exempta* (Noctuidae), eines davon mit dem Maximum bei 570 nm. Bei neun Schmetterlingsarten wies Bernard (1979) ein Sehpigment mit dem Maximum bei 610 nm nach und Gemperlein (1982) bei dem Kohlweißling (*Pieris brassicae*) sogar eines bei 620 nm. Das Maximum der für langwelliges Licht empfindlichen Zapfen des Menschen liegt bei 559 nm! Auch bei Fliegen (*Drosophila, Calliphora*) sind mindestens neun verschiedene Typen von Photorezeptoren mit fünf verschiedenen Sehpigmenten (und zwei akzessorischen sensibilisierenden Pigmenten) vorhanden (Zusammenfassung: R. C. Hardie (1985) Functional organization of the fly retina. Prog. Sensory Physiol. 5: 1–80). Einige Fisch-Retinae enthalten insgesamt fünf Sehpigmente, vier in verschiedenen Zapfen, eines

Abb. 35. Pater Richard Loftus. Promovierte bei mir in München, ging später an die Universität Regensburg als Dozent. Arbeiten über Temperatur- und Feuchtesinn bei Insekten, ein wenig bearbeitetes Gebiet.

Abb. 36. Ulrich Thurm. Promovierte in München über die Physiologie der Haarsensillen bei Insekten und bearbeitete dies Gebiet sehr erfolgreich. Wurde Professor an der Universität Münster.

Abb. 37. Dagmar Uhrig (verheiratete von Helversen). Promovierte bei mir in München mit einer Arbeit über den Gesang des Männchens und das Lautschema des Weibchens der Feldheuschrecke. Ihre Dissertation war so perfekt, daß ich nichts daran zu verbessern hatte. Nach der Promotion fragte ich sie, was sie nun weiter machen werde. Jetzt werde sie heiraten und außerdem ihre Arbeiten über Lautäußerungen bei Heuschrecken weiterführen. Ich meinte, Ehe, vielleicht Kinder *und* Forschung werden sich schwer vereinen lassen und zitierte aus Strawinskis „Histoire du Soldat": „Un bonheur, c'est tout le bonheur, deux, c'est comme il n'nexiste plus". Dagmar hat trotz Ehe und Kindern beides geschafft. Für ihre wissenschaftlichen Arbeiten erhielt sie 1992 den Preis der Bayerischen Akademie der Wissenschaften. Er wird an Persönlichkeiten verliehen, die Wissenschaft als Hobby neben ihrem Beruf mit Erfolg betreiben.

in den Stäbchen (Hárosi 1985). Die meisten Wirbeltiere können Farben unterscheiden, haben also ein echtes Farbensehen. Das gleiche gilt für die Mehrzahl der Wirbellosen – mit einer Ausnahme: Der hochentwickelte Tintenfisch *Octopus* ist sehr wahrscheinlich farbenblind (Messenger 1981).

Welchen Sinn haben diese vielen Sehpigmente und Typen von Sehzellen mit verschiedener spektraler Empfindlichkeit? Können Schmetterlinge mit ihren vier Typen von farbspezifischen Rezeptoren Farben sehen? Über die Bedeutung der Farbe für das Verhalten von Schmetterlingen geben die Versuche von Kolb und Scherer (1982, 1987) Aufschluß. Auf Farben dressieren läßt sich der Kohlweißling nicht, aber die Falter bevorzugen (unabhängig von der Intensität) für bestimmte Verhaltensweisen ganz bestimmte Farben: Die Falter fliegen zur Eiablage auf gelb-grünes Licht von 540 nm, zur Trommelreaktion (Prüfung der chemischen Beschaffenheit der Anflugstelle durch Trommeln mit den Vorderfüßen auf Eignung zur Eiablage) auf Licht von 558 nm, zur Freß-Reaktion (Ausstrecken des Rüssels) auf Licht von 447 nm, mit einem zweiten, niedrigeren Maximum der Reaktion bei 600 nm, und zum Aufsuchen eines Weges zum freien Flug auf Licht von 370 nm (UV).

Hier liegt also neben oder im Gegensatz zum Farbensehen ein wellenlängenspezifisches Verhalten vor (s. dazu auch R. Menzel (1979), Spectral sensitivity and colour vision in invertebrates. In: H. Autrum (ed.) Vision in invertebrates. Invertebrate photoreceptors (Handbook of Sensory Physiology, vol. VII/6A), pp 503–580). Farbensehen setzt nicht nur das Vorhandensein mehrerer farbspezifischer Rezeptoren, sondern darüber hinaus ihre Verschaltung im Zentralnervensystem, ihr Zusammenwirken voraus. Versuche mit Farbmischungen deuten darauf hin, daß beim Kohlweißling zumindest die UV- und Rot-Rezeptoren getrennt von anderen Rezeptoren ihre Signale zu höheren (motorischen) Zentren leiten. Das ist bei Bienen nicht der Fall (über zentrale Verschaltungen s. z. B. Menzel 1979). Aber auch, wenn ein vollkommenes Farbensehen vorliegt, kann es farbunabhängige Reaktionen geben: Bienen reagieren in der Drehtrommel auf alternierende Streifen weißen und farbigen Lichtes nicht, sobald die Helligkeiten gleich und genau abgestimmt sind (Kaiser und Liske 1974). Negative Ergebnisse in der Drehtrommel lassen also keine Folgerungen zu, positive Reaktionen bedürfen einer Überprüfung unter strengen Bedingungen.

Die größte Zahl spektral verschiedener Rezeptoren findet sich in den Augen (Ommatidien) von tropischen Fangschreckenkrebsen (*Pseudosquilla ciliata* u. a.): Hier konnten elf Klassen von Photorezeptoren nachgewiesen werden. Ihre Unterschiede beruhen auf der Kombination von mindestens fünf verschiedenen Sehfarbstoffen mit photostabilen Schirmpigmenten. Die verschiedenen Typen von Sehzellen sind innerhalb des Auges kompliziert verteilt (Cronin und Marshall 1989 a, b). Diese Krebse leben in seichtem, sehr sauberen und klaren Wasser; sie sind am Tage aktiv. Sie sind lebhaft gefärbt, und ihr Farbmuster ist weitgehend artspezifisch. Dazu kommt, daß die Fangschreckenkrebse außerordentlich aggressive Räuber sind. Es wird berichtet, daß sie z. B. bunte Schnecken ergreifen und so lange mit Wucht gegen Felsen schleudern, bis die Schale zerbricht (Urania Tierreich, Bd. 2, S. 331, 1969). Sehr wahrscheinlich ist auch bei diesen Krebsen neben wellenlängen-spezifischem Verhalten Farbensehen vorhanden. Über ihre Fähigkeiten, Farben zu sehen und zu unterscheiden, wissen wir aber nichts. Für Aussagen darüber fehlen sowohl verhaltensphysiologische Versuche als auch Analysen der zentralen Verschaltungen der Sehzellen.

Für viele Tiere reicht das sichtbare Spektrum sowohl im Rot als auch im kurzwelligen Bereich weiter als das des Menschen. Bereits 1881 zeigte Lubbock (zitiert nach von Hess 1912, C. Hess (1912) Vergleichende Physiologie des Farbensehens. Fischer, Jena; 299 pp.), daß Wasserflöhe (*Daphnia*) bei Belichtung mit UV nach unten, bei Herausfilterung des UV-Lichtes aus dem Spektrum nach oben schwimmen. Von Hess (1912, S. 99–101) bestätigte diese Beobachtung, führte sie aber auf Fluoreszenz des dioptrischen Apparates zurück. Kühn und Pohl (1921) zeigten dann eindeutig, daß sich Bienen auf spektrales UV als Farbe dressieren lassen.

Schon 1924 wies Schiemenz nach, daß Elritzen (*Phoxinus phoxinus*) UV (bis 365 nm) als Farbe sehen. Das ist mehrfach bestätigt worden (z. B. Downing et al. 1986; Neumeyer 1986). UV sehen auch Kröten (Dietz 1972) und Vögel (Kolibris: Huth und Burkhardt 1972; Goldsmith 1980; Goldsmith et al. 1981; Taube: Wright 1972; Bowmaker 1977; Emmerton und Delius 1980). Burkhardt und Maier (1989) bestimmten in Dressurversuchen die spektrale Empfindlichkeit eines bei uns häufig in Käfigen gehaltenen Sonnenvogels (*Leiothrix lutea*, Heimat Südasien): Maxima liegen bei 380, 470 und 530 nm. Im Rot reicht die Empfindlichkeit bis 680 nm, im UV bis 330 nm. Für UV (380 nm) ist der Vogel fast 5mal so empfindlich wie für Grün (530 nm).

Der biologische Sinn: Viele Beeren reflektieren UV (z. B. Brombeeren, die Wildpflaume und andere, mit einer Wachsschicht bedeckte Beeren (Burkhardt 1982, 1983). Dazu kommt: Viele Vogelfedern reflektieren UV, andere nicht (Burkhardt 1989), und durch Kombination mit anderen Farben entstehen Farbtöne und Zeichnungen und Muster, die für uns nicht sichtbar, aber für Art und Geschlecht der Vögel charakteristisch sind.

Es kann also gefolgert werden: Unsichtbarkeit des Ultraviolett ist eine Eigentümlichkeit des Menschen und der Säugetiere. Fast alle anderen Tiere können UV sehen und zum innerartlichen Erkennen, zum Finden von Nahrung und zur Orientierung benutzen. Als selektiven „Vorteil" der Absorption des UV bei Mensch und Säugern wird in der Regel die Verminderung der chromatischen Aberration angeführt. Offenbar haben aber viele Tiere andere Wege gefunden, sie zu vermeiden oder zu vermindern. In Augen mit Ommatidien, wie sie z.B. bei Krebsen und Insekten vorkommen, spielt chromatische Aberration keine Rolle. Dazu kommt bei vielen Tieren die – weitgehend unbekannte – zentrale Verschaltung.

In summa: Das Spektrum der Photorezeptoren ist bei den meisten Tieren viel bunter als beim Menschen und bei Säugetieren. Dort, wo das sichtbare Spektrum ins Ultraviolett und bis in das uns unsichtbare langwellige Rot weiterreicht, z.B. bei Schmetterlingen und Vögeln, können Farben gesehen und unterschieden werden, die es in unserer Farbenskala nicht gibt. Offenbar können viele Tiere mehr Farben sehen als der Mensch. Sie sind also an Umwelt und Lebensweise sehr speziell angepaßt, zum Teil durch Präferenzen für bestimmte Farben, zum Teil durch echtes Farbensehen oder beides.

Kurz nach unseren Arbeiten über die spektrale Empfindlichkeit einzelner Sehzellen im Auge der Bienen zeigten Marks (1963) und Mac-Nicholl (1964) mit mikrospektrophotometrischen Messungen, daß es 3 Zapfentypen in Augen von Fischen, Affen (Macaca) und dem menschlichen Auge gibt. Tomita gelang es 1967 mit Mikroelektroden aus einzelnen Zapfen von Fischen abzuleiten. Die Begegnung mit den Bienen in München war ein großer Glücksfall. Seitdem sind zahllose Arbeiten in aller Welt erschienen, in denen die Augen mit Mikroelektroden untersucht wurden.

Die Gründung neuer Universitäten

Im Januar 1988 machten Mary, Wendy (s. Abb. 43) und Rex Thompson und ich eines Abends einen kleinen Spaziergang, wir übernachteten in einem Hotel auf der Fahrt von Adelaide (South Australia) nach Melbourne (Victoria), und auf diesem Spaziergang fragte mich Mary Thompson: „Wie gründet man eigentlich Universitäten?" „That's a good question" würde man in einer wissenschaftlichen Diskussion antworten. Nicht, daß Mary etwa die Absicht gehabt hätte, Universitäten zu gründen; sie hatte von ihrer Tochter Wendy gehört, ich sei an der Gründung neuer Universitäten in Deutschland beteiligt gewesen. Es ist eine gute Frage, weil sie vielschichtige Antworten verlangt. – Über die Thompsons später mehr. Hier nur kurz: Mary und Rex sind die Eltern von Wendy Thompson, einer Geigerin. Ich lernte sie 1983 kennen; sie wohnte im gleichen Haus (in der Maximilianstraße in München) wie ich, und sie ist so eine Art zweite Tochter für mich, der ich viel, sehr viel verdanke. Im Dezember 1987 luden mich ihre Eltern zu einem Besuch in Adelaide ein. Auch davon wird noch die Rede sein.

Nun zur Antwort: Voraussetzungen für die Gründung der (abendländischen) Universitäten sind: 1. ein Bedürfnis; 2. jemand, der das Geld gibt; und 3. ein Gremium, das der Gründung eine Form gibt.

Ein Beispiel aus der Geschichte der deutschen Universitäten mag das anschaulich machen: die Geschichte der Gründung der Universität Würzburg. 1517 hatte der Professor (seit 1512) der Theologie an der Universität Wittenberg, Martin Luther, seine „ketzerischen" Thesen öffentlich angeschlagen, nicht an der Universität, sondern an einer Kirche. Die Reformation griff um sich. Auf der anderen Seite waren die katholischen (andere gab es bis 1500 nicht) Universitäten in der Lehre und in den Formen erstarrt. Der Humanismus des 15. Jahrhunderts mit einem seiner Höhepunkte in Erasmus von Rotterdam hatte zur Gründung neuer Universitäten geführt, vornehmlich durch die jeweiligen Landesfürsten. 1527 bereits wurde als erste protestantische Universität Marburg gegründet. Die Universität Wittenberg war bereits 1502 entstanden – als katholische Universität. Das war in gro-

Abb. 38. Die „Alte Universität" Würzburg, das erste Universitäts-Gebäude, das alle Fakultäten umschloß, erbaut 1582–1591 für die von Fürstbischof Julius Echter von Mespelbrunn 1582 wiedergegründete Hochschule. Der Stil ist typisch für die Jesuiten-Universitäten. Das Gebäude enthält heute die Katholisch-Theologische Fakultät, das Priesterseminar und die Universitätsbibliothek. Links vom Haupteingang befindet sich heute noch der „Karzer", in dem Studenten zur Strafe eingesperrt wurden. Nach einem Stich von M. Merian (um 1630). (Aus R. A. Müller: „Geschichte der Universität". Calway, München 1990)

ben Zügen die Situation zu Beginn des 16. Jahrhunderts. Sie führte zur Gründung der Universität Würzburg (1582). Initiator war der Fürstbischof Julius Echter von Mespelbrunn (1546–1617). Er gab den Anstoß – und das Geld. Kein Bankguthaben, sondern, überaus wertbeständig, Stiftungen: Weingärten, landwirtschaftliche Güter, Wälder und Brauereirechte. Aus deren Bewirtschaftung bezahlte die Universität ihre Ausgaben lange Zeit, bis ins 19. Jahrhundert. Als ich Verwaltungsdirektor in Würzburg war (1953–1957) betrugen die Einnahmen aus dem Stiftungsvermögen noch annähernd 1 Million DM, freilich bei weitem nicht mehr genug, um die Universität davon zu erhalten. Die Einnahmen aus dem Stiftungsvermögen waren zweckgebunden, zum Teil mit speziellen Auflagen. So war daraus das Gebäude der Alten Universität mit seinen beiden flankierenden Kirchen, der Neubau-Petrini-Kirche und der Michaelskirche (die unter meiner Verantwortung aus dem Stiftungsvermögen nach den Zerstörungen des Krieges wieder aufgebaut wurde) zu unterhalten, ferner das Priesterseminar in der Alten Universität (Abb. 38), für das wir aus dem Stiftungsvermögen zudem einige Fuder Heu und einige Hektoliter mittleren Frankenweins zu liefern hatten (was mit Geld abgelöst wurde; denn die Studenten, selbst die der Theologie, schliefen nicht mehr auf trokkenem Heu).

Zu der politischen und kulturellen Situation – vor allem der Ausbreitung des Protestantismus – und zu einem Geldgeber, dem „Stifter", kam ein Gremium, das den geistigen Rahmen für Reformen zu entwerfen hatte. Das waren in Würzburg Mitglieder der Societas Jesu, des Jesuitenordens. So wurde Würzburg als Universität der Gegenreformation gegründet, aber nicht mit restaurativen Absichten, sondern als wissenschaftlich-humanistische Reformuniversität. Ein Novum für die damalige Zeit ist bis heute erhalten: Der Bau der (heute so genannten) „Alten Universität", jetzt Sitz der Katholisch-Theologischen Fakultät, der Universitätsbibliothek und des Priesterseminars. Das war insofern etwas revolutionär Neues, als die Hohen Schulen bis dahin entweder in gemieteten Gebäuden oder in Klöstern untergebracht waren. Die Jesuiten aber errichteten keine Klöster oder Abteien, sondern gründeten für die Lehre „Collegien", die stets mit einem Gymnasium oder einer Universität verbunden waren. Ihre Aufgabe war es, höhere Bildung zu vermitteln. Das qualifizierte Lehrpersonal stellte der Orden.

a. Die Situation in den sechziger Jahren

Da war zunächst die Zahl der Studenten: 1950 waren es 110 000 an den Hochschulen der Bundesrepublik, 1960 bereits 215 000. An den Universitäten München, Köln und Münster waren mehr als je 15 000 Studenten immatrikuliert. 1970 waren es mehr als 400 000 Studenten. Mit der Zunahme der Zahl der Studenten ging eine Vermehrung des Personals an den Hochschulen parallel:

	1960		1966	
Ordinarien	3 100		5 000	(+ 62 %)
Nichtordinarien	1 800		5 000	(> 3×)
Assistenten	9 800		19 000	(fast 2×)

Das führte, solange die alten Fakultäten beibehalten wurden, zu Fakultäten mit 80 und mehr Mitgliedern, Gremien, in denen sachliche Arbeit und fruchtbare Diskussionen fast unmöglich wurden. Dazu kamen Unzuträglichkeiten infolge menschlicher Schwächen. So bildeten in manchen Fakultäten Mathematiker + Physiker eine absolute Mehrheit, was dann zuweilen dazu führte, daß neue Lehrstühle abwechselnd für Mathematik und Physik, aber nie für die „kleineren" Fächer geschaffen wurden. In fast allen alten Universitäten sind seitdem diese beiden Fächer überproportional reich vertreten.

Der wichtigere Vorgang: Unruhe ging vor allem von den beiden überproportional angewachsenen Gruppen aus: den Studenten und den Nichtordinarien, dem sogenannten „Mittelbau". Beide Gruppen fühlten sich benachteiligt und glaubten, die Ordinarien seien mehr oder weniger despotische, autoritär regierende Herrscher, die nur an ihre eigenen Interessen dachten. Dem sollte durch „Mitbestimmung" abgeholfen werden. Dazu kamen bei den Studenten unklare politische Argumente, die zuweilen zu antiautoritären und anarchistischen Parolen führten.

Die Proteste der Studenten begannen nach dem wahrscheinlich Jahrhunderte alten Schema: In den letzten Jahren der Weimarer Republik (etwa ab 1932) platzten plötzlich kleine Gruppen von Studenten, vier oder fünf, mitten in eine Vorlesung; sie rissen die Türen auf und schrieen: „Juden raus" – und waren verschwunden. In München wiederholte sich das Bild in den Jahren 1965/70: Einige Studenten hatten sich in einem Laden für Faschingskostüme polizeiähnliche Uniformen geliehen, randalierten vor Hörsälen während der Vorlesung. (Von den Unruhen vor dem Axel-Springer-Verlag in München sehe ich hier ab; ich habe sie nicht erlebt.) Wie viele solcher „Proteste" war auch dieser mehr als dilettantisch: Dem Kanzler der Universität gelang es, die Randalierer in seinem Amtszimmer festzusetzen, um durch Polizei ihre Personalien feststellen zu lassen. Der Kanzler fühlte sich wohl ein wenig unsicher; er versuchte, den Rektor, und als er den nicht antraf, einen Dekan zu erreichen; er traf mich im Dekanat an. Ich ging zu den „Aufrührern". Sie verlangten, ich solle sie freilassen. Das lehnte ich ab. Dann forderte einer, er müsse dringend aufs Klo. Auch das lehnte ich ab: „Wenn ihr Hosenscheißer seid, dann müßt ihr solche Dinge nicht unternehmen." Mit dem Kanzler (oder war es der Syndicus?) verabredete ich dann, die Burschen nach einiger Zeit laufen zu lassen. Ich hatte ungern Polizei in den Räumen der Alma Mater, es sei denn, es handelte sich um Diebstahl oder ein wirkliches Verbrechen.

Die eigentlichen Unruhen habe ich aber erst später erlebt, einige Jahre nach der Mitgliedschaft in Gründungsausschüssen. Es fing damit an, daß bei der Jahresfeier der Universität in der Großen Aula der Vortrag des Rektors durch Zwischenrufe und Lärm gestört wurde. Auf den anwesenden Kultusminister Ludwig Huber regneten von den Emporen Konfetti und Papierschnitzel herab; schließlich mußte die Feier abgebrochen werden. Es gelang mir, die Fakultät, damals noch feierlich in Talaren, geordnet durch die johlende Studentenmenge – "Unter den Talaren wohnt der Mief von 1000 Jahren" – geordnet aus der Aula in einen Hörsaal zu führen.

Die politischen und "weltanschaulichen" Argumente der Studenten waren diffus. Einige ahnten das dunkel. So besuchte ich – nicht im Talar – mit dem Dekan der juristischen Fakultät einmal eine Versammlung der Studenten im Studentenhaus in der Veterinärstraße. Die Luft war von Tabaksqualm zum Schneiden. Viele saßen auf der Erde. Ein Redner forderte die Abschaffung aller "autoritären" Strukturen: "Wir wollen die Autorität abschaffen. Dazu müßten wir selbst Autorität haben; das ist die Scheiße." Wahrhaft eine tiefe Einsicht. – Eines Tages kam der Vorsitzende des "Allgemeinen Studentenausschusses" (ASTA), Herr Pohle (er war später an der Entführung des Abgeordneten Lorenz in Berlin beteiligt und wurde zu Gefängnis verurteilt), zu mir, dem Dekan, und wollte mich die Grundlagen des Anarchismus lehren. Ich unterbrach ihn und fragte ihn, ob er denn auch Marx gründlich gelesen habe. Eifrige Bejahung seitens Herrn Pohles. "Dann sollten Sie wissen, daß Marx gesagt hat, daß der Anarchismus im Kleinbürgertum ende." Das wollte er nicht glauben; aber es hat sich bewahrheitet: Als Meinungsforscher 20 Jahre später dem Schicksal der Revoluzzer von 1968/70 nachgingen, stellten sie fest, daß sie sämtlich brave, enge Kleinbürger geworden waren. Im ganzen haben die Studentenunruhen dieser Jahre nicht viel bewirkt: Die alt-ehrwürdigen Talare verschwanden – was ich bedauere; es ist reine Feigheit –, die spektierlichen Anreden wurden – vorübergehend – abgeschafft. Aber zu Reformen haben die Studenten von damals nichts beigetragen. Gelegentlich gab es dann immer wieder Protestveranstaltungen, z. B. in Regensburg bei der 20-Jahrfeier. Auch sie wußten eigentlich nicht recht, was sie wollten, außer eben einmal "protestieren".

Zurück zur Situation zu Beginn der sechziger Jahre. Die Zunahme der Studentenzahlen hatte viele Gründe. Im Gründungsausschuß für die Universität Konstanz argumentierte vor allem Professor Ralf Dahrendorf für die „Mobilisierung der Bildungsreserven" aus den „einfachen" Schichten der Bevölkerung. In der Tat machten immer mehr Schüler das Abitur. Aber der tiefliegende Grund für die Zunahme der Studentenzahlen ist wohl in der zum Teil unbewußten Aufgabe des Humboldtschen Prinzips zu suchen: Im Vordergrund hat in einer Universität die Forschung zu stehen, und die – keineswegs zu vernachlässigende – Lehre hatte sich durch Teilnahme der Studenten an der Forschung abzuspielen. Die Lehre war nur insoweit echte Lehre, als sie an der Forschung orientiert war. 1809 wurde mit diesem Ziel und mit diesem Leitprinzip in Berlin die Friedrich-Wilhelm-Universität als das epochemachende Modell für die nächsten 100 Jahre gegründet (eröffnet 1810). An diesem Vorbild orientierten sich alle Universitäten der Welt – mit Erfolg. Eine erste Sünde gegen dieses Prinzip war die Gründung der Kaiser-Wilhelm-Gesellschaft durch Kaiser Wilhelm II im Jahre 1911: Die Forschung wurde von der Lehre getrennt. Die Geschichte – und nicht zuletzt das Ergebnis nach 80 Jahren – zeigt, daß das für beide, Kaiser-Wilhelm-Gesellschaft und Universitäten, negative Folgen hatte, zumal sich die KWG (und später die MPG, wie die KWG nach 1945 umbenannt wurde) auch gar nicht mehr an die Grundprinzipien hielt, wie sie zur Zeit der Gründung festgelegt wurden.

Eine weitere Sünde gegen das Humboldtsche Modell wog in den Folgen schwerer: Etwa ab der Mitte des 20. Jahrhunderts wurden den Universitäten immer mehr und mehr Aufgaben reiner Berufsausbildung zugewiesen. So wurden ihnen z.B. die Pädagogischen Hochschulen eingegliedert, zum Teil als eigene Fakultät. Dabei war der wahre Grund wohl gar nicht einmal die Absicht, den zukünftigen Lehrern eine wissenschaftliche Ausbildung zu geben – das kann eine Fachhochschule viel besser, weil sie mit der Praxis verbunden und an ihr orientiert ist. Das Motiv war eher rein materieller Natur: An der Universität ausgebildete Lehrer konnten aus formalen, beamtenrechtlichen Gründen eine höhere Besoldung verlangen. Berufsausbildung gehört auf Fachhochschulen. Ich zähle zu reiner Berufsausbildung z.B. die des Mediziners, soweit er nicht Forschung treibt, des Juristen, der Lehrer aller Kategorien, der sogenannten Wirtschaftswissenschaftler, der praktischen Techniker, etwa der speziellen Computerfachleute und praktischen Informatiker. Typisch für unsere Zeit ist die enttäuschte

Äußerung einer Studentin, sie studiere zwar Englisch, lerne aber kein Englisch in den Vorlesungen. Ein wichtiger Weg zur Entlastung und damit der Erholung der Universitäten wäre also die gezielte Förderung der Fachhochschulen einerseits und eine echte Eingliederung der Mitglieder der Max-Planck-Gesellschaft in den Unterricht an den Universitäten. Sie hätten sich an der Lehre in weit größerem Umfang zu beteiligen, als das der Fall ist. Voraussetzung wäre eine Berufung der Mitglieder der MPG gemeinsam mit den Fachbereichen der Universitäten. – Ich schweife schon wieder ab.

Die geschilderten Fakten drohen die Universitäten durch die Überzahl der Studenten und die Ausweitung und Spezialisierung der Fächer und Aufgaben zu ersticken.

Die erste Abhilfe war: Gründung neuer Universitäten. Den Anfang machten Bochum (1965) und Düsseldorf (1965). Es folgte Konstanz.

b. Der Gründungsausschuß für die Universität Konstanz

Gründungsrektor war Gerhard Hess, der 1955–1964 Präsident der Deutschen Forschungsgemeinschaft gewesen war. Er leitete den Gründungsausschuß überlegen und mit klaren Vorstellungen. Im Gründungsausschuß lernte ich neben vielen anderen hervorragenden Kollegen vor allem Waldemar Besson (1929–1971) kennen. Er war Professor für Politologie an der Universität Erlangen. Mit seinem feurigen Temperament und klaren Vorstellungen riß er redegewandt alle mit sich. Wir wurden schnell Freunde. Er war dann auch Mitglied des Strukturbeirates für die Universität Regensburg. Besson starb an den Folgen einer mißglückten Operation viel zu früh. Ferner: Theodor Eschenburg, Ralf Dahrendorf, Herbert Nesselhauf waren wertvolle Berater. Die Universität Konstanz war ein Lieblingskind des damaligen Ministerpräsidenten von Baden-Württemberg, Kurt Georg Kiesinger. Anfangs lud er den Gründungsausschuß immer zu einem opulenten Mittagessen in seinen Amtssitz ein – bis eines Tages Waldemar Besson (1921–1979) sich in einer improvisierten und im Protokoll nicht vorgesehenen Tischrede beim Ministerpräsidenten Kiesinger für das Essen sehr herzlich bedankte, aber zum Schluß die Bitte aussprach, man möge in Zukunft von solchen Festgelagen absehen: Das gute Essen und der vorzügliche Badener Wein machten uns für weitere Arbeit an diesem Tag arbeitsunfähig. Seitdem gab es nur noch Apfelsaft und Laugenbrezeln im Sitzungssaal.

Der Gründungsausschuß trat häufig zusammen, anfangs nicht selten freitags und samstags; denn das waren die Tage, wo wir keine Vorlesungen zu halten hatten. Freilich: Der Samstag wurde uns nach wenigen Sitzungen „verboten": Da erschien eines Samstags Punkt 12 Uhr plötzlich ein Hausmeister des Schlosses und erklärte: „Die Herren sollten jetzt den Saal räumen. Putzfrauen sind auch Menschen."

Mitglied des Gründungsausschusses war auch Friedrich Schneider, Kanzler der Universität Köln, später Generalsekretär des Wissenschaftsrates und der Max-Planck-Gesellschaft. Er war in der Verwaltung erfahren und überaus ideenreich. In seinen oft sarkastischen Bemerkungen traf er immer den Nagel auf den Kopf. Der Gründungsausschuß hatte eines Tages auch die Entwürfe des Architektenwettbewerbes für die Gebäude der Universität zu begutachten. Die beteiligten Architekten erläuterten ihre Entwürfe, und da demonstrierte einer eine breite „Straße der Begegnung". Friedrich Schneider: „Lassen Sie die Straße weg, manche wollen sich nicht begegnen."

Bei allen Beratungen des Gründungsausschusses Konstanz war der Kultusminister, Gerhard Storz (1898–1983), zugegen, ein bedeutender Germanist, der als Schauspieler angefangen hatte und über eine Professur in Tübingen bis zum Minister aufstieg. Er griff oft in die Diskussionen ein, nicht ohne Erfolg. Eine solche Zusammenarbeit zwischen Verwaltung und Hochschule fand ich dann auch in dem Strukturbeirat für die Universität Regensburg vor. Sie erleichtert die Arbeit außerordentlich. Ich habe im Gründungsausschuß Konstanz viel gelernt. Nach Abschluß der Beratungen fragte Gerhard Hess, nunmehr Rektor der Universität, alle Mitglieder des Ausschusses, ob sie bereit seien, einem Ruf an die neue Universität zu folgen. Besson und Dahrendorf sagten zu; ich lehnte ab. Ich hatte mein Herz an München verloren. Dazu kam: Schon die Erwähnung der Tatsache, ich sei gefragt worden, ob ich nach Konstanz ginge, schon die Erwähnung dieser Möglichkeit löste im Kultusministerium in München so etwas wie Bestürzung aus. Man bot, was man konnte, um mich zu halten. Die weitere Entwicklung der Universität Konstanz verlief offenbar problemlos. Gerhard Hess und Waldemar Besson waren die besten Garanten dafür.

c. Die Gründung der Universität Regensburg

Wohl bei keiner Universitätsgründung hat es derartigen Wirbel, vergebliche Ansätze, Kritik und schließlich doch Erfolg gegeben, wie in

Regensburg. Ein Ministerwechsel mußte erfolgen, ein Gründungsrektor mit absolut unüblichen Methoden ausgebootet, drei Gremien nacheinander ins Leben gerufen werden, bis endlich die Universität eröffnet werden konnte. Schon in den späten fünfziger und Anfang der sechziger Jahre hatten der Oberbürgermeister und ein engagierter Arzt, Dr. Schmidl, einen Universitätsverein gegründet. Zum Verwirrspiel kam: Die Kirche und die ostbayerische Wirtschaft machten sich für eine neue Universität in Regensburg stark. Es gab dort eine katholische Philosophisch-Theologische Hochschule, und aus der sollte die neue Universität herauswachsen. Damit wären zweifellos einer Universität fremde Erwartungen – konfessionelle und regional-politische Einflüsse – in die neue Universität eingeflossen. 1960 war es dann der Oberbürgermeister Schlichtinger, der wiederum die Initiative ergriff und in mehreren Veranstaltungen in der Öffentlichkeit dafür warb. Am 10. Juli 1962 beschloß der Landtag die Errichtung einer Universität in Regensburg. Das ging freilich nicht allein auf des Oberbürgermeisters Initiative (er gehörte der SPD an) zurück: Den Antrag brachte der CSU-Abgeordnete Ludwig Huber ein. Der Kultusminister, Professor Theodor Maunz, Jurist, berief einen Ausschuß von Parlamentariern und Professoren, der die Planung vorbereiten sollte. Das war der „Organisationsausschuß für die Universität Regensburg". Er hatte 21 (später 20) Mitglieder: neun Professoren, sieben (sechs) Landtagsabgeordnete, ferner drei Ministerialbeamte (aus den Bereichen Finanz, Recht und Kultus), den Oberbürgermeister von Regensburg und den Kultusminister als Vorsitzenden. Dieser schon in seiner Zusammensetzung heterogene Ausschuß legte am 10. Juni 1963 ein „Memorandum" vor, dessen Inhalt schnell an die Öffentlichkeit gelangte – und zu vehementen Protesten führte. Das Memorandum enthielt keine neuen Ideen, keinen Ansatz zu einer Reform. Hartmut von Hentig, Professor für Erziehungswissenschaften in Göttingen – nicht Mitglied des Ausschusses – meinte: Regensburg werde nicht eine „alte, sondern eine ganz alte Universität" bekommen. Der Historiograph der Universität Regensburg Friedrich Hartmannsgruber, faßt die damalige Kritik an dem Memorandum des Organisationsausschusses zusammen („Um die geistige Reform einer Universität", Regensburger Almanach 1987): „Von Kultusminister Maunz war bekannt, daß er den Ausbau der bestehenden Universitäten für vordringlicher hielt als den Aufbau einer neuen, was natürlich das Tempo der Planungen nicht eben förderte; entsprechende Kritik parierte er im März 1963 mit dem Diktum: „Die Dome des Mittelalters sind auch nicht an einem Tag erbaut worden."⁴ Unüblich war ferner die Einschaltung der Ministerialbürokratie schon in die erste Planungsphase, ungewöhnlich die Minderheitsposition der Hochschullehrer, vor allem aber der Umstand, daß keiner der Professoren Mitglied des Wissenschaftsrates war, keiner an der Konzeption einer neuen Universität mitarbeitete oder sich sonst mit Fragen der Hochschulreform auseinandergesetzt hatte. Die Philosophisch-Theologische Hochschule (sie existierte seit langem in Regensburg) sollte ursprünglich am Ausschuß nicht beteiligt werden, um jeden Verdacht ‚klerikaler' Einflußnahme fernzuhalten; ihr Rektor Jakob Hommes, ein Laie, wurde aber auf Protest des Bischofs und nach Intervention von politischer Seite doch aufgenommen. Dagegen war auf die Hinzuziehung nichtbayerischer Wissenschaftler ganz verzichtet worden. Die Haltung der bayerischen Professoren im Ausschuß zeigte sich wiederum von der Tatsache nicht unberührt, daß die Rektoren der bayerischen Universitäten ursprünglich eine zweite Universität in München favorisiert und noch im August 1962 ihren Widerstand mit allen Mitteln gegen Regensburg bekräftigt hatten."

Die Präambel des Memorandums, wonach die Universität Regensburg, gleichrangig neben ihrer Entlastungsfunktion, „als kultureller Mittelpunkt Ostbayerns das geistige Gepräge und die geschichtliche Aufgabe des Raumes zum Ausdruck bringen" solle, ging auf eine Formulierung von Jakob Hommes zurück. Hommes verband damit den Wunsch nach einem Forschungsschwerpunkt „Osteuropa – ostkirchliche Ökumenik", der in das Memorandum aufgenommen wurde.

Faßt man alle diese Einwände zusammen, so wandte sich die Kritik gegen Mangel an Reformwillen, gegen Überwiegen des staatlichen Einflusses – der an sich nicht schädlich sein muß, aber in diesem Fall ohne Phantasie war – gegen kirchlichen Einfluß und Mangel an Beteiligung der Hochschullehrer an der Strukturplanung der neuen Universität. Jedenfalls kam die Gestaltung der Universität nicht voran. So wurde das Memorandum des Organisationsausschusses von allen Seiten mit Nachdruck verworfen – nicht freilich vom Kultusminister selbst. Die Presse schrieb dazu: „Es ist ein ausreichender Vorschlag für das Jahr 1850, aber unzulänglich für die zweite Hälfte des 20. Jahrhunderts". Andere nannten das ganze bisherige Gründungskonzept schlicht einen

---

⁴ Böse Zungen behaupteten sogar, es habe eine Anfrage im Landtag gegeben, bei der ihm vorgeworfen wurde, Regensburg sei ja nur das Schlußlicht der Universitätsgründungen. Des Kultusministers Antwort sei gewesen: „Einer muß das Schlußlicht sein." Ich kann's nicht nachprüfen.

„Alten Zopf". Jedenfalls leitete der Ministerrat unter dem Eindruck der öffentlichen Kritik das „Memorandum" dem Kultusministerium nur als „Material", aber nicht als Empfehlung zu. Auf die Entwicklung und Struktur der Universität hatte das „Memorandum" keinen Einfluß.

Andererseits mußte die Gründung der Universität dringend vorangetrieben werden. Die Folge: Das Kultusministerium, sprich Kultusminister Maunz, verfiel in das Gegenteil und berief ein „Kuratorium". Am 8. Oktober 1963 beschloß das Kabinett unter Vorsitz von Ministerpräsident Goppel, ein „Kuratorium" zu bestellen, das – so Goppel – als „Pfleger eines nasciturus" die Neugründung betreuen sollte. Als Mitglieder wurden die damaligen Rektoren der bayerischen Universitäten des Amtsjahres 1963/64 berufen, ferner der Rektor der Technischen Hochschule und der Rektor der (katholischen) Philosophisch-Theologischen Hochschule Regensburg. Rektor der Universität Erlangen war der Historiker Freiherr Götz von Pölnitz. Die Aufgaben des Kuratoriums: Ausarbeitung einer vorläufigen Satzung, von Fakultätssatzungen, Studien- und Prüfungsordnungen, Benennung von Berufungskommissionen, Vorschlag eines Gründungsrektors.

Das alles hätte dem Kuratorium freie Hand für konkrete Vorschläge und Reformvorschläge gelassen. Aber es kam von ihm keine Wende zu neuen Gedanken oder gar Reformen. Das lag natürlich mit daran, daß drei der Mitglieder des Kuratoriums schon im Organisationsausschuß „tätig" gewesen waren (die Professoren Wollheim (Würzburg), Patat (T. H. München) und Hommes (Regensburg). Von welcher Vorstellung man ausging, gerade die amtierenden Rektoren der vorhandenen Universitäten mit der heiklen Aufgabe zu betrauen, ist schwer zu sagen. Damals war das Amt des Rektors mehr oder weniger eine repräsentative Aufgabe. Ernste Reformen in einer kurzen Amtszeit von ein oder zwei Jahren durchzuführen, war unmöglich. Dazu kam, daß gerade die Rektoren der bestehenden Universitäten eine neue Universität als lästigen Konkurrenten um die staatlichen Mittel, also das Geld, ansehen mußten und das auch offen aussprachen. So kam auch bei den Sitzungen nichts von Bedeutung heraus, außer daß man Herrn von Pölnitz als Gründungsrektor präsentierte. Außerdem wurden Berufungskommissionen vorgeschlagen, jeweils aus zwei oder drei Mitgliedern bestehend und viel zu einseitig. Das Kultusministerium weigerte sich denn auch, diese Berufungskommissionen zu berufen. Zu allem Unglück für die zu gründende Universität kam im Februar 1965 auch noch – initiiert wohl von der Humanistischen Union – eine Pressekampagne gegen den inzwischen ernannten Gründungsrektor dazu: Er hatte mehrfach, zuletzt noch in der Festschrift der Universität München im Jahr 1942 („Denkmale und Dokumente zur Geschichte der Ludwigs-Maximilians-Universität Ingolstadt – Landshut – München") eindeutig nationalsozialistische Ideen vorgetragen. Die Humanistische Union wandte sich an die Abgeordneten des Landtages und forderte den Kultusminister auf, Pölnitz abzusetzen: Ein derartiger Einfluß sollte auf jeden Fall von einer neu zu gründenden Universität ferngehalten werden.

Presse und Rundfunk kommentierten den Zustand der zu gründenden Universität: „Mit der in Regensburg zu errichtenden vierten Landesuniversität haben die Verantwortlichen und auch die Interessierten ihre liebe Not. Es bleibt ihnen wahrhaftig kein Kummer erspart. In den feurigen Wein der Gründerzeit ist inzwischen viel abgestandenes Wasser geflossen." – „Von der neuen Alma mater steht noch kein Stein, da scheint schon ihr Ruf ruiniert." (Süddeutsche Zeitung).

Im Gegensatz zu der Gründung der Universität Würzburg, wie sie oben geschildert wurde, fehlten also die „Jesuiten", die formgebenden Instanzen.

Im Oktober 1964 wurde Professor Maunz als Kultusminister abgelöst. An seiner Stelle trat Ludwig Huber. Er war es gewesen, der seit 1960 im Landtag die Gründung einer Universität vorangetrieben hatte. Auf seine Initiative als Abgeordneter der CSU ging der Gründungsbeschluß von 1962 zurück. Sicher war er an die Gründungsbeschlüsse, an das legal existierende Kuratorium und an den bereits ernannten Gründungsrektor von Pölnitz gebunden. Aber Ludwig Huber war Taktiker und Jurist, außerdem von klarer Zielstrebigkeit, die sich durch formale Hindernisse nicht aufhalten ließ. So hinderte ihn nichts, sich ein Gremium zu schaffen, das – zunächst – keine andere Aufgabe und Befugnis hatte, als eben ihn, den Kultusminister zu „beraten". Diesen seinen Beschluß teilte er dem Kuratorium mit. Der Rektor, Freiherr von Pölnitz erklärte sein Einverständnis, aber betonte sofort: „Die Berater beraten, das Kuratorium beschließt".

Das neue Gremium, nunmehr das dritte, wurde als „Strukturbeirat für die Universität Regensburg" vorgestellt. Ihm gehörten (außer mir) namhafte Wissenschaftler und nur solche, auch aus anderen Bundesländern, an: Die Professoren Wilhelm Arnold (Würzburg, Psychologie), Waldemar Besson (Politikwissenschaft, Erlangen, mein Freund schon vom Gründungsausschuß Konstanz her), Helmut Coing (Rechtshistoriker, Frankfurt), Heinz Fleckenstein (Katholische Theologie, Würzburg), Franz Grosse-Brockhoff (Medizin, Düsseldorf), Hugo

Kuhn (Germanistik, München), Feodor Lynen (Biochemie, München), Heinz Maier-Leibnitz (Physik, München) [später auf eigenen Wunsch ausgeschieden und durch Wolfgang Wild, Physik, München ersetzt], Erich Preiser (Wirtschaftswissenschaften, München), Robert Sauer (Mathematik, München). Das Kuratorium (von Pölnitz, Wollheim, Patat) nahm an den Sitzungen des Strukturbeirates teil, allerdings ohne Stimmrecht.

Das war ein Gremium von elf Köpfen, meiner Erfahrung nach die richtige, aber auch nahezu die maximale Zahl für eine disziplinierte und fruchtbare Diskussion und intensive und fruchtbare Arbeit. Alle Mitglieder hatten Erfahrungen als Mitglieder der Gremien der Deutschen Forschungsgemeinschaft, des Wissenschaftsrates oder anderer Gründungsausschüsse. Es war die ganze Breite der Wissenschaften vertreten, einige Mitglieder kamen aus anderen Bundesländern.

Der Strukturbeirat trat zu seiner ersten Sitzung am 24. Mai 1965 zusammen. Waldemar Besson (1929-1971) war es, der spontan – ohne vorherige Verabredung mit mir – mich als Vorsitzenden vorschlug. Meine Rache: Ich benannte Besson als Stellvertreter, was er auch annahm.

Minister Huber beauftragte den Strukturbeirat, die gesamte Konzeption für die Universität Regensburg neu zu durchdenken, ihr das wissenschaftliche Gesicht und Gewicht sowie die fortschrittliche Struktur zu geben, die von einer Hochschulgründung des 20. Jahrhunderts erwartet würde. Das Ministerium garantierte dem Strukturbeirat volle Aktionsfreiheit, keinerlei Einmischung der Ministerialbürokratie und stellte mir seinen technischen Apparat zur Verfügung. Diese Verfügung stellte sofort klar: Das Kuratorium hatte seinen entscheidenden Einfluß ausgespielt, vorausgesetzt, daß der Strukturbeirat effektiv arbeitete.

Die technischen Voraussetzungen wurden sofort erfüllt: Ich bekam eine Sekretärin eigens für die Arbeit des Strukturbeirates mitsamt einer Schreibmaschine; beide wurden im Zoologischen Institut untergebracht, was mir viel Zeit ersparte. (Die Schreibmaschine forderte irgendein mittlerer Verwaltungsbeamter ein Jahr nach Abschluß der Arbeiten vom Institut zurück; Ordnung muß sein.) Protokollführer war der Regierungsrat Dr. Klaus D. Wolff; er wurde später Generalsekretär des Wissenschaftsrates und dann erster Präsident der neu gegründeten Universität Bayreuth (bis 1991).

Von vornherein war ein Konflikt mit dem Kuratorium unvermeidlich, wenn auch nicht persönlich, so doch von der Sache her. Mit Professor Wollheim, dem Internisten aus Würzburg, verband mich eine alte Freundschaft, Patat und Hommes hielten sich zurück. Aber den amtierenden, untätigen und strikt „konservativen", an alten Formen festhaltenden von Pölnitz auszuschalten war unmöglich. Zunächst noch frohlockte er: Ein so großes Gremium werde niemals gemeinsame Termine finden. Er irrte: Alle Mitglieder waren in allen 19 Sitzungen zugegen. – Ernste Schwierigkeiten in der Diskussion gab es aber erst, als Minister Huber einen Prorektor bestimmte: Professor Franz Mayer, Verwaltungsrechtler an der Verwaltungshochschule Speyer. Ich vermute, daß dahinter ein Druck von außen auf den Minister steckte; er mußte gewiß Rücksichten auf mancherlei einflußreiche Kreise in der CSU nehmen. (Mayer war, wie er mir selbst erzählte, „praktizierender" Katholik.) Aber das ist eine Vermutung, die ich nicht belegen kann.

Die Sitzungen des Strukturbeirates waren jeweils gründlich vorbereitet: Zu jedem Thema wurden rechtzeitig vorher „Fleißaufgaben" verteilt; ein Mitglied wurde gebeten, zu dem zu behandelnden Thema einen Entwurf für eine Empfehlung auszuarbeiten. Sie wurde mir zugeleitet, vervielfältigt und mindestens eine Woche vor der Sitzung an alle Mitglieder verschickt. So war die Diskussion von vornherein auf eine allen bekannte Materie gerichtet, auf Kritik, Ergänzungen und neue Formulierungen beschränkt. Freilich – und das spricht für die freimütige Art aller Mitglieder – blieb zuweilen von dem ursprünglichen Text fast oder gar nichts übrig. Es gibt nichts Unfruchtbareres als eine Diskussion, bei der nicht jeder mit den Voraussetzungen und dem Inhalt des Gegenstandes vertraut ist und sich darauf hat vorbereiten können. Dann wird die Diskussion weitschweifig, das Ergebnis ist fast immer unbefriedigend, sofern es überhaupt zu einem Ergebnis kommt. Mir ist es immer, auch in vielen anderen Sitzungen später, soweit ich sie zu leiten hatte, gelungen, zwar Dampf abzulassen, wenn jemand anderer Meinung war, aber das Reden nicht ausufern zu lassen, die Redner bei der Stange, d. h. beim Thema zu halten, ohne irgendwie der Rede freien Lauf zu behindern. Ich gab in der Regel schon bei der Einladung an, wie lange die Sitzung voraussichtlich dauern werde; ich erinnere mich, daß ich mich entschuldigte, wenn die vorgegebene Zeit um einige Minuten überschritten wurde.

Über die Arbeitsweise im Strukturbeirat berichtet auf Grund von Interviews mit Mitgliedern Friedrich Hartmannsgruber (Regenburger Almanach, 1987): „Eine wesentliche Voraussetzung der erfolgreichen Arbeit des Strukturbeirates bildete seine Arbeitsorganisation. Der Vorsitzende Autrum war als ehemaliger Verwaltungsdirektor der Universität Würzburg, als in seinem Fach bahnbrechender Leiter des Münchener Zoologischen Institutes, als Mitglied des Wissenschaftsrates und Vizepräsident der Deutschen Forschungsgemeinschaft für seine Aufgabe allseits präpariert; er erwies sich als ebenso umsichtiger und kooperativer wie durchsetzungsfähiger Verhandlungsführer. Sein Stellvertreter Besson entwickelte als produktivster Vordenker die zentralen Strukturpinzipien der neuen Universität. Er und Autrum bildeten ein kongeniales Gespann."

Das neue Strukturkonzept wurde klar herausgestellt: Auf vielen Gebieten ist die Forschung noch das Werk eines einzelnen Forschers, auf vielen anderen aber das Ergebnis einer Zusammenarbeit benachbarter oder sogar wissenschaftssystematisch entfernter Disziplinen. Moderne Forschung überschreitet die Grenzen der Fächer und hat gerade dort ihre großen Erfolge, wo sie, nicht an die „klassischen" Grenzen gebunden, die Bereiche betritt, die nur durch kooperative Zusammenarbeit erschlossen werden können. Das war die wissenschaftspolitische Leitlinie für die Arbeit des Strukturbeirates. Der von Besson formulierten Empfehlung XXII lag dieses Prinzip zugrunde („Die ständigen Einheiten von Forschung und Lehre").

Ein weiteres wichtiges Thema, das intensiver Diskussion bedurfte, war die Organisation des Bibliothekswesens. Es wurde eine einheitliche, gemeinsame Universitätsbibliothek vorgeschlagen, in der Bibliotheksverwaltung und Lehrkörper eng zusammenarbeiten; sie sollte – und trat – an die Stelle der als unzulänglich und unrationell erkannten Trennung von Zentralbibliothek und selbständigen Institutsbibliotheken. Die gesamten Bestände wurden zentral katalogisiert und damit ein umständliches Suchen in Teilbibliotheken vermieden; so sind die gesamten Bestände allen Interessenten leicht erreichbar. Ständig benutzte Werke wurden – nach Abstimmung zwischen Bibliotheksverwaltung und Professoren – in den Instituten auf Zeit eingestellt. Das Regensburger System hat als wegweisende Neuerung internationale Beachtung gefunden und wurde später von den meisten Universitäten übernommen.

Neuland wurde auch mit der Neuorganisation der Verwaltung beschritten: Die Zentralverwaltung unter einem Kanzler bekam Außenreferate zur Unterstützung der Verwaltungsarbeit der Fachbereiche. Das sollte die Universitätsspitze von Verwaltungsarbeit entlasten.

Eine Neuerung rief zunächst heftige Proteste hervor: Die Vorschlagslisten für die Besetzung von Lehrstühlen sollten nicht mehr nur aufgrund vom Berufungsausschuß eingeholter Gutachten erstellt werden; freie Lehrstühle waren vielmehr öffentlich auszuschreiben, so daß sich jedermann für den Lehrstuhl bewerben konnte. Es war fraglich, ob das Ministerium dieser umwälzenden Regelung zustimmen würde. Daher besprach ich diesen Punkt zunächst mit dem Minister persönlich. Die Entscheidung dafür fiel bei einem kurzen Besuch im Ministerium innerhalb weniger Minuten. Ich war mit Huber für einen Nachmittag verabredet. Dabei ereignete sich eine kleine Panne seitens des Ministeriums: Am Eingang fragte mich der Pförtner, wo ich hinwolle? Zum Herrn Kultusminister. Die Frage des Pförtners: „Sind Sie bestellt?" „Nein". „Dann kann ich Sie nicht hereinlassen." Ich war ja verabredet und nicht „bestellt". Ein kurzer Anruf vom nächsten öffentlichen Fernsprecher beim Minister genügte, diesen Rest autoritärer Haltung abzuschaffen.

Es war für die Zusammenarbeit mit dem Ministerium überaus wichtig, daß ich jederzeit zum Minister gehen konnte; meistens genügte ein Anruf, um noch am selben oder nächsten Tag einen Besuch zu vereinbaren. Huber war vor allem auch souverän in der Verwaltung selbst. Auf seinem Tisch im Dienstzimmer hatte er eine Zigarrenkiste stehen mit der pompösen Aufschrift „Schwarze Weisheit". Er hatte Humor und war kein Zelot. Als es um Berufungsfragen ging, sagte er zu mir: Ihm sei ein bedeutender Astronom, der Heide ist, lieber als ein unbedeutender katholischer.

Gerade die Frage der öffentlichen Ausschreibung der freien Lehrstühle erregte den Zorn eines Mitglieds des Kuratoriums: Franz Mayer protestierte mit Vehemenz. Aber ich hatte die Rückendeckung des Ministers.

So konnte ich bereits 1968 die Lehrstühle für die neue Naturwissenschaftliche Fakultät in Anzeigen öffentlich bekannt machen lassen. 1969 empfahl das Kultusministerium allen bayerischen Universitäten, freie Lehrstühle auszuschreiben, 1974 wurde es durch das Hochschulgesetz bindende Verpflichtung. Heute ist es Selbstverständlichkeit.

Die enge und vertrauensvolle Zusammenarbeit mit dem ganzen Ministerium erleichterte die Arbeit. Bei den Sitzungen waren zudem außer dem Minister selbst auch stets die zuständigen Referenten des Hauses anwesend: die Herren von Elmenau, Krafft, Kießling. Der Minister war in allen Sitzungen anwesend, von Anfang bis zum Schluß. Er saß neben mir, griff aber in der Regel nicht in die Debatte ein. Er hatte eine Eigenschaft, die heute nur wenige aufweisen: Er konnte zuhören. Sobald eine Empfehlung formuliert war, ließ sie Herr Dr. Wolff, der Protokoll führte, schreiben. Sie wurde noch einmal verlesen, und nach einmütiger Zustimmung überreichte ich sie dem neben mir sitzenden, bis dahin stummen Minister. Schon nach den ersten zwei Wörtern wußte man, ob er die Empfehlung annahm oder ablehnte: „Ich danke Ihnen, Herr Professor..." war Annahme. „Bitte haben Sie Verständnis, meine Herren...": Dann lehnte er aus politischen oder juristischen Gründen die Empfehlung ab; sie mußte neu beraten werden. Das kam allerdings sehr selten vor. Es war der schnellste (un)bürokratische Weg, den ich je kennenlernte.

Wer nicht aufgab, war der ja schon ernannte Gründungsrektor von Pölnitz. Das Kuratorium hatte sich in einer Erklärung hinter ihn gestellt, und er erhielt weitere Unterstützung durch den inzwischen auch ernannten Prorektor, Franz Mayer. Das hatte eine Gefahr: Das Kuratorium beabsichtigte, mit Hilfe kleiner Berufungsausschüsse – jeweils aus zwei oder drei Mitgliedern bestehend – Berufungen einzuleiten und damit vollendete Tatsachen zu schaffen. Das war das gute Recht einer autonomen Hochschule. Freilich konnte das Ministerium die Berufungen ablehnen, aber es hatte keine Möglichkeit, von sich aus Lehrstühle zu besetzen. Der Strukturbeirat empfahl aber mit Nachdruck, zunächst das Strukturkonzept zu erarbeiten und dann größere Berufungsausschüsse einzusetzen. Wie aber den Gründungsrektor beseitigen? Es blieb nur – persönliche Rücksprachen hatten keinen Erfolg – ein massiver Affront. Der kam bei der Grundsteinlegung für die Universitätsgebäude am 20. November 1965.

Ihm ging zunächst ein Satyrspiel voraus: Rektor von Pölnitz schickte an das Ministerium einen „Plan" für den Ablauf der Feierlichkeiten. Die sollten den ganzen Tag dauern, Herr von Pölnitz sollte dreimal reden, Ministerpräsident und Kultusminister nur je einmal, der Oberbürgermeister der Stadt, Schlichtinger, gar nicht, und schon gar nicht der Vorsitzende des Strukturbeirates. Das sieben Seiten lange Schreiben erregte bei Besson, als ich es ihm schickte, „ein homerisches Gelächter". Da ich Mitglied des Kuratoriums war, torpedierte ich dort schon den wirklich abstrusen Festplan mit dem Argument, die Öffentlichkeit werde sagen, die Universität könne mehr oder weniger interne Feste feiern, aber sonst wirklich auch nichts zustande bringen.

Der 20. November war ein grauer, kalter Frühwintertag. Ein Festzelt war aufgestellt, eine Blaskapelle spielte. Die Ehrengäste hatten darin Platz genommen. Für die je drei Hammerschläge waren – nunmehr auf Wunsch und Anordnung des Ministerpräsidenten – er selbst, der Oberbürgermeister, Herr von Pölnitz und ich vorgesehen. Ich als letzter. Vor dem Beginn kam der Dirigent der Blaskapelle zu mir und fragte nach meinem letzten Satz, damit er das Stichwort für den Einsatz

Abb. 39. Grundsteinlegung für die Universität Regensburg, November 1965. Von rechts nach links: Rektor Professor Pölnitz, Professor Patat, der Autor bei seiner Ansprache. Oberbürgermeister Schlichtinger von Regensburg. (Archiv der Universität Regensburg)

der Musik habe. „Narren" sagte ich zu seinem Erstaunen. Leider ist der Text meiner kurzen Ansprache verlorengegangen. Aber der Inhalt war etwa, daß die Fürsten des Mittelalters sich Goldmacher und Narren gehalten hätten, um zu Geld und zu Vergnügen zu kommen. Heutzutage seien die Goldmacher und eben auch in mancher Augen die Narren die Professoren. Das alles spielte sich programmgemäß ab. Nur eins verwunderte: Der Ministerpräsident, Alfons Goppel, selbst Regensburger, begrüßte in seiner Fenstansprache die anwesende Prominenz, nur Seine Magnifizenz, den Rektor Pölnitz, nicht. Am Abend schickte Pölnitz an Goppel ein Telegramm, in dem er seinen Rücktritt erklärte. Endlich.

An Pölnitzens Stelle trat Franz Mayer, der Prorektor. Mit ihm umzugehen war keineswegs leichter. Aber die Empfehlungen des Strukturbeirates wurden schließlich verabschiedet. Dann wurden Berufungskommissionen eingesetzt, die im wesentlichen der Strukturbeirat vorgeschlagen hatte. Vorsitzender der Berufungskommission für die Naturwissenschaften wurde ich, womit neue zeitliche Belastungen verbunden waren. Das Verfahren, die zu besetzenden Lehrstühle auszuschreiben, bewährte sich. Allerdings: Für manchen Lehrstuhl hatten wir bis zu 90 Bewerbungen.

Ich legte größten Wert darauf, daß die Berufungskommissionen nun nicht etwa im Ministerium, sondern an neutralem Ort tagten. Berufungen sind in erster Linie inneruniversitäre Angelegenheiten. So tagten wir in der Bibliothek des Zoologischen Institutes. Dabei gab es zu Beginn der ersten Sitzung noch eine kleine Panne: Es erschien der Staatssekretär des Ministeriums mit einem Regierungsrat. Ich mußte ihn freundlich darauf aufmerksam machen, daß das Ministerium hier nichts zu suchen habe. Er durfte also die anwesenden Kollegen begrüßen. Dann begleitete ich ihn zum Ausgang, im Interesse der Wahrung der Autonomie der Universität.

Eine kleine Erinnerung sei noch eingeschaltet: Der Strukturbeirat tagte nicht nur in München, im Sitzungssaal des Kultusministeriums, sondern auch von Zeit zu Zeit in Regensburg. Anreise war am Tag zuvor. Abends gab es dann gemütliche Unterhaltungen, an denen auch der Minister und der Oberbürgermeister Schlichtinger teilnahmen. Morgens um 9 Uhr begann die Sitzung. Wer fehlte, war Professor Lynen; am Abend zuvor war er noch da. Wir klopften an seinem Zimmer im Hotel; keine Antwort. Schließlich wurde vom Pförtner das Zimmer aufgeschlossen. Professor Lynen lag tief schlummernd in seinem Bett. Er gestand dann, er sei nach dem abendlichen Zusammensein noch vom Herrn Schlichtinger eingeladen gewesen, und die beiden hätten bis morgens um 6 Uhr dem guten Wein des Oberbürgermeisters zugesprochen.

Der neue Rektor, Professor Franz Mayer, betrieb nun mit großer Energie den weiteren Aufbau und Ausbau der Universität – zuweilen allerdings recht eigenwillig und in Abweichung von unseren Empfehlungen. So richtete er z. B. in seinem Institut für Verwaltungswissenschaften eine eigene, nicht der Zentralbibliothek angeschlossene Bibliothek ein. Zudem hatte er nur ein einziges Zentralinstitut zugelassen und eingerichtet: sein eigenes.

Am 6. Dezember 1968 kam der Strukturbeirat zu seiner letzten, der 19. Sitzung in Regensburg zusammen, um Bilanz zu ziehen, um zu sehen, wieweit sich seine Empfehlungen bewährt hatten. Wir alle waren uns ja von vornherein klar darüber: Unsere „Empfehlungen" sind auszuprobieren. Es sind keine absolut bindenden Vorschriften. Sie sollten Versuche sein, und die hatten sich entweder zu bewähren oder sie mußten korrigiert werden. Autoritäres Handeln lag uns allen völlig fern. Über das Ergbnis unserer Arbeit berichtete 1987 Hartmannsgruber in dem mehrfach erwähnten „Regensburger Almanach": „Als der Strukturbeirat in seiner 19., letzten Sitzung...eine Bilanz des ersten Jahres der Universität zog, konnten die anwesenden Professoren" (es waren ja inzwischen eine Reihe von Berufungen zustande gekommen; gemeint sind also die neu an der Universität wirkenden Professoren) „über durchweg positive Erfahrungen mit dem neuen Strukturkonzept berichten. Bemängelt wurde lediglich die in der Tat wenig konsequente Beibehaltung der Fakultäten, die man als funktionslose zusätzliche Verwaltungshürde über den Fachbereichen empfand. Mittlerweile sind die Fachbereiche zu Fakultäten erhoben worden; die alten großen Fakultäten sind abgeschafft. ...Die Zentralinstitute...sind heute durch die von der Deutschen Forschungsgemeinschaft finanzierten Sonderforschungsbereiche ersetzt."

Im großen und ganzen hatte sich unsere Arbeit also gelohnt und bis heute – nicht nur für Regensburg – bewährt.

Jubel in Bayern: Am 11. November 1967 wurde in einer Feier die vierte Bayerische Landesuniversität, Regensburg, eröffnet. Es begann ganz konventionell: Der Bayerische Innenminister Bruno Merk übergab dem Kultusminister einen silbernen Schlüssel, Huber überreichte ihn dem amtierenden Rektor, Professor Franz Mayer. Dann kamen die Begrüßungsansprachen: Zunächst der Ministerpräsident Goppel, dann der stolze Rektor. Das folgende beschrieb dann die Presse so:

„Rektor Mayer brauchte dann fast eine ganze Stunde, um Danksagungen und Begrüßungen vorzutragen an all die erschienenen Magnifizenzen, Exzellenzen, Spektabilitäten, Professoren und Präsidenten. Selbst der kleinste Kreisdirektor aus der Oberpfalz wurde nicht vergessen. Zuletzt dankte er dem lieben Gott und dem Steuerzahler. Vergessen wurden nur sowohl der Kultusminister Huber als auch der Vorsitzende des Strukturbeirates, Professor Autrum." – Das sollte die kleinliche Rache von Franz Mayer sein. Ich frage mich wieder: wofür eigentlich? Aber weder Huber noch ich traten zurück. Kein Wunder, daß Huber und ich nach der Feier von der Presse umringt waren: „Er hat Sie nicht begrüßt!" Die Öffentlichkeit schätzte Mayer richtig ein.

Es gab noch eine weitere Entgleisung: Die Mehrzahl der Professoren trug Talare. Wiederum eine Zeitungsnotiz, die den Nagel auf den Kopf traf: „Unter den Talarträgern fielen eine rote und eine blaue Gruppe auf, deren Talare durch Lautheit der Farbe und Plumpheit des Schnitts wie verunglückte Morgenmäntel einer Fußballmannschaft wirkten ... Mayer hatte den Professoren die Talare einfach ins Haus geschickt. Mayer selbst prangte in hochroter Seide und ebensolchem

Kopfputz. Man kann die Studenten verstehen, wenn sie sagen. ‚Wenn wir die Talare sehen, bleibt uns das Wort Studienreform im Hals stekken.'" (Süddeutsche Zeitung) Die geschmacklosen Talare wurden später auch nie mehr getragen. Vielleicht sollte man sie beim nächsten Fasching aus der Mottenkiste holen?

Mayer scheute sich auch nicht, die Geschichte der Universität zu fälschen: Da stand auf den ersten Seiten des Vorlesungsverzeichnisses unter der Überschrift „Zur Entwicklung und Struktur der Universität Regensburg" in den ersten Jahren zu lesen:

„Mit den ersten Vorbereitungen für die Universitätsgründung betraute die Staatsregierung einen Organisationsausschuß. Dieser legte im Juli 1963 als Ergebnis seiner Bemühungen ein Memorandum vor. Daraufhin berief die Bayerische Staatsregierung ein Kuratorium, das die weiteren Belange der nunmehr entstehenden Universität vertrat." Schluß. Punkt. Vom Strukturbeirat kein Wort.

Erst 1987 wurde das im Vorlesungsverzeichnis berichtigt: „Daraufhin berief die Bayerische Staatsregierung ein Kuratorium, das die weiteren Belange der nunmehr entstehenden Universität vertreten sollte. Die eigentliche Strukturplanung lag jedoch in den Händen eines im Mai 1965 berufenen Strukturbeirates unter dem Vorsitz von Prof. Dr. Hansjochem Autrum."

Franz Mayer hat uns nie verziehen – was eigentlich? Wir hatten ihm nichts getan. Wahrscheinlich fühlte er sich irgendwie unterlegen und antwortete mit autoritären Allüren.

Ein Ereignis sei noch erwähnt: Am 8. Dezember 1966 wurde in Regensburg der erste „Fakultätstag" veranstaltet, zugleich mit der Übergabe des Rektorats von Professor Mayer – dessen Amtszeit abgelaufen war – an Professor Karl-Heinz Pollok, einen Vortrag von mir über die „Manipulierbarkeit des Menschen", einer Ansprache des Kultusministers Huber, der dann anschließend mit den Studenten sehr offen diskutierte – ohne autoritäres Wesen zur Schau zu stellen. Bewundert habe ich, wie er sich den gerade ‚modernen' Jargon der Studenten zu eigen gemacht hatte und so deren oft leeren Argumente geschickt auffing. Zugleich wurden den ersten sechs neu ernannten Professoren des Fachbereiches „Biologie und Vorklinische Medizin" die Ernennungsurkunden überreicht, darunter Professor Helmut Altner (Abb. 40); einem meiner Schüler, der jetzt seit 1990 Rektor der Universität Regensburg ist. Zu der für die Öffentlichkeit gedachten und von Studenten und Bürgern gut besuchten Veranstaltung war nur einer nicht erschienen: der scheidende Rektor Franz Mayer.

Abb. 40. Helmut Altner; promovierte in München. Arbeitsgebiet: Morphologie und Physiologie der Sinnesorgane der Insekten. Altner war einer der ersten Ordinarien in Regensburg. Sehr engagiert in Hochschulpolitik. Rektor der Universität Regensburg.

Der Freistaat Bayern bedankte sich für meine Arbeit – auf Vorschlag von Kultusminister Dr. Huber – mit der Verleihung des Bayerischen Verdienstordens, die Universität Regensburg durch Verleihung der Würde eines Ehrenbürgers.

Noch einmal zusammenfassend zu Mary Thompsons Frage, wie man eigentlich eine Universität gründe: Es muß ein Bedürfnis vorhanden sein; es muß das nötige Geld von der Landesregierung (früher einem Fürsten) zur Verfügung gestellt werden; und es muß jemand da sein, der dem neuen Kind die Richtlinien für sein späteres Verhalten mitgibt. Wenn man will, kann man den letzteren als einen „Gründungsvater" bezeichnen. Es gibt deren aber immer mehrere. Die Gründungsväter haben – wie alle Väter – an dem Kind und mit dem Kind ihre Freude und ihren Kummer. Bei Regensburg überwiegt schließlich die Freude am Gelingen.

d. Die Universität Bayreuth

Der Strukturbeirat für Regensburg hatte sich bewährt. Aber es war von vornherein klar: Weitere Universitätsgründungen waren notwendig. Diese schwierigen und zum Teil auch politisch kontroversen Fragen zu behandeln, konnte von einem speziell für Regensburg geschaffenen Beirat nicht zusätzlich übernommen werden. Das wurde einem weiteren Ausschuß des Kultusministeriums übertragen: der Bayerischen Hochschulplanungs-Kommission. Es war ein größeres Gremium, in das viele Mitglieder des Regensburger Ausschusses, aber dazu eine Reihe anderer Kollegen berufen wurden: Die Professoren Audomar Scheuermann (Katholische Theologie, Universität München, Vizepräsident des Bayerischen Senats), Peter Lerche (Jurist, Uni München), Fiebiger (Theoretische Physik, Uni Erlangen), Schelsky (Soziologie, Münster), Karl-Heinz Pollok (Slavistik, München, dann Regensburg; später Präsident der neuen Uni Passau). Ferner gehörten dem Ausschuß je ein Vertreter der Nichtordinarien und der Studenten an. Wichtig und menschlich wertvoll war Dr. Hasemann, Generalsekretär des Wissenschaftsrates. So kam ein weiteres Arbeitsfeld für mich dazu. Schon in der ersten Sitzung, ebenfalls 1965, also parallel zum Strukturbeirat für Regensburg, schlug Herr Hasemann mich wiederum zum Vorsitzenden vor. Damit kam eine weitere Aufgabe, neben all den anderen: Vizepräsident der Deutschen Forschungsgemeinschaft, Strukturbeirat, Wissenschaftsrat, nicht zu vergessen das große Zoologische Institut mit Schülern, Vorlesungen und – tatsächlich, die Veröffentlichungen belegen es – mit Forschung. Als dann noch der Vorsitz des Berufungsausschusses für die Naturwissenschaften in Regensburg dazu kam, reichte es mir, und ich bat das Kultusministerium um ein Freisemester, d. h. um ein Semester, in dem ich keine Vorlesungen zu halten brauchte. Das wurde bewilligt, aber: Das Ministerium strich mir – formal berechtigt – das Kolleggeld für dieses Semester. Das erschien mir nun wirklich undankbar, zumal alle diese „Nebentätigkeiten" ehrenamtlich, also unbezahlt waren. Ich schrieb also einen bösen Brief an den Kultusminister und bat, mich aus allen Ausschüssen zu entlassen. Nun lasse ich – ich habe das von meinem Vater gelernt – böse Briefe grundsätzlich drei Tage liegen, bevor ich sie abschicke. Manche mildere und Kompromisse eröffnende Formulierung fällt einem dann doch ein, zumal wenn der erste Zorn verraucht ist. Ich diktierte den Brief meiner Sekretärin, Frl. Lercher (jetzt Frau Dr. Zilk) (s. Abb. 16) mit der strengen Anweisung, den Brief zunächst liegenzulassen. Mein Erstaunen und Schreck war groß, als mich schon zwei Tage nach dem Diktat der Kultusminister Huber persönlich anrief, sich entschuldigte: Selbstverständlich würde das Kolleggeld weiter gezahlt. Ob Fräulein Lercher den bösen Brief aus Versehen oder mit Vorsatz abgeschickt hat, weiß ich nicht.

Als wir in der Hochschulplanungskommission eine Empfehlung für den oder die Standort(e) auszuarbeiten hatten, standen wir vor gänzlich neuen Fragen. Bewerbungen von bayerischen Städten und Denkschriften von Oberbürgermeistern gab es genug, zu viel. Wir mußten also nach sachlichen Kriterien suchen. Wir waren ja nicht in der glücklichen Lage des Griechen Paris, der den goldenen Apfel schlicht der Schönsten im Lande zu geben hatte. Die Sache mit dem goldenen Apfel ging ja schief: Es gab deswegen Krieg.

Wir hatten also nach sachlichen Argumenten zu suchen: Wo ist eine Universität notwendig? Hier waren es Argumente sozialer, wirtschaftlicher und regionaler Art, die wir gegeneinander abzuwägen hatten. Wo wanderten in Bayern die jungen Menschen ab, weil sie keine geeigneten Arbeitsplätze fanden? Wo waren die Entfernungen zu den nächsten Hochschulen so groß, daß zeitliche und finanzielle Belastungen einem Studium im Wege standen? Zudem: Krisenfeste Wirtschafts- und Industrie-Betriebe können mit einiger Aussicht auf Erfolg nur dort außerhalb der Ballungsgebiete angelockt und angesiedelt werden, wo in unmittelbarer Nähe die Bildungs- und Ausbildungs-Einrichtungen vom primären bis zum Hochschulbereich vorhanden sind, wo außerdem eine ausreichende Krankenversorgung nicht nur durch Ärzte, sondern auch durch Kliniken gesichert ist. Es waren also im wesentlichen Argumente einer regionalen Planung, die wir zu finden und gegeneinander abzuwägen hatten. Wir haben uns diese Entscheidung nicht leicht gemacht: Zahlen und Statistiken mußten studiert und zum Teil erst erarbeitet werden. Die Stadt Bayreuth hat uns dabei sehr entgegenkommend unterstützt und vorgearbeitet. Der Oberbürgermeister Hans Walter Wild hat uns unermüdlich die erforderlichen und von uns erbetenen Unterlagen geliefert.

So kamen wir nach harter Arbeit zu dem Vorschlag, eine weitere Universität in Bayreuth zu gründen. Den Beweis für die Richtigkeit dieser Entscheidung liefern nackte Zahlen: *Vor* der Gründung der Universität betrug die jährliche Abwanderung junger Menschen 7 % der Bevölkerung, 10 Jahre *nach* der Gründung verzeichnete Bayreuth eine Zuwanderung von 7 %! Der Landtag folgte unserer Empfehlung. Freilich waren noch vielseitige und zeitraubende Verhandlungen mit den Nachbaruniversitäten Regensburg und Erlangen, ferner eine Zustimmung des Wissenschaftsrates erforderlich. Aber das übernahmen Oberbürgermeister und Ministerium. Hans Walter Wild, den Oberbürgermeister von Bayreuth, habe ich in bester Erinnerung. Wir trafen uns oft, teils in München, teils in Bayreuth.

Wieder handelte die Bayerische Staatsregierung überaus schnell und unbürokratisch. Die Stadt, das Kultusministerium, die Hochschulplanungs-Kommission hatten ihre Arbeit getan. Aber es fehlte noch die Zustimmung des Geldgebers. So trafen sich eines Nachmittags im Maximilianeum (dem Parlamentgebäude) der Finanzminister Konrad Poehner, der Kultusminister Ludwig Huber, der Oberbürgermeister Hans Walter Wild und der Vorsitzende der Hochschul-Planungskommission, Hansjochem Autrum, zu einem Gespräch unter vier Augen. Hier wurde in kürzester Zeit, wenigen Stunden der Gründungsbeschluß Bayreuth gefaßt. Ich werde diese entscheidende Sitzung nie vergessen.

Vorsitzender des Strukturbeirates für Bayreuth wurde Professor Wolfgang Wild (Theoretische Physik), der schon dem Strukturbeirat für Regensburg angehört hatte. Ich war zwar Mitglied, schied aber nach einiger Zeit aus, weil die Arbeitsbelastung zu groß wurde und die Planung in besten Händen lag. Die Universität entwickelte sich zu einer der besten, wenn nicht der besten in Deutschland. Wir hatten unsere Erfahrungen aus den früheren Gründungen eingebracht und aus ihnen vieles gelernt. Bayreuth hat einen glücklichen Start gehabt, im Gegensatz zu Regensburg. Das ist im wesentlichen das Verdienst von

Dr. Klaus Dieter Wolff: Er hatte als Regierungsrat im Strukturbeirat Regensburg, als Generalsekretär des Wissenschaftsrates Erfahrungen gesammelt. Er verfolgte bis zum Ende seiner Amtszeit (1991) klar die Linie: Im Vordergrund muß die Forschung stehen, die Lehre hat sich an ihr zu orientieren. Es wurden Schwerpunkte der Forschung gebildet, wie sie an anderen Universitäten nicht bestanden. Ich erwähne nur einen: das „Bayerische Forschungs-Institut für Experimentelle Geophysik und Geochemie". Nach den Plänen der Staatsregierung, angeregt vom Wissenschaftlichen Beirat (dem Nachfolger der Hochschulplanungs-Kommission), sollte das ein Institut werden, das umfassend die Zustände im Erdinnern erforschen und im Laboratorium an Modellen experimentell untersuchen sollte. Das war ein großer und kostspieliger Plan. So fragte das Ministerium bei der Bayerischen Akademie der Wissenschaften an, ob sie bereit sei, das zu gründende Institut wissenschaftlich zu „begleiten" und dem Ministerium Vorschläge zu unterbreiten und gegebenenfalls Kritik zu üben. Die Akademie berief zu diesem Zweck eine Kommission, die Kommission für geowissenschaftliche Hochdruckforschung. Sie bestand aus sechs hoch anerkannten Fachleuten, keineswegs nur Akademie-Mitgliedern: den Professoren Gustav Angenheister, Heinz Jagodzinski, Ulrich Franck, Edgar Lüscher, Werner Schreyer und Joseph Zemann. Den Vorsitz übernahm ich. Die erste Aufgabe der Kommission war, zusammen mit der Universität Bayreuth einen Berufungsausschuß zu bilden und eine Berufungsliste vorzulegen. Die Vorträge der Kandidaten wurden in Bayreuth gehalten. Die Kommission schlug Professor Friedrich Seifert (Kiel) vor, der den Ruf auch annahm. Vertraulich wurde mir berichtet, Herr Seifert habe sich bei den Berufungsverhandlungen besorgt darüber geäußert, daß er von einer unabhängigen Kommission „überwacht" werden solle. Das aber war nicht unsere Absicht, und schließlich wurde die Zusammenarbeit nicht nur fruchtbar für das neue Institut, sondern sogar herzlich, freundschaftlich.

Zu den Sitzungen der Kommission wurden als Gäste stets Herr Seifert, der Präsident der Universität Bayreuth, deren Kanzler und Vizekanzler eingeladen. Am 18. Mai 1990 erfolgte für das Gebäude für das Bayerische Geoinstitut in einer Feierstunde der erste Spatenstich. Ich gebe die kurze Ansprache wieder, die ich bei dieser Gelegenheit in Bayreuth in Anwesenheit des nunmehrigen Ministers für Unterricht, Kultus, Wissenschaft und Kunst, Hans Zehetmair, hielt, weil sie zugleich einen Einblick in die Aufgaben des Institutes gibt.

„Herr Staatsminister, Herr Präsident, meine Damen und Herren!
Ein Grundstein wird gelegt für ein Institut, dessen langer Name „Bayerisches Forschungsinstitut für Experimentelle Geochemie und Geophysik" dem Laien wenig sagt. Lassen Sie mich den Namen ein wenig erläutern. *Bayerisches Forschungsinstitut*: Bayerisch bedeutet, daß dieses Institut zwar in Bayern seine Heimat hat, aber – wie Bayerisches Bier und Bayerische Mentalität – weit über Bayerns Grenzen hinaus, weltweit Vorbild sein soll und sein will. Forscher aus aller Welt arbeiten hier und werden hier arbeiten, und diese internationale Zusammenarbeit ist eine zentrale Aufgabe des Institutes. Möge es den Ruhm unseres Freistaates und seiner jungen Universität Bayreuth weithin in alle Welt tragen.

– Erster Spatenstich –

Was treibt das Institut? Es möchte wissen, was im tiefsten Innern unserer Erde vor sich geht und wie es da aussieht; was in Tiefen geschieht, in die wir nie werden vordringen können, in Tiefen von 700 km und mehr. Ich haber mir sagen lassen, dort herrschten Drücke von 500 000 und mehr Bar, oder gelehrter, von 50 GigaPascal und mehr. Und das bei Temperaturen von 3 000° und mehr. Mit diesen Drücken und Temperaturen arbeitet das Institut. Unter 500 000 Bar bzw. 50 GigaPascal kann ich mir nichts vorstellen. Vielleicht wird es durch einen Vergleich deutlich: Eine Stange Gold von der Dicke eines zarten kleinen Fingers und einer Länge von 1/2 Meter wiegt 1 kg und drückt, wenn hochgestellt, auf die Unterlage mit einem Druck von 1 kg, etwa gleich 1 Bar. Damit eine solche Stange einen Druck von 500 000 Bar ausübt, müßte sie 250 km lang oder besser hoch sein. Das ist etwa 30 mal so hoch wie der Mount Everest. Sie würde – unter Brüdern – etwa 10 Milliarden Mark kosten. Haben Sie keine Sorge, Herr Staatsminister, Herr Professor Seifert macht das billiger. Wünschen wir dennoch, daß dem Institut für alle Zukunft ein kleiner Teil dieser Goldstange zuteil werde.

– Zweiter Spatenstich –

Die Bayerische Staatsregierung ist sich des Aufwandes bewußt, den dieses jüngste Kind zu seinem Gedeihen benötigt. Darum hat sie vorsorglich eine Kommission ins Leben gerufen, die das Kind bemuttern, aber nicht etwa gängeln oder bevormunden soll. Diese Kommission gehört zur Bayerischen Akademie der Wissenschaften. Sie hört die Sorgen und Wünsche des Institutes an, hilft, wo sie helfen kann, sowohl dem Institut als auch dem Bayerischen Staatsministerium. Diese Kommission ist völlig unabhängig, hat keine eigenen Interessen; damit auch jeder Verdacht egoistischer Fachinteressen ausgeschlossen ist, hat sie einen Vorsitzenden bestellt, der nicht einmal eine Spur von der Sache versteht. Ich bin Zoologe, und meine fachlichen Interessen hören einige Meter unter der Erdoberfläche auf. Die Kommission ist auch in anderer Hinsicht völlig neutral: Sie hat weder Geld noch Geld zu vergeben.

Nun werden Sie fragen, ob das Institut mit seinen geheimnisvollen Apparaten nicht Gold selber machen könnte, oder zumindest etwas, das man zu Gold machen könnte. Da liegt ein Unterschied zu früheren Zeiten: Kaiser, Könige und Fürsten hielten sich Alchimisten und neben diesen Goldmachern Hofnarren zu ihrer Erheiterung nach dem mühseligen Geschäft des Regierens. Die Goldmacher trieben im Grunde Wissenschaft unter dem Vorwand des Goldmachens. Der Fürst erwartete Gold und Unterhaltung. Der Alchimist betrieb sein Geschäft aus wissenschaftlicher Neugier. Äußerlich hat sich da manches, im Grunde aber wenig geändert. Man erwartet von der Wissenschaft materiell Verwertbares. Verwerten kann man aber nur, was man schon weiß, anwenden nur, was man schon kennt. Der Wissenschaftler aber lebt – wie jene Alchimisten – seiner tief im Menschlichen verwurzelten Neugier. Das ist die eine Seite. Die andere: Professoren sind, wenn sie etwas zuwege bringen, in ihr Arbeitsgebiet vernarrt. Gold machen sie in der Regel nicht. Sie sind also vergleichbar jenen mittelalterlichen Goldmachern und Hofnarren in einer Person. Lassen Sie uns Ihre Narren, Ihre freilich unentbehrlichen Narren sein. Das mindert unsern Wert und unser Selbstbewußtsein nicht, zumal nicht in Bayern. Denn schon das Bayerische Landrecht von 1813 unterschied vier Kategorien von Bayern. Zur höchsten Kategorie gehörten die dem Herrscher unmittelbar unterstellten Beamten: Die Minister und die Professoren. So hat – um den Kreis zum Anfang, zum Namen „Bayerisches Institut" zu schließen – so hat zwischen der Staatsregierung und den Professoren seit alten Zeiten bis heute ein enges Verhältnis des Vertrauens bestanden. Möge dieses Verhältnis der gegenseitigen Wertschätzung, des Vertrauens in aller Zukunft erhalten bleiben."

– Dritter Spatenstich –

Die Universität Bayreuth hat sich für meine Fürsorge sehr nobel bedankt: Ein Hörsaal wurde in einer kleinen intimen Feier nach mir benannt: auch die Stadt bedankt sich regelmäßig: Der Oberbürgermeister lädt mich jedes Jahr zur Eröffnung der Festspiele in Bayreuth ein. Das ist immer ein überaus festliches Ereignis; man trifft viele Freunde und Bekannte aus früheren Zeiten. Da können sich erstaunliche Zufälle ereignen: Einmal hatte ich mir ein Taxi vom Hotel zum Festspielhaus bestellt; das aber kam nicht.

Zufällig trat aus der Tür des Hotels der Herr Kultusminister und bot mir an, mich, wenn auch nicht bis zum Festspielhaus, so doch ein Stück mitzunehmen. Am Ende aber setzte er mich an einer Stelle ab, an der der Bundespräsident (damals Richard von Weizsäcker) startete. Hier erkannte mich dessen persönlicher Referent (ich kannte ihn von Bonn, von dem Treffen des Ordens Pour le mérite) und nahm mich mit: So fuhr ich – zum ersten und hoffentlich letzten Mal – mit Blaulicht und Sirenen auf den Grünen Hügel. – Weit eindrucksvoller aber ist mir eine Nacht nach der Aufführung im Hofgarten, totenstill im Vollmondschein. Das war mit Wendy Thompson, die mich ein anderes Mal in ihrem Wagen nach Bayreuth begleitet hatte. Von ihr wird noch die Rede sein.

Im Juli 1994 wurde der Neubau des Geoinstitutes fertiggestellt – bis dahin war es sehr provisorisch in Baracken untergebracht gewesen. Das hatte die überaus erfolgreiche wissenschaftliche Arbeit aber kaum behindert. Ich gebe auch die Ansprache wieder, die ich anläßlich der Einweihung des Neubaus hielt. Sie enthält einige mir wesentliche Gesichtspunkte für Forschung und Lehre:

„Vor 15 Jahren beschloß die Bayerische Staatsregierung, ein Institut zu gründen, das erforschen sollte, wie es im Innern der Erde aussieht und was dort vor sich geht. Im Oktober 1957 schickte die Sowjetunion den Sputnik, den ersten Weltraum-Satelliten, in eine Umlaufbahn um die Erde. Seitdem ist unser Wissen um das Weltall ständig gewachsen. Was aber unter unseren Füßen im Innern unserer Erde vor sich geht, wie die Erde unter uns eigentlich aussieht und was dort vor sich geht, davon wissen wir relativ viel weniger. Im Gegensatz zum sogenannten Weltraum können wir ins tiefste Innere der Erde nicht vordringen. Wir können einige 10 km tief bohren, aber das ist immer noch wenig im Verhältnis zu Tiefen von 500 oder 700 km unter der Oberfläche. Dorthin kann der Mensch nicht vordringen. In diesen Tiefen herrschen Temperaturen von 3 000 °C und Drücke unvorstellbarer Größe. Diese Erde tief unter uns zu erforschen, ist die Aufgabe dieses Institutes. Solch ein Institut ins Leben zu rufen, ist ein gewagtes Unternehmen. Das Bayerische Staatsministerium für Unterricht und Kultus bat daher die Bayerische Akademie der Wissenschaften, eine unabhängige Kommission zu bestellen, die Planung und Arbeit eines solchen Institutes

„begleiten" und dem Ministerium regelmäßig Bericht erstatten sowie Empfehlungen und Vorschläge machen sollte. Die Aufgabe dieser Kommission begann in Zusammenarbeit mit der Universität Bayreuth mit der Auswahl eines Leiters eines solchen Institutes. Die Aufgabe erstreckte sich dann auf Beratung der Staatsregierung und des Leiters des Institutes in allen Fragen des Haushaltes, der Auswahl der Mitarbeiter und vor allem auf regelmäßige Berichte über die Qualität der geleisteten Forschung. Diese Kommission ist also berechtigt und verpflichtet, zu tadeln und zu loben.

Diese Kommission ist klein; sie hat sechs Fachleute als Mitglieder, davon zwei aus dem Ausland. Sie treibt keinen bürokratischen Aufwand; sie hat nicht einmal eine Sekretärin. Sie ist völlig unabhängig, hat keine eigenen Interessen zu vertreten, auch kein Geld zu verteilen. Sie ist so unabhängig, daß sie nicht einmal den Anweisungen der Bürokratie folgt, die Benutzung eines ICE eigens zu begründen. Zweimal im Jahr trifft sie zusammen, einmal in München, das andere Mal in Bayreuth. Hier fühlt sie dem Leiter des Institutes und seinen Mitarbeitern auf den Zahn, läßt sich von ihnen eingehend berichten und faßt das Ergebnis in Empfehlungen zusammen.

Ich sagte schon: Die Kommission hat den Auftrag der Staatsregierung, zu tadeln und zu loben. Zu tadeln fand sie trotz aller Bemühungen nichts. – Kommen wir zum Lob. Hier hat die Kommission in erster Linie für die stets vertrauensvolle und reibungslose Zusammenarbeit mit den zuständigen Herren des Staatsministeriums zu danken. Ich kenne die Situation und die Schwierigkeiten einer Verwaltung nur zu gut aus eigener Erfahrung. 6 Jahre lang war ich Verwaltungsdirektor der Universität Würzburg. Jede verantwortungsvolle Verwaltung steht von zwei Seiten unter Druck: Einerseits sind das die begrenzten Finanzen, und auf der Gegenseite die berechtigten oder unberechtigten Wünsche der Wissenschaftler, die die Verwaltung zu betreuen hat. Dieser Druck von beiden Seiten kann gar zu leicht Stress erzeugen. Ich glaube, die Kommission hat dazu beigetragen, solchen Stress zu mindern, wenn nicht gar ihm gänzlich vorzubeugen – und das nicht nur bei den Herren des Ministeriums, sondern auch bei dem Leiter dieses Institutes, Herrn Seifert. Wenn nicht, bin ich für entsprechende Mitteilung dankbar. Den Mitgliedern der Kommission meinen herzlichen Dank für ihre selbstlose und sachliche Arbeit auch an dieser Stelle!

Das Institut dient der reinen Grundlagenforschung. Nicht selten werden da zwei Bedenken vorgetragen: Zum einen, es sei wichtiger, neue Technologien zu entwickeln als reine, zweckfreie Forschung zu fördern. Zweitens: Neue Ergebnisse seien in ihren negativen Auswirkungen nicht abzuschätzen und im Grunde immer gefährlich. Zum ersten Einwand: Was ich noch nicht weiß, kann ich nicht anwenden. Alle großen und folgenreichen Entdeckungen sind nicht um ihrer möglichen Anwendungen wegen gemacht worden. Kolumbus wollte keine neuen Länder, er wollte nicht Amerika entdecken. Das wirklich Neue ist fast immer gänzlich unerwartet. Priestley entdeckte 1775 den Sauerstoff durch Zufall. Röntgen umwickelte seine Gasentladungsröhre mit einem Karton, weil ihn das Licht aus der Röhre störte. Zufällig lagen auf seinem Schreibtisch einige Kristalle, die in der Dunkelheit aufleuchteten. Rutherford entdeckte 1909 die Atomkerne und schreibt: „Es war bestimmt das unerwartetste Ereignis, das mir in meinem Leben widerfuhr." Heinrich Hertz entdeckte die elektromagnetischen Wellen, und in Meyers großer Enzyklopädie steht der makabre Satz: „Ihre Bedeutung für Funk und Fernsehen erkannte er aber nicht." Die Liste ließe sich beliebig fortsetzen. Gerade solche unerwarteten Entdeckungen eröffnen neue Horizonte. Gewiß soll jede angewandte Forschung gefördert werden. Aber letzten Endes kann sie nur schon Bekanntes in die technische Praxis umsetzen. Zum zweiten: Jede neue Entdeckung berge potentiell Gefahren für den Menschen oder die Natur. Das ist zwar richtig, wird aber oft ideologisch und einseitig übertrieben. Man kann ein Messer zum Brotschneiden und zum Halsabschneiden anwenden. Im Grunde ist jede Anwendung ambivalent.

Ein letzter Punkt, der mir am Herzen liegt. Vor einigen Wochen erschien in einer hoch angesehenen internationalen Zeitschrift das Ergebnis einer Umfrage über Stand und Wert der wissenschaftlichen Forschung. Das Ergebnis: An erster Stelle kamen die USA, an zweiter folgte Japan und an dritter die Bundesrepublik. Nun kann ich das zumindest für mein Fach, die Biologie, so nicht bestätigen. Es handelt sich um einen Durchschnittswert, und Durchschnittswerte haben ihre Tücken. Jedenfalls gilt das für den Freistaat Bayern nicht. Wir haben hierzulande international hoch anerkannte Spitzenforschung. Ich erwähne hier nur einige, wenige Beispiele: In München ist vor kurzem das Genforschungs-Institut eröffnet worden. In Würzburg haben wir eine Biologie, die international absolut führend ist. Mit sehr aktiver Mithilfe des damaligen Ministerpräsidenten Franz Josef Strauß ist es geglückt, einen Forscher, der 20 Jahre an der Harvard-Universität arbeitete, der für sein Werk den Pulitzer-Preis erhielt, zurückzugewinnen. In Regensburg arbeiten Spitzenforscher, die weltweit anerkannt sind. Die Universität hat ein Zentrum zur Beratung mittelständiger

Betriebe in technologischen Fragen. Auch diese Liste könnte ich fortsetzen. Und das jetzt hier eröffnete Institut ist in jeder Hinsicht einmalig, sowohl in der Forschung als auch in seiner Ausstattung. Forscher aus aller Welt kommen hierher, um für einige Monate als Gäste bei uns zu arbeiten. Ich habe überaus lobende und anerkennende Briefe von Gästen bekommen, die mich persönlich gar nicht kannten, spontane Briefe. Das Fazit: Für den Freistaat gilt nicht, er komme in der Wissenschaft erst an dritter Stelle. Er steht absolut an der Spitze. Das ist kein Eigenlob, sondern das Ergebnis der erwähnten internationalen Kommission. Sie dankt der Regierung, und sie dankt dem Leiter dieses Institutes, Herrn Professor Seifert, sehr von Herzen. Ich schließe mit den Worten unseres hochverehrten Bundespräsidenten, Theodor Heuss, mit denen er die Festrede zur 200-Jahrfeier der Göttinger Akademie der Wissenschaften schloß: „Denn forscht man munter so weiter."

Zeitschriften und Rundfunk

Mit allen diesen „Nebentätigkeiten" – die Hauptsache blieben bis zu meiner Emeritierung immer Forschung, Lehre und die Schüler – kamen noch einige andere: Herausgabe wissenschaftlicher Zeitschriften und Vorträge, vor allem für den Bayerischen Rundfunk.

1924 wurde die „Zeitschrift für Vergleichende Physiologie" vom Springer-Verlag (Berlin) gegründet.[5] Die Initiative ging von Karl von Frisch aus. Als Mitherausgeber gewann er Alfred Kühn (der selbst in der Zeitschrift nur zweimal veröffentlicht hat: 1927 und 1950). Beide waren überaus kritisch bei der Annahme von Manuskripten; beide achteten auf eine gepflegte Sprache; in dieser Hinsicht waren sie unerbittlich. Damals und lange Zeit danach war das Gebiet der vergleichenden Tierphysiologie noch für einen einzelnen überschaubar. Lange Zeit (bis 1960) erschien ein Band im Jahr. Als Alfred Kühn sich mehr und mehr der Genetik zuwandte, schied er als Herausgeber aus. An seine Stelle traten Hans Hermann Weber (MPI für Medizinische Forschung in Heidelberg) und Erich von Holst (MPI für Verhaltensphysiologie in Seewiesen). Damit wurde der zunehmenden Spezialisierung Rechnung getragen: Von Frisch übernahm das Gebiet der Sinnesphysiologie, Weber das der Muskel – und vegetativen Physiologie und von Holst die Verhaltensforschung und Neurophysiologie. Als von Holst 1962 starb, wurde mir die Mitherausgeberschaft angeboten.

Bis 1972 waren die Arbeiten in der Zeitschrift für Vergleichende Physiologie fast ausschließlich in Deutsch geschrieben. Englisch und Französisch waren zugelassen, aber die Ausnahmen. Da sich – aus vielen Gründen – Englisch als Lingua Franca der Wissenschaft durch-

---

[5] Wenn ich nach 1968, das heißt nach Beginn der Studentenunruhen, in der Vorlesung Bücher aus dem Springer-Verlag empfahl, gab es prompt Proteste der Studenten: Die Unruhen hatten in München mit Krawallen vor dem Verlagshaus des Axel-Springer-Verlages begonnen, und die Studenten wußten nicht, daß der wissenschaftliche Verlag in Berlin und Heidelberg nichts mit Axel Springer zu tun hatte. Ich zeigte das vorsichtshalber jedesmal in einem Diapositiv; der Verlag machte auf diesen Unterschied auch auf seinen Zeitschriften aufmerksam.

setzte, regte der Verlag an, den Titel der Zeitschrift zu ändern und nur noch Englisch geschriebene Arbeiten anzunehmen. Ich fragte Karl von Frisch, ob er zustimme. Er sagte sofort „ja". Seitdem heißt die Zeitschrift „Journal of Comparative Physiology".

Für mich brachte das ein Problem: Ich hatte nie Englisch gelernt, und mein Englisch ist bis heute mäßig. Freilich, lesen kann ich Englisch fließend, ebenso wie Französisch und Spanisch, zur Not auch Italienisch. Sicher ist Deutsch eine schwierige Sprache, schwieriger als Englisch. Aber auch Englisch hat seine Tücken. Es ist die an Wörtern reichste Sprache der Welt. Die Schwierigkeiten des Englischen liegen in der Synonymik. Andererseits: Genauso wie nur eine kleine Minderheit wirklich gutes Deutsch schreibt, genauso wenig schreibt der Durchschnitt der Wissenschaftler mit Englisch als Muttersprache auch ein gutes Englisch. Immer wieder trifft man auf überflüssige Floskeln, auf umständliche Formulierung. Besondere Probleme stellen die Manuskripte aus dem Fernen Osten (Japan) und vor allem aus Rußland. Dort spricht man eher Deutsch als Englisch. Oft ist der Text stellenweise unverständlich. So kamen anfänglich Beschwerden über mangelhaftes Englisch im Journal of Comparative Physiology. Seitdem werden alle Manuskripte von Autoren, deren Muttersprache nicht Englisch ist, überarbeitet. Für mich kam dazu: Die Zeitschrift wurde zunehmend international, und ich mußte auch in meinem Briefwechsel Englisch schreiben. Dabei war mir wiederum Wendy Thompson (s. Abb. 43) eine wertvolle, zuweilen unentbehrliche Hilfe.

Ein ernstes Problem tauchte alsbald auf: Die Spezialisierung nahm immer mehr zu, und es wurde unmöglich zu beurteilen, ob eine eingereichte Arbeit methodisch einwandfrei und in den Ergebnissen schlüssig und neu, ob die weitgestreute Literatur ausreichend berücksichtigt war. Als Ausweg hatte sich in Amerika eine Art kollegialer Hilfe eingebürgert: Von den Herausgebern führender Zeitschriften wurde jedes Manuskript an zwei kompetente Kollegen mit der Bitte um Beratung und einen Kommentar geschickt, gegebenenfalls auch um Vorschläge zur Verbesserung gebeten.

Zunächst wagte ich nicht, angesehene und kompetente Kollegen um Kommentare zu bitten. Ein guter Kommentar erfordert zuweilen viel Arbeit, und wer hat schon die Zeit und die Selbstlosigkeit, anderen ihre Manuskripte zu verbessern? Als ersten Versuch schickte ich daher zunächst an einen Kollegen in den U.S.A. nur das Summary – und bekam es prompt zurück: Mit nur dem Summary könne er nichts anfangen; ich solle ihm ruhig das ganze Manuskript schicken. Seitdem wird jedes Manuskript an zwei Referenten geschickt. Dieses Referee-System hat viele Vorteile, aber auch mancherlei Gefahren. Die Vorteile liegen auf der Hand; die Kommentare unterstützen nicht nur den Herausgeber bei seiner Entscheidung über Annahme oder Ablehnung, sondern sie helfen auch den Autoren, ihre Manuskripte zu verbessern. Das ist fast immer der Fall. Es kommt fast nie vor, daß sich nicht etwas besser und klarer sagen läßt. Unter einigen 100 Manuskripten ist fast nur eines oder zwei, die nicht an die Autoren zur Überarbeitung zurückgehen. Die meisten Autoren sind auch dankbar für Ratschläge und Kritik. Freilich haben solche Vorschläge auch ihre Grenze: Wird zu viel angemahnt und verbessert, so kann der Leser nicht mehr entscheiden, was Leistung des Autors ist, was an Ideen die Referenten beigetragen haben. Allerdings gibt es auch Autoren, die keine Kritik vertragen und stur an ihren unbegründeten Meinungen festhalten, die eigensinnig und unbelehrbar sind, ja alle anderen, vor allem ihre Kritiker, für böse Menschen halten.

Mit dem Referee-System gewinnt die Zeitschrift an Profil, an Zuverlässigkeit und Qualität. Aber es gibt leider in der Scientific Community auch schwarze Schafe. Zum 60. Geburtstag von Dr. Konrad Springer haben mein Freund Walter Heiligenberg (s. das Kap. „Deterministische Ergebnisse des Chaos") und ich aus unserem Briefwechsel einige Beispiele veröffentlicht (Festschrift zum 60. Geburtstag von Dr. Konrad Springer; Springer Verlag 1986). Walter war Mitherausgeber des Journal of Comparative Physiology seit 1981. Ich zitiere, zunächst aus der Einleitung:

> *So böse ist kein Hund (Herausgeber),*
> *daß er nicht zuweilen mit dem Schwanz wedelt.*
> (Sprichwort)

Wie Petrus den Eingang zum Himmel, so bewachen Herausgeber den Zugang zu Zeitschriften. Zunächst schicken sie die Manuskripte durch das Fegefeuer der Referenten. Diese erläutern den Wert und registrieren die Sünden der Autoren. Läßliche Sünden können durch die Buße einer Revision erlassen werden, schwere führen zur Ablehnung. Soweit sieht das einfach aus. Aber: Autoren (und Referenten) sind Menschen; oft ist der Umgang mit ihnen nicht leicht, und mancher Autor sieht die Herausgeber als Cerberusse an, die den in die Unterwelt der abgelehnten Manuskripte verbannten Autor auch nach „Besserung" nicht in das Paradies der Veröffentlichung lassen. Das wiederum macht den Herausgebern Kummer, und sie suchen sachliche und menschliche

Hilfe bei ihren Mitherausgebern. Und eines erschwert die Aufgabe der Editoren noch dazu: Im Gegensatz zum Himmel ist der Platz in einer Zeitschrift beschränkt. So müssen Herausgeber sich nicht selten über die Meinungen der Referenten und darüber einigen, was weiter zu tun sei. Dieses zuweilen recht mühsame Geschäft erleichtern sie sich (hinter dem Rücken der Autoren!) durch einen delightful humor, der ihnen das Leben erträglich macht und, wenn von beiden Seiten geübt, Einigkeit und Freundschaft begründet und bewahrt.

    Soweit die Einleitung. Es folgen Auszüge aus den Briefen.

Seit ich das Journal herausgebe, muß ich leider immer wieder feststellen, daß es keinen Blödsinn gibt, der nicht irgendwann einmal vorkommt (was in einem Fall sogar schon zum Einstampfen eines ganzen Heftes geführt hat). Offenbar unterscheiden sich Menschen und Affen in der Hinsicht, daß die ersteren eben zu jedem Nonsense (s. Surrealismus) fähig sind; bei Affen bleibt das auf die Chromosomen beschränkt. (H.A.)

    Mit dem Umfang sind wir an der Grenze dessen, was noch gerade erlaubt ist. Ich habe seit dem 1. September 81 bis heute (30. Juni 1982) 74 bei mir eingegangene Manuskripte angenommen und 55 weitere abgelehnt, das sind rund 42 % abgelehnte Manuskripte[6], also genau die gleiche Quote wie bei Ihnen. Das ist eine erfreuliche Übereinstimmung in der Bewertung der Qualität. (H.A.)

    Beiliegend die Kopie eines wütenden Briefes von Graham Hoyle. Ich pflege solche Eruptionen nicht tragisch zu nehmen. Wütend ist er wahrscheinlich, weil der Referee im Grunde recht hat. Jedenfalls habe ich Hoyle einen besänftigenden Brief geschrieben, todernst, weil Hoyle offenbar keinen Humor hat. Schreiben Sie mir – auch wenn Sie das Ms von ... und Hoyle ablehnen sollten –, wer der Referee war, damit, wenn Hoyle mir mal eine Arbeit schicken sollte, ich sie nicht gerade an seinen geschmähten Kollegen schicke.

    In den Comments kommen ja gelegentlich Entgleisungen vor. Ich lese sie auf so etwas durch, aber in diesem Fall hätte ich wahrscheinlich auch nicht geahnt, daß Hoyle sich durch die Bezeichnung als Papst der Hölle so gekränkt fühlt. Als Papst (seines Gebietes) scheint er sich jedenfalls zu fühlen.

---

[6] In den letzten Jahren ist die Zahl der Ablehnungen erheblich zurückgegangen: 1991/92 lag diese Zahl bei etwa 26 %. Woran das liegt, ist schwer zu sagen; wahrscheinlich hat es sich herumgesprochen, daß das Journal eben doch hohe Anforderungen stellt und sehr kritisch annimmt.

Jedenfalls wollte ich Ihnen den Brief zur Kenntnis geben, damit Sie, falls Sie Hoyle einmal treffen sollten, auf seine Aggression vorbereitet sind. Das J.C.Ph. wird an Hoyle nicht zugrunde gehen, wie er am Schluß androht. Sollten Sie ihm in der Hölle begegnen, dann grüßen Sie ihn von mir. [H.A.].

Sicherlich haben Sie inzwischen von Graham Hoyle einen Brief erhalten, in dem Sie gebeten werden, mit Feuer und Schwefel gegen einen etwas bissigen Referenten und einen allzu nachlässigen Herausgeber vorzugehen. Der Hoyle ist ein komischer Kauz. Ich komme sehr gut mit ihm aus, im Gegensatz zu vielen, weniger dickhäutigen Kollegen. Kürzlich schrieb er einen Artikel für „The Behavioral and Brain Sciences", in dem er das Gebiet der Neuroethologie definierte und seinen Lesern zu verstehen gab, daß eigentlich nur jene echte Neuroethologen sind, die an der Sprungmotivation der Heuschrecken arbeiten. Ich habe mir einen Kommentar zu dieser Arbeit (dieses Journal lädt dazu ein) verkniffen und es dem Ted Bullock überlassen, ihm vor den Bug zu schießen. (W.H.)

Als Herausgeber lernt man nicht zuletzt eine Menge über die menschliche Natur. Zuweilen ein arger Misthaufen. (W.H.)

Wollen Sie angesichts der Tatsache, daß der „Nature" ein Autor gedroht hat, sich selbst zu verbrennen, nachdem die „Nature" dreimal ein Manuskript abgelehnt hatte, noch weiter den Herausgeber spielen?

Mit dem Tierschutz habe ich jetzt auch „Kummer": Ein Tierschützer aus Bayreuth hat verlangt, daß dem guten von Holst seine Versuche über Streß verboten werden. Ich soll nun ein Gutachten dazu machen. Leider steht fest, daß von von Holsts Versuchstieren keines an Streß zugrunde geht, in der Natur aber ca. 80 %, weil sie von Territoriumsinhabern so lange gestreßt (verjagt) werden, bis sie eingehen. (H.A.)

Soweit die Auszüge aus dem Briefwechsel zwischen Walter Heiligenberg und mir. Er war bis zu seinem tragischen Tod (1994) einer meiner besten Freunde.

Die Drohung, man werde, falls das Manuskript abgelehnt werde, für einen Boykott des J.C.Ph. in den USA sorgen, wiederholte sich von Zeit zu Zeit. Als Gegenstück die Antwort eines Autors aus Palermo auf eine Ablehnung: Er sei dankbar: er habe eingesehen, daß seine Arbeit noch nicht reif zur Publikation sei und sei froh, daß sie in der eingereichten Fassung nicht das Licht der Welt erblickt habe.

Der Herausgeber lernt die schwarzen Schafe unter den Referenten allmählich kennen. So entsteht eine „black list" von Referenten, die unsachlich, zuweilen bis zur Bösartigkeit sind, anderer, die offensichtlich aus „Prinzip" jede Arbeit einer konkurrierenden Gruppe schlechtmachen. Man male sich einmal aus, was geschehen wäre, wenn ein Herausgeber die ersten Veröffentlichungen von Karl von Frisch über das Farbensehen der Fische und Bienen an den Münchener Ophthalmologen Carl von Hess als der allgemeinen Meinung nach sehr kompetenten Referenten geschickt hätte: Vernichtende Kritik wäre die Folge gewesen.

Es gibt unter den Kollegen auch „Parasiten": Da schickt ein Member of the Royal Society (London) sein Manuskript ein, läßt es referieren, verbessert es – und schickt es alsdann an die Proceedings of the Royal Society, die kein Referee-System haben, weil sie die Members für honette Leute halten. Wieder andere antworten auf die Bitte um einen Kommentar gar nicht und behalten das ihnen vertraulich zugesandte Manuskript. In einem besonders üblen Fall hat solch ein Schuft den ihm anvertrauten Inhalt sogar schnell auf einem Kongreß vorgetragen. „Als Herausgeber lernt man nicht zuletzt eine Menge über die menschliche Natur. Zuweilen ein arger Misthaufen" (Walter Heiligenberg, s. oben). Aber all diese Beispiele sind Ausnahmen, zum Glück; aber sie bereiten dem Herausgeber viel unnütze Arbeit.

Alfred Kühns Parabel paßt hierher: „Der liebe Gott wollte als Krönung der Schöpfung etwas Besonderes schaffen, und er schuf den Professor. Das ärgerte den Teufel, und er schuf den Kollegen."

Aus allen diesen Beispielen folgt: Der Herausgeber muß sich zuweilen über die Referee-Kollegen hinwegsetzen. Nicht nur das: Er hat auch die Aufgabe, gegensätzliche Meinungen zu Wort kommen zu lassen.

Alexander von Humboldt sagt 1828 in einem Vortrag vor der Gesellschaft Deutscher Naturforscher und Ärzte:

„Die Entschleierung der Wahrheit ist ohne Divergenz der Meinung nicht denkbar, weil die Wahrheit nicht in ihrem ganzen Umfang auf einmal, und nicht von allen zugleich erkannt wird. Wer golden die Zeiten nennt, wo Verschiedenheiten der Ansichten, oder wie man sich auszudrücken pflegt, der Zwist der Gelehrten geschlichtet sein wird, hat von den Bedürfnissen der Wissenschaft, von ihrem rastlosen Fortschreiten, ebensowenig einen klaren Begriff, als derjenige, welcher, in träger Selbstzufriedenheit, sich rühmt, in der Geognosie, Chemie oder Physiologie seit mehreren Jahrzehnten dieselben Meinungen zu vertreten."

Ganz andere Aufgaben stellten die NATURWISSENSCHAFTEN. Ursprünglich hatten sie, und haben auch heute noch die Aufgabe, allgemein verständlich, aber auf hohem wissenschaftlichen Niveau über die Fortschritte auf dem Gesamtgebiet der Naturwissenschaften zu berichten. Der Physiker Arnold Berliner hatte die Zeitschrift 1913 gegründet. Er mußte, weil Jude, 1933 aus der Redaktion ausscheiden. (Er emigrierte nicht und beging 1944 Selbstmord.) Nach 1945 gewannen die englische „Nature" und die amerikanische „Science" eine viel weitere Verbreitung als die NATURWISSENSCHAFTEN. Diesen politisch bedingten Vorsprung haben die NATURWISSENSCHAFTEN nicht aufholen können. Während das Journal of Comparative Physiology fast ausschließlich – abgesehen von der Objektivität und Sachlichkeit der Herausgeber und einer strengen Auswahl – von der Initiative der Autoren abhängig ist, leben die NATURWISSENSCHAFTEN zum großen Teil von der Phantasie und Einsatzbereitschaft der Herausgeber. Heutzutage muß man 50 oder mehr Autoren um Beiträge bitten, um einen Artikel zu bekommen, oft erst nach vielen Mahnungen. Neben den Originalartikeln sind wichtige Teile der NATURWISSENSCHAFTEN die Kurzmitteilungen (Short Communications). Für einen deutschen Autor ist es nicht selten schwierig, eine Short Communication bei „Nature" oder „Science" unterzubringen, wobei vor allem bei „Nature" nicht immer sachliche Gesichtspunkte entscheiden. Der Biochemiker Sir Hans Krebs (Nobelpreis für die Entdeckung des Citronensäure-Zyklus) hat mir bei einem Gespräch bestätigt, daß in der Redaktion zuweilen deutschfeindliche Tendenzen die Oberhand über sachliche Entscheidungen gewinnen. Ich hatte das 1962 ja selbst erfahren müssen (S. 182).

Eine Aufgabe besonderer Art war die Mitwirkung bei der Herausgabe des Handbook of Sensory Physiology, wiederum im Springer-Verlag. Es sollte die gesamte Sinnesphysiologie umfassen. Mitherausgeber waren außer mir Richard Jung (Freiburg), W. R. Loewenstein (New York), D. M. Mac Kay (....) und H. L. Teuber (M. I. T., Cambridge, MA, USA). Für die einzelnen Bände wurden weitere Mitherausgeber gewonnen. Ursprünglich waren 12 Bände geplant; es wurden 23! Allein die Darstellungdes Themas „Vision of Invertebrates" umfaßte drei (von mir herausgegebene) Bände. Insgesamt haben an die 400 Autoren an diesem Standardwerk mitgewirkt. Der erste Band erschien 1971, der letzte 1982. Ich habe sie alle – wenn auch zuweilen nur auf Druckfehler – gelesen. Ohne die verständnisvolle Mitarbeit des Verlages wäre dies Unternehmen nie in so kurzer Zeit zustande gekommen. Wissenschaft ist eine ernste Sache, und so findet sich in dem ganzen Werk mit seinen insgesamt nahezu 14 000 Seiten nur eine humorvoll-bissige Bemerkung: W. A. H. Rushton sagt von einer Veröffentlichung, die von späteren Autoren gar zu wenig beachtet wurde: „This paper is too hard a biscuit for the loose teeth of most readers".

Mit den Inhabern des Springer-Verlages verband mich bald eine gute und herzliche Freundschaft, über die sachliche Zusammenarbeit hinaus. Dr. Konrad Springer hatte wie ich das Kaiserin-Augusta-Gymnasium in Berlin-Charlottenburg besucht und dort sein Abitur gemacht, wenn auch 20 Jahre nach mir. Dann hatte er Botanik studiert und den Verlag übernommen. Dr. h. c. mult. Heinz Götze (s. Abb. 47) lernte ich in Caracas 1957 kennen. (siehe das Kap. „Die Einladung nach Caracas") 1987 forderte mich dann Heinz' Sohn, Prof. Dr. Dietrich Götze, auf, die Festgabe des Verlages zum 75. Geburtstag von Heinz Götze zu verfassen. Dietrich Götzes Vorschlag war, aus den Vorträgen auf den Versammlungen der Gesellschaft Deutscher Naturforscher und Ärzte die herausragenden auszusuchen und in einem Band als Geburtstagsgabe zusammenfassend zu veröffentlichen. Ich erhielt vom Verlag einen nahezu 1 m hohen Stoß von Photokopien dieser Vorträge und wählte in wirklich mühsamer, aber interessanter Arbeit 26 Vorträge aus, von Carl Gustav Carus (1822) bis zu Otto Hahn (1958). Im Vorwort ist Theodor Boveri zitiert: „Eine wissenschaftliche Arbeit muß ein Kunstwerk sein". Mit diesen Worten gab er seinem Schüler Hans Spemann, dem späteren Nobelpreisträger, eine geplante Veröffentlichung zur Überarbeitung zurück. Boveris Arbeiten sind solche wissenschaftlichen Kunstwerke. Heute findet man sie höchst selten. Alle diese 26 Vorträge herausragender Forscher sind klar, für jedermann verständlich und vollendet in der Form.

Als sich einmal zwei Autoren für das Journal of Comparative Physiology in die Haare gerieten und unterschiedliche Meinungen vertraten, habe ich beide aufgenommen, aber diese Worte von Humboldt vorangestellt – in Deutsch und Englisch. Das Buch von mir unter dem Titel „Von der Naturforschung zur Naturwissenschaft" (Springer Verlag, 1987) war ein großer Erfolg: es war nach kurzer Zeit vergriffen.

Mit den Mitarbeitern des Springer-Verlages war die Zusammenarbeit stets reibungslos und verständnisvoll, zuweilen freundschaftlich. Frau A. Mayer-Kaupp betreute viele Jahrzehnte lang das Journal of Comparative Physiology, und ich bin auch nach ihrem Ausscheiden aus dem Verlag in brieflicher Verbindung mit ihr geblieben. Mit Herrn Dr. Czeschlik verbindet mich seit vielen Jahren die Herausgabe der NATURWISSENSCHAFTEN.

Um 1960 beggnete ich in den Sitzungen der Bayerischen Akademie der Wissenschaften Walther Gerlach (1889–1979), einem der großen deutschen Physiker. Ich kannte ihn bereits als Mitglied des Hauptausschusses der DFG. Gerlach hatte ein überragendes Geschick, naturwissenschaftliche Probleme allgemein verständlich und sachlich einwandfrei darzustellen. Er hielt im Schulfunk des Bayerischen Rundfunks regelmäßig Vorträge. Eines Tages fragte er mich, ob ich bereit sei, im Rahmen des Schulfunks solche Vorträge aus dem Gebiet der Biologie zu halten. Ich sagte zu. Wiederum habe ich dabei viel gelernt, Darstellung und Sprache, auch Sprechen. Leiterin der Abteilung „Schulfunk" war Frau Schambeck, Regisseur beim Sprechen Herr Semmelrogge. Das Sprechen vor dem Mikrophon hat seine eigenen Schwierigkeiten. Die Resonanz aus dem Kreis der Zuhörer fehlt. Die Zeit ist genau, zumindest auf die Minute genau, vorgeschrieben. Freiheiten hat man da nicht, schon gar nicht zu improvisieren. Dazu kommt: Zunächst war ich geneigt, phonetisch Schriftsprache zu sprechen. So bereitete in einem Vortrag über Spallanzani das Wort „Fleischstückchen" zunächst fast komische Schwierigkeiten: Anfangs trennte ich brav „Fleisch-stückchen". Das klang geziert und irgendwie falsch, bis ich dahiner kam, daß phonetisch „Fleischtückchen" gesprochen wird. Ein Teil dieser Vorträge ist als Buch erschienen, herausgegeben von Walther Gerlach, „Der Natur die Zunge lösen, Leben und Leistung großer Naturforscher" (Ehrenwirt Verlag, München 1967).

Später lernte ich den Leiter der Hauptabteilung „Bildungspolitik" des Bayerischen Rundfunks, Manfred Brauneiser, kennen. Der Anlaß waren die Pressekonferenzen im Zusammenhang mit der Hochschulplanungskommission, insbesondere mit der Gründung der Universität Regensburg. Brauneiser war als Vertreter des Bayerischen Rundfunks dort; zudem ist er gebürtiger Regensburger. Daraus entwickelte sich eine Freundschaft bis heute. Später ermunterte er mich immer wieder zu Rundfunkvorträgen über wisenschaftliche Probleme. Er schlug die Titel und Themen vor. Zuweilen stand ich dann vor im ersten Augenblick schier unlösbaren Problemen. Es ging ja fast nie um das Spezialgebiet meiner Forschungsarbeit, sondern um Themen, wie sie die Öffentlichkeit interessierten. Als guter Journalist kannte er viel besser als ich, was an Fragen an die Wissenschaft gerade akut und von allgemeinem Interesse war. In den meisten Fällen mußte ich mir die Kenntnisse und das Material erst zusammensuchen. Auch dabei habe ich viel gelernt, nicht nur für die Vorträge selbst, sondern auch für meine Vorlesungen vor den Studenten. Wieder war es entscheidend zu wissen, *wo* Material zu einem Thema zu finden ist, nicht das Wissen selbst. Wichtig wurde mir vor allem, auf die Originale, die Quellen selbst zurückzugehen; Sekundärliteratur ist leider oft ungenau und unzuverlässig. Manfred Brauneiser achtete vor allem auf sprachliche Klarheit, verständliche Darstellung und Schlichtheit in der Sprache. Fast immer wurden die zuvor eingereichten Manuskripte einige Tage vor der Aufnahme gründlich durchgesprochen und Stil und Ausdruck in bester Zusammenarbeit verbessert.

Die Resonanz der Hörer war immer positiv. Kritik gab es nur, wenn ich notgedrungen Versuche an Tieren schildern mußte. Dann bekam ich zuweilen wütende Zuschriften von sogenannten Tierschützern. So schrieb man mir, alle Tierversuche seien völlig überflüssig und verwerflich, grundsätzlich. Man argumentierte, sie seien auch für die Medizin nutzlos, denn – so eine Schreiberin – trotz aller Tierquälereien sei sie von ihren Krankheiten nicht geheilt worden. Ich habe diese Schreiben nie beantwortet, denn es hat weder Sinn noch irgendeinen Erfolg. Mit verbohrten Ideologen kann man nicht diskutieren. Von einem meiner Schüler, Richard Loftus, einem Jesuiten, habe ich gelernt, man solle nur dann diskutieren, wenn der Gegenpart grundsätzlich bereit sei, sich durch zutreffende Argumente auch überzeugen zu lassen.

Der Bayerische Rundfunk bedankte sich bei mir: Er verlieh mir zum 75. Geburtstag die „Goldene Verdienstmedaille" des Bayerischen Rundfunks. Sie trägt die etwas rätselhafte Inschrift: „Nur die Beständigkeit verleiht dem Flüchtigen Dauer". Flüchtig, das sind die Sendungen; Beständigkeit: Es sind im Laufe der Jahre weit über 60 Vorträge im Bayerischen Rundfunk, die sich „verflüchtigt" haben.

Die Familie, Musik und einiges andere

In einer Vorlesung von Erhard Schmidt über „Einführung in die Differential- und Integralrechnung" saßen vor mir zwei Kommilitoninnen, die sich über eine geplante Finnlandreise unterhielten. Ich war gerade zuvor in Finnland gewesen und sprach die beiden an. Eine von ihnen hieß Ilse Bredow. Das Gespräch war der erste Anlaß für eine Freundschaft. Ich gab den beiden einige Ratschläge. Ungeduldig erwartete ich nach Ende des Semesters ihre Rückkehr. Aber sie meldeten sich nicht. Wir trafen uns später wieder im „Physikalischen Praktikum", das ich an der damaligen Landwirtschaftlichen Hochschule in der Nähe des Zoologischen Institutes absolvierte. Eines Tages sprach Ilse Bredow mich an und fragte, ob ich ihr nicht die Lösung einer Aufgabe geben wolle; dann könne sie die einfach abschreiben und Zeit sparen. Wir mußten im Semester eine vorgeschriebene Anzahl von richtigen Lösungen abliefern, um den Schein über „erfolgreiche Teilnahme" zu bekommen; der Schein war bei der Anmeldung zur Lehramtsprüfung vorzulegen. Hochnäsig und schulmeisterlich lehnte ich das Ansinnen ab, Ilse die Ausarbeitung der Aufgabe zu überlassen: sie solle den Versuch gefälligst selber machen. Später erfuhr ich von ihrer Freundin – man arbeitete im Praktikum immer zu zweit –, Ilse sei empört zu ihr gekommen und habe erklärt: „Mit dem Ekel spreche ich nie wieder ein Wort."

Das Physikalische Praktikum hatte seine Tücken. So war eine Aufgabe die Bestimmung der Erdbeschleunigung mit dem Fadenpendel. Natürlich wußten mein Kommilitone und ich den Wert, der herauskommen mußte ($g = 9{,}81\,\mathrm{m}\times\mathrm{s}^{-2}$). Zur Messung aber bekamen wir eine manipulierte, falsch gehende Stoppuhr, so daß ein erheblich abweichender Wert herauskam. Also bestimmten mein Kommilitone und ich den Fehler der Stoppuhr und legten das als Resultat dem Kursleiter vor. Es bedurfte einer längeren Diskussion, bis er endlich die Lösung der Aufgabe als richtig anerkannte, denn er hatte in seinen Notizen den „falschen" Wert von g, nicht aber den Fehler der Stoppuhr.

Trotz ihres Vorsatzes, mit mir Ekel nie wieder zu sprechen, wurden Ilse und ich doch bald gute Freunde. Sie lud mich zu den „Nestaben-

Abb. 41. Meine Frau Ilse, geb. Bredow (Agnes *Ilse* Eva).
*25. Juli 1906 in Berlin, †6. Oktober 1981 in München.

den" des „Jungnationalen Bundes" (Junabu) ein. „Nest", das war eine Dachkammer, in der man sich zum gemeinsamen Singen und Vorlesen mehr oder weniger regelmäßig am Abend traf, 15 bis 20 junge Leute. Der Junabu war 1920 gegründet worden als unpolitischer Jugendbund, der eine nationale, aber nicht nationalistische, aufrichtig menschliche Haltung betonte und sich von Politik jeder Art konsequent fernhielt. Auf den Nestabenden wurde gesungen, musiziert und aus damals beliebten Schriftstellern vorgelesen. Von der kleinen, in guter Kameradschaft verbundenen Gruppe wurden als Schriftsteller vor allem Felix Timmermanns (1886-1947) und Charles de Coster (1827-1879) geschätzt. Timmermanns war mir oft zu betont idyllisch, gewollt heiter und gewollt derb. Dagegen lese ich auch heute noch gern in dem heiteren, oft überraschend farbenprächtigen Meisterwerk von De Coster „Till Ulenspiegel und Lamm Goedzak". Im Vordergrund stand aber gemeinsames Musizieren, Gesang und mehrstimmiges Spiel auf der Blockflöte. 1909 war der „Zupfgeigenhansl" von Hans Breuer im Schott's Verlag erschienen. (Ich habe ihn noch heute) Im Vorwort der ersten Auflage heißt es – sehr im Stil der Zeit –: „So geleite denn, kleines Büchlein, den fahrenden Gesellen hinaus auf seinen Weg! Die Zupfgeige sei dein Genoß, und wenn ihr gute Freunde seid, wird eure Reise fein lustig werden." Er enthält im wesentlichen Volkslieder auf hohem musikalischen Niveau. Dazu kamen die Veröffentlichungen klassischer, mehrstimmiger Musik durch Fritz Jöde (1887-1970), vor allem der „Musikant" (1922/23) und der „Kanon" (1925). Diese Musik kennenzulernen, war ein neues und erfreuliches Erlebnis für mich.

Gesellschaft zum Klarinette-Spielen fand sich: Ich lernte den Physiologen Kurt Kramer kennen. Er war ein begeisterter Musikfreund und spielte Klavier. Sein Lieblingskomponist war (damals, später schätzte er nur noch Mozart) Paul Hindemith (1895-1963). Recht regelmäßig fuhr ich zu Professor Kramer nach Lichterfelde (einem Stadtteil von Berlin) und wir spielten das Konzert für Klarinette und Klavier von Hindemith. Als Dritter gesellte sich bald dazu der Ordinarius für Physiologie an der Universität Berlin, Professor Wilhelm Trendelenburg (1877-1945). Er spielte vorzüglich Cello und zu dritt spielten wir dann das Kegelstatt-Trio von Mozart.

Wilhelm Trendelenburg war ein hervorragender Forscher und Lehrer. Ich lernte ihn als Vorsitzenden der Prüfungskommission für das Physikum der Medizinstudenten kennen (ich prüfte Zoologie – und eventuelle „Wiederholer" mußte ich in seiner Anwesenheit prüfen).

Trendelenburgs erste große wissenschaftliche Leistung war der Nachweis der gleichen spektralen Empfindlichkeit von Sehpurpur in Lösung und der spektralen Empfindlichkeit des menschlichen Auges beim Sehen in der Dämmerung (1904), eine vorbildliche Arbeit: Trendelenburg benutzte das Spektrum einer Gas-Glühlampe. Ein solches Spektrum ist natürlich keineswegs etwa für die ausgestrahlten Farben quantengleich, d.h. von gleicher Energie in allen Bereichen – wie man es etwa heute mit viel größerem Aufwand verwenden würde. Aber diese Spektralfarben sehr ungleicher Intensität bewirkten Identisches bei der Zersetzung von Sehpurpur in Lösung und beim Sehen in der Dämmerung. Die Identität beider Kurven war entscheidend und ausreichend für den Nachweis, daß das Sehen in der Dämmerung (unbuntes Sehen) auf der Umwandlung von Sehpurpur beruht. Oft wird heute Genauigkeit vorgetäuscht, wo sie gar nicht nötig oder überflüssig ist. Es ist geradezu unwissenschaftlich, genauer zu messen oder zu rechnen, als es die zu beantwortende Frage erfordert. Wenn zwei Meßkurven identisch sind oder weit auseinander fallen, ist jede Angabe von Wahrscheinlichkeiten, jede „Statistik" ($P \ll 0{,}001$!) nicht nur überflüssig, sondern unwissenschaftliche Spiegelfechterei.

In der Regel fuhren Trendelenburg und ich mit dem Omnibus zu Kramer. Wir sprachen von den Physikums-Prüfungen. Da beschwerte sich Trendelenburg eines Tages, viele Studenten hätten keine gute Kinderstube mehr. Ich fragte, worin sich das äußere? „Manche arbeiten noch am Tag, einige sogar am Abend vorher für die Prüfung." Studium sei denen eben nicht Herzenssache.

Ilses Vater war leidenschaftlicher Maler, Schüler von Adolf von Menzel. Da er von seinen wirklich schönen Bildern allein nicht leben konnte, unterrichtete er Zeichnen an einer Fachschule. Die meisten seiner Bilder sind im Krieg verloren gegangen. Anfangs wohnten wir, Ilse und ich, versorgt von ihrer Tante Bille, in dem Haus in der Essener Straße, den Schwiegereltern Bredow genau gegenüber. Ende der dreißiger Jahre wurde Otto Bredow pensioniert, und die Schwiegereltern kauften sich ein kleines Reihenhäuschen in der Gontardstraße in Potsdam-Wildpark. Unter dem Dach richtete sich Vater Bredow ein kleines Atelier ein. Das Haus existiert noch. 1989 erfuhr ich, daß es im Grundbuch noch auf den Namen meiner Frau eingetragen sei. Da ich mit einem Haus – selbst in der schönen Lage in Wildpark – nichts anzufangen wußte, und mir auch jeder Papierkrieg zuwider war, übertrug ich es wenige Tage später meiner Tochter Swantje. Das Haus ist bewohnt, aber wie alle Häuser in der ehemaligen DDR verwahrlost, und wir mußten zunächst einiges Geld hineinstecken, um den weiteren Verfall zu stoppen. Was es meiner Tocher an Miete bringt, ist lächerlich.

Auch für uns wurde es bald unmöglich, weiter in der Wohnung in der Essener Straße zu bleiben, so bequem der tägliche Weg ins Zoologische Institut für mich war: Das Haus war völlig verwanzt. Nachts sahen wir die Wanzen über die Drähte laufen, die zwischen den beiden Straßenseiten gespannt die Straßenbeleuchtung trugen. Insektizide gab es noch nicht. Man erzählte: Wenn in manchen Wohnungen in Berlin die Tapeten gewechselt werden mußten, dann kehrte man hinter den Tapeten Wanzen eimerweise zusammen. Wir zogen dann 1936 um nach Babelsberg (bei Potsdam) in eine 3-Zimmerwohnung in der Scharnhorststraße. Den Weg zum Institut mit der S-Bahn, etwa 40 Minuten, nahm ich gern in Kauf. Die Züge verkehrten zwischen Potsdam und dem Stadtzentrum von Berlin im Abstand von 10 Minuten, von morgens um 4.00 bis zum nächsten Morgen gegen 2.00 Uhr. Ilse half mir bei meinen Arbeiten im Institut.

Am 20. Januar 1939 kam die Tochter Swantje zur Welt. Meine Frau kam bis wenige Tage vor der Geburt noch regelmäßig mit ins Institut. Dann brachte ich sie in eine Klinik in Potsdam. Als ich am nächsten Morgen dort anrief, war zur Überraschung aller das Kind schon geboren. Ich fuhr sofort zur Klinik und von da zu Bredows in Wildpark. Mein Schwiegervater öffnete mir. Als ich ihm das freudige Ereignis verkündete, stürzte meine einige Jahre jüngere Schwägerin, Ilses temperamentvolle Schwester Dorothea (Abb. 42), im Evakostüm aus dem Bad und umarmte mich stürmisch. Ihr Vater stand dabei und sagte nur: „Aber Dorothea!"

Dorle war Schauspielerin geworden. Sie hatte die Schauspielschule bei dem Theaterregisseur (Berliner Staatstheater) Leopold Jessner (1878–1945; 1933 emigriert) besucht und einige kleinere Rollen, u. a. in Shakespeares „Wie es euch gefällt" im Lessingtheater in Berlin, dann in Provinztheatern gespielt. Sie war ein lebenslustiger, fröhlicher Mensch. Sie starb früh (etwa 1941) an einer Nierenentzündung.

In Babelsberg lag damals das Gelände, auf dem die UFA (Universal-Film-Gesellschaft) ihre Filme drehte. Oft machten wir einen kleinen Spaziergang dorthin. So gingen wir eines Tages an einem weiten umgepflügten Feld vorbei und sahen verwundert, wie sich junge Leute in der Uniform der Hitlerjugend ständig bückten und scheinbar etwas in einen großen Korb warfen. Es war deutlich zu sehen, daß sie nur die Bewegung des Bückens und Werfens machten, in Wirklichkeit aber gar nichts warfen. Einige Wochen später sahen wir in einem Kino einen

Abb. 42. Ilses Schwester Dorothea, gerufen Dorle. Sie wurde Schauspielerin, ausgebildet bei Jessner in Berlin, spielte zunächst an Provinztheatern, zum Schluß am Lessing-Theater in Berlin. †1941.

kurzen Vorfilm mit dem Titel „Hitlerjugend hilft dem Bauern". Angeblich sammelten sie Kartoffeln ein, die in den von den Erntemaschinen gezogenen Furchen liegen geblieben waren. Es war schon Krieg, und so wurde uns demonstriert, daß die Jugend die in der Heimat fehlenden Soldaten ersetzte. So kann man im Film schwindeln und politische Propaganda machen. – Oft gingen wir auch im schönen Park von Babelsberg oder am Neuen Schloß spazieren, wo uns zuweilen tief in Gedanken versunken Furtwängler begegnete. Schon im August 1939 hörten wir bis in unsere Wohnung das Dröhnen der Panzerkolonnen: Hitler bereitete seinen Krieg gegen Polen vor.

Dann kam eines Nachts völlig unerwartet der erste Luftangriff auf Berlin. Freilich gelangten die englischen Flugzeuge nicht bis nach Berlin selbst: Die erste Bombe fiel auf Babelsberg und traf ausgerechnet das Krankenhaus.

Bei den nun regelmäßig folgenden, zunächst nur nächtlichen Luftangriffen richteten wir für uns und das Kind im Keller Feldbetten auf, was den Zorn unseres Wirtes hervorrief: Wir hätten bei einem Luftangriff nicht im Bett zu liegen, sondern sprungbereit für eventuelle Hilfe zu sein. – Alfred Kühn erzählte, er überstehe die Bombennächte sehr gut im Kaiser-Wilhelm-Institut in Berlin-Dahlem: Er habe sein Bett im Fahrstuhl, und wenn der Alarm komme, drücke er im Halbschlaf nur auf einen Knopf und führe in den Keller, um weiter zu schlafen.

Anfangs hatten die nächtlichen Angriffe einen schaurig-schönen Aspekt: Ein Vortrupp von Fliegern setzte bunte, schwebende Leuchtzeichen ab, die wie Weihnachtsbäume aussahen. Dazu kamen die Kegel der Scheinwerfer, die nach feindlichen Flugzeugen suchten. Wahrlich ein buntes, aber ein grausiges, erschreckendes Schauspiel.

Später begannen regelmäßige Nacht- und dann auch Tagesangriffe der Engländer. Trotzdem: Ich fuhr regelmäßig ins Institut. Oft fuhr die S-Bahn an zerstörten oder brennenden Straßenzügen vorbei, und Unpünktlichkeiten waren an der Tagesordnung. Aber es waren für 800 angehende Militärärzte die Kurse mit je 130 Studenten jeden Vormittag abzuhalten; dazu kamen die Vorlesungen für die wenigen Biologiestudenten. Als eine Brandbombe das Dach des Institutes zerstörte, fanden die Kurse im Kurssaal im Erdgeschoß und die Vorlesungen und Prüfungen fürs Vorphysikum der Mediziner im Keller statt. Oft mußte ich lange Umwege in der Stadt in Kauf nehmen, Umwege, die nicht selten durch brennende Straßen führten. In bleibender Erinnerung ist mir der Brand in der Chausseestraße: Der ganze Straßenzug brannte lichterloh, das Feuer entfachte einen Sturm. Aus ihren Häusern geflohene

Menschen suchten in Massen Schutz in den U-Bahnschächten, oft nichts als ihre Kinder bei sich. Die Straßen waren durch Trümmer oft nahezu unpassierbar.

Der nie seine gute Laune verlierende Professor Strughold, der Chef des Luftfahrtmedizinischen Institutes des Reichsluftfahrtministeriums erzählte von einer Bombennacht: Nach einem nächtlichen Luftangriff sei er auf die Straße gegangen, um zu sehen, ob in der Nähe etwas passiert sei. In der Hand hatte er eine handbetriebene Taschenlampe; sie setzte durch Druck auf einen Hebel einen kleinen Motor in Gang, der das Licht für die Glühbirne lieferte. Dabei entstand ein surrendes Geräusch. Unvermutet stand Strughold im Dunkeln vor einem Löwen, der offenbar aus einem zerstörten Käfig im Zoologischen Garten oder einem Zirkus entkommen war. Strughold richtete die surrende Lampe auf den Löwen. Das – so Strughold – habe den Löwen so erschreckt, daß er den Schwanz einzog, sich trollte und im Dunkeln verschwand.

Ich blieb zunächst in der Scharnhorststraße wohnen. Mit dem Fahrrad waren es über die Dörfer Caputh und Ferch rund 20 km bis nach Klaistow, wo ich Frau und Kind an den Wochenenden besuchen konnte. An der Straße nach Ferch war aus hellem Holz ein Modell eines großen, ungetarnten Wehrmachtslagers aufgebaut, mit großen Benzintanks aus Holz, natürlich ohne Benzin. Offenbar sollte das feindliche Flieger zum Abwurf von Bomben reizen. Es wurde nie bombardiert; es war gar zu naiv.

Weihnachten 1943 feierten wir in Klaistow. Ich hatte sogar ein Weihnachtsgeschenk aufgetrieben: Eine Schallplatte mit Arcangelo Corellis (1683–1713) „Concerto Grosso, Op. 8, Fatto per la notte di natale". Seitdem gehört dies Konzert für mich zur Weihnachtsfeier, jetzt freilich auf einer CD-Platte.

In der zweiten Hälfte 1943 nahmen die Angriffe auf Berlin zu. Das Gebäude des Luftfahrtmedizinischen Institutes in der Scharnhorststraße in Berlin wurde getroffen, und Professor Strughold ließ das Institut nach Welkersdorf in Schlesien (bei Greiffenberg, etwa 50 km südöstlich von Görlitz) verlagern. Meine Apparate hatte ich schon aus dem Zoologischen Institut der Sicherheit halber nach Klaistow geschafft, stückweise auf dem Fahrrad. Nun stellte mir Strughold einen Lastwagen der Wehrmacht zum Transport nach Welkersdorf zur Verfügung. Benzin war – selbst für die Wehrmacht – schon Mangelware. So wurde der Lastwagen mit Holzgas angetrieben: An seiner Seite befand sich ein großer zylindrischer Kessel, in dem trockenes Holz erhitzt wurde. Bei seiner Destillation entsteht ein brennbares Gasgemisch, mit dem der Motor angetrieben wurde. Große Geschwindigkeiten konnten mit einem solchen „Holzkocher" nicht erreicht werden, und so brauchten wir, d. h. der Fahrer und ich, für die rund 350 km von Klaistow nach Welkersdorf zwei volle Tage, zumal immer wieder Holz in den Kessel nachgefüllt werden mußte. Beim Verladen der Geräte tief in der Nacht half mir Herta Tscharntke. Sie, meine Frau und die Tochter Swantje blieben in Klaistow und kamen mit dem Zug nach.

Schlesien galt als der „Luftschutzkeller" Deutschlands: Die Sowjets flogen keine Luftangriffe auf deutsche Städte, und die englischen Geschwader kamen erst 1945 bis Sachsen (Nacht vom 14. Februar 1945 Bombardement von Dresden; die Zahl der Toten unter der Zivilbevölkerung kann nur geschätzt werden, weil die Stadt mit Flüchtlingen aus Schlesien überfüllt war; die offiziellen Angaben liegen zwischen 50 000 und 200 000; in England hat man 1992 (!) dem Befehlshaber dieses Mordkommandos ein Denkmal errichtet!)

In Welkersdorf nahm uns, meine Frau, die Tochter und mich, zunächst der Pfarrer in seiner Wohnung auf. Bald erhielten wir dann eine kleine Mietwohnung auf dem Hof des Bauern Schwertner. Schon in Babelsberg hatten wir eine Hilfe für den Haushalt angestellt, Agnes Segeth; wir hatten sie, Herta Tscharntke und meine Doktorandin, Wilfriede Schneider (die Schwester von Dietrich Schneider, später verheiratete Kingeter) als „Wehrmachtshelferinnen" nach Welkersdorf geholt. So retteten wir sie vor der Zwangsarbeit in einer Waffenfabrik. Über die Arbeit in Welkersdorf und die abenteuerliche Flucht nach Göttingen habe ich schon berichtet (S. 76 ff.). Im ganzen lebten wir mitten im Krieg im Frieden. Zuweilen feierten wir sogar kleine Feste. Alkohol stand uns für wissenschaftliche Zwecke zur Verfügung.

Swantje wurde von Agnes betreut, denn meine Frau arbeitete im Luftfahrtmedizinischen Institut mit. Aber es gab genug Zeit, mit ihr spazierenzugehen, zu Tagesausflügen nach Lauban, einem kleinen Ort bei Görlitz mit malerischen Laubengängen vor den Häusern. Agnes wohnte nicht bei uns, wohl aber im Dorf. Eines Tages erschien bei mir im Labor der Dorfpolizist: Er habe Agnes nachts (!) im dunklen Wald zwischen Greiffenberg und Welkersdorf aufgegriffen, auf der Lenkstange eines Fahrrades sitzend; und das Rad habe ein Soldat gefahren, was wirklich unerhört sei; das Schlimmste aber war: Der Soldat hatte sein Koppel (militärisch „Gürtel") nicht umgehabt. Ich solle Agnes die Leviten lesen und solche nächtlichen Exkursionen untersagen. Sie sei ja – leider – Angehörige der Wehrmacht (das war sie als Helferin im Institut), und da könne er als ziviler Polizist nicht direkt eingreifen. Ich habe das zugesagt, aber nicht getan. Als die sowjetischen Truppen sich näherten, ließ Agnes sich von einem durchfahrenden deutschen Panzer mitnehmen. 45 Jahre später meldete sich die treue Seele aus Berlin; dort ist sie glücklich verheiratet.

Die abenteuerliche Flucht aus Schlesien nach Göttingen habe ich schon geschildert (S. 96 ff.). 1945 kam Swantje zunächst - sie war nun sechs Jahre alt - in die Dorfschule in Niedernjesa und spielte mit den Dorfkindern. Kurz vor Kriegsende hatte sie noch ein tragisches Erlebnis, das ihr als Trauma lange nachging: Nach einem Fliegerangriff spielte sie mit den Kindern vor dem Dorf. Einer ihrer Spielkameraden, ein gleichaltriger Junge, berührte ein herabhängendes Stromkabel einer zerstörten Hochspannungsleitung und war sofort tot.

In Göttingen bekam meine Frau sehr schnell eine Stelle an einem Gymnasium. Swantje ging dort zur Schule. Seit 1947 wohnten wir in Göttingen, nahe am Zoologischen Institut, am Nonnenstieg. Meine Frau unterrichtete später auch in Würzburg und in München (hier am Gisela-Gymnasium). Hier ereignete sich dann ein grotesker Fall, fast eine Wiederholung des Erlebnisses in Berlin. Ilse wurde 1971 fünfundsechzig Jahre alt; der Direktor des Gymnasiums, Professor Hans Buchner, fragte Ilse, ob sie nicht noch einige Zeit weiter unterrichten wolle, bis ein Nachfolger für sie gefunden sei. Lehrer für Mathematik und Physik waren (damals) schwer aufzutreiben. Sie sagte zu. Ein Jahr später bekam sie ein Schreiben der Schulabteilung des Kultusministeriums: Sie habe - entgegen den Bestimmungen - über das 65. Jahr hinaus unterrichtet, sei deshalb rückwirkend gekündigt und habe das Gehalt für dies Jahr zurückzuzahlen. Ich rief den Referenten im Ministerium an, der das Schreiben „i. A." (des Ministers) unterschrieben hatte. Seine barsche Antwort: Das ginge mich nichts an; er müsse das Geld zurück haben. Dieser komische Mann hatte freilich nicht bedacht und natürlich auch nicht gewußt, daß ich schon wenige Tage später den Kultusminister, Professor Hans Maier, bei einer Sitzung der Hochschulplanungskommision traf und ihm die Sache erzählte. Die ungesetzliche und widersinnige Verfügung war am gleichen Tag aufgehoben.

Mit der Schulabteilung des Kultusministeriums hatte ich schon einige Male Kontroversen. Eines Tages - ich war Dekan der Naturwissenschaftlichen Fakultät - flatterte mir ein Schreiben der Schulabteilung auf den Tisch: Die Fakultät habe Aufseher für die schriftliche Lehramtsprüfung zu benennen. Das war nicht unsere Aufgabe, ich lehnte ab. Ein anderes Mal: Der Kustos am Zoologischen Institut, Professor Werner Jacobs, leitete mit großer Sachkenntnis die Exkursionen; die

Teilnahme an ihnen war für die Prüfung für das Höhere Lehramt an Schulen vorgeschrieben. Als Professor Jacobs 65 wurde, wurde durch seine Pensionierung seine Stelle frei. Nun bestimmte das Bayerische Haushaltsgesetz: Jede frei werdende Stelle darf erst nach drei Monaten wieder besetzt werden, es sei denn, die vorzeitige Besetzung werde auf Grund eines Antrages an das Ministerium als Ausnahme gestattet. Den Antrag hatte ich rechtzeitig gestellt; er wurde abgelehnt. Als Konsequenz erklärte ich in einem Anschlag im Institut, daß im kommenden Semester die Exkursionen – leider – ausfallen müßten, da die Stelle nicht besetzt werden dürfe. Das wurde im Ministerium bekannt. Die Folge: Ich erhielt ein lakonisches Schreiben des Ministeriums des Inhaltes: „Der Vorstand des Zoologischen Institutes wird hiermit angewiesen, die für die Prüfung fürs Höhere Lehramt vorgeschriebenen Exkursionen durchzuführen." Ich schickte das Originalschreiben mit der kurzen Bemerkung zurück: „Die Schulabteilung ist mir gegenüber nicht weisungsberechtigt." Wenige Tage später kam ein Anruf: Ich solle doch sofort zum Leiter der Schulabteilung kommen. Meine Entgegnung: Ich wüßte nicht, daß ich irgend etwas von ihm wolle; wenn er etwas von mir wolle, möge er gefälligst zu mir kommen. Wenige Tage später erschien ein nachgeordneter Beamter. Nach kurzem Gespräch wurde mein Antrag innerhalb weniger Tage genehmigt. Frau Dr. Gertrud Kolb übernahm die Exkursionen mit großem Erfolg. – Mit dem Leiter der Schulabteilung – er wohnte uns gegenüber in der Veterinärstraße – entwickelte sich später ein gutes Verhältnis; wir verstanden uns glänzend.

Warum und wozu erzähle ich das? Oft sind sogenannte Erlasse und Vorschriften „übergeordneter" Stellen und einer engstirnigen Verwaltung nur das Ergebnis übereifriger (und vor allem überflüssiger) Dienststellen. Oft führt die genaue Beachtung aller dieser „Vorschriften" zu einer unnötigen und störenden Belastung. Sie können zu Hemmnissen führen. Sie kosten Zeit und hindern an der Durchführung wichtiger Aufgaben. Entscheidend ist das sogenannte „Fluglotsenurteil" des Bundesgerichtshofs: Die Fluglotsen wollten bessere Besoldung durch Kampfmaßnahmen erreichen. Da sie als Beamte kein Streikrecht haben, kamen sie auf die Idee des „Dienstes nach Vorschrift", also noch so kleinliche Bestimmungen perfekt anzuwenden. Das führte zu einem Chaos im Flugverkehr und zu erheblichen Behinderungen. In einem Prozeß vor einem obersten Bundesgericht wurde die Unzulässigkeit eines „Dienstes nach Vorschrift" festgestellt: Er verstößt gegen das „Güterabwägungsprinzip" (Juristendeutsch). Es besagt: In jedem Konfliktfall hat ein Beamter Güter gegeneinander abzuwägen. Ein rechtlich geschütztes höherwertiges Gut ist im Konfliktfall dem geringerwertigen vorzuziehen. „Dienst nach Vorschrift" verstößt gegen das Gut der Sicherheit des Lebens der Flugzeugbesatzung und der Passagiere. In der Universität sind laut Gesetz Forschung und Lehre die höchsten Güter. Was an Vorschriften sie behindert, darf qua Gesetz nicht beachtet werden. – Ich lehne ab und hasse geradezu laienhafte Juristerei. Aber zuweilen wird man zu ihr seine Zuflucht nehmen müssen.

Zum anderen, zum zweiten: An unseren Hochschulen hat sich seit vielen Jahren eine devote Haltung gegenüber allem durchgesetzt, was an Papier „von oben", das heißt, von der (mittleren) Verwaltung kommt. „Von oben" kommt viel zu viel Papier, nicht zuletzt, weil die Verwaltung hypertroph ist und zwar auf allen Ebenen. Als ich 1953 als Verwaltungsdirektor der Universität Würzburg den Aufbau der Universität und die Verwaltung übernahm, hatte ich keine zehn Beamte als Mitarbeiter in der Verwaltung. In der Universität München sind es heute über 120! Gewiß, die Aufgaben sind umfangreicher, die sogenannte Arbeitszeit ist kürzer geworden. Aber das rechtfertigt nicht, die Verwaltung ausufern zu lassen. Sie ist primär und letzten Endes dazu da, dem forschenden und lehrenden Universitätsdozenten Arbeit abzunehmen; sie hat zu helfen, nicht ihn zu einem Verwaltungsbeamten zweiter Klasse abzuwerten.

Zurück zur Familie. Swantje war keine besonders gute Schülerin. Immerhin brachte sie es bis zum Abitur und bis zur mündlichen Abschlußprüfung. Bevor die Endergebnisse, ob bestanden oder nicht, verkündet wurden, erschien Swantje zu Haus: Sie sei durchgefallen. Kurze Zeit später kam ein Anruf von ihrer Schule: Man wolle die Ergebnisse bekanntgeben, aber Swantje fehle. Sie habe das Abitur ja bestanden.

Dann kam die Frage des Berufs. Von früher Jugend an war sie durch uns mit der bildenden Kunst vertraut. Sie war mit uns in den Museen in Berlin, in Paris und Brüssel gewesen. Das alles, sowie unser eigenes Interesse an Kunst, bewog sie zu dem Wunsch, Kunstgeschichte zu studieren. Mein Einwand: Gut, das Studium könne ich leicht bezahlen. Aber man müsse weiter denken: Stellen für Kunstgeschichtler an Museen seien rar, und die Aussichten auf eine ernährende Stelle denkbar gering. Ich riet ihr, zunächst einen vielseitigen praktischen Beruf zu erlernen, mit dem sie sich notfalls selbst ernähren könne. Swantje folgte dem Rat. Sie besuchte die Staatslehranstalt für Photographie in München. Als Photographin konnte sie künstlerische Gestaltung und praktischen Beruf auf vielfältige Art vereinen. Freilich gab es anfangs eine Schwierigkeit: Die Staatslehranstalt erwartete – im Gegensatz zur Universität –, daß die Absolventen eine vollständige photographische Ausrüstung mitbrachten, nicht etwa nur eine Kleinkamera, sondern eine Kamera mit Balg für Aufnahmen im Format 9×12 cm, ein Stativ, einen Belichtungsmesser und Photomaterial. Das machte Anschaffungen im Wert von fast 4 000 DM erforderlich, gewiß damals wie heute keine Kleinigkeit. Aber das alles war ja nicht nur für die Schule, sondern die Grundausrüstung für einen späteren Beruf.

Nach drei Jahren machte Swantje ihre Gesellenprüfung an der Staatslehranstalt, ging dann ein Jahr in die Praxis, d. h. in Photogeschäfte. Hier gefiel es ihr aber gar nicht: Ständig in einer Dunkelkammer fremde Filme entwickeln und kopieren – dazu hatte sie ihre lange Ausbildung nicht benötigt. Gelegentlich hatte sie kleine Nebenverdienste, Photographieren auf Hochzeiten und Parties, auch kein besonderes Vergnügen. So entschloß sie sich, in einem weiteren Jahr an der Staatslehranstalt zu lernen und mit der Meisterprüfung abzuschließen. Dann bekam sie alsbald eine feste Anstellung an der Staatlichen Prähistorischen Sammlung in München. Nach einigen Jahren wurde die Stelle des Leiters der photographischen Abteilung des Staatlichen Museums für Völkerkunde frei, und sie übernahm diese Aufgabe. Schon von früher Jugend an hatte sie, angeleitet von meiner Frau und mir, ein lebhaftes Interesse an Völkerkunde. Am Museum für Völkerkunde hat sie ihr Ziel erreicht: Photographie von völkerkundlichen Kunstwerken für das Museum und vor allem für die hervorragenden Kataloge des Museums. Ihr Ziel war dabei, jedes Photo nicht nur als ein kleines Kunstwerk zu gestalten, sondern auch das Typische und vor allem das Material des Gegenstandes herauszuarbeiten. Holz sieht anders aus als Stein, ein hölzerner Becher anders als einer aus Ton.

Weitere, interessante Aufgaben waren mit der Arbeit am Völkerkunde-Museum verbunden: Swantje wurde – mitsamt 400 kg Photoausrüstung – für einige Monate nach Ulan Bator, der Hauptstadt der (Äußeren) Mongolei, geschickt, um dort im Museum Kunstgegenstände und heute nicht mehr getragene alte Trachten für einen Katalog einer Ausstellung in München zu photographieren. Ein ähnlicher Auftrag führte sie später nach Tirana, der Hauptstadt Albaniens. Hier erlebte sie den ersten Tag des Umsturzes 1990. Ich hörte davon gegen 15.00 Uhr im Rundfunk. Telephon- und Postverbindungen nach Albanien gab es nicht; die Post ging auch vor dem Umsturz nur über einen Kurier des Auswärtigen Amtes in Bonn. Dort aber wußte man auch noch nichts Genaues. Am nächsten Morgen gegen 10 Uhr rief Swantje aus Paris an: Sie hatte die Schießereien gehört und um wenige Minuten noch den letzten Flug der Air France nach Paris erreicht. Die Photoausrüstung war für alle Zeiten verloren.

Ihr – und mein – Stolz: Waren im Bereich der Bayerischen Staatssammlungen besonders schwierige Aufgaben zu erledigen, dann bat man sie um Hilfe; so photographierte sie für einen Katalog der Bayerischen Staatsbibliothek die Sammlung tibetischer Buchdeckel; es ist ein prächtiger Katalog entstanden.

Noch ein Kuriosum sei erwähnt: Als Swantje 18 wurde, erhielt sie vom Wehrbezirkskommando eine Vorladung zur Musterung. Da sie darauf nicht reagierte, erschienen eines Tages zwei Polizisten, um sie zwangsweise vorzuführen. Die beiden zogen verlegen wieder ab. In Bayern ist ihr aus Friesland stammender Vorname unbekannt (Swantje = Schwänchen).

Reisen

1937 reisten meine Frau und ich zum ersten Mal nach Italien. Auslandsreisen waren im Nazi-Deutschland gar nicht so einfach und problemlos wie heute. Man mußte Wochen vorher Devisen beantragen, und ob sie bewilligt wurden, war mehr als unsicher. Aber das faschistische Italien machte offenbar eine Ausnahme. Wir bekamen die Devisen und eine Reisebewilligung im Paß. Unser Ziel war Venedig. Ich kannte es schon: Mein Lehrer Richard Hesse hatte mich nach dem Zoologenkongreß in Padua (1930) für einige Tage nach Venedig eingeladen. Dort lebte ein Bruder von ihm. Hesse zeigte mir die Stadt und schloß einen Abstecher nach Abano Terme an. Hier und in Venedig demonstrierte er mir die Schneckenfauna, vor allem der heißen Quellen in Abano. Damals gab es noch keine Hotels an den Thermen; es war unberührte Natur. Meine Frau und ich kamen abends in Venedig auf dem Bahnhof an, liefen in die Stadt und verirrten uns hoffnungslos in den kaum beleuchteten, menschenleeren Gassen. Schließlich trafen wir einen Carabiniere, der uns hilfsbereit und freundlich ins Hotel führte. Von den bleibenden *Eindrücken* dieser Reise zu erzählen, erscheint überflüssig. Markusplatz, Dogenpalast, Dom, Canale Grande, Frari-Kirche sind unvergeßliche *Eindrücke*.

Die nächste große Reise führte mich 1948 nach England, nach Brighton (s. S. 125 ff.). Um 1950 wurden meine Frau und ich nach Paris eingeladen, zu einem Symposion über Akustik. Professor René G. Busnel hatte es organisiert. Er und seine Frau Marie Claire wurden bald unsere Freunde. Sie zeigten uns Paris und seine Museen, führten uns aber auch in die französische Gastronomie sachkundig ein. Bei dem Symposion wurde ich mit dem Zoologen Pierre P. Grassé und mit John Burden Haldane bekannt (S. 135).

In den nächsten Jahren fuhren wir oft nach Frankreich, in die Provence, an die Atlantikküste, besuchten Arles und Saint-Rémy de Provence. Hier hatte der „Wahrsager" Nostradamus (1503–1566) gelebt und seine „Weissagungen" in Versen verfaßt. Sie haben bis in unsere Zeit nachgewirkt. So wurde behauptet, Nostradamus habe die Bombardierung von London vorausgesagt. Seine Schriften wurden schon im Mittelalter auf den Index librorum prohibitorum gesetzt, weil er den Untergang des Papsttumes vorausgesagt hatte. Die Reisen nach Paris, London und Italien führten uns in Gegenden, die damals vom Tourismus noch kaum berührt waren. Wir wohnten in kleinen Hotels, deren vorzügliche Küche, meist vom Patron oder einer Patronne selbst geleitet, uns erlesene kulinarische Genüsse bot.

Schon Ende der fünziger Jahre fuhren wir regelmäßig ins Engadin, nach Sils Maria. Dort war sicherer Schnee in 1800 Metern Höhe. Wir wohnten in der kleinen Pensiun Privata, anfangs noch ein nur wenig umgebautes Bauernhaus im Stil Engadins mit nur wenigen Gästen. Von Sils Maria und Sils Baseglia führten uns Spaziergänge am Silser See entlang; kein Haus versperrte die Aussicht auf den Maloja-Pass. Im Winter konnten wir weit über den tief gefrorenen See über 50 cm Eisdecke laufen. Das war freilich nicht ganz ungefährlich, denn in den Bergen entspringt der Inn als kleines Flüßchen, und sein wärmeres Wasser hatte kleine offene Stellen zur Folge. Eines Nachts verschwand in ihnen ein Ehepaar, das von Maloja über den See nach Sils mit Schlittschuhen laufen wollte und erst im Sommer geborgen werden konnte, als das Eis geschmolzen war. Wir machten schöne Fußwanderungen auf knirschendem Schnee, zum Beispiel nach Isola, wo auf einem Fels die Inschrift von Nietzsches Gedicht „Tief ist die Nacht..." eingehauen war. Nietzsche hatte lange Zeit in Sils Maria gelebt: sein Haus war freilich im Winter geschlossen und nicht zu besichtigen; ins Fex-Tal und auf die umliegenden Berge. Die Temperaturen fielen bei klarem Himmel in der Nacht bis auf −30 °C. Bewundert haben wir die Wasseramseln: Sie tauchten am Tag gegen den Strom mit ausgebreiteten Flügeln in den eiskalten Inn und fingen dort ihre Nahrung. Die langen Winternächte verbrachten sie trotz der tiefen Temperatur im Freien, fast 14 Stunden bei Eiseskälte auf einem Baum sitzend.

Für die langen Winternächte hatten wir uns Lektüre mitgebracht – ich oft einen Koffer voll Sonderdrucke; mit ihrer Hilfe schrieb ich dann die zusammenfassenden Berichte für den Artikel „Sinnesphysiologie" für die „Fortschritte der Zoologie" (Gustav Fischer Verlag, Stuttgart). Zuweilen besuchten uns Freunde – Feodor Lynen, Ernst Wollheim (Internist in Würzburg), der Physiologe Martius, der in Zürich Ordinarius war. Auch Herrn von Elmenau trafen wir regelmäßig dort.

Ein Höhepunkt mit neuen Eindrücken war eine Gesellschaftsreise nach Moskau, Leningrad, Kiew und Susdal. Vieles war dort mit großem Aufwand und Sachverstand restauriert worden. Wiederum sollen hier keine Sehenswürdigkeiten erwähnt werden, zumal die Liste endlos wäre. Soweit Begegnungen mit Einheimischen möglich waren, waren sie ausnahmslos freundlich. So sprach mich eines Tages in der Tretjakow-Galerie jemand an; als er merkte, daß wir kein Russisch verstanden, versuchte er es zunächst mit Tschechisch und schließlich mit Deutsch: Ob wir zum tschechischen Ballett gehörten, das gerade in Moskau ein Gastspiel gab? Die nächste Frage: Ob wir aus der DDR oder aus Westdeutschland kämen? Bei meiner Antwort „aus München", strahlte er und zeigte uns stolz die Sehenswürdigkeiten des Museums und bestand darauf, uns – meine Frau und mich – nachher in die Stadt zu begleiten – bis zu einem Laden, in dem es Briefmarken gab. Er kam strahlend aus dem Laden und schenkte uns eine vollständige Serie von Briefmarken mit Lenins Bild. Namen und Anschrift gab er uns nicht preis. – Mein Eindruck von dieser Reise in die Sowjetunion ist derselbe, wie ihn der Musiker Leonard Bernstein nach einer Tournee in die Sowjetunion formulierte: „Ich liebe die Russen, aber ich hasse das Regime."

Deterministisches Chaos[7]

Schon zu Lebzeiten meiner Frau gab es immer wieder Ärger mit der Wirtin, der das Haus in der Veterinärstraße gehörte. Schließlich nahm ich mir einen tüchtigen Anwalt und schloß eine Rechtsschutzversicherung ab. Insgesamt hat der Anwalt der Wirtin sieben Prozesse gegen mich angezettelt; er verlor sie alle. Die Begründungen für die Klagen waren meist mehr als fadenscheinig. So flatterte mir eines Tages eine fristlose Kündigung der Wohnung ins Haus. Die Begründung: Das Vertrauensverhältnis zwischen mir und der Wirtin sei gestört. Ich kannte die Wirtin gar nicht, hatte auch nie einen Kontakt, auch keinen brieflichen mir ihr, war ihr nie begegnet. Ich kann mir nicht vorstellen, daß der Anwalt der Wirtin wirklich der Meinung war, dies sei ein ausreichender Kündigungsgrund. Es mag zwei Gründe für das ungehörige Verhalten des gegnerischen Anwaltes gegeben haben: Entweder hoffte er, mich durch ständige Belästigung zur Aufgabe der Wohnung zu bewegen; bei einer Neuvermietung konnte er nämlich erheblich höhere Miete verlangen (was denn auch schließlich geschah). Dazu kommt zuweilen – ich unterstelle das dem Anwalt nicht –, daß ein Anwalt auch für verlorene Prozesse seine Gebühren kassieren kann.

Zufällig fand ich in einer Zeitung eine Anzeige, in der Maximilianstraße 46 sei eine komfortable Dreizimmerwohnung zu vermieten. Sie gehörte der Münchener Rückversicherung. Die Wohnung ist 90 m^2 groß, für den Anfang gewiß genug, nach einigen Jahren aber doch zu klein, um Ordnung in ihr zu bewahren. Da ich ohne Einhaltung der gesetzlichen Kündigungsfrist die Wohnung in der Veterinärstraße kündigen wollte – die vorangegangene fristlose Kündigung wollte der gegnerische Anwalt plötzlich nicht mehr wahrhaben –, verlangte der Anwalt der Wirtin eine Abstandssumme von 10 000 DM. Die Begrün-

---

[7] Oft wird für den folgenden Zusammenhang der Terminus der Physiker vom „deterministischen Chaos" verwendet. Die Verwendung des Wortes „Chaos" scheint mir ungeschickt. Weder die vom deterministischen Zufall bestimmten Wege – sie sind genau definierbar, wenngleich oft auch erst nachträglich – noch das Ergebnis ist „chaotisch". Es ist nur nicht vorherseh- und sagbar.

dung: Die Wohnung sei in einem völlig verwahrlosten Zustand. Auch das war einfach nicht wahr. Also ließ ich – ohne Abstandszahlung – die ganze Wohnung neu streichen – diesmal zum Ärger des gegnerischen Anwalts; denn erstens konnte er das Geld nicht bekommen, und zweitens mußte er auf Kosten der Wirtin die gesamte Installation und Heizung erneuern lassen, also die gerade erfolgten „Schönheitsreparaturen" wieder zerstören. Es war von ihm das Ganze eine reine Schikane.

Die neue Wohnung war in jeder Hinsicht ein Gewinn: Sie war trotz ihrer zentralen Lage ruhig; sie hat dreifache Fensterscheiben, zwei in geringem Abstand außen, und zwischen ihnen und den inneren Scheiben war ein Abstand von fast 20 cm. Ich hatte schon in meiner Zeit im Heinrich-Hertz-Institut in Berlin gelernt, daß Schalldämmung gegen Straßenlärm optimal bei einem solchen Abstand ist. Ob das theoretisch begründet werden kann oder nur ein empirischer Wert ist, weiß ich nicht. Beim Wiederaufbau des kleinen Hörsaals im Zoologischen Institut in München hatte ich auch auf einer solchen Anordnung der Doppelfenster bestanden; mit dem besten Erfolg; der Hörsaal liegt zu ebener Erde unmittelbar an der belebten Luisenstraße. Vom Straßenlärm ist im Hörsaal nichts zu hören.

Ein weiterer Vorteil der Wohnung: Sie liegt ganz zentral, 15 Minuten mit der Straßenbahn bis zum Institut. Der Herkulessaal in der Münchener Residenz liegt nahe, ebenso die Akademie der Wissenschaften und zahlreiche kleine „Tante-Emma-Läden" und ebenso die großen Einkaufszentren.

Ein weiterer Vorteil: Die Tochter Swantje arbeitet keine 200 m entfernt im Völkerkunde-Museum.

Die größte und vielfältigste, gänzlich unerwartete Folge aber war wiederum ein reiner Zufall. Im gleichen Haus wohnte, aus den Namenschildern zu schließen, ein oder eine „Thompson". Eines späten Abends kehrte ich aus der Stadt gegen 23 Uhr zu Fuß nach Hause zurück. Es war wohl im April 1984. Es lag Schnee, und die Straßen waren – wie immer bei solchem Wetter in München – glatt; ich ging sehr vorsichtig mit einem Stock die dunkle Maximilianstraße entlang – dunkel ist sie vom Mittleren Ring an stadtauswärts. Plötzlich faßte mich jemand von hinten hilfreich unter den Arm, um mich sicher nach Hause zu geleiten. Es war eine Mieterin im gleichen Haus, es war Wendy Thompson. Sie hatte eine Geige geschultert und kam offenbar von einem Konzert im Herkulessaal der Residenz. Diese nächtliche, rein zufällige Begegnung hatte für beide, Wendy Thompson und mich, ungeahnte Folgen, die auf ganzen Ketten von Zufällen beruhen: Ich lernte Australien kennen und war Gast in fast allen Konzerten, in denen Wendy – im Symphonie-Orchester des Bayerischen Rundfunks – Geige spielte. Wendy Thompson – damals war sie wohl 29 Jahre – fand neun Jahre später durch eine ganze Kette weiterer Zufälle einen Lebensgefährten, meinen Freund und früheren Schüler Walter Heiligenberg (Abb. 43, 44).

Wendy gehörte seit etwa einem Jahr als Geigerin zum Symphonie-Orchester des BR. Sie stammt aus Adelaide (South Australia), hatte dort Musik und Germanistik studiert. Das freilich erfuhr ich erst später im Lauf der Zeit. Sie spricht fließend und fehlerfrei Deutsch, so daß ihre Herkunft aus Australien zu vermuten zunächst kein Anlaß bestand. Ich war nicht schlecht erstaunt, als sie mir zu Beginn ihres Urlaubs im Juli auf meine Frage, wo sie ihn verbringen werde, wie selbstverständlich zur Antwort gab: in Australien. Da ich neugierige Fragen verabscheue, gab ich mich zunächst damit zufrieden.

Ihr Studium hatte Wendy in beiden Fächern, Musik und Germanistik, mit solchem Glanz bestanden, daß sie ein Stipendium für ihre Fortbildung in Deutschland erhielt. Sie ging nach Köln und wurde Schülerin von Igor Ozim und beim Amadeus-Quartett. Ihre Bewerbung als Geigerin im Symphonie-Orchester hatte Erfolg, und so kam sie nach München und in die Maximilianstraße. Wir schlossen schnell gute Freundschaft. Immer wieder bewundere ich ihre umfassende Bildung. Von deutscher Literatur kennt sie mehr als der Durchschnitt unserer Studenten. Sie hatte und hat ein lebhaftes Interesse an Sprache, an der Herkunft und Bedeutung der Wörter. Ich profitierte viel an Anregungen von ihr. Bald nahm Wendy mich zu allen Konzerten ihres Orchesters und auch zu intimeren Konzerten mit, die sie mit ihren Freunden gab. Ich lernte viele ihrer Freunde kennen, auch den Chefdirigenten Sir Colin Davis (Chef des Orchesters von 1983–1993). Das alles waren wesentlich neue Erlebnisse und Anregungen für mich. Mein Leben wurde bunter.

Im Dezember 1987 luden mich ihre Eltern – ich kannte sie schon von ihrem Besuch in München – zu sich nach Adelaide in Australien ein. Vier Wochen lernte ich, unbeschwert von Wissenschaft und Terminen, South Australia und zum Schluß Teile von Victoria kennen. Schon der Flug von München bis zur Zwischenlandung in Singapur war ein einmaliges Erlebnis: Die Maschine flog bei strahlendem Sonnenschein und blauem Himmel südlich am ganzen Himalaya vorbei. Ich hatte einen Platz am Fenster und erlebte das grandiose Schauspiel der gigantischen, schneebedeckten Gebirgskette. Ein Gefühl menschlicher Hybris

beschlich mich allerdings: Unser Flugzeug flog in etwa 10 000 Metern Höhe, und die Gipfel selbst der höchsten Berge lagen schräg neben und unter uns. Freilich, der Flug bis Singapur (über Bangkok) dauert 13 Stunden, der Aufenthalt in Singapur sechs und der Weiterflug bis Adelaide noch einmal acht Stunden. Morgens gegen 6.30 Uhr Ortszeit landeten wir in Adelaide. Hier war strahlender Sonnenschein. Im Dezember ist Sommer in Australien, mit hohen Temperaturen bis zu 40 °C am Tage (im Schatten). Aber diese hohen Temperaturen sind leicht zu ertragen, weil die Luft nicht feucht oder gar schwül wie etwa bei uns oder in den Tropen, sondern oft extrem trocken ist – bis zu 20 % relative Feuchte.

Adelaide, die Hauptstadt von South Australia, ist abgesehen vom Geschäftszentrum eine weitausgedehnte Parkstadt, im Grundriß wie ein Schachbrett angelegt. Im Hintergrund, nach Norden zu erheben sich die Mount Lofty Ranges, bewaldete Berge, die der Stadt einen malerischen Abschluß geben. In der Regel hat jede Familie ihr eigenes Haus, meist einstöckig und umgeben von einem Garten. So wohnen auch die Eltern von Wendy Thompson, Mary und Rex. Sie empfingen uns am Flughafen. Mary hatte wie Wendy in Adelaide Deutsch studiert, und so ging die Verständigung reibungslos.

Vater Thompsons Leidenschaft ist der Bau von Geigen, von hervorragenden Geigen. Rex hat gründliche physikalische Kenntnisse und eine große Geduld, aus seinen Geigen das Beste zu machen. Eigene Veröffentlichungen, zum Beispiel über den Einfluß von Luftfeuchtigkeit auf Geigen, beweisen, daß der Bau von Geigen weit mehr als nur ein Hobby für ihn ist. Rex erhielt den bedeutenden australischen Churchill-Preis zur Förderung seiner in Australien bislang vernachlässigten Herstellung von Streichinstrumenten. Er ermöglichte es ihm, im Ausland hervorragende Geigenbauer und -schulen kennenzulernen. Mary und Rex haben sich schnell mit mir angefreundet, und ich rede sie mit Vornamen an, sie mich mit „Professor".

Abb. 43. Wendy Thompson-Heiligenberg, die Geigerin im Symphonie-Orchester des Bayerischen Rundfunks. (Photo Atelier Plaschka, München)

Abb. 44. Professor (er liebte den Titel nicht; wahrscheinlich Bescheidenheit) Walter Heiligenberg. Er promovierte bei Konrad Lorenz am Max-Planck-Institut für Verhaltensphysiologie in Seewiesen, ging dann zu Theodore H. Bullock an die Scripps Institution of Oceanography, University of California at San Degio. Arbeitsgebiet: Neuro- und Verhaltensphysiologie von schwach elektrischen Fischen. †8.09.1994 bei einem Flugzeugunglück. Verheiratet mit Wendy Tompson am 28.5.94. Tochter: Clara Maria *26.09.94 in München.

Auffallend ist die große Freundlichkeit der Australier. Leicht kommt man ins Gespräch mit ihnen. Ging ich allein in der Umgebung des Hauses spazieren, so wurde ich oft angesprochen. „Do you like Australia?"

Schnell lernte ich auch die Familie, die Großmutter Grumpsy, den Bruder Murray, seine Frau Deryn und deren kleine Tochter Emma (damals zwei Jahre) kennen.

Weihnachten in Adelaide: bunte elektrische Kerzen an den Weihnachtsbäumen. Wachskerzen sind wegen der ständigen Brandgefahr bei der großen Trockenheit verboten. Ich bekam zu Weihnachten ein schönes Känguruh-Fell geschenkt, das jetzt meinen Schreibtischstuhl ziert. Viele Besuche bei Freunden und Bekannten; eine Weihnachtsfeier in der kleinen deutschen Kolonie; unvergeßlich ein Besuch bei den Carmelite Sisters. Der Empfang bei ihnen war überaus herzlich, und ich habe mich lange mit der 90-jährigen Sister Ann unterhalten. Wendy hatte ihre Geige bei sich und unterhielt uns mit Musik.

Mary und Rex Thompson ließen es sich angelegen sein, mir so viel wie möglich von Australien zu zeigen. Wir fuhren ins Barossa-Tal. Dort ist fruchtbarer Boden, und vorwiegend deutsche Siedler (um 1740) haben dort Wein angebaut – einen hervorragenden Wein, denn in der sommerlichen Wärme gedeihen dort die Weinreben wie nur in den besten Lagen Europas. Manche Orte und manche Restaurants tragen dort heute noch deutsche Namen.

Typisch für Australien sind die weiten Eukalyptuswälder. In ihnen ist es licht und hell; die Bäume haben weit verzweigte Äste, und die Blätter stehen getrennt, weil sie gerade dann die rechte Menge Tageslicht auffangen können. Sie sind an den starken Sonnenschein angepaßt. Oft – es gibt 400 Eukalyptus-Arten – ist die Rinde schneeweiß, so daß kein Licht absorbiert wird und das lebende Gewebe zu stark erhitzen kann. Dazwischen weite Steppen, zuweilen fast Wüsten, in denen verstreut und oft weit voneinander getrennt Farmen liegen. Eine von vielen unwahrscheinlichen Anpassungen sind die bis zu zwei zuweilen auch bis zu vier Metern hohen Grasbäume (Abb. 45). Der kohlschwarze Stamm mit einem Durchmesser bis zu 60 cm trägt an seiner Spitze Büschel von etwa 2 m langen fadenartigen Blättern, die wie Haare herabhängen und zuweilen mit ihren Spitzen bis auf den Boden reichen. „Black boys" werden sie wegen ihres schwarzen Stammes und haarigen Kopfes genannt (ihr wissenschaftlicher Name: *Xanthorroea preissii*). Über dem Blattbüschel am Kopf erhebt sich ein bis zu 90 cm langer, schlanker Blütenstand, der nach dem Abfallen der weißen Blüten

Abb. 45. Grasbäume (*Xanthorroea preissii*) in Australien, Black boys genannt. Sie benötigen Feuer, um die meterlangen Blütenstiele zu treiben. (Photo Inge Thomas, München)

schwarz und oft dicht mit Schnecken besetzt ist. Steht man inmitten solcher Black boys, dann könnte man den Eindruck haben, von dunkelhäutigen Eingeborenen umgeben zu sein, über deren Wuschelkopf sich der Blütenstand wie eine Lanze erhebt. Diese sonderbaren Bäume sind im botanischen System eng mit Lilien-Gewächsen verwandt, vor allem im Bau ihrer Blüte. Sie stehen nicht nur auf den trockenen Steppen, sondern oft am Straßenrand oder im Unterholz der Eukalyptuswälder. Nun sind in Australien Buschfeuer keine Seltenheit, sondern die Regel. Blitzschlag, Selbstentzündung verbunden mit extremer Trockenheit entzünden mehr oder weniger regelmäßig den trockenen Pflanzenbewuchs am Boden. Die Grasbäume überstehen das Feuer; die trockenen Grasbüschel brennen lichterloh: das Feuer flammt nur kurz, zwei bis drei Minuten auf. Der schwarze Stamm verdankt dem Feuer sein Aussehen. Aber die Grasbäume überleben das Feuer nicht nur: Sie sind darauf angewiesen. Ist das Feuer vorübergezogen, so wachsen alsdann und nur dann die Bäume in kurzer Zeit um etwa 30 cm und treiben den langen Blütenstab. Ähnlich erstaunliche Anpassungen an Feuer haben einige Eukalyptus-Arten entwickelt, zum Beispiel die Jarra-Bäume (*Eucalyptus callophyllus*). Sie werden bis zu 40 Meter hoch bei einem Durchmesser des Stammes bis zu knapp einem Meter. Belaubt ist nur die hohe und lichte Krone. Das Buschfeuer am Boden schadet ihnen nichts; die schwarzen und rußigen Stämme überleben es ohne Schaden. Auch die Samen vieler Eukalyptus-Bäume entwickeln an ihren Wurzeln dicke Anschwellungen, in die reichlich Reservestoffe eingelagert sind. Sie liegen tief in der Erde und werden durch den schnell über sie hinwegfegenden Buschbrand nicht nennenswert erhitzt. Der oberirdische Sproß geht zwar zugrunde, aber aus der unterirdischen Knolle wächst ein neuer Sproß hervor, und der nur am Boden verkohlte Wald wird alsbald wieder von neuem Grün belebt. Die Früchte anderer Eukalyptus-Arten sind von einer dicken Holzschicht umgeben; die Hülle öffnet sich nur, wenn sie kurze Zeit im Feuer gelegen hat. Von Südafrika sind ähnliche Anpassungen an Feuer bekannt.

Viele Exkursionen haben Mary, Rex und Wendy von Adelaide aus mit mir unternommen. Einige sind mir in besonders lebhafter Erinnerung. Eines Tages waren meine Freunde zu einer Taufe nach Tintinnara eingeladen, einem kleinen Ort an der Straße von Adelaide nach Melbourne, etwa 150 km von Adelaide entfernt, auf keiner europäischen Karte verzeichnet. Die Taufe fand in der kleinen Kirche im Ort statt; die Farm der Eltern des kleinen Täuflings liegt etwa 20–30 km entfernt, einsam in der Grassteppe. Alles verlief in der Kirche nach Plan, nur sollte einer der Taufpaten eine Bibelstelle vorlesen – und war zu schüchtern dazu. Schnell sprang Wendy ein und mußte beschwören, sie glaube nicht an den Teufel. Auf der Farm gab es am Abend ein festliches Essen, im Freien und bei fast 30° in der dunklen Nacht. Hammelfleisch wurde auf dem Barbecue gebraten; es gab angeregte Unterhaltung, etwa mit dem Pfarrer, der sich für Verhaltensforschung interessierte und sehr angetan davon war, jemand zu treffen, der Konrad Lorenz persönlich kannte. Die weite, dunkle Nacht, das Feuer unter dem Barbecue, die gedämpfte Unterhaltung, die einsame Stille der fern von jedem Verkehr gelegenen Farm ergaben einen eigenartigen stimmungsvollen Abend. Er wurde gekrönt durch die Rückfahrt: Um Mitternacht – wir fuhren gerade über den Kamm eines der kleinen Berge, die Adelaide umgeben – hielt Rex Thompson den Wagen an. Es war Neumond, aber der Himmel strahlte vom Funkeln der Sterne. In der dichten Milchstraße leuchtete das Kreuz des Südens. Das Sternbild ist klein, aber die fünf Sterne sind hell, hervorragend. Der längere Balken des Kreuzes zeigt etwa in die Richtung des Südpols des Himmels. Zahlreiche Sternhaufen leuchten im Bereich des Crux; einen von ihnen hat der Astronom John Frederick Wilhelm Herschel als „jewel box" bezeichnet, auf Grund von Beobachtungen mit dem Teleskop. Das Wunder des mit Sternen übersäten Nachthimmels hat der Mensch mit seinem vielen elektrischen Licht und dem Staub und Dunst in der Atmosphäre an vielen Stellen der Erde zerstört. – Schweigend fuhren wir nach Adelaide zurück. Auf der Höhe der Mount Lofty Ranges angekommen, funkelten unter uns die Lichter des in der Ebene ausgebreiteten Adelaide.

Exkursionen zu den Kalksteinhöhlen von Naracoorte, zu Felsmalereien der Aborigines bei Murray Bridge, zum Blue Lake am Mount Gambier (am Neujahrstag 1988) schlossen sich an. Zuweilen stiegen am Tag die Temperaturen auf fast 40 °C im Schatten.

Wendy und ich flogen von Melbourne zurück. – Von Adelaide nach Melbourne ist es auf unseren Karten nur ein kleines Stück, de facto aber etwa 1 000 km. Die Fahrt führte uns durch die fruchtbaren Gebiete von Victoria. Wir übernachteten in Mount Gambier, und hier fragte mich bei einem Abendspaziergang Mary Tompson, wie man eigentlich Universitäten gründe (s. S. 218).

Beim Rückflug führte uns der Weg über Ayers Rock. Das ist ein Sandsteinfelsen ziemlich genau in der Mitte des Kontinents. Er erhebt sich etwa 350 Meter aus flacher Ebene und hat einen Umfang von fast 9 km. Erst 1872 wurde er überhaupt von Europäern entdeckt, kein Wunder, denn er liegt in allen Himmelsrichtungen an die 2 500 km von allen Küsten entfernt in einer ebenen Wüste. Den Aborigines war er freilich bekannt, bei ihnen gilt er als ein Heiligtum. Der Pilot unseres Flugzeuges umkreiste ihn in niedriger Höhe. Seit einigen Jahren ist er mitsamt dem ihn umgebenden Nationalpark zwar eine Touristenattraktion, aber Heiligtum und im Besitz der dort lebenden Aborigines.

Drei Jahre später unternahm das Symphonie-Orchester des Bayerischen Rundfunks eine Tournee durch die USA und spielte vor allem in Städten Kaliforniens. Das Orchester auf seiner ganzen Reise zu begleiten, war nicht meine Absicht. Aber das Orchester ging über San Francisco und Los Angeles bis in den Süden Kaliforniens. Dort lebte mein Freund und Schüler Walter Heiligenberg. Er war um 1970 zu Professor Ted Bullock an die University of California at San Diego gegangen und dort geblieben. So beschloß ich, ihn in San Diego und von dort aus ein Konzert des Orchesters in Costa Mesa, nicht weit von San Diego zu besuchen. Walter Heiligenberg und seine Frau Zsuzsa luden Wendy Thompson ein, nach der Tournee einige Tage ihr Gast zu sein.

Walter und ich fuhren nach Costa Mesa und trafen dort das Orchester gerade beim Auspacken der Instrumente. Als Sir Colin mich plötzlich auftauchen sah, rief er überrascht aus: „Eine Fata Morgana!" Dann gingen wir, Wendy, Walter und ich und der Geiger Klaus Winkler, mit dem ich befreundet bin, gemeinsam zum Essen. Hier trafen sich Wendy und Walter zum dritten Mal.

Wendy und Walter kannten sich schon seit der Feier meines 80. Geburtstages. Da hatte der Springer-Verlag zu meinen Ehren einen Empfang gegeben, der von einem Mitarbeiter des Institutes organisiert worden war: Der Verlag hatte ein kaltes Buffet spendiert. Leider fand der Empfang in München im Augustiner-Bräu nicht in einem für uns reservierten Saal, sondern in der großen, voll besetzten und daher lauten Halle statt. Aber vergnüglich war's doch, zumal alle meine Freunde und Mitarbeiter aus Institut und Verlag erschienen waren. Hier lernten sich Wendy und Walter – flüchtig – kennen.

Aber es gab noch mehr Gelegenheiten, meinen Geburtstag zu feiern: Im März hatte die Carl-Friedrich-von-Siemens-Stiftung in Nymphenburg (einem Stadtteil von München) meine früheren Schüler und Kollegen zu einem Symposion eingeladen, bei dem vor- und nachmittags Vorträge gehalten wurden. So hielt Walter dort einige Wochen nach dem Treffen im Augustiner-Bräu einen Vortrag über seine bahnbrechenden Arbeiten an schwach elektrischen Fischen. Professor Neuweiler, mein Nachfolger auf meinem Lehrstuhl, hatte zur Einleitung Walter kurz vorgestellt – sehr kurz offenbar; denn als Walter danach ans Pult kam, bedankte er sich mit den Worten: „Du kannst einmal die Grabrede für mich halten." Nach dem Symposion hatte die Siemens-Stiftung die Vortragenden und mich zu einem Abendessen eingeladen, zu dem mich Wendy begleitete. Hier trafen sich Wendy und Walter – ebenso flüchtig – zum zweiten Mal.

Zurück nach Del Mar. Walter bewohnte hier mit seiner Familie ein zweistöckiges Haus, aus Holz gebaut, also sicher gegen Erdbeben. Eine große Terrasse gab den Blick auf den Ozean nach Westen zu frei. Wir sahen oft des Abends die Sonne im Ozean verschwinden. Der Himmel war wolkenlos, und die spiegelglatte Wasseroberfläche schloß mit dem Horizont, einer scharfen Linie im Westen. Im Augenblick, in dem der obere Sonnenrand verschwand, leuchtete zuweilen für den Bruchteil einer Sekunde ein grüner Blitz auf, ausgehend von dem gerade untertauchenden Sonnenrand. Die Erscheinung ist der Physik als „Grüner Strahl" bekannt: In der Lufthülle ist die Brechkraft (Dispersion) vertikal geschichtet. In einer solchen Schichtung wird das kurzwellige (blaugrüne) Licht der Sonne stärker abgelenkt als das langwellige (rötlich-gelbe). Für sehr kurze Zeit strahlt daher die Sonne nur solch grünes Licht auf die Erde. Ich habe dies Naturschauspiel zweimal in Del Mar erlebt.

Wendy lieh sich einen Wagen, und wir besuchten die Sehenswürdigkeiten in der Umgebung, zum Teil mit Walter. So fuhren wir in die sogenannten „Wüsten". Etwa 100 km östlich von San Diego liegt der Anza-Borego-Park, ein riesiges, unbesiedeltes Gebiet. Zahlreiche schmale Fußpfade führen durch eine zerklüftete Felslandschaft. Das ist keine „Wüste", wie sich der Europäer etwa die Wüste in Nordafrika oder die Gobi vorstellt. Viele stachlige, an Trockenheit extrem angepaßte Pflanzen besiedeln diese Felslandschaft. Nach einem Regen blühen sie. Es hatte lange Zeit nicht geregnet. So mußten wir uns damit zufriedengeben, daß die „Wüste" nicht blühte. Auch das weitläufige Joshua Tree Monument überraschte uns durch die großen stachligen Bäume an den Straßenrändern. Die Joshua-Bäume sind eine Yucca-Art, große Bäume, die zu den Liliaceen gehören. Sie trugen reichlich Blüten. Angeblich stammt der Name von den Mormonen. Sie verglichen die Bäume mit ihren hochgesteckten, knorrigen Ästen mit den Armen des betenden Propheten Josua. Die knorrigen Äste sind nur an den Enden mit nadelartigem Laub bedeckt; zwischen den dicken Ästen steht kein Laub. Diese Pflanzen stellen wiederum eine sehr eigenartige und eindrucksvolle Anpassung an Trockenheit und extreme Sonneneinstrahlung dar.

Sehr beeindruckt war ich von einem Besuch in der Sea World in San Diego, einem großen Park mit vielen Pflanzen und Tieren aus aller Welt. Die Vielseitigkeit und Natürlichkeit dieses Parks ist erstaunlich. Da gibt es dressierte Killerwale (Schwertwal, *Orcinus orca*); die Männchen werden bis zu zehn Meter lang, die Weibchen nur etwa halb so groß. So gefürchtet sie als Räuber kleinerer Wale in allen Weltmeeren sind: In den großen Schwimmbecken der Sea World bei San Diego sind sie zahm und zu possierlichen Kunststücken abgerichtet. Zum Schluß der Schau mit einem großen Publikum auf den Rängen um eins der großen Schwimmbecken schwimmen sie am Rand entlang und bespritzen die nahe sitzenden Zuschauer durch Schwanzschläge mit Wasser. Ein anderer Höhepunkt ist die große Anlage für Pinguine: Lange, an Wasser grenzende Eisflächen beherbergen zahlreiche Pinguin-Arten; man fühlt sich in die eisige Antarktis versetzt, in die Heimat dieser Tiere.

Walters Labor war – gemessen an deutschen Verhältnissen – klein. Einschließlich des Aquariums für seine elektrischen Fische umfaßte es ganze 400 m². Aus einem kleinen Schreibtischzimmer hatte man einen herrlichen Blick auf den Ozean. Technisches Personal, eine Sekretärin gab es nicht. Seine Fische versorgte er selbst mit seinen wissenschaftlichen Mitarbeitern. Trotzdem war sein Labor in der Scripps Institution of Oceanography in La Jolla unter den Neurophysiologen weltberühmt.

Mittags gingen wir, Walter und ich, zur Mensa auf dem Campus der Universität in La Jolla. Bei dem warmen Wetter konnte man an kleinen Holztischen im Freien sitzen. Ted Bullock gesellte sich gelegentlich zu uns. Kleine Gruppen von Studenten saßen mit einem ihrer Dozenten im Kreis auf dem Rasen. Sie diskutierten – nicht sogenannte Politik, sondern sie sprachen über den Stoff der vorangegangenen Vorlesung. So haben die an Wissenschaft und Forschung echt interessierten Studenten ständigen, engen und persönlichen Kontakt mit ihren Dozenten, und umgekehrt lernt der Dozent die interessierten Studenten kennen.

An allen bedeutenden amerikanischen Universitäten steht die Forschung unbedingt im Vordergrund. Die Ausbildung für einen praktischen Beruf obliegt den University Colleges. Die Dozenten an diesen Colleges sind durchaus berechtigt, Forschung zu treiben. Die unglückliche Abtrennung der Forschung von den Universitäten zum Beispiel durch die Max-Planck-Gesellschaft gibt es sonst nirgends in der Welt, nur in Deutschland. Aber das ist ein weites und im Grunde unerfreuliches Thema. Die Fachhochschulen hat man in Deutschland vernachlässigt: Sie mußten damit zugleich einen Verlust an Prestige hinnehmen.

Ted Bullock und Walter luden mich zu einem ihrer Coffee-Nachmittage mit den bei ihnen arbeitenden Postdocs ein. Das waren ihrer 15 oder 16, davon acht Deutsche, vier aus Japan und vier aus den USA, wenn ich mich recht entsinne. Es war eine angeregte, lebhafte wissenschaftliche Diskussion. Ich wurde nach meinen Arbeiten über das Farbensehen gefragt und berichtete, von vielen Fragen unterbrochen, darüber. Die Postdocs diskutierten ihre eigenen Ergebnisse. Als wir herausgingen, sagte Ted zu mir: Die beiden Besten von ihnen behalten wir hier. Nicht gerade selten waren das Gäste aus Deutschland, die damit für Forschung und Lehre in ihrer Heimat, in Deutschland verloren gingen: eine zweite Emigration tragender und bedeutender Wissenschaftler.

Ich besuchte in La Jolla auch J. T. Enright. Er hatte mir vor Jahren schöne Arbeiten über Rhythmik von Meerestieren in der Ebbe/Flut-Zone an der Küste von Miami geschickt, Arbeiten, die er aufgeben mußte, weil aus „moralischen Gründen" des Nachts am Strand von Miami helle Lampen aufgestellt wurden.

A. J. Kalmijn zeigte mir seine Versuche und Laboratorien. Er hat sehr kritische Arbeiten über den Einfluß und die Theorie der Orientierung von Bakterien und Tieren zu erdmagnetischen Feldern veröffentlicht, wohl die am besten fundierten auf diesem komplexen und umstrittenen Gebiet. Auch bei ihm arbeiteten zwei deutsche Gäste. An einem Hang des University Campus ließ er mit tatkräftiger Hilfe seiner Studenten ein großes Loch mit einem Durchmesser von mehreren Metern ausheben und zu einem kleinen Laboratorium ausbauen, dessen Inneres von allen erdmagnetischen Einflüssen und von Störungen aus der Umgebung geschützt war. Von den Kollegen aus der Physik hatte er sich ein isoliertes Fleckchen bestimmen lassen, das nur geringe magnetische Störungen aufwies. Es lag auf einem fast unzugänglichen Steilhang.

Die Studenten in den USA haben etwas gelernt, was vielen Studenten in Deutschland heute fehlt: Sie fragen, sie stellen Fragen nach einem Vortrag, sie diskutieren lebhaft in den Seminaren, nach einer Vorlesung. Ich habe nach jeder Vorlesung die Hörer ermuntert, Fragen zu stellen. Meist gab es lebhafte Diskussionen. Vor allem gab es Fragen, die ich nicht sofort beantworten konnte. Das war dann der Anlaß, selbst eine Antwort, etwa in der Literatur, zu suchen und zu finden. Oder ich leitete die Studenten an, selbst nach einer Antwort zu suchen. Oder – und das war ein Gewinn für mich – es wurde mir klar, daß ich selbst das nicht restlos verstanden hatte, was ich gerade vorgetragen hatte.

Zurück nach La Jolla. Zum Abschied luden uns Walter und seine Frau Zsuzsa in ein exzellentes japanisches Restaurant ein. Nach dem Essen wollten wir den Abschied noch mit einer Flasche Sekt feiern. Es war nach Mitternacht. Aber in den USA haben viele Supermärkte durchgehend die ganze Nacht geöffnet. Freundliche Bedienung berät den Kunden, und die Pakete wurden selbstverständlich von einem Angestellten zum parkenden Auto gebracht.[8]

Mit der jüngeren Tochter, Sandy, gab es einmal ein kleines, amüsantes Erlebnis: Wir unterhielten uns auf Deutsch. Mit der Mutter spra-

---

[8] Um die Ladenschlußzeiten führen Parteien und Gewerkschaften in Deutschland – und nicht nur bei uns – immer wieder lachhafte und überflüssige Kämpfe. Dazu eine kleine, wahre Anekdote: Einmal standen neben mir in der U-Bahn zwei hübsche, junge Mädchen, der Sprache nach Engländerinnen. Die eine lebte anscheinend schon seit längerem in München, die andere kam zu Besuch. Sie fragte die Wahl-Münchnerin, was sie denn eigentlich an München reize und ob sie München schätze. Die Antwort: „O yes, the pubs ar opened after 10 o'clock in the evening."

chen die Kinder Ungarisch. Plötzlich unterbrach Zsuzsa Sandy auf Ungarisch, und Sandy sagte strahlend zu mir: „Ich soll Sie zu dir sagen."

Trotz einer schweren Erkrankung kam Zsuzsa Heiligenberg im März 1991 zu uns nach München zu Besuch. Wir, Zsuzsa, Wendy und ich gingen zusammen in ein Konzert. Mit schicksalshafter Symbolik gab es Mozarts „Requiem". Zsuzsa starb wenige Wochen später in La Jolla.

Walter besuchte mich von Zeit zu Zeit in München. Am 12. Mai 1993 heirateten Wendy und Walter in München. Ich durfte Trauzeuge bei der Hochzeit sein.

Was hat mich angetrieben, dieses Kapitel mit „Deterministisches Chaos" zu überschreiben? Denn eineinhalb Jahre später ereignete sich Unvorhersehbares, ja Unfaßbares. Nach ihrer Heirat durfte Wendy nicht zu Walter in die USA reisen, auch nicht als Touristin zu mehr oder weniger kurzem Besuch: Die US-Gesetze verboten das; offenbar, weil sie Australierin ist, und für die Einwanderung aus Australien gibt es ein Kontingent, das eine Übersiedlung nach San Diego bzw. Del Mar – wo Walter wohnte – erst nach zwei bis drei Jahren erlaubt. So kam Walter nach München, so oft er konnte. Häufig zu Vorträgen eingeladen, machte er kurze Besuche bei Wendy in München. So auch im September 1994 nach einem Vortrag in Wien. Auf dem Rückweg machte er natürlich in München Station und flog dann über Chicago nach Hause zurück. Das Flugzeug mit ihm stürzte kurz vor der Landung in Pittsburgh (Pennsylvania, USA) ab, und alle Passagiere starben, mit ihnen Walter. Das war am 8. September 1994. Am 26. September wurde in München seine Tochter Clara Maria geboren. Sicher alles streng determiniert, aber menschlich ein unvorstellbares „Chaos". Was – so frage ich mich wieder und wieder – was veranlaßte mich, gerade dies Kapitel mehr als ein Jahr vorher so zu überschreiben? „There are more things in heaven and earth, Horatio, than are dreamt of in your philosophy". Mit Walter haben Wendy und ich nicht nur einen unserer besten und treuesten Freunde verloren, sondern die Wissenschaft einen originellen und wegweisenden Forscher.

Walter Heiligenberg wurde am 31. Januar 1938 in Berlin geboren. Bald danach verzog seine Familie nach Münster/Westfalen. Schon als Schüler auf dem Gymnasium interessierte er sich für Aquarien und Fische. Er hörte von Konrad Lorenz und seinen Versuchen über das Verhalten von Fischen und besuchte ihn auf Schloß Buldern (nahe bei Münster). Diese frühe Neigung bestimmte seinen Lebenslauf. Er studierte Mathematik, Physik und Biologie in Münster und München und promovierte 1961 bei Konrad Lorenz; dann arbeitete er in der Abteilung von Horst Mittelstaedt am Max-Planck-Institut für Verhaltensphysiologie in Seewiesen. Seine Doktorarbeit mit dem Thema „Was löst bei Tieren Instinktbewegungen aus?" war originell und von allgemeiner Bedeutung: Instinktbewegungen sind mehr oder weniger stereotypablaufende Bewegungsmuster; sie werden – das hatte Konrad Lorenz gezeigt – durch bestimmte Reizkombinationen in der Umgebung ausgelöst. Diese Instinktbewegungen treten aber auch ohne Auslöser auf, und die Bereitschaft dazu – Walter nannte sie „Dränge" – schwankt, zum Teil mehr oder weniger periodisch; auch können sie ohne Auslöser spontan auftreten. In seiner Dissertation zeigte Heiligenberg: Solche Bewegungsmuster sind nicht absolut stereotyp. Die Bereitschaft, der „Drang", sie ablaufen zu lassen, kann durch bestimmte Reizkombinationen gesteigert werden; durch „Gebrauch" wird sie trainiert, bei Nichtgebrauch siecht sie dahin. Der Drang kann durch zu häufigen Ablauf erschöpft werden und sich bei genügender Ruhezeit wieder aufladen. Ein stärkerer Drang, eine Bewegungsfolge ablaufen zu lassen, kann einen schwächern unterdrücken. Dabei können Bewegungsabläufe auftreten, die eine Art Kompromiß zwischen verschiedenen Instinktbewegungen darstellen. – Die Beobachtungen wurden an Fischen gemacht, aber sie haben allgemeine Gültigkeit. Schon in dieser Dissertation lag Heiligenberg nicht an der Lösung eines speziellen Problems, sondern am Finden eines Modells, das allgemeine Ergebnisse gewinnen läßt. Seine Dissertation hatte ich als Mitglied der Fakultät zu begutachten, und ich fand, daß sie im Stil – nicht in den Ergebnissen – wesentlich verbessert werden sollte und konnte. Sein Leben lang war mir Walter für meinen Rat dankbar und nannte mich seinen „Mentor".

Es schlossen sich Arbeiten über das Verhalten von Grillen und deren Gesang an (1966, 1968, 1969). 1972 ging er als Visiting Associate Research Scientist zu Theodor H. Bullock an die Scripps Institution of Oceanography, University of California at San Diego. 1977 wurde er dort zum Full Professor of Behavioral Physiology ernannt. Einen Ruf, als Direktor an das MPI in Seewiesen zurückzukehren, lehnte er ab. In San Diego entstanden seine bahnbrechenden Arbeiten über „weakly electric fish" (Schwach elektrische Fische, 1973 ff.). Sie führten zu der zusammenfassenden Darstellung in dem Buch: „Neural nets in electric fish" (Computational Neuroscience, A Bradford Book, MIT, 1991), In der Introduction fragt Heiligenberg: „Why should we explore exotic sensory systems such as electrosensation in fish…? Is it only to satisfy the curiosity of comparative physiologists who are fascinated by the immense diversity…?" Und er antwortete: „Highly evolved organisms derive their superior qualities not so much from novel mechanisms at the cellular level but rather from a richer complexity in the orchestration of basic design that they share with simpler organisms." So sind ihm – schon in seiner Thesis – einfache Systeme Modelle für die Evaluation allgemeiner Prinzipien. Dabei benutzte er von Beginn an Computer-Methoden. Sie lieferten ihm Modelle, die Schritt für Schritt zu neuen Fragestellungen führten. Unbewiesene Hypothesen vermied er in seinen Veröffentlichungen. Immer kam es Walter Heiligenberg auf die Entdeckung allgemeiner Grundlagen an, Grundlagen, die letzten Endes auch für das menschliche Nervensystem gelten. Typisch für diese Arbeitsweise ist das Thema des Vortrages, den er am 28. November 1994 in einer öffentlichen Sitzung der Bayerischen Akademie der Wissenschaften hatte halten wollen: „Neuronale Informationsverarbeitung bei elektrischen Fischen: Mögliche Rückschlüsse auf die Arbeitsweise des menschlichen Gehirns." So führten ihn alle Untersuchungen zu allgemeinen Gesetzmäßigkeiten, die für alle komplexen Nervennetze gelten.

Walter Heiligenberg war als Mensch und Forscher seinen Mitarbeitern und zahlreichen Schülern Vorbild und Ansporn. Er war uns allen ein treuer Freund, den wir nie vergessen werden. Er lebt nicht nur in seinem Werk, sondern auch in unser aller Gedächtnis als Vorbild und stets freundlicher, hilfsbereiter und warmherziger Freund fort. Walter hatte einen nie verletzenden Humor. Ich bin noch heute zutiefst erschüttert: Seinen Brief, in dem er mich im Frühjahr 1994 nach Kalifornien einlud, schloß er mit den Worten: „Flieg vorsichtig." Als Wissenschaftler und Freund sind er und seine Welt immer bei uns.

Ein Hobby

Von meinem Mitschüler Hans Melzian und seiner Begabung für Sprachen habe ich schon erzählt. Er studierte in Berlin afrikanische Sprachen, unterrichtete dann einige Zeit an der London School of Oriental Studies, ging – wohl als Stipendiat – nach Togo, wo er die Ewe-Sprache erforschte. Schließlich wurde er Dozent in Leipzig. In Togo sammelte er auch Kultgegenstände der Eingeborenen. Aber von dieser Sammlung kam kaum etwas nach Europa: Er hatte seine Sammlung in Kisten verpackt, die dann wohl einige Zeit irgendwo lagerten. Denn als er die Kisten verladen wollte, bestanden sie nur noch aus einer dünnen Holzschicht; das Innere hatten Termiten gefressen. Hans Melzian brachte uns eine kleine afrikanische Trommel und einen kleinen Dolch aus Messing mit einer Hülle aus Eidechsenhaut mit. Auf der Trommel spielte er hervorragend; das hing mit seinen afrikanischen Studien zusammen. Trommelsprache ist bei Naturvölkern, vor allem in Afrika sehr verbreitet (gewesen). Mit ihr können Mitteilungen über weite Entfernungen gemacht werden. Für deren Inhalt ist nicht nur der Rhythmus entscheidend. Je nach Anschlag können Töne verschiedener Höhe erzeugt werden, und diese Folge verschieden hoher Töne gibt wesentliche Elemente afrikanischer Sprachen wieder. Ob eine Silbe hoch oder tief gesprochen oder getrommelt wird, bestimmt entscheidend die Bedeutung des Wortes. Hans Melzian machte uns an einem Beispiel klar, wie ‚Wortmusik' den Sinn gründlich verändern kann, selbst im Deutschen: Ersetzt man in dem Satz aus Schillers „Der Ring des Polykrates" „Mein Freund kannst du nicht weiter sein" das Wort „weiter" durch „länger", so ändert sich an dem Sinn nichts: „Mein Freund kannst du nicht länger sein." Eine nur etwas andere Betonung aber verkehrt den Sinn des Satzes völlig: „Mein Freund kannst du nicht *länger* sein?" Ein anderes Beispiel: „Zur Arbeit, nicht zum Müßiggang sind wir geboren": „Zur Arbeit nicht, zum Müßiggang sind wir geboren." – Zuweilen machten Hans Melzian und ich lange Spaziergänge im Grunewald; dabei trommelte er stundenlang auf einer der mitgebrachten afrikanischen Trommeln. Unsere Trommel ist im Krieg verloren gegangen; erhalten geblieben sind eine rot gefärbte Kalebasse aus Kürbis und der kleine Messingdolch.

1960 wetteten meine Frau und ich – ich weiß nicht mehr um was; der Verlierer sollte eine afrikanische Plastik spendieren, als nostalgische Erinnerung an unsern Freund Hans Melzian. Aber wo waren afrikanische Plastiken zu finden in München? Und wenn überhaupt: Waren sie für uns erschwinglich? So animierten wir die Tochter Swantje, sich bei einem Händler zunächst einmal unverbindlich zu erkundigen, was er anzubieten hatte, ob es ästhetisch ansprechend und bezahlbar war. Swantje hat einen sicheren Sinn für künstlerische Qualität. So kamen wir zu einem Münchener Antiquitätenhändler, der ausschließlich mit sogenannter „Kunst der Primitiven" handelte und uns zudem stets zuverlässig beraten hat. Bei ihm erwarben wir als erstes eine kleine Holzfigur der Baule, eines Stammes, der heute in der Republik Elfenbeinküste beheimatet ist. Die kleine Figur ist ein Mädchen mit schöner dunkler Patina, auf einem rötlich-weiß gefärbten Affen sitzend. Weitere Figuren und Masken kamen dazu. Fast jede von ihnen hat eine Geschichte, wie sie gefunden wurde. So waren wir einmal (April 1974) in Paris und schlenderten ohne eigentliches Ziel durch die Boulevards. Dabei entdeckten wir das Schaufenster eines Ladens, in dem afrikanische Figuren ausgestellt waren. Es war durchweg ziemlich minderwertiges Zeug, das uns jedenfalls nicht imponierte. Trotzdem gingen wir hinein. Der Laden gehörte dem alten Pierre Vérité, einem berühmten und bekannten Sammler afrikanischer Kunst. Aber auch von den vielen Sachen drinnen gefiel uns nichts. Der alte Vérité – er mochte an die 80 sein – merkte das, verschwand in seinem Keller und brachte einige wirklich schöne Figuren herauf, darunter eine etwa einen Meter große Mutter mit Kind von den Fon (Dahomey; vielleicht genauer von den Afo-Jukun), das Kind festgesaugt an der Brust der Mutter. Es ist eine kantig geschnitzte, eindrucksvolle Figur. Wir sagten zunächst nichts, unterhielten uns über Wetter und Gleichgültiges. Vérité holte Kognak. Als wir dann endlich nach zwei Stunden nach dem Preis fragten, meinte er „Ce n'est pas une maison, c'est une cathédrale", holte Einwickelpapier und ließ uns die Figur zu einem Spottpreis; wir seien ja inzwischen Freunde geworden.

1980 erstanden wir von unserm Freund Henri Schouten eine 90 cm große Figur der Oron, einem kleinen Stamm im Südwesten von Nigeria (Gegend von Calabar). Die Figur trägt einen langen Bart, die Schultern sind breit, die vom Körper abgesetzten Arme fassen in den Händen je einen geschwungenen, einem Elfenbeinzahn ähnlichen Stab, dessen

Enden seitlich dem vorgestreckten Bauch anliegen. Die Figur ist sicher sehr alt, stellenweise ein wenig rissig und an den Füßen von Termiten angenagt. Diese Figuren gehörten wahrscheinlich je einem Clan, waren bis in die vierziger Jahre geheim gehalten und in Hütten verborgen. Dann wurden sie von der Regierung gesammelt und etwa 600 Exemplare in einem Museum untergebracht. Das Museum wurde im Biafra-Krieg (1967–1970) zerstört. Erhalten geblieben sind nur die zuvor nach Europa und die USA exportierten Figuren.

Die Geschichte eines anderen Stückes unserer Sammlung sei noch erzählt. Es ist ein großes, rundes Gefäß (Durchmesser 47, Höhe 32 cm) von den Yoruba in Nigeria. Dort wird es als Opon Igbo-Gefäß bezeichnet. Es besteht aus drei Teilen: Obere und untere Hälfte sind tief geformt wie Schüsseln; beide Hälften passen aufeinander. Auf der Außenfläche der oberen Schale sind zahlreiche Figuren erhaben geschnitzt. An einer Seite ist groß das Gesicht eines Priesters zu sehen. Die untere Schale ist mit einem flachen Deckel zugedeckt. Seine zentrale Fläche ist flach und und eben. Am Rand sind in einem schmalen Ring heilige Figuren und Tiere dargestellt, an einer Stelle dieses Figurenrings erscheint flach das Gesicht einer der vielen Gottheiten der Yoruba. Der obere Rand der unteren Schale und entsprechend der untere Rand der oberen Schale sind jeweils mit einer kleinen Kerbe versehen. Auch das Brett, das die untere Schale zudeckt, hat eine durch Kerben bestimmte Lage. Diese Kerben bewirken, wenn sie bei geschlossenem Gefäß richtig zueinander stehen, daß das Gesicht des Priesters außen an der oberen Schale dem Kopf der Gottheit auf dem Brett genau gegenüber zu liegen kommt. Das Brett dient zum Wahrsagen. Es werden Körner darauf gestreut und durch Linien miteinander verbunden. So entstehen Muster, und zu jedem solchen Muster gehört ein Mythos oder ein Spruch, den nur der Priester kennt. In den siebziger Jahren kannten nur noch wenige alte, seit ihrer Jugend eingeweihte Leute diese Mythen und Sprüche. So schickte das Frobenius-Institut für Afrikanische Studien (Frankfurt/Main) zwei Experten nach Nigeria, um von dieser Tradition zu retten, was noch zu retten war. Sie spürten tatsächlich einen alten Priester auf, der all diese Geheimwissenschaft noch kannte. Er aber weigerte sich, den Weißen seine heiligen Geheimnisse zu verraten. Als die Forscher dann resigniert ihre Apparate einpackten und abreisen wollten, kam er plötzlich zu ihnen und war bereit, seine Sprüche auf Bänder zu sprechen. Keiner außer ihm kenne diese Geheimnisse mehr. Die Weißen sollten sie denn doch auf ihre Bänder aufnehmen, damit sie der Nachwelt erhalten blieben.

(s. Ch. Staeven und F. Schoenberger „Das Wort der Götter". Studien zur Kulturkunde. Frobenius-Institut Nr. 59. F. Steiner Verlag, Wiesbaden (1982).)

Unser Freund erzählte uns auch, wie er zu diesem höchst seltenen Stück gekommen war. Er war von einem holländischen Kapitän angerufen worden; er – der Kapitän, habe von seinen vielen Reisen eine Menge Kuriositäten mitgebracht; er wolle sie verkaufen, damit seine Kinder sich ein Haus bauen könnten. Unser Freund sah sich die vermeintlichen Schätze an: Es war lauter wertloser Kram – bis auf dieses Opon-Igbo-Gefäß. Dafür wollte und konnte er aber nicht so viel bezahlen, daß die Kinder sich davon ein Haus hätten bauen können. Man unterhielt sich bis in die frühen Morgenstunden freundschaftlich bei viel Genever (holländischer Wacholderschnaps). Als mein Freund dann endlich gehen wollte, drückte ihm der Kapitän das Gefäß in die Hände, als Freundschaftsgeschenk. So kamen auch wir billig zu diesem schönen Stück, um das uns jedes Museum beneiden würde. Ich kenne kein solches Gefäß, auch nicht aus der Literatur, das 1. vollständig noch das dazugehörige Brett enthält, noch 2. so reich geschnitzt und geschmückt ist.

Noch eine ganz andere unvorhergesehene Folge hatte unser Afrika-Hobby: Eines Tages erzählte uns der Antiquitätenhändler, bei dem wir unsere ersten afrikanischen Figuren erworben hatten, am Staatlichen Museum für Völkerkunde werde die Stelle des Photographen frei. Der Händler hatte natürlich auch gelegentlich mit dem Museum zu tun, und dabei hatte er das erfahren. Swantje, die bis dahin an der Staatlichen Prähistorischen Sammlung als Photographin arbeitete, bewarb sich um die Stelle und bekam sie.

Begegnungen und neue Freunde

Vielen Menschen bin ich begegnet, in der Schule, auf den Universitäten, in den Verwaltungen, im täglichen Leben. Immer hat das neue, wertvolle Horizonte eröffnet, Verständnis auch für Sorgen und Zwänge bewirkt. Eine ungeahnte Erweiterung war die Wahl in den Orden Pour le mérite (1977). Im Gegensatz zu anderen „Orden" ist der Pour le mérite eine Gemeinschaft von Künstlern und Wissenschaftlern, die sich regelmäßig zweimal im Jahr für zwei bis drei Tage treffen, Ende Mai in Bonn, Ende September in einem von Jahr zu Jahr wechselnden Ort in Deutschland.

Der Historiker Percy Ernst Schramm (1894–1970) schilderte 1967 zur 125-Jahrfeier der Gründung des Ordens seine Geschichte, sprach auch über den Sinn und die „Aufgaben". Aus seiner Darstellung zitiere ich das Folgende:

„1842 schuf Friedrich Wilhelm IV., der gebildetste Herrscher, den die Hohenzollern in dem halben Jahrtausend ihrer Regierung hervorgebracht haben, ...den „Orden Pour le mérite für Wissenschaften und Künste.

Zwei Besonderheiten, durch die sich unser Orden von allen anderen... unterschied, müssen hervorgehoben werden...

Zunächst dies: Der Orden war bestimmt für Männer (heute heißt es in unseren Statuten ‚Männer und Frauen'), die sich durch weit verbreitete Anerkennung ihrer Verdienste in der Wissenschaft und in der Kunst einen ausgezeichneten Namen gemacht haben. Das Neue war, daß die dreißig (heute sind es 40) Mitglieder – diese Zahl legte der König fest – bei eingetretenen Vakanzen ein neues Mitglied kooptierten. Insofern knüpft unser Kapitel an die ritterlich-religiös ausgerichteten Orden des späten Mittelalters an, in denen die Herrscher sich wie Karl und Artus als Mitglieder einer Runde ansahen und sich daher bei der Ergänzung an die Zustimmung der Mitglieder banden. Durch dieses Kooptationsrecht unterschied sich unser Kapitel von dem britischen ‚Order of Merit', den König Edward VII. 1902 stiftete: er hat 24 Mitglieder, die alle vom Souverän ernannt werden.

Das Ergebnis einer Zuwahl unterbreitete das Kapitel durch den Ordenskanzler dem König, worauf dieser die Ergänzung des Ordens durch eine Ernennungsurkunde in Kraft setzte."

(Ähnliche Bestimmungen gelten etwa auch für den Bayerischen Maximiliansorden für Wissenschaft und Kunst; hier haben die Mitglieder – deren Zahl zudem viel größer sein darf – und außerdem die Minister ein Vorschlagsrecht; die endgültige Entscheidung trifft der Ministerpräsident.)

„Da uns bisher Unterlagen fehlen, übersehen wir nicht, wieweit sich das Kapitel Wünschen des Königs und seiner Nachfolger gefügt hat, wieweit es sich Wahlanregungen der Krone widersetzte. Doch die Mitgliederliste läßt erraten, daß beides eingetreten ist. In ihr fehlt z. B. Richard Wagner, der Barrikadenkämpfer von 1848 und zudem Schöpfer einer Musik, auf die der Kaiser Wilhelm I wohl sicherlich nicht ansprach." (Ebenso fehlt unter den Mitgliedern Theodor Fontane, der Bismarck zu kritisieren sich erdreistete.)

„Die zweite Eigenart, die von Friedrich Wilhelm – beraten von Alexander von Humboldt, dem ersten Kanzler des Ordens – festgelegt wurde und bis heute bewahrt blieb, besteht in folgender Regelung:

In den Kreis der dreißig, zusammengesetzt aus je zehn Geistes- und Naturwissenschaftlern und zehn Künstlern wurden gleich zu Beginn Nicht-Preußen berufen: Gauß aus dem Königreich Hannover, Schnorr von Carolsfeld und Schwanthaler aus Bayern. Das Kapitel, zwar gekennzeichnet durch ein spezifisch preußisches Ordenszeichen, war also von Anfang an für Gesamtdeutschland bestimmt. Außerdem ordnete der König an, daß daneben noch bis zu 30 Nichtdeutsche, die sich in analoger Weis ausgezeichnet hatten, als ausländische Mitglieder hinzugewählt werden konnten.

Für uns sind nach wie vor Kunst und Wissenschaft der ganzen Welt etwas, das zusammengehört.

Die Weimarer Verfassung, die 1919 alle Orden und Ehrenzeichen beseitigte, bedrohte ungewollt die Existenz unseres Ordens. Einen Ausweg fand 1922 der damalige Kanzler, Adolph v. Harnack: Das Kapitel konstituierte sich als freie Vereinigung von Gelehrten und Künstlern, das sich durch Kooptation ergänzte und sich weiter kenntlich machte durch das 1842 geschaffene Abzeichen am schwarzweißen Bande – die Republik erkannte diese Lösung an. ... Das einzige Novum der zwanziger Jahre war die – längst fällige – Zuwahl einer Frau: 1929 wurde Käthe Kollwitz gewählt.

Eine neue Lage entstand nach der Machtergreifung der Nationalsozialisten. Ein bereits im April 1933 erlassenes Gesetz behielt die Verleihung aller Titel, Orden und Ehrenzeichen dem Reichspräsidenten vor, das heißt: von 1934 an dem damals umjubelten Mann, der Deutschland in den tiefsten Abgrund seiner Geschichte geführt hat. Der amtierende Ordenskanzler, Planck, sah zunächst von weiteren Zuwahlen ab, bemühte sich dann aber um eine grundsätzliche Klärung. Sie erfolgte nicht, da Göring als Preußischer Ministerpräsident, Rust als Wissenschaftsminister, Goebbels als Propagandaminister – zu Diktaturen gehören ja immer Diadochenkämpfe – sich das Recht streitig machten, die weitere Verleihung der Friedensklasse zu steuern. – Nach dem Ausbruch des Zweiten Weltkrieges hatten die Nationalsozialisten andere Sorgen als die Frage, ob man dem Pour le mérite noch einen Todesstoß geben solle oder nicht.

Vor dem Untergang rettete den Orden Theodor Heuss[9]. Denn 1949 wurde zum ersten Präsidenten der Bundesrepbulik eben jener Mann gewählt, der 1942 den Orden bei seinem 100. Geburtstag durch einen Jubiläumsartikel geehrt hatte. Damals lebten noch drei Mitglieder des alten Ordens: der Orientalist Enno Littmann, Wilhelm Furtwängler und der Militärschriftsteller General von Kuhl. Der Bundespräsident ermunterte sie, gemäß den Statuten von 1924 siebenundzwanzig neue Mitglieder hinzuzuwählen, was 1952 geschah, worauf er von Amts wegen die Würde eines Protektors des Ordens übernahm, eine Regelung, die in Kraft geblieben ist. [...] Ohne Theodor Heuss wäre es nicht zur Wiederbelebung des Ordens ‚Pour le mérite für Wissenschaft und Künste' gekommen.

Soweit die Geschichte des Ordens, die bei manchem von Ihnen die Frage ausgelöst haben wird: Welche Aufgabe hat denn der Friedens-Pour le mérite? Nimmt man das Wort ‚Aufgabe' im strengen Sinn, so lautet die Antwort: Keine. Das unterscheidet uns von den ...Akademien. [...] Unser Kapitel hat seit seiner Gründung auch nie von sich aus Stellung zu den Fragen genommen, die die Öffentlichkeit bewegten. Man verstehe das nicht falsch: natürlich hatten unsere Vorgänger, natürlich haben wir unsere dezidierten Meinungen, was z. B. Schul- und Universitätsreform, das Verhältnis von Staat und Kirche, die Abschaffung der Todesstrafe usw. betrifft. Aber unsere Vorgänger sind mit ihren Auffas-

---

[9] Theodor Heuss hatte zwar ab 1933 Publikationsverbot, schrieb aber für die – gleichfalls verdächtige – „Frankfurter Zeitung" 1942 unter einer pseudonymen Signatur einen Artikel zur 100-Jahrfeier des Ordens Pour le mérite.

sungen nie als Gremium hervorgetreten, und sie taten weise daran; denn bei einem Kapitel, dessen Eigenart gerade in dem Zusammenschluß grundverschiedener Persönlichkeiten besteht, hätten solche Beschlüsse ja nur mit manchen Stimmenthaltungen und geringen Majoritäten gefaßt werden können. Das gilt noch heute.

Also gar keine Aufgabe?

Vor kurzem hat ein Rundfunkkommentator uns einen Altherrenklub genannt, der, wenn er verschwinden würde, kein Loch hinterließe. ‚Schnellfertig mit dem Wort ist – der Rundfunk'; außerdem gehört es heute ja zum smarten Ton, an allem zu rütteln, was traditionsverdächtig ist. Aber Angriffe haben das eine Gute, daß sie zur Selbstkontrolle Anlaß geben.

Die Frage, die wir uns vorlegen müssen, lautet so: Wozu sind wir da? Wozu sind wir noch da?

Ohne das Kapitel festlegen zu wollen, gebe ich, ein Historiker, folgende Antwort: In einem heute geteilten Deutschland" [Schramm sprach den Vortrag 1967; heute gilt das zwar nicht mehr politisch, aber leider in allzu vielen anderen Hinsichten], „dessen Geschichte im Lauf des letzten halben Jahrhunderts dreimal ihren Zusammenhang einbüßte, in einer Zeit, die so schnell voranhastet, daß selbst Ereignisse, die nur wenige Jahre zurückliegen, aus dem Bewußtsein verdrängt sind, hegen und pflegen wir die wissenschaftliche und künstlerische Tradition, geben wir sie weiter an die, die nach uns in das Kapitel eintreten und dann ihrerseits Sorge tragen werden, daß die Tradition nicht abreißt.

„Ich bin mir bewußt, daß ich ein Wort ausgesprochen habe, das bei uns suspekt geworden ist. Denn wer sich heute in Deutschland für Tradition einsetzt, gerät leicht in ein schlechtes Licht – wohlgemerkt in Deutschland: denn jenseits unserer Grenzen ist ein positives Verhältnis zur Tradition ja durchweg eine Selbstverständlichkeit. Bei uns verbindet sich dagegen mit dem Wort Tradition allzu leicht die Vorstellung von Restauration – dort hat uns der erwähnte Bildungssnob eingeordnet –, und von da ist es dann nur noch ein Schritt bis zur Gedankenverkoppelung mit „Reaktion". Auf beiden Begriffen liegen bei uns seit dem 19. Jahrhundert tiefe Schatten.

Zurückschrecken läßt das Wort „Tradition" aber auch deshalb, weil ein vorschneller Schluß uns allzu leicht mit konservativer Gesinnung oder mit „Neuromantik" in Zusammenhang bringen kann, das heißt mit Bestrebungen, die an Versunkenes wieder anzuknüpfen trachten und dabei die Augen vor der Wirklichkeit, wie sie nun einmal geworden ist, verschließen.

Wenn ich das Wort ‚Tradition' gebrauche, halte ich mich an den exakten Wortsinn: ‚tradition' kommt von ‚tradere': übergeben, einhändigen, anvertrauen.

Tradition bedeutet also: Weitergabe und schließt nicht aus, daß das Ausgehändigte von Generation zu Generation abgewandelt wird. Ja man kann diesen Sachverhalt dahin zuspitzen, daß Tradition nur da echt, nur da lebendig bleibt, wo resolut das Überholte fallengelassen, das Beibehaltene ständig dem Wandel der Zeiten angepaßt wird. Tradition läßt sich nur bewahren, wenn sie ständig überprüft, ständig umgeformt wird. – In diesem Sinne verkörpert unser Kapitel ein Stück Tradition."

Soweit der Historiker Schramm.

Die Begegnungen im Pour le mérite haben mir außerordentlich viel gegeben. Es ist schwer, im Alter neue Freunde zu entdecken und zu gewinnen. Hier gelang beides. Die Leistungen dieser Freunde zu würdigen oder auch nur anzudeuten, fehlt mir jede Kompetenz. Das Folgende sind nur Blitzlichtaufnahmen, und die Reihenfolge, in der ich sie nenne, sind rein vom Zufall bestimmt.

Karl Rahner (1904–1984) war ein in größerem Kreis schweigsamer, aber genau beobachtender Mensch, was wohl ein wenig auf seine Schwerhörigkeit zurückging. Wir trafen uns nicht nur bei den Treffen des Kapitels, sondern später auch häufig in München. Rahner konnte im Gespräch genau zuhören; stets war die Unterhaltung mit ihm anregend; er interessierte sich lebhaft für Naturwissenschaften. Bei aller Verschlossenheit, die auch im Stil seiner zahlreichen Schriften zum Ausdruck kommt, war er ein für jede Frage offener, liberaler Jesuit[10]. Dazu kam ein leiser Humor. Als wir uns einmal über die Bedeutung des individuellen Todes in der Biologie unterhielten, meinte er, er freue sich auf seinen Tod; dann werde er endlich erfahren, was der liebe Gott wirklich sei. Er war entscheidend an der Gestaltung und den Beschlüssen des Zweiten Vaticanum (1962–1965) unter den Päpsten Johannes XXIII. (gest. 1963) und Paul VI. beteiligt. Aber er verhehlte mir gegenüber nicht seine Enttäuschung über die spätere Verwässerung und teilweise Abkehr von den mühsam erarbeiteten Beschlüssen.

---

[10] Rahner war von 1949–1964 Professor für Dogmatik an der Universität Innsbruck gewesen, und dort hatte mein Schüler Richard Loftus (Abb. 36) – ebenfalls Angehöriger des Jesuiten-Ordens – bei ihm gehört. Loftus wurde später Dozent an der Universität Regensburg und hat dort vorbildliche Arbeiten über Sinnesorgane für die Wahrnehmung von Luftfeuchtigkeit bei Insekten gemacht, ohne sein Amt als Priester und Seelsorger zu vernachlässigen.

Viele gute Gespräche hatte ich mit dem klassischen Philologen und Gräzisten Bruno Snell (1896-1986). Er staunte und freute sich, daß einer meiner Lehrer am Kaiserin-Augusta-Gymnasium, unser Lehrer in Griechisch, Professor Schröder gewesen war, dessen Bemühungen um eine Übersetzung der Werke Pindars er hoch anerkannte.

Wortkarg in größerem Kreis war auch der Schriftsteller Elias Canetti, um so anregender war die Unterhaltung mit ihm. Den ersten Teil seiner autobiographischen Romane „Die gerettete Zunge. Geschichte einer Jugend" (Hanser 1977) hat mir Canetti mit Widmung geschenkt. Seine früheste Erinnerung – der Mann, der dem Kind droht, ihm die Zunge abzuschneiden – ist offenbar ein Vorgang der Prägung; er drückt Canettis gesamtem Werk, seinen Romanen den Stempel auf. – Meine eigenen frühesten Erinnerungen sind ganz anderer Art: Die wunderschöne Eisenbahn, das kostbare Weihnachtsgeschenk, mein Bruder und ich warfen es den Kindern auf den Hof hinunter, bereit, anderen eine Freude zu machen und sie an unserer teilnehmen zu lassen. Das war keine Prägung, sondern offenbar eine ererbte Anlage mit der ich bis heute glücklich lebe.

Mit Elias Canetti unterhielten meine Frau und ich uns etwa über Verhaltensforschung, über Konrad Lorenz. Ich erzählte Canetti, daß die Anfänge der Verhaltensforschung schon auf das Jahr 1700 zurückgingen und im (heutigen) Bayern zu suchen seien: 1702 veröffentlichte Johann Ferdinand Adam von Pernau, Freiherr von Perney (1660-1731) seine Beobachtungen an einheimischen Vögeln unter dem Titel

Unterricht
Was mit dem lieblichen Geschöpff
denen
Vögeln
auch ausser dem Fang
Nur durch die Ergründung Deren
Eigenschafften und Zahmmachung
oder andere
Abrichtung/
Man sich vor Lust und Zeit=Vertreib machen könne:
gestellt
Durch den Hoch- und Wohlgebohrenen
Hn./Herrn von P.....//Freyherrn
Anno 1702

Von Pernau war Fürstlich Sächsischer gemeinschaftlicher Hof- und Regierungsrat in Coburg. Sein Buch, vor allem die Erstausgabe von 1702, gehört zu den großen bibliophilen Seltenheiten. Ich erfuhr, daß es ein Exemplar in Privatbesitz gab und regte bei dem Direktor des Natur-Museums in Coburg an, es nachdrucken zu lassen. Das geschah, wenngleich der Direktor des Museums über die Kosten klagte. Ich hoffe, er hat sie durch Verkauf in der Auslage seines Museums wieder hereingebracht.

Zum 80. Geburtstag schickte ich Elias Canetti (1905-1994) ein Exemplar des Buches von Pernau. In seinem Dankesbrief schreibt Canetti: „Um Ihren Beruf, der eine Passion ist, habe ich Sie immer beneidet. Zum Zoologen – im weitesten Sinn des Wortes – hat es bei mir nicht gereicht. Mit zunehmendem Alter denke ich mehr und mehr, daß ich nichts lieber geworden wäre. Jetzt muß ich mich mit dem begnügen, was ich bin..." 1981 erhielt Canetti den Nobelpreis für Literatur.

Den Biochemiker Feodor Lynen (1911-1979; Nobelpreis 1964) kannte ich schon aus München, und von daher waren wir gut befreundet. Sein natürlicher Witz, seine schnelle Auffassungsgabe hat mir oft geholfen und beigestanden, wenn es – etwa in meiner Zeit als Dekan der damaligen Naturwissenschaftlichen Fakultät mit ihren etwa 80 Mitgliedern – zu Differenzen kam. Feodor Lynen war 1971 in den Orden aufgenommen worden. Es ist üblich, daß das „Große Ordenszeichen" – der „Orden" – bei der feierlichen öffentlichen Sitzung des Ordenskapitels in der Aula der Universität Bonn in Gegenwart des Protektors, des Bundespräsidenten, mit einer kurzen Laudatio überreicht wird. Kurz vor dieser Sitzung, als ich das Ordenszeichen umgehängt erhalten sollte, sprach mich Lynen an: Er sei zwar nicht kompetent, über meine Arbeiten zu sprechen, aber fachlich stehe er mir unter den Ordensmitgliedern am nächsten. Daher habe er die „Laudatio" gern übernommen. Sein Anliegen: Er wisse aber nicht genau, was ich eigentlich an Wissenschaft vorzuweisen habe. Ich erzählte ihm kurz von Hören und Farbensehen der Insekten. Aus Lynens „Laudatio" zitiere ich: „Ich übernehme die Aufgabe, einige Worte zur Einführung an Sie zu richten, mit besonderer Freude. Sind es doch heute 20 Jahre, seit Sie 1958 als Nachfolger von Karl von Frisch von der Universität Würzburg nach München berufen wurden und wir dort in der Naturwissenschaftlichen Fakultät zusammentrafen. Und wir haben uns in diesen 20 Jahren immer gut verstanden. – In Ihrem umfangreichen Werk sticht die Mannigfaltigkeit hervor, die davon herrührt, daß Sie sich immer dann, wenn ein Problem durch Ihre Untersuchung gelöst war, sofort einem anderen Forschungsfeld zuwandten."

In meinen Dankesworten betonte ich, daß für den Naturwissenschaftler das Bewegendste und Erregendste immer das Unerwartete, das nicht Vorhergesehene sei – so wie für mich diese Aufnahme in den Orden.

Mir kommt es in der Tat phantasielos und unfruchtbar vor, wenn jemand eine Methode gefunden – oder nicht einmal selbst entwickelt – hat und sie nun auf das ganze Tierreich anwendet. Weder das Mikrotom, noch etwa das Elektronenmikroskop noch irgendwelche Protein- oder DNA-Analysatoren sind Selbstzweck. Vor langer Zeit bewilligte die DFG einen automatischen Analysator für Proteine. Als dann weitere Anträge kamen, ein solches Gerät zu bewilligen, wurde mit Recht eingewendet, es gäbe allein 200 000 menschliche Proteine. Sie alle zu analysieren, sei uninteressant, sofern keine wirklich neue Fragestellung dahinterstecke.

Ein Gespräch mit dem Bildhauer Hans Wimmer (1907–1992) ist mir in deutlicher Erinnerung. Ich fragte ihn, ob er nicht meine beiden Enkel, Tasso und Beda, gelegentlich porträtieren wolle. Hans Wimmer stimmte zu, aber unter der Voraussetzung, daß er sie einige Wochen um und bei sich habe. Er wollte also weit mehr als nur darstellen, als es eine gute Photographie kann. Aus seinem Bild sollte der Mensch sprechen. Wimmers berühmte Porträts von Furtwängler (1953, in Mannheim), Kokoschka, Heisenberg und vielen anderen sprechen, sie sind weit mehr als eine Wiedergabe des äußeren Erscheinungsbildes. Beeindruckt bin ich immer wieder von Wimmers Ehrenmal auf dem Münchener Nordfriedhof. Alles Exzentrische und krampfhaft Gewollte lag ihm fern. – Bei einer Einladung in Hans Wimmers Haus in München kam die Sprache auf die damals gerade laufende Aufführung der Oper von Krysztof Penderecki „The Lost Paradise" (Das verlorene Paradies), in der Eva und Adam völlig nackt auftreten. Wimmer wurde gefragt, ob er die Aufführung bereits gesehen habe? Er lehnte entrüstet ab: Solch obszöne Dinge lägen ihm nicht; so das Paradies darzustellen, sei eine Sünde, Karl Rahner legte beschwichtigend die Hand auf Wimmers Arm: „Mein lieber Herr Wimmer, diese Sünde haben wir Ihnen doch abgenommen."

Maria Wimmer ist nicht nur eine große und faszinierende Schauspielerin, sondern auch ein liebenswerter Mensch. Von ihr wird im Festband zu 150-Jahrfeier des Pour le mérite gesagt: „Maria Wimmer gilt als die letzte der großen Iphigenien auf der deutschen Bühne. Sie wurde die Tragödin der Epoche, die der Tradition der hohen Tragödie noch eigene Erfahrungen zuspielen konnte. Maria Wimmer sind ihre Fähigkeiten nie zur Funktion, ihre Wirkungen nie zum Stil geworden; sie hatte eine starke seelische Kraft. Sie wußte das Klassische immer wieder in Kontrast zu bringen mit den Figuren der Moderne, den hohen Stil mit dem Realistischen und gar der Clownerie."

Ihre Meinung vertrat Maria Wimmer in den Sitzungen des Kapitels mit Klarheit und Nachdruck, ohne Zurückhaltung, aber ohne Schärfe. In der Regel nimmt der Bundespräsident an den Kapitelsitzungen – sie finden in seinem Amtssitz in der Villa Hammerschmidt in Bonn statt – für eine oder zwei Stunden teil. Eines Tages entstand in Gegenwart von Bundespräsident Scheel eine Diskussion, wahrscheinlich über eine Zuwahl. Maria Wimmer verteidigte temperamentvoll ihren Standpunkt. Nach ihren Worten erhob sich Scheel und verabschiedete sich mit den Worten: „Na, dann streitet euch mal munter weiter."

Die Zuwahl von Künstlern stellt das Kapitel immer vor besondere Probleme. In den Naturwissenschaften ist es – unter Naturwissenschaftlern – relativ leicht, die originellen Leistungen anderer zu beurteilen. Freilich gibt es auch hier Modeströmungen, die aber vor allem von Laien und den Medien mit Publicity und Aufmerksamkeit beachtet und bedacht werden. Ich unterscheide daher zwischen „bekannten" und „anerkannten" Forschern. Gerade die letzteren sind nicht immer öffentlich bekannt. Große öffentliche Aufmerksamkeit und Anerkennung macht mich immer mißtrauisch. Aber unter den Fachleuten ist die Entscheidung zwischen beiden recht leicht. Etwas schwieriger ist das schon in den Geisteswissenschaften. Die Situation in den Künsten bringt Hans Wimmer in einem Brief von 1987 (von dem er mir eine Abschrift schickte) an den Kanzler des Ordens zum Ausdruck:

„Wir armen Künstler müssen immer beurteilen, was wir nicht beurteilen können. Wir vertrauen auf das Urteil der Zuständigen, dafür sind wir Ordensbrüder.

Meine Kompetenz in Fragen Bildhauerei steht unbestritten im Gegensatz zu individuellen Neigungen und Strömungen, die dem Werk huldigen.

Wenn nun unter den Zuständigen nur wenige sind – ist es dann zu viel verlangt, wenn sich die Wenigen nach den Mehreren richten?

Vielleicht ist meine Haltung ein Mangel. Aber ein noch größerer Mangel wäre es doch, wenn ich gegen mein Gewissen stimmen würde. Ich wäre dann nicht wert, im Orden zu sein."

Mit diesem Brief lehnte es Wimmer ab, Vorschläge für eine Zuwahl nach dem Tod von Henry Moore zu machen.

Kunst ist mannigfach und äußerst vielfältig. Aber: Jedes Kunstwerk, jede Kunstform hat ihre Nische. In dieser letzteren lebt sie, und nur in ihr ist sie lebensfähig. Es gibt keine Kunst, die alle Menschen anspricht, mit der jeder sich wohl und glücklich fühlt. Das Wort „Nische" ist hier im Sinne der Biologie gemeint und zu verstehen: Jede Pflanze, jede Tierart hat eine Umgebung, in der – und nur in der – sie lebensfähig ist, und diese Umwelt ist von Art zu Art, zuweilen von Unterart zu Unterart verschieden. Nicht jeder kann mit Jazz, Schlagermusik, andere nichts mit Beethoven oder Mozart oder moderner Musik etwas anfangen. Das kann auch Moden unterliegen. Zur Zeit der Frühromantik war Bach fast völlig vergessen. Ein anderes Beispiel: Eines Tages besuchte mich Hans Wimmer. Nach kurzer Zeit erklärte er, er könne es inmitten meiner afrikanischen Skulpturen nicht aushalten, diese Plastiken bedrückten ihn. So machten wir dann einen Spaziergang.

Rudolf Serkin (1903–1991), den Pianisten, lernte ich persönlich nur kurz kennen. Auf der Öffentlichen Ordenstagung 1985 spielte er – anstelle des sonst üblichen Vortrages – von Joseph Haydn die Sonate in C-Dur (Hol. XVI/50) und die Sonate in Cis-Moll (Opus 27, Nr. 2) von Beethoven. Bei seinem Spiel kamen mir vor Bewunderung und Ergriffenheit die Tränen. Am folgenden Morgen saßen wir beim Frühstück zusammen, und ich lernte einen Serkin von stiller Bescheidenheit kennen.

Unvergeßlich ist mir die Begegnung mit dem Musikwissenschaftler Carl Dahlhaus (1928–1989). Trotz seiner schweren Krankheit kam er regelmäßig zu den Sitzungen des Kapitels, obwohl er selbst in dieser kurzen Zeit zur Dialyse in eine Klinik gehen mußte. Man merkte ihm das nicht an; seine Lebhaftigkeit und sein Humor waren ungebrochen. Es war immer wieder ein beglückendes Erlebnis, daß zwischen so grundverschiedenen Disziplinen und Charakteren eine anregende Unterhaltung möglich war, ohne von Politik oder Wetter zu reden. György Ligeti sagt in seinem Nachruf auf Carl Dahlhaus: „Ich habe Carl Dahlhaus 1962 kennengelernt, beim Internationalen Kongreß für Musikwissenschaftler in Kassel. Er sprach über Aspekte der seriellen Musik, einer kompositorischen Ideologie, die damals en vogue war. Dahlhaus' Sachkenntnis, Sachbezogenheit und analytischer Scharfsinn haben mich sofort gefangengenommen, obwohl er indirekt mein Gegner war – ich gehörte damals, etwas ‚extraorbital', zum Kreis der Kölner und Darmstädter Komponisten, die die fragwürdige Fahne der Serialität hochhielten. Carl Dahlhaus war der Mensch des eleganten understatement und des liebevollen Sarkasmus. ... Carl Dahlhaus war der gute Geist der deutschen Musikwissenschaft und der neuen Musik in Europa."

Ein enger und guter Freund wurde der Komponist György Ligeti. Ich habe seine Vielseitigkeit, seine Experimentierfreudigkeit, seine temperamentvolle Ablehnung jeder Ideologie, gleich auf welchem Gebiet, ob Kunst oder Politik, und erst recht seine Musik aufs höchste bewundert: In der geistigen Grundeinstellung trafen wir uns. Viele anregende und interessante Gespräche haben wir miteinander gehabt. Ligeti interessiert sich lebhaft für Naturwissenschaften. Er ist Ungar; er emigrierte unter dem Druck der kommunistischen Diktatur. In einem Brief schreibt Ligeti: „Wichtig ist, daß das kommunistische Imperium zusammengefallen ist, wie ein Kartenhaus – die zwei staatlichen Terrororganisationen Nazis und Sowjets existieren gottseidank nicht mehr... Ich bin jedenfalls überglücklich, daß wir in diesem Leben das Zusammenbrechen der zwei großen Terrorsysteme erlebt haben..." Dann bedauert er, daß er als Folge nicht überstandener Krankheit nicht nach Tokio fliegen kann, um dort den hochdotierten „Imperial Prize" persönlich entgegenzunehmen. Aber zur Aufführung seiner Oper „Le Grand Macabre" und zu Konzerten möchte er „unbedingt" nach Dresden, Prag, Preßburg reisen, „denn ich komme ja aus dem vormals ‚kommunistischen' Zentraleuropa, und meine Heimat, meine gefühlsmäßigen Bindungen liegen dort. Da ich aber jede Form des Nationalismus genauso ablehne wie den Kommunismus, ist mein Solidaritätsgefühl mit Dresden oder Prag gar nicht anders als mit Budapest: Ungarisch ist meine Muttersprache und ich wuchs in der ungarischen Kultur auf, slavische Sprachen spreche ich leider nicht, doch die Atmosphäre Prags (wo ich in jüngeren Jahren, noch von Ungarn aus, zweimal war) bedeutet mir fast noch mehr ‚Heimat' als Budapest. (Die große Freude, das Ungarn ein freies, demokratisches Land ist, wird etwas getrübt durch die dortige – frei gewählte – allzu konservativ-nationalistische Regierung...)

Aber Moskau und die riesige, breite, weite Welt vom Bug bis Kamtschatka, die Geschwindigkeit dessen, und was jetzt gerade geschah (und vorläufig Freude -- aber: wer hat die Gewalt über die Raketen mit Atommunition?) zeigt die Macht der Umwandlung. Über 73 Jahre Sklaverei und Folter und Massenmord haben eine Bitterkeit aufgestaut, über die die naiven „Westler", zumal die ‚intellektuellen' Besserwisser nicht die geringste Ahnung gehabt haben. Ich selbst war nur acht Jahre Sklave in diesem Riesenkerker (und unmittelbar davor ein knappes

Jahr in Todesgefahr im Nazisystem), es wird viel gefaselt darüber, daß das kommunistische Imperium doch nicht ganz so schlimm sei wie das nationalsozialistische; laut meiner Erfahrung bestand der Unterschied nur darin, daß die zur Ausrottung bestimmten Menschengruppen etwas verschieden definiert waren."

Ligeti schickte mir alle Platten mit seiner Musik – eine große Bereicherung für mich. Im Begleitheft zu der Platte mit seinen „Etudes pour piano (-premier livre -)" schreibt er: „1976, als ich meine Stücke für zwei Klaviere schrieb, hatte ich weder Ahnung von Nancarrow, noch von der Musik des subsaharischen Afrika[11]. Wohl hatte ich seit immer Interesse für Vexierbilder, Paradoxa der Wahrnehmung und Vorstellung, für Aspekte der Gestalt- und Formbildung, des Wachstums und der Transformation, für die Unterscheidung von verschiedenen Abstraktionsebenen in Denken und Sprache. Ich habe eine Zuneigung zu Lewis Carroll, Maurits Escher, Saul Steinberg, Franz Kafka, Boris Vian, Sandor Wöres, Jorge Luis Borges, Douglas R. Hofstadter, und meine Denkweise ist stark geprägt von den Anschauungen von Manfred Eigen, Hansjochem Autrum, Jacques Monod und Ernst Gombrich." ... „Es wäre aber verfehlt anzunehmen, daß meine Klavierstücke eine direkte Folge all dieser musikalischen und außermusikalischen Einflüsse wären. Mit der Aufzählung der Anregungen wollte ich nur die geistige Umgebung, in der ich als Komponist arbeite, andeuten."

Leider nur eine kurze Anmerkung zu Elisabeth Legge-Schwarzkopf, der Sopranistin: Nach meinem Vortrag in der Öffentlichen Jahressitzung 1985 in Bonn („Formen in der Natur") meinte sie zu mir, mein Vortrag sei interessant, aber im Tonfall zu eintönig gewesen. Nun ja, aber ich bin nun einmal kein (wissenschaftlicher) Heldentenor. (Der Vortrag ist gedruckt in: Orden pour le mérite für Wissenschaften und Künste. „Reden und Gedenkworte" Bd. 21, 1985/86, S. 65–95; Verlag Lambert Schneider, Heidelberg.)

Eine besonders gute Freundschaft verbindet mich mit dem Architekten Rolf Gutbrod und seiner Frau Karin. Das Bauwerk, das wohl als erstes Gutbrod berühmt machte, das Konzerthaus Stuttgarter Liederhalle kannte ich schon aus der Zeit, als ich häufig zu den Sitzungen des Gründungsausschusses für die Universität Konstanz in Stuttgart war. Rolf Gutbrod hat mir bei – unwesentlichen – Differenzen mit dem Ordenskanzler sehr geholfen. Solche Differenzen kommen selbst in den

---

[11] Ligeti interessierte sich etwa seit 1980 sehr für die Musik von Schwarz-Afrika und ihre komplexe Rhythmik.

„besten Familien" vor. Wir wurden bald gute Freunde, und wenn ich einmal krank war, rief Rolf mich fast täglich an, um sich nach mir zu erkundigen.

Nach der Eröffnung des von Rolf Gutbrod entworfenen Museumsbaues (Kunstgewerbe-Museum) in Berlin schrieben Kritiker sehr abfällig über den architektonisch-künstlerischen Wert des Baues. Kurz danach wurde Rolf vom Kapitel des Ordens Pour le mérite zum Vizekanzler gewählt. Gefragt, ob er die Wahl annehme, meinte er – dem Sinn nach – nach so viel öffentlicher Kritik in den Gazetten könne es dem Ansehen des Ordens schaden, wenn er die Wahl annehme. Dies aber wurde ihm nicht abgenommen, und Rolf Gutbrod ist seitdem Vizekanzler des Ordens. Ein sehr angesehenes Mitglied des Ordens – es ist zwar nie zu den Sitzungen des Ordens gekommen – hat sich zu seinen vielen Kritikern so geäußert: „Ich bin von meinen Kritikern zwar immer anständig behandelt worden, wobei ich die ohne wissenschaftliche [hier künstlerische] Kenntnisse beiseite lasse" (Charles Darwin).

In der Tat: Kritiker in Presse, Rundfunk oder Fernsehen sollten ihre „Kritik" grundsätzlich mit „Ich" beginnen, aber nicht so tun, als ob sie nun allgemein Verbindliches aussagen könnten, gleich ob sie positiv oder negativ „urteilen". „Eines schickt sich nicht für alle" sagt Goethe. Ich habe oben schon gesagt, Kunst habe ihre Nischen, und wenn „Kritiker" – ihrer Meinung nach – allgemein verbindliche Urteile fällen und aussprechen, dann sind sie schlicht dumm; aber die „Medien" – und die Kritiker – machen gerade damit ihre Geschäfte. – Mit den Kritikern von Charles Darwin mühte sich sein „bulldog" Thomas Henry Huxley ab. Er schrieb an einen Kritiker Darwins: „Was die polemischen Exkurse anlangt, so schmunzle ich natürlich teilnahmsvoll über dieselben, und dann sage ich: Wie ist der ungezogen! Ich habe gewiß manch Ähnliches mir geleistet, um nicht völlig mit ihm zu fühlen, und ich neige sehr zu dem Glauben, daß es gut ist, wenn ein Mann wenigstens einmal in seinem Leben einen öffentlichen Kriegstanz gegen alle Arten von Humbug aufführt. Aber wenn man einmal seine Freiheitsliebe auf diese Weise befriedigt hat, ist es gut, wenn die Kriegsbemalung je schneller je besser verschwindet. Sie hat nur Wert als Zeichen der eigenen Geistesverfassung und Willensrichtung; sind diese einmal bekannt, so bedeuten sie kaum mehr als Zersplitterung."

Zu seinem 80. Geburtstag habe ich Rolf Gutbrod dies geschrieben und ihn gefragt, wie es mit dem Humor in der Architektur stehe? Leider hat er mir darauf nie geantwortet. In allen anderen Künsten gibt es

Humor, ob auch in der Architektur? Vielleicht das Haus von Hundertwasser in Wien?

Immer anregend war die Begegnung mit Sir Hans Krebs (1900-1981). Er war bereits 1933 nach England emigriert, lebte in Oxford und hatte 1953 den Nobelpreis für seine Entdeckung des Zitronensäurezyklus erhalten. Weder bei ihm noch bei einem anderen Emigranten, die ich kennenlernte, war eine (unkritische) Übertragung oder Verallgemeinerung des Naziterrors zu verspüren. Im Gegenteil: Er bedauerte sinnlose Vorwürfe gegen sogenannte „Mitläufer", bedauerte, daß die angesehene englische wissenschaftliche Zeitschrift „Nature" zuweilen unfundierte antideutsche Artikel brachte (und auch heute noch bringt). Ich weiß nicht mehr, wie wir im Gespräch auf die Redensart vom Vogel Strauß kamen, nach der er bei Gefahr den Kopf in den Sand steckt. Am 30. Oktober 1981 schrieb Sir Krebs:

„Sehr verehrter Herr Autrum,

You may recall that you asked me in Lindau [dem Tagungsort des Pour le mérite] whether the ostrich really hides its head in the sand. I discussed this with several people and looked up some books and everybody agrees that this is a fairy tale. An explanation for the origin of this fairy tale is the following:

A defensive position of the ostrich of crouching low with the neck extended along sandy ground, and therefore invisible owing to its cryptic coloration gave rise to the old fable that the bird seeks to hide by burying its head in the sand.
This comes from an expert ornithologist.

Mit herzlichen Grüßen

Ihr Hans Krebs."

Auf meinen Dankesbrief bekam ich durch seine Sekretärin die Antwort, Sir Krebs sei nach kurzer Krankheit am 22. November verstorben: „He will be much missed by his colleagues in the Metabolic Research Laboratory."

Die gleiche Haltung gegenüber seinen deutschen Kollegen wie bei Sir Krebs habe ich bei dem Kunsthistoriker Sir Ernst Gombrich verspürt. Er war – geboren in Wien – 1936 im Alter von 25 Jahren nach England emigriert. Seine Bücher (z.B. „Kunst und Illusion", „Ornament und Kunst. Schmucktrieb und Ordnungssinn in der Psychologie des dekorativen Schaffens". Klett-Cotta. Stuttgart 1982. 420 S.) sämtlich zunächst in England, dann aber bald danach in deutscher Übersetzung erschienen, haben mir viel Anregung gegeben. Trotz ihres Umfanges ist kein Satz darin überflüssig oder eine Wiederholung.

Regelmäßig kam zu den Sitzungen des Kapitels Sir Bernhard Katz. Er war 1935 emigriert, hatte 1970 den Nobelpreis für seine bahnbrechenden Untersuchungen über die Physiologie der Synapsen und der Muskelphysiologie erhalten. Ich kannte ihn flüchtig von meinem Besuch in London. Auch seine Haltung gegenüber seinen deutschen Kollegen unterschied sich nicht von der von Sir Krebs oder Sir Gombrich.

Theodor Eschenburg (Staatsrecht) kannte ich schon von den Sitzungen des Gründungsausschusses für die Universität Konstanz. In seiner trockenen, humorvollen Art begrüßte er mich bei meiner Aufnahme in den Pour le mérite: „Ich habe für Sie gestimmt, weil Sie in Stuttgart immer so gute Zigarren rauchten."

Manche könnte ich noch nennen: Hermann Haken, den theoretischen Physiker und Begründer der Synergetik; den („informellen") Maler und Graphiker Emil Schumacher, von dem so eindrucksvolle Malereien und – scheinbar flüchtig hingeworfene, aber höchst lebendige – Porträtskizzen stammen. Ich könnte alle Mitglieder des Ordens aufzählen. Es ist ein einmaliges Wunder, wie gut sich bedeutende Vertreter so grundverschiedener Arbeits- und Sinnesrichtung verstehen und miteinander Gedanken austauschen können.

Nachwort

Viel Glück habe ich gehabt. Vielen Menschen bin ich begegnet, und immer habe ich versucht, mich in sie hineinzuversetzen, zu verstehen, was sie bewegt und wie sie zu ihren Vorstellungen und Gedanken kommen. Nicht immer ist mir das gelungen. Natürlich - es ist trivial - leben viele in ihrer Gedankenwelt, die ich auch bei allem Bemühen nicht verstehen kann - Fanatiker, die die Welt verbessern wollen, womit sie oft nur meinen, Ihre Welt allen anderen aufzwingen zu wollen. Fundamentalisten nennt man sie. Es gibt sie und gab sie auch bei uns in den verschiedensten Schattierungen. Mit ihnen kann man nicht diskutieren. Es ist Zeitverschwendung - für beide. Viel in meinem

Abb. 46. 85. Geburtstag im Zoologischen Institut in München. Von links nach rechts: Professor Peter Schlegel (München), Wendy Thompson-Heiligenberg. Dr. Sonja Zilk, Professor Bert Hölldobler (Würzburg) Autor.
(Photo Hubert Hein, München)

Abb. 47. Mein Freund Dr. Drs. h.c. Heinz Götze, Mitinhaber des Springer-Verlags. Ich lernte ihn in Caracas (Venezuela) kennen (s. Kap. „Die Einladung nach Caracas"). Hier an seinem 80. Geburtstag in Heidelberg im Gespräch mit mir.

Leben verdanke ich meinen Freundinnen [Honny soit qui mal y pense] und meinen Freunden, meinen Studenten und vielen, vielen anderen, die ich nicht genannt habe. Nicht einmal von allen meinen Schülern habe ich Bilder. Wer also nicht erwähnt ist, möge mir das verzeihen.

Immer hat im Vordergrund meiner Arbeit die Wissenschaft gestanden. Nie habe ich dabei daran gedacht, wie ich „weiterkommen" würde. Familie, Arbeit und Freunde waren das Wichtigste. Dafür habe ich immer Zeit gehabt und gefunden. Es gibt Menschen, die nie Zeit für andere haben. Ich vermute, sie tun den ganzen lieben langen Tag nichts. Was ich nicht leiden kann, ist Warten und Wartenlassen. Viele Ärzte – keineswegs alle – lassen zum Beispiel ihre Patienten warten. Die sind Opfer einer schlechten Organisation und Rücksichtslosigkeit, zumindest Gedankenlosigkeit. Sollte ich dereinst Beziehungen zum Heiligen Petrus bekommen, dann werde ich ihn bitten, solche Menschen vor der Himmelspforte warten zu lassen, jahrelang – ein unfrommer Wunsch?

Freilich kann ich dies Buch nicht mit diesem Wunsch schließen. Mancher liest in einem neuen Buch zuerst den Schluß, und wer das tut,

Abb. 48. 1994 – 87 Jahre

könnte einen falschen Eindruck bekommen. Deshalb habe ich auch nicht über Menschen und vor allem „Kollegen" gesprochen, die mir oder anderen einen Tort – mit oder ohne Vorsatz – angetan haben. Es lohnte und lohnt sich nicht. Meine Freunde sind mir wichtiger. Meine Arbeit hat mir immer Freude gemacht. Das ist ein großes Geschenk des Schicksals. Nach Ehren und Ämtern habe ich nie gestrebt. So habe ich zweimal die Wahl zum Rektor der Universität München, einmal die zum Rektor der Universität Regensburg abgelehnt – das ist nicht aktenkundig; der zuständige Hochschulreferent fragte mich nur gesprächsweise – und ebenso die Wahl zum Präsidenten der Bayerischen Akademie der Wissenschaften. Solches Vertrauen ist ehrenvoll, aber ich wäre in solchen Ämtern überfordert gewesen. So habe ich mich stets auf solche Aktivitäten beschränkt, bei denen ich mit einigem Erfolg rechnen konnte, auf Tätigkeiten und Nebenämter, die meine Kräfte und meine Phantasie nicht überstiegen, hoffe ich. Meine Freunde mögen es beurteilen. Nun ist genug, übergenug von mir die Rede gewesen.

> *„Wie sich Verdienst und Glück verketten.*
> *Das fällt den Toren niemals ein.*
> *Wenn sie den Stein der Weisen hätten,*
> *Der Weise mangelte dem Stein."*

Ich lege die Betonung auf „Glück". Der Rest kommt von allein.

Für die Genehmigung zum Abdruck der Vorlagen danke ich den jeweiligen Photographen bzw. den Quellen. Sie sind bei den Abbildungen genannt. Ein Teil der Photographien sind Privataufnahmen des Verfassers oder seiner Familie. Bei der Herstellung der photographischen Vorlagen war mir meine Tochter, Frau Swantje Autrum-Mulzer, eine große Hilfe. Trotz vieler Bemühungen konnten nicht alle Photographen ermittelt werden. Wahrnehmungsberechtigte, mit denen ich keinen Kontakt aufnehmen konnte, bitte ich um Mitteilung.

Dissertationen unter Anleitung von H. Autrum

Jahr	Schüler	Thema
1948	Johann SCHWARTZKOPFF	Über Sitz und Leistung von Gehör und Erschütterungssinn bei Vögeln. Z. vergl. Physiol. 31, 527–608 (1949)
1949	Wilfriede SCHNEIDER	Über den Erschütterungssinn von Käfern und Fliegen. Z. vergl. Physiol. 32, 287–302 (1950)
1949	Dietrich SCHNEIDER	Die lokale Reizung und Blockierung im Internodium der isolierten markhaltigen Nervenfaser des Frosches. Z. vergl. Physiol. 32, 507–529 (1950)
1950	Hildegard STUMPF	AUTRUM, H, STUMPF, H.: Elektrophysiologische Untersuchungen über das Farbensehen von *Calliphora*. Z. vergl. Physiol. 35, 71–104 (1953)
1951	Marie-Luise STÖCKER	Über optische Verschmelzungsfrequenzen und stroboskopisches Sehen bei Insekten. AUTRUM, H., STÖCKER, M.: Die Verschmelzungsfrequenzen des Bienenauges. Z. Naturforschg. 5 b, 38–43 (1950)
1951	Ursula GALLWITZ	Zur Analyse der Belichtungspotentiale des Insektenauges. AUTRUM, H., GALLWITZ, U. Z. vergl. Physiol. 33, 407–435 (1951)
1952	Herbert BRUNS	Die Bedeutung optischer Merkmale des Futterplatzes und des Futters für nahrungssuchende Meisen. Biol. Zentralbl. 71, 69–108 (1952)

Jahr	Schüler	Thema
1952	Dietrich POGGENDORF	Die absoluten Hörschwellen des Zwergwelses (*Amiurus nebulosus*) und Beiträge zur Physik des Weberschen Apparates bei Ostariophysen. Z. vergl. Physiol. 34, 222–257 (1952)
1952	Hanschristoph LÜTTGAU	Die Abhängigkeit der Reizschwelle (Rheobase) isolierter Ranvierscher Schnürringe von der Ionenkonzentration Z. Naturforschg. 8 b, 263–268 (1953)
1953	Günter SCHNEIDER	Die Halteren der Schmeißfliege (*Calliphora*) als Sinnesorgane und als mechanische Flugstabilisatoren Z. vergl. Physiol. 35, 416–458 (1953)
1953	Dietrich BURKHARDT	Rhythmische Erregungen in den optischen Zentren von *Calliphora erythrocephala*. Z. vergl. Physiol. 36, 595–630 (1954)
1953	Friedrich DIECKE	Die „Akkommodation" des Nervenstammes und des isolierten Ranvierschen Schnürringes. Z. Naturforschg. 9 b, 713–729 (1954)
1954	Friedrich-W. SCHLOTE	Die Erregungsleitung im Gastropodennerven und ihr histologisches Substrat. Z. vergl. Physiol. 37, 373–415 (1955)
1955	Heinrich SEIDL	Die Ableitung der Eichreizkurven des Farbensehens aus Erregungsmustern des Sehnerven.
1955	Elisabeth HOFFMANN	Die Wirkung von Diäthyl-p-nitrophenyl-monothiophosphat (E_{605}) und Nikotin auf den optischen Apparat der Insekten. publ. AUTRUM, H., HOFFMANN, E.: Die Wirkung von Pikrotoxin und Nikotin auf das Reginogramm von Insekten. Z. Natursch. 12 b, 752–757 (1957)
1957	Margret WESTECKER	Elektrophysiologische Untersuchung der Antennenreaktion von *Calliphora erythrocephala* bei Luftschall.

Jahr	Schüler	Thema
1957	Hennig STIEVE	Vergleich des photodynamischen Effekts mit der Wirkung von Stoffwechselhemmung und Temperaturänderung auf die Schwelle und den Aktionsstrom der isolierten markhaltigen Nervenfaser. Die Abhängigkeit der Schwelle und des Aktionsstroms isolierter markhaltiger Nervenfasern von Temperatur und Stoffwechsel. Z. Natursch. *13 b*, 96–108 (1958)
1958	Jost Bernhard WALTHER	Untersuchungen am Belichtungspotential des Komplexauges von *Periplaneta* mit farbigen Reizen und selektiver Adaptation. Biol. Zentralbl. *77*, 63–104 (1958)
1959	Brunhild STÜRCKOW	Über den Geschmackssinn und den Tastsinn von *Leptinotarsa decemlineata* Say (Chrysomelidae). Z. vergl. Physiol. *42*, 255–302 (1959)
1959	Harald ESCH	Über die Körpertemperaturen und den Wärmehaushalt von *Apis mellifica*. Z. vergl. Physiol. *43*, 305–335 (1960)
1961	Ludwig R. KELLER	Untersuchungen über den Geruchssinn der Spinnenart *Cupiennius salei* Keyserling. Z. vergl. Physiol. *44*, 576–612 (1961)
1962	Ulrich THURM	Die Beziehungen zwischen mechanischen Reizgrößen und stationären Erregungszuständen bei Borstenfeld-Sensillen von Bienen. Z. vergl. Physiol. *46*, 351–382 (1963)
1963	Norbert METSCHL	Elektrophysiologische Untersuchungen an den Ocellen von *Calliphora*. Z. vergl. Physiol. *47*, 230–255 (1963)
1964	Ingrid WIEDEMANN	Versuche über den Strahlengang im Insektenauge (Appositionsauge). Z. vergl. Physiol. *49*, 526–542 (1965)
1965	Ralf NICKLAUS	Die Erregung einzelner Fadenhaare von *Periplaneta americana* in Abhängigkeit von der Größe und Richtung der Auslenkung. Z. vergl. Physiol. *50*, 331–362 (1965)

Jahr	Schüler	Thema
1965	Irene BOROFFKA	Elektrolyttransport im Nephridium von *Lumbricus terrestris*. Z. vergl. Physiol. 51, 25-48 (1965)
1965	Ursula PATAT	Über das Pterinmuster der Facettenaugen von *Calliphora erythrocephala*. Ein Beitrag zur Funktion und Stabilität der Pterine. Z. vergl. Physiol. 51, 103-134 (1965)
1966	Hans-Albert TREFF	Tiefensehschärfe und Sehschärfe bei Galago (*Galago senegalensis*). Z. vergl. Physiol. 54, 26-57 (1967)
1967	Friedrich G. BARTH	Ein einzelnes Spaltsinnesorgan auf dem Spinnentarsus: seine Erregung in Abhängigkeit von den Parametern des Luftschallreizes. Z. vergl. Physiol. 55, 407-449 (1967)
1967	Friedrich ZETTLER	Analyse der Belichtungspotentiale der Sehzellen von *Calliphora erythrocephala*. Z. vergl. Physiol. 56, 129-141 (1967)
1967	Manfred SPÄTH	Die Wirkung der Temperatur auf die Mechanorezeptoren des Knochenfisches *Leuciscus rutilus* L. Ein Beitrag zur Thermorezeption. Z. vergl. Physiol. 56, 431-462 (1967)
1967	Uta SEIBT	Der Einfluß der Temperatur auf die Dunkeladaptation von *Apis mellifica*. Z. vergl. Physiol. 57, 77-102 (1967)
1967	Anneliese MÜLLER	Über die Abhängigkeit von Retinogrammformen und Verschmelzungsfrequenz bei Insekten.
1968	Richard LOFTUS	Die Antworten des Kälterezeptors auf der Antenne von *Periplaneta americana*. The response of the antennal cold receptor of *Periplaneta americana* to rapid temperature changes and to steady temperature. Z. vergl. Physiol. 59, 413-455 (1968)
1969	Dietrich VON HOLST	Sozialer Stress bei Tupajas (*Tupaia belangeri*). Z. vergl. Physiol. 63, 1-58 (1969)

Jahr	Schüler	Thema
1969	Karin FILLIES	Über die chemische Zusammensetzung des Analbeutel-Sekretes von *Petaurus breviceps papuanus* Th. (Marsupialia, Phalangeridae).
1969	Christian WALTHER	Zum Verhalten des Krallenbeugersystems bei der Stabheuschrecke *Carausius morosus* Br. Z. vergl. Physiol. 62, 421-460 (1969)
1969	Anton ROTH	Elektrische Sinnesorgane beim Zwergwels *Ictalurus nebulosus* (*Amiurus nebulosus*). Z. vergl. Physiol. 65, 368-388 (1969)
1969	Heide SCHNORBUS	Die subgenualen Sinnesorgane von *Periplaneta americana*: Histologie und Vibrationsschwellen. Z. vergl. Physiol. 71, 14-48 (1971)
1969	Roland GEMPERLEIN	Grundlagen zur genauen Beschreibung von Komplexaugen. Z. vergl. Physiol. 65, 428-444 (1969)
1970	Ulrich SMOLA	Untersuchung zur Topographie, Mechanik und Strömungsmechanik der Sinneshaare auf dem Kopf der Wanderheuschrecke, *Locusta migratoria*. Z. vergl. Physiol. 67, 382-402 (1970)
1970	Dagmar UHRIG	Untersuchungen zum Lautschema des Weibchens von *Chorthippus biguttulus* (L.) (Orthoptera, Acrididae). Gesang des Männchens und Lautschema des Weibchens bei der Feldheuschrecke *Chorthippus biguttulus* (Orthoptera, Acrididae). Z. vergl. Physiol. 81, 381-422 (1972)
1970	Birgit ROSE	Studien an einer Zellverbindung: Kopplung-Entkopplung - Wiederkopplung. Intercellular communications and some structural aspects of membrane junctions in a simple cell system. J. Membrane Biol. 5, 1-19 (1971)
1971	Wolfgang REHBRONN	Gleichzeitige intrazelluläre Doppelableitungen aus dem Komplexauge von *Calliphora erythrocephala*. Z. vergl. Physiol. 76, 285-301 (1972)

Jahr	Schüler	Thema
1971	Joachim RAAB	Der Serotoninstoffwechsel in einzelnen Hirnteilen von Tupaia (*Tupaia belangeri*) bei soziopsychischem Stress. Z. vergl. Physiol. *72*, 54–66 (1971)
1971	Matti JÄRVILEHTO	Lokalisierte intrazelluläre Ableitungen aus den Axonen der 8. Sehzelle der Fliege *Calliphora erythrocephala*. JÄRVILEHTO, M., ZETTLER, F.: Microlocalization of lamina-located visual cell activities in the compound eye of the blowfly *Calliphora* Z. vergl. Physiol. *69*, 134–138 (1970)
1972	Eva-Maria SCHEU	Der Bau der subgenualen Organe des Mittelbeines von *Locusta migratoria* und ihre Reaktion auf Substratvibrationen.
1973	Josef SCHÖNBERGER	Kontrollierte quantitative Untersuchungen in sensorischer Deprivation.
1977	Eberhard FUCHS	Zentralnervöser und peripherer Katecholaminstoffwechsel männlicher Tupajas (Tupaia belangeri) unter Kontroll- und soziopsychischen Stressbedingungen
1978	Falko VON STRALENDORFF	Untersuchungen zur intraspezifischen olfaktorischen Kommunikation bei männlichen Tupia belangeri: Charakterisierung des Sternaldrüsensekrets

Personen-Register

Abderhalden, Emil 42
Allesch, von, Prof. 132
Altner, Helmut 238, 239
Angenheister, Gustav 243
Ankel, Wulf Emmo 104
Anschütz, Walter 159, 160
Arndt, Walther 39, 74, 93, 94
Arnold, Wilhelm 229
Aschoff, Jürgen 111
Autrum, Ilse, s. auch Bredow, Ilse 6, 84, 96, 101, 107, 122, 136, 180, 202, 261, 268, 269, 274, 294
Autrum, Martha Olga 2, 4, 5, 9, 10
Autrum, Otto Wilhelm 3–8, 91
Autrum, Siegfried 1, 10, 14, 15, 19, 21, 22
Autrum-Mulzer, Swantje 7, 74, 84, 96, 101, 106, 107, 114, 126, 180, 187, 263, 264, 268, 269, 271–273, 278, 294, 296, 315

Baer, Karl Ernst von 28, 137, 138
Baltzer, F. 138, 139
Barth, Friedrich G. 187, 188, 319
Becker, Richard 132
Békésy, Georg von 62
Berger, Hans 76
Berliner, Arnold 256
Bernd, Prof. 36
Bernstein, Leonard 276
Besson, Waldemar 224, 225, 229, 232, 234
Bethe, Albrecht 57, 58, 102
Beutler, Ruth 156, 157
Bieberbach, Prof. 24, 27, 71
Bock, Eberhard 56, 60, 71, 72
Boeckh, Jürgen 182, 184, 207
Bogner, Obersekretär 149, 150

Boveri, Theodor 57, 138, 140, 167, 172, 257
Brauneiser, Manfred 258
Bredow, Dorothea 264, 265
Bredow, Ilse 35, 64, 67, 69, 260, 263
Bredow, Otto 263
Buchner, Hans 269
Bückmann, A. 205
Bullock, Ted 133, 187, 188, 254, 281, 285, 288, 291
Bünning, Erwin 201
Burgeff, Prof. 142, 143
Burkhardt, Dietrich 121, 128, 129, 131, 141, 145, 158, 179, 180, 181, 182, 185, 208, 216, 217, 317
Busnel, René Guy 134, 274
Butenandt, Adolf 125, 183, 201

Caesar, Walther 92
Campenhausen, Hans Freiherr von 203
Canetti, Elias 302, 303
Carell, Prof. 144
Carus, Carl Gustav 257
Clara Maria (Heiligenberg) 281, 290
Coing, Helmut 229
Couteaux, R. 154
Czeschlik, D. 257

Dahlhaus, Carl 306, 307
Dahrendorf, Ralf 223, 224, 225
Dale, Sir Henri 127
Darwin, Charles 164, 172, 309
Daumer, Karl 175, 176, 181, 208
Davis, Sir Colin 279, 285
Deegener, Prof. 35
Delbrück, Max 76, 87
Denzer, Hans 96, 97, 99, 108, 115
Diecke, Friedrich 129, 317

Diels, Ludwig 30
Doflein, Franz 27, 170
Döllinger, Ignaz 137, 138
Döpfner, Julius 146, 148

Echter von Mespelbrunn, Julius 137, 146, 219
Edward VII. 297
Eibl-Eibesfeldt, Irenäus 188
Eiermann, Egon 38
Eimer, Theodor 27
Eisentraut, M. 93
Elmenau, Johannes von 145, 165, 233, 275
Enright, J. T. 288
Eschenburg, Theodor 224, 311
Eucken, Arnold 116, 117, 132, 194
Exner, Sigmund 173, 174

Falkenstein, Adam 201, 202
Feigl Dr. 24, 34
Feldberg, W. 127
Fernández-Morán, Humberto 134, 152–155
Feuerborn, Prof. 70, 71, 73
Fick, Rudolf 31
Fiebiger, Prof. 240
Fischer, Gottwaldt 142, 143, 144, 157
Fleckenstein, Heinz 144, 229
Franck, Ulrich 243
Franke, Herbert 201, 202
Frey, Max von 77
Friedrich Wilhelm IV 297, 298
Frisch, Karl von 43, 50, 51, 112, 128, 129, 135, 151, 157, 158, 162, 167, 169, 170–178, 181, 182, 184, 185, 195, 208, 250, 255, 303
Fröhlich, Lateinlehrer 12, 13
Fuchs, Generalvikar 147, 149
Furtwängler, Wilhelm 266, 299, 304

Gall, Franz Joseph 130
Gallwitz, Ursula 121, 130, 133, 316
Galvani 178
Gambke, Gotthard 185
Gasser, Prof. 208
Gauß, Carl Friedrich 45, 298
Gehring, Walter 195
Gemperlein, Roland 211, 320

Gerlach, Walther 178, 201, 204, 257, 258
Goldschmidt, Richard 102, 170
Gombrich, Ernst 308, 310
Goppel, Alfons 228, 235, 237
Götze, Dietrich 257
Götze, Heinz 153, 257, 313
Graetz, Erich 33–36, 42, 43, 55, 56
Granit, Ragnar 126
Grassé, Pierre-P. 134, 135, 274
Grenacher 27
Grobben, K. 29
Grosse-Brockhoff, Franz 229
Gutbrod, Rolf 308, 309

Hadorn, Prof. 151
Haeckel, Agnes 158
Hahn, Otto 112, 132, 201, 257
Haken, Hermann 311
Haldane, Sir John Burden 135, 136, 274
Hamdorf, Kurt 206
Harder, Richard 133
Hardie, R. C. 130
Harnack, Adolf von 298
Harrison, R. G. 103
Hartmann, Max 44, 71, 72
Hartmannsgruber, Friedrich 226, 231, 237
Hasemann, Dr. 240
Healey, Prof. 112
Hecker, Erich 183
Heider, Karl 33, 36, 37
Heiligenberg, Sandy 289, 290
Heiligenberg, Walter 252, 254, 279, 280, 281, 285–289, 290ff
Heiligenberg, Zsuzsa 285, 289, 290
Hein, Hubert 161, 312
Heisenberg, Werner 24, 61, 114, 304
Helmholtz, Hermann 181, 208, 210
Helversen, D. von, s. Uhrig
Henke, Karl 58, 101, 102, 103, 105, 106, 107, 111, 112, 117, 123, 127, 130, 132, 133, 134, 151, 185
Hentig, Hartmut von 226
Hertwig, Richard von 139, 167, 168–172, 178
Hertz, Heinrich 248
Hess, Carl von 175, 216, 255

Hess, Gerhard 201, 203, 206, 224, 225
Hess, W. N. 40
Hesse, Richard 22, 26–32, 34–37, 40–45, 55, 56, 70, 129, 143, 274
Heuss, Theodor 249, 299
Hinze, Institutsdiener 35, 36
Hofmann, Ernst 164
Hölldobler, Bert 312
Holst, Dietrich von 188, 254, 319
Holst, Erich von 35, 55–59, 72, 101, 116, 188, 250
Hommes, Jakob 227, 228, 231
Hoyle, Graham 253
Huber, Franz 63
Huber, Ludwig 222, 226, 229, 230, 231, 233, 237, 238, 240, 241, 242
Hubl, Dr. 141
Humboldt, Alexander von 255, 298
Hundhammer, Alois 140
Huxley, Thomas Henry 164, 309

Jacobs, Werner 157, 186, 196, 197, 269
Jagodzinski, Heinz 243
Jedin, Hubert 201, 203
Jessner, Leopold 264
Jöde, Fritz 262
Johannes XXIII. 301
Jordan, Pascual 113
Jung, Richard 154, 256

Kaestner, Alfred 191
Kahmann, Hermann 35, 157
Kaißling, Karl-Ernst 184, 185
Kalmijn, A. J. 289
Katz, Sir Bernhard 311
Kauffmann, Hans 201, 203
Kiesinger, Kurt Georg 224
Klöppel, Kurt 201
Klug, Tagelöhner 115
Kniep, Hans 30
Koch, Anton 157
Koehler, Otto 157
Kolb, Gertrud 215, 270
Kölliker, Rudolf Albert von 166
Kopfermann, Hans 204
Kornmüller, Prof. 76
Krafft, Walther 145, 233
Kramer, Kurt 68, 262, 263
Krause, Gerhard 56, 71, 72

Krebs, Sir Hans 182, 256, 310
Kries, Johannes von 68
Kuffler, Stephen 154
Kühn, Alfred 29, 36, 37, 51, 101, 102, 103, 117, 143, 157, 158, 175, 183, 184, 195, 210, 216, 250, 255, 266
Kuhn, Hugo 229

Langer, Helmuth 150, 211
Lanz, Anatomie-Professor 193
Laue, Max von 34
Laufke, Prof. 137, 144, 145
Legge-Schwarzkopf, Elisabeth 308
Leithäuser, Gustav 46
Lerche, Peter 240
Leuckart, Rudolf 41
Leussink, Hans 206
Ligeti, György 306, 307
Lindauer, Martin 157, 185, 186, 188
Littmann, Enno 299
Loewenstein, W. R. 256
Loftus, Richard 212, 259, 301, 319
Lorenz, Konrad 58, 59, 105, 281, 284, 290, 291, 302
Lowenstein, Otto 135, 182
Löwner, Karl 25, 34
Ludwig I 148
Lüscher, Edgar 243
Lüttgau, Hans-Christoph 129, 317
Lynen, Feodor 230, 236, 275, 303
Lyssenko 87, 88

Maier, Hans 269
Maier, Heinrich 43
Maier-Leibnitz, Heinz 230
Mangold, Ernst Otto 40
Marbach, Wilhelm 170
Marcus, Ernst 29, 33, 34, 35, 36, 55, 56, 57, 71
Markl, Hubert 52, 63, 185, 186
Maunz, Theodor 226–229
Mayer, Franz 231, 233–238
Mayer-Kaupp, Frau A. 257
Mayr, Ernst 38, 173
Melzian, Hans 12, 16, 17, 45, 64, 293, 294
Mendelssohn, Heinrich 34, 35

325

Menzel, Geschichtslehrer 1, 22
Menzel, R. 182, 215
Merk, Bruno 237
Meyer, Erwin 46, 51, 132
Michelsen, A. 55, 60
Mises, Richard Edler von 25, 34
Mittelstaedt, H. 58, 291
Möhres, Franz Peter 184
Muller, Hermann Joseph 87
Muralt, Alexander 154

Nachmansohn, David 114
Nachtigall, Werner 186
Nachtsheim, Mathematiklehrer 16, 17
Nehring, Prof. 144
Neiß, Dr., Mathematiklehrer 17
Nernst, Walther 24, 47
Nesselhauf, Herbert 224
Neumann, John von 25, 34, 96
Neuweiler, Gerhard 184, 185, 286

Ozim, Igor 279

Palme, Dr. 94, 95
Pander, Christian 138
Patat, Prof. 228, 230, 231, 235
Paul VI. 301
Peipers, E. Th. 129
Pérez Jiménez, Marcos 154, 155
Pernau, Johann Ferdinand Adam von 302, 303
Piepho, Hans 105
Planck, Max 24, 34, 299
Plassmann, Clemens 204, 205
Poehner, Konrad 242
Poggendorf, Dietrich 121, 128, 129, 317
Pohl, Robert Wichard 58, 116, 119, 121, 125, 128, 132, 141, 175, 216
Pollok, Karl-Heinz 238, 240
Pölnitz, Freiherr Götz von 228, 229, 230, 231, 234, 235
Preiser, Erich 230

Rahner, Karl 147, 301, 304
Raiser, Ludwig 206
Rauter, Herbert 64
Rein, Hermann 100, 102,108, 111, 114
Renner, Maximilian 157
Rheinfelder, Hans 140

Richter, Roland 34
Rockefeller, John D. 178
Rompe, Prof. 134
Rona, Peter 31, 32
Ruchti, Prof. 144
Rudder, Bernhard de 201, 205
Rushton, W. A. H. 256
Ruska, Ernst 155
Russell, Bertrand 127
Rust, Reichserziehungsminister 56, 299

Sauer, Robert 230
Saur, Amtsrat 145
Schambeck, Frau 258
Scharrer, Ernst 174
Scheel, Bundespräsident 305
Schelsky, Helmut 201, 240
Scheuermann, Audomar 240
Schleip, Waldemar 140
Schlichtinger, Oberbürgermeister 226, 234, 236
Schlote, Friedrich-Wilhelm 121, 129, 317
Schmid, Roswitha 114
Schmidl, Dr. 226
Schmidt, Erhard 24, 25, 67, 260
Schneider, Dietrich 41, 121, 123, 124, 128, 183, 184, 185, 207, 211, 268, 316
Schneider, Friedrich 225
Schneider, Günter 106, 121, 128, 129, 141, 145, 317
Schneider, Wilfriede 63, 83, 115, 121, 128, 133, 268, 316
Schnorbus, Heidi 62, 320
Schöps, Dr. 79
Schouten, Henri 294
Schramm, Percy Ernst 297, 301
Schreyer, Werner 243
Schröder, Oberstabsarzt 85
Schröder, Otto, Griechisch-Lehrer 17, 302
Schrödinger, Erwin 24
Schubert, Gotthilf Heinrich 166
Schulze-Kampfhenkel 38
Schumacher, Emil 311
Schur, Issai 25, 34
Schwartzkopff, Johann 63, 121, 123, 127, 128, 129, 185, 316

Schwertner, Bauer 84, 96, 268
Segeth, Agnes 268, 269
Seidel, Friedrich 56, 60, 70, 71, 72, 94
Seifert, Friedrich 243, 244, 247, 249
Seitz, Inspektor 145
Semmelrogge, W. 258
Serkin, Rudolf 306
Siebold, Karl Theodor Ernst von 53, 166, 168, 172, 178
Simpig 38
Snell, Bruno 201, 302
Speer, Julius 206
Spemann, Hans 50, 139, 170, 257
Sperber, Werkstattleiter 116
Springer, Konrad 252, 257
Stark, Johannes 47
Stern, Curt 112
Stichel, Dr. 93
Stieve, Hennig 150, 318
Stöcker, Marie-Luise 121, 128, 130, 133, 316
Storz, Gerhard 225
Straub, Joseph 201
Strauß, Franz Joseph 202, 248
Stresemann, Erwin 39, 134
Strughold, Hubertus 76ff, 96, 97, 100, 108, 114, 161, 267
Stumpf, Hildegard 121, 316
Sutton, Walter Stemborough 138

Tannert, Institutsdiener 35, 36
Teorell, T. 152, 154
Teuber, H. L. 256
Thomas, Inge 20, 158–161, 163, 283
Thompson, Benjamin, Graf von Rumford 138, 180
Thompson, Mary 218, 240, 282, 284
Thompson, Rex 218, 282, 284
Thompson, Wendy 218, 246, 251, 278–282, 284–287, 290, 312
Thurm, Ulrich 213, 318
Timoféeff-Ressovsky 76, 86, 87, 88, 134
Trendelenburg, Ferdinand 56, 109
Trendelenburg, Wilhelm 68, 262, 263

Trier, Jost 201, 203
Tscharntke, Herta 79, 80, 96, 101, 102, 109, 150, 159, 160, 161, 163, 164, 268

Uhrig, Dagmar 214, 320

Veith, Viktoria 79, 80
Vérité, Pierre 294
Vogt, Oskar 76, 86, 87

Wagner, Karl Willi 45, 46, 51, 132
Wagner, Martin von 148
Wald, George 89, 154
Walther, Jost Bernhard 150, 318
Wanninger, Amtsrat 145
Waterman, Talbot 171
Weber, Hans Hermann 184, 250
Weber, Johann 161
Wehnelt, Rudolph 32, 43
Wehner, Rüdiger 195
Weismann, August 172, 173
Weizsäcker, Carl Friedrich von 61
Weizsäcker, Richard von 246
Wiedemann, Ingrid 131, 318
Wild, Hans Walter 242
Wild, Wolfgang 230, 242
Wilhelm I 298
Wilhelm II 19, 33, 223
Wilhelm IV 297
Wimmer, Hans 304, 305, 306
Wimmer, Maria 304, 305
Winkler, Klaus 286
Wohlfahrt, Prof. 141
Wolff, Klaus D. 230, 233, 243
Wollheim, Prof. 144, 228, 275

Zaschka, Theo 159
Zehetmair, Hans 243
Zeidler, Oberbürgermeister 143
Zemann, Joseph 243
Zenker, Rudolf 175
Zierold, Kurt 200, 206
Zilk, Sonja 160–163, 241, 312
Zimmer, Carl 27, 28, 34, 42, 43
Zimmer, K. G. 87
Zwehl, Vera von 182, 207, 210

GPSR Compliance
The European Union's (EU) General Product Safety Regulation (GPSR) is a set of rules that requires consumer products to be safe and our obligations to ensure this.

If you have any concerns about our products, you can contact us on

ProductSafety@springernature.com

In case Publisher is established outside the EU, the EU authorized representative is:

Springer Nature Customer Service Center GmbH
Europaplatz 3
69115 Heidelberg, Germany

www.ingramcontent.com/pod-product-compliance
Lightning Source LLC
LaVergne TN
LVHW011000250326
834688LV00003B/46